수학 좀 한다면

디딤돌 초등수학 기본+응용 5-1

펴낸날 [개정판 1쇄] 2024년 7월 24일 | **펴낸이** 이기열 | **펴낸곳** (주)디딤돌 교육 | **주소** (03972) 서울특별시 마포구 월드컵북로 122 청원선와이즈타워 | **대표전화** 02-3142-9000 | **구입문의** 02-322-8451 | **내용문의** 02-323-9166 | **팩시밀리** 02-338-3231 | **홈페이지** www.didimdol.co.kr | **등록번호** 제10-718호 | 구입한 후에는 철회되지 않으며 잘못 인쇄된 책은 바꾸어 드립니다.

내 실력에 딱!
최상위로 가는 '맞춤 학습 플랜'

STEP 1 On-line

나에게 맞는 공부법은?
맞춤 학습 가이드를 만나요.

교재 선택부터 공부법까지! 디딤돌에서 제공하는 시기별 맞춤 학습 가이드를 통해 아이에게 맞는 학습 계획을 세워 주세요. (학습 가이드는 디딤돌 학부모카페 '맘이가'를 통해 상시 공지합니다. cafe.naver.com/didimdolmom)

STEP 2 Book

맞춤 학습 스케줄표
계획에 따라 공부해요.

교재에 첨부된 '맞춤 학습 스케줄표'에 맞춰 공부 목표를 달성합니다.

STEP 3 On-line

이럴 땐 이렇게!
'맞춤 Q&A'로 해결해요.

궁금하거나 모르는 문제가 있다면, '맘이가' 카페를 통해 질문을 남겨 주세요. 디딤돌 수학쌤 및 선배맘님들이 친절히 답변해 드립니다.

STEP 4 Book

다음에는 뭐 풀지?
다음 교재를 추천받아요.

학습 결과에 따라 후속 학습에 사용할 교재를 제시해 드립니다. (교재 마지막 페이지 수록)

★ 디딤돌 플래너 만나러 가기

디딤돌 초등수학 기본+응용 5-1

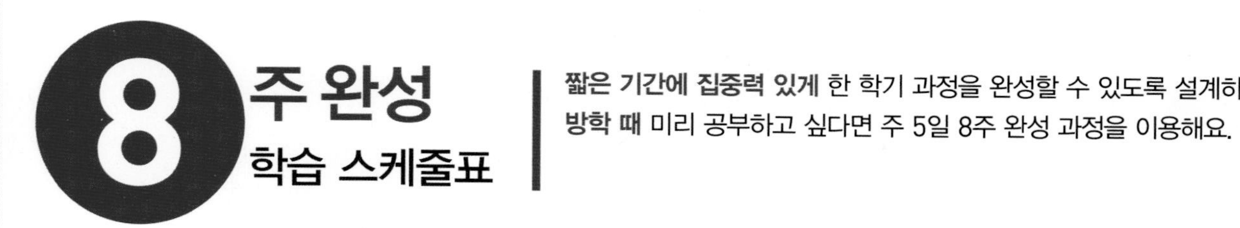

8주 완성 학습 스케줄표

짧은 기간에 집중력 있게 한 학기 과정을 완성할 수 있도록 설계하였습니다.
방학 때 미리 공부하고 싶다면 주 5일 8주 완성 과정을 이용해요.

공부한 날짜를 쓰고 하루 분량 학습을 마친 후, 부모님께 확인 check ☑를 받으세요.

1 자연수의 혼합 계산						
1주 ☐	☐	☐	☐	☐	2주 ☐	☐
월 일	월 일	월 일	월 일	월 일	월 일	월 일
8~13쪽	14~18쪽	19~22쪽	23~25쪽	26~28쪽	32~37쪽	38~43쪽

2 약수와 배수		3 규칙과 대응				
3주 ☐	☐	☐	☐	☐	4주 ☐	☐
월 일	월 일	월 일	월 일	월 일	월 일	월 일
54~56쪽	57~59쪽	62~67쪽	68~70쪽	71~74쪽	75~77쪽	78~80쪽

4 약분과 통분				5 분수의		
5주 ☐	☐	☐	☐	☐	6주 ☐	☐
월 일	월 일	월 일	월 일	월 일	월 일	월 일
97~99쪽	100~103쪽	104~106쪽	107~109쪽	112~115쪽	116~119쪽	120~123쪽

	6 다각형의 둘레와 넓이					
7주 ☐	☐	☐	☐	☐	8주 ☐	☐
월 일	월 일	월 일	월 일	월 일	월 일	월 일
135~137쪽	140~143쪽	144~147쪽	148~153쪽	154~157쪽	158~161쪽	162~166쪽

MEMO

		2 약수와 배수
☐ 월 일 23~25쪽	☐ 월 일 26~28쪽	☐ 월 일 32~35쪽

		3 규칙과 대응
☐ 월 일 54~56쪽	☐ 월 일 57~59쪽	☐ 월 일 62~65쪽

4 약분과 통분		
☐ 월 일 88~91쪽	☐ 월 일 92~93쪽	☐ 월 일 94~95쪽

5 분수의 덧셈과 뺄셈		
☐ 월 일 116~119쪽	☐ 월 일 120~121쪽	☐ 월 일 122~123쪽

6 다각형의 둘레와 넓이		
☐ 월 일 144~147쪽	☐ 월 일 148~149쪽	☐ 월 일 150~151쪽

☐ 월 일 169~170쪽	☐ 월 일 171~173쪽	☐ 월 일 174~176쪽

효과적인 수학 공부 비법

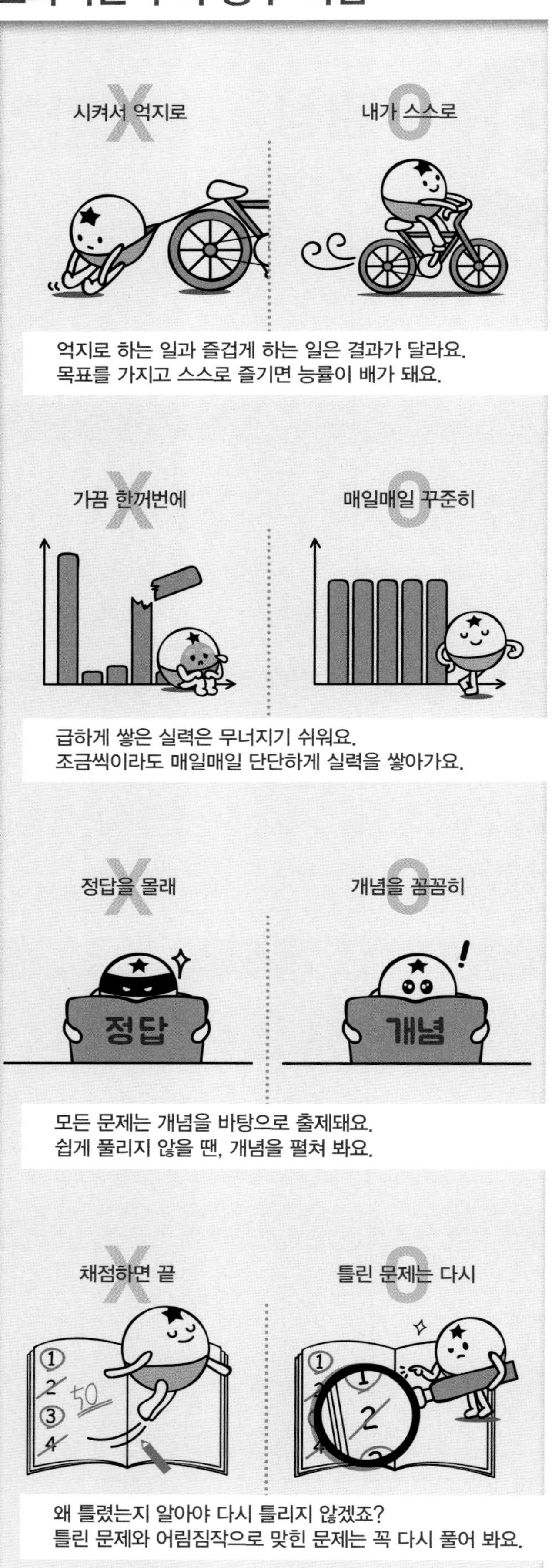

디딤돌 초등수학 기본+응용 5-1

12주 완성 학습 스케줄표

여유를 가지고 깊이 있게 한 학기 과정을 완성할 수 있도록 설계하였습니다.
학기 중 교과서와 함께 공부하고 싶다면 주 5일 12주 완성 과정을 이용해요.

공부한 날짜를 쓰고 하루 분량 학습을 마친 후, 부모님께 확인 check ☑를 받으세요.

1 자연수의 혼합 계산

1주					2주	
월 일	월 일	월 일	월 일	월 일	월 일	월 일
8~9쪽	10~11쪽	12~13쪽	14~16쪽	17~18쪽	19~20쪽	21~22쪽

2 약수와 배수

3주					4주	
월 일	월 일	월 일	월 일	월 일	월 일	월 일
36~39쪽	40~43쪽	44~45쪽	46~47쪽	48~49쪽	50~51쪽	52~53쪽

3 규칙과 대응

5주					6주	
월 일	월 일	월 일	월 일	월 일	월 일	월 일
66~67쪽	68~70쪽	71~72쪽	73~74쪽	75~77쪽	78~80쪽	84~87쪽

4 약분과 통분

7주					8주	
월 일	월 일	월 일	월 일	월 일	월 일	월 일
96~97쪽	98~99쪽	100~101쪽	102~103쪽	104~106쪽	107~109쪽	112~115쪽

5 분수의 덧셈과 뺄셈

9주					10주	
월 일	월 일	월 일	월 일	월 일	월 일	월 일
124~125쪽	126~127쪽	128~129쪽	130~131쪽	132~134쪽	135~137쪽	140~143쪽

6 다각형의 둘레와 넓이

11주					12주	
월 일	월 일	월 일	월 일	월 일	월 일	월 일
152~153쪽	154~157쪽	158~159쪽	160~161쪽	162~164쪽	165~166쪽	167~168쪽

2 약수와 배수

월 일	월 일	월 일
44~46쪽	47~49쪽	50~53쪽

4 약분과 통분

월 일	월 일	월 일
84~89쪽	90~93쪽	94~96쪽

덧셈과 뺄셈

월 일	월 일	월 일
124~127쪽	128~131쪽	132~134쪽

월 일	월 일	월 일
167~170쪽	171~173쪽	174~176쪽

효과적인 수학 공부 비법

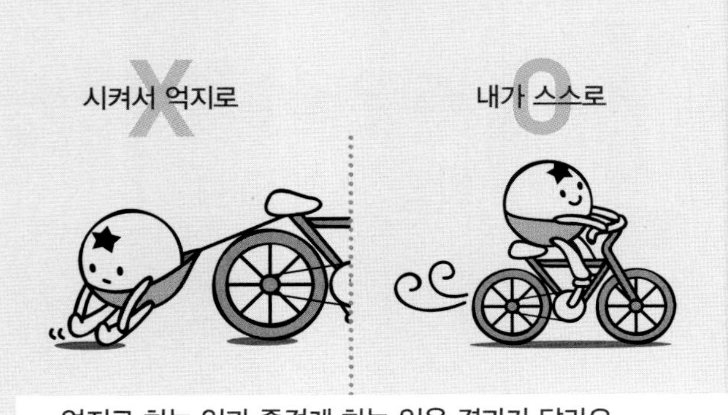

억지로 하는 일과 즐겁게 하는 일은 결과가 달라요.
목표를 가지고 스스로 즐기면 능률이 배가 돼요.

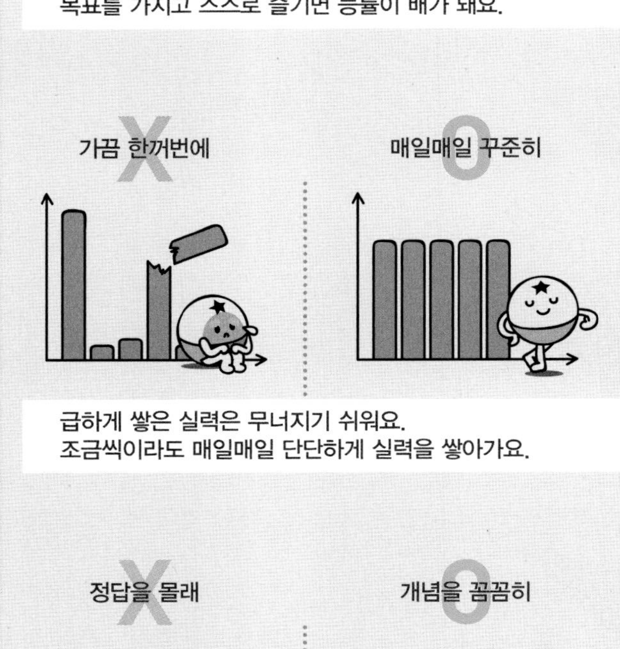

급하게 쌓은 실력은 무너지기 쉬워요.
조금씩이라도 매일매일 단단하게 실력을 쌓아가요.

모든 문제는 개념을 바탕으로 출제돼요.
쉽게 풀리지 않을 땐, 개념을 펼쳐 봐요.

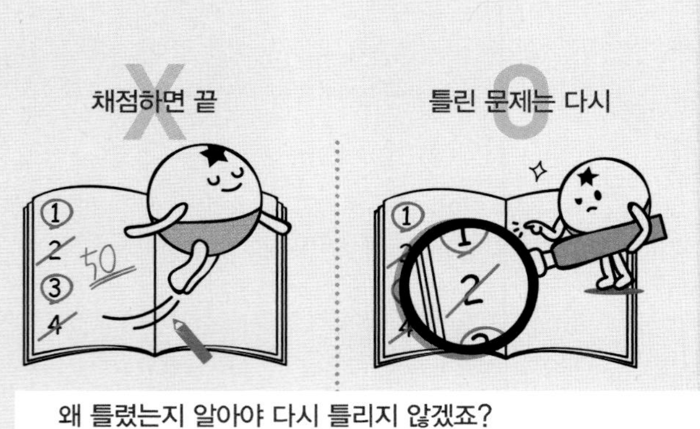

왜 틀렸는지 알아야 다시 틀리지 않겠죠?
틀린 문제와 어림짐작으로 맞힌 문제는 꼭 다시 풀어 봐요.

수학 좀 한다면

디딤돌

초등수학
기본+응용

상위권으로 가는 **응용심화 학습서**

5-1

1 한 권에 보이는 개념 정리로 개념 이해!

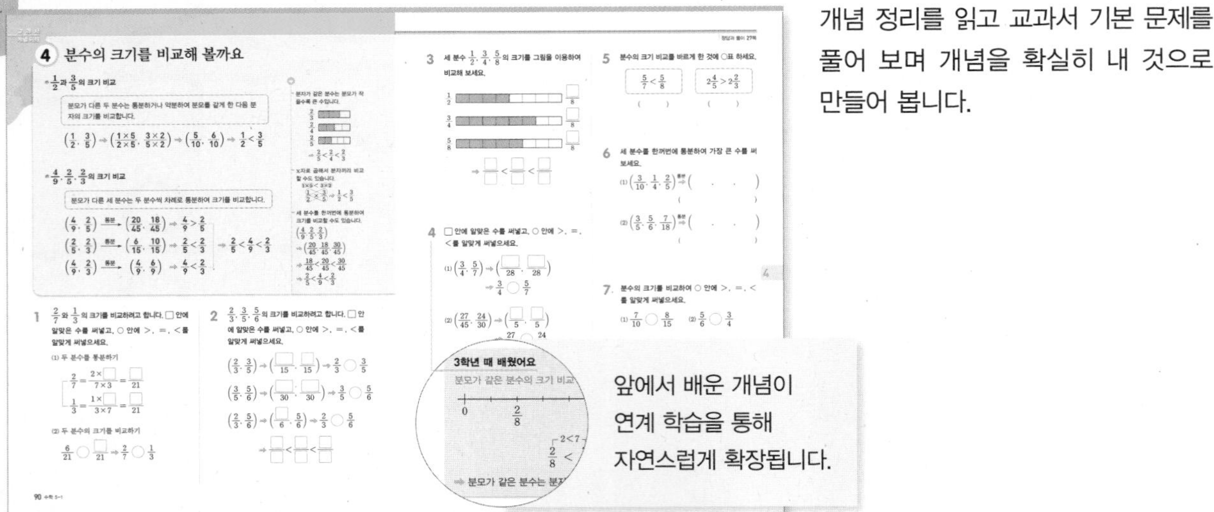

개념 정리를 읽고 교과서 기본 문제를 풀어 보며 개념을 확실히 내 것으로 만들어 봅니다.

2 개념 대표 문제로 개념 확인!

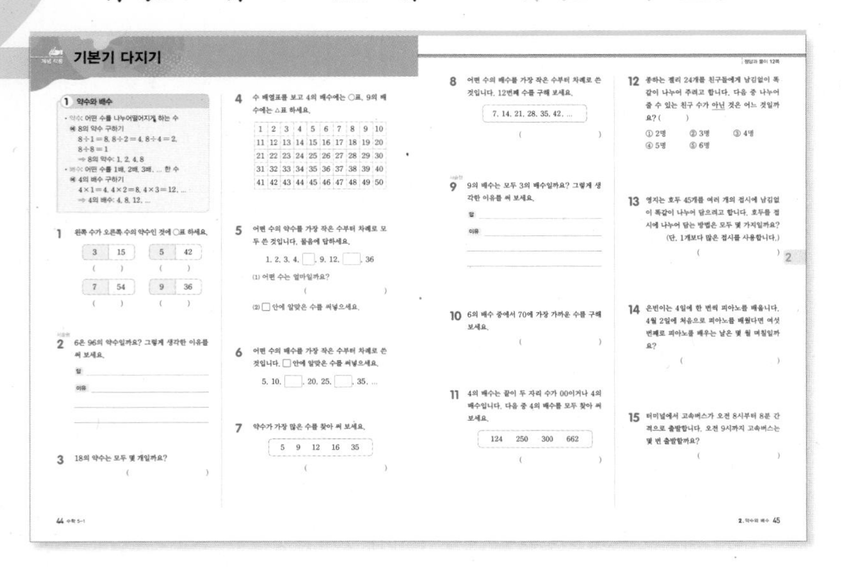

개념별 집중 문제로 교과서, 익힘책은 물론 서술형 문제까지 기본기에 필요한 모든 문제를 풀어 봅니다.

3 응용 문제로 실력 완성!

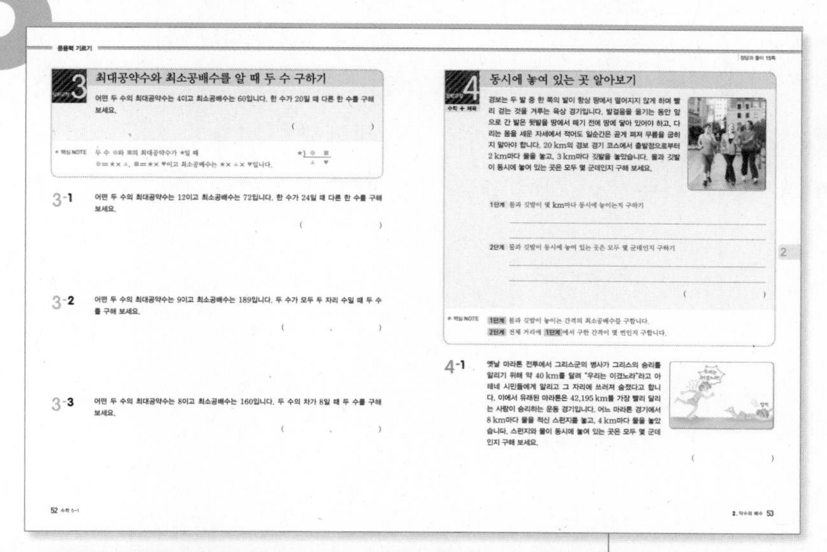

단원별 대표 응용 문제를 풀어 보며 실력을 완성해 봅니다.

수학 + 체육

동시에 놓여 있는 곳 알아보기

경보는 두 발 중 한 쪽의 발이 항상 땅에서 떨어지지 않게 하며 빨리 걷는 것을 겨루는 육상 경기입니다. 발걸음을 옮기는 동안 앞으로 간 발은 뒷발을 땅에서 떼기 전에 땅에 닿아 있어야 하고, 다리는 몸을 세운 자세에서 적어도 일순간은 곧게 펴져 무릎을 굽히

창의 • 융합 문제를 통해 문제 해결력과 더불어 정보 처리 능력까지 완성할 수 있습니다.

4 단원 평가로 실력 점검!

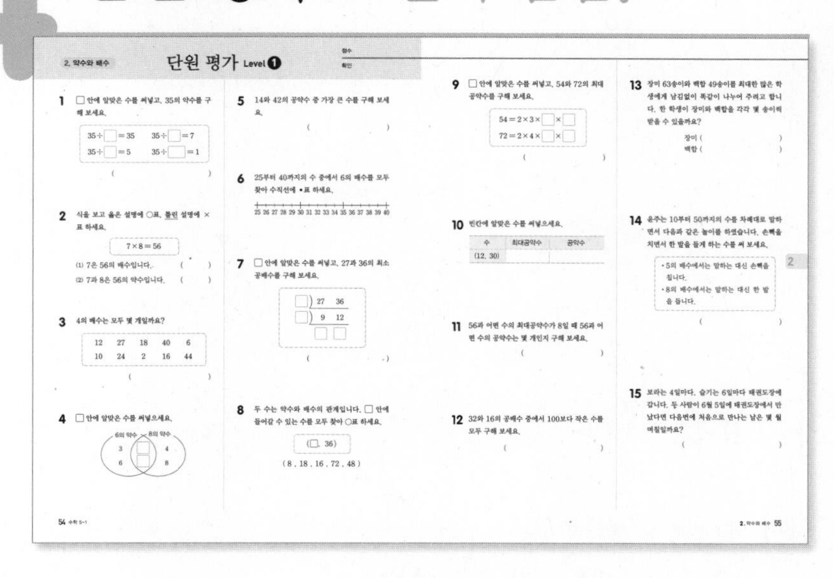

공부한 내용을 마무리하며 틀린 문제나 헷갈렸던 문제는 반드시 개념을 살펴 봅니다.

이 책의 **차례**

1 자연수의 혼합 계산

덧셈, 뺄셈, 곱셈, 나눗셈 그리고
괄호까지 섞여 있는 식의 **계산 순서는?**

( ) 안을 가장 먼저, +, − 보다 ×, ÷을 먼저 계산해!

● +, −, ×, ÷이 섞여 있는 계산

$$5+3\times4-2=15$$

12

17

15

● ( )가 있는 계산

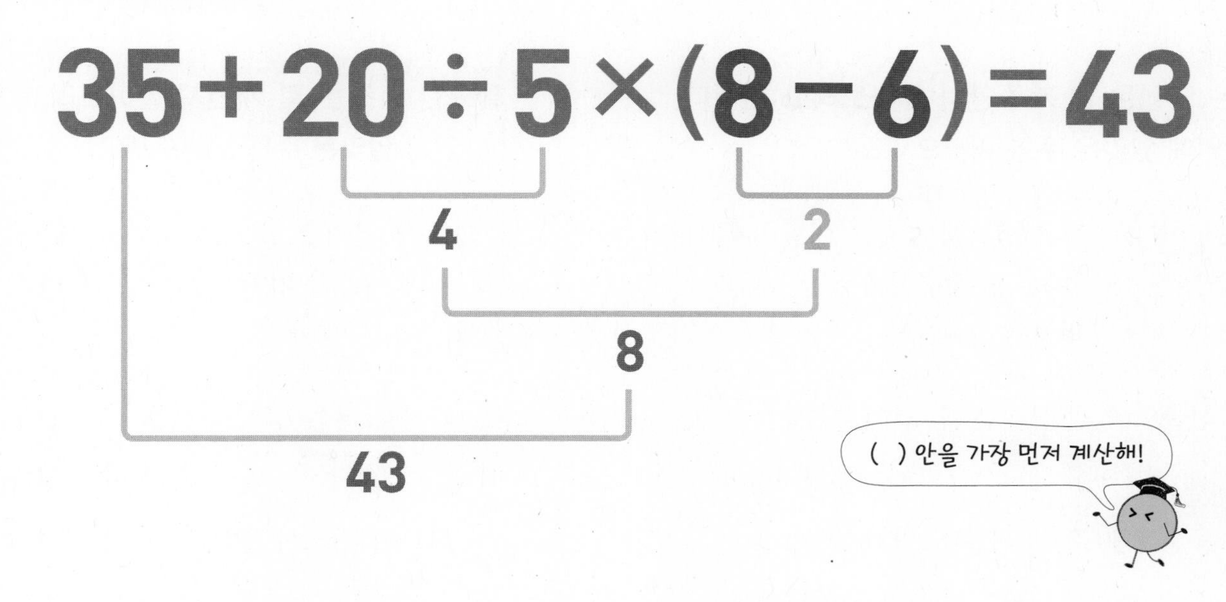

1 덧셈과 뺄셈/곱셈과 나눗셈이 섞여 있는 식을 계산해 볼까요

- 덧셈과 뺄셈이 섞여 있는 식은 앞에서부터 차례로 계산합니다.

$$17-6+3=14$$

① 11
② 14

- 곱셈과 나눗셈이 섞여 있는 식은 앞에서부터 차례로 계산합니다.

$$12\div 2\times 3=18$$

① 6
② 18

- 덧셈과 뺄셈이 섞여 있고 (　)가 있는 식에서는 (　) 안을 먼저 계산합니다.

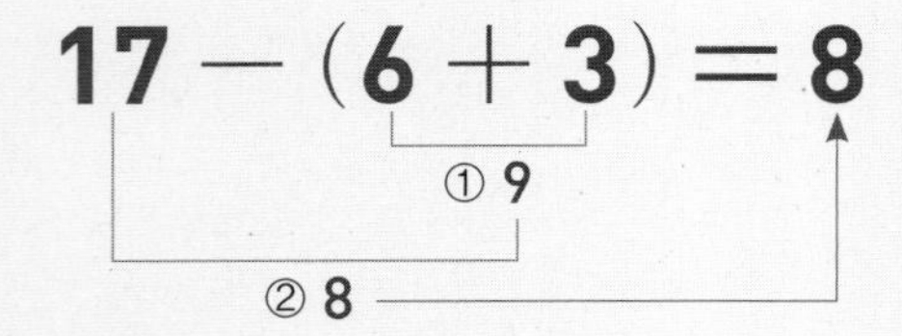

- 곱셈과 나눗셈이 섞여 있고 (　)가 있는 식에서는 (　) 안을 먼저 계산합니다.

$$12\div(2\times 3)=2$$

① 6
② 2

➡ (　)가 있는 식과 없는 식은 계산 순서가 다르므로 계산 결과도 다릅니다.

❗

- 덧셈과 뺄셈 / 곱셈과 나눗셈이 섞여 있으면 (순서에 상관없이 , 앞에서부터) 계산하고 괄호가 있으면 (앞에서부터 , 괄호 안을 먼저) 계산합니다.

1 남은 연필은 몇 자루인지 알아보려고 합니다. □ 안에 알맞은 수를 써넣으세요.

> 연필이 18자루 있었는데 선물로 연필 6자루를 받은 후 8자루를 동생에게 주었습니다. 남은 연필은 몇 자루일까요?

(1) 선물로 연필을 받은 후 연필의 수는

□ + □ = □(자루)입니다.

동생에게 준 후 남은 연필의 수는

□ − □ = □(자루)입니다.

(2) (1)의 두 식을 하나의 식으로 나타내면

18 + □ − □ = □(자루)입니다.

2 필요한 주스는 몇 개인지 알아보려고 합니다. □ 안에 알맞은 수를 써넣으세요.

> 과자 24봉지를 한 상자에 8봉지씩 담고, 각 상자에 주스를 2개씩 넣으려고 합니다. 필요한 주스는 몇 개일까요?

(1) 과자를 담은 상자의 수는

□ ÷ □ = □(상자)입니다.

필요한 주스의 수는

□ × □ = □(개)입니다.

(2) (1)의 두 식을 하나의 식으로 나타내면

24 ÷ □ × □ = □(개)입니다.

3 □ 안에 알맞은 수를 써넣으세요.

(1) $34-8+16=$□

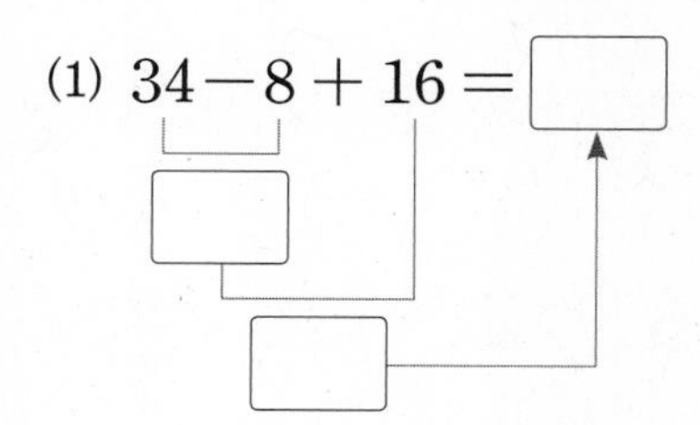

(2) $54\div6\times3=$□

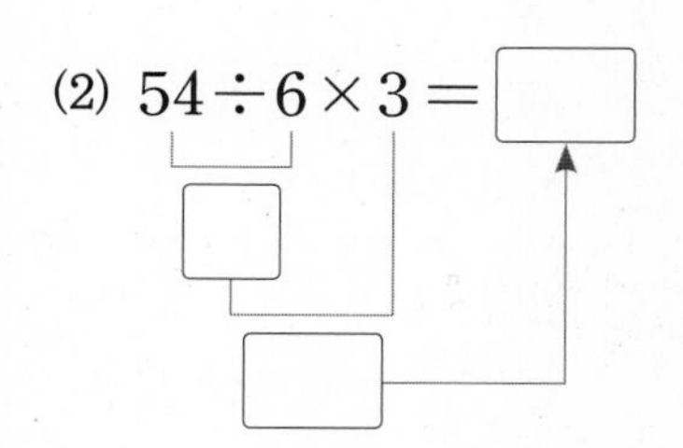

4 바르게 계산한 사람의 이름을 써 보세요.

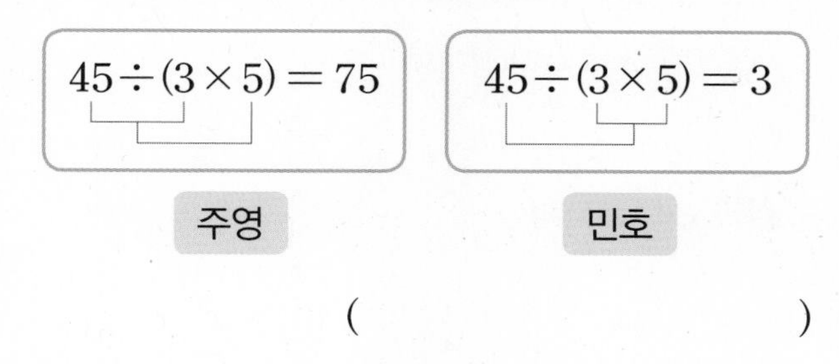

(　　　　　　　　)

5 계산 순서를 나타내고 계산해 보세요.

(1) $53-6+22$
①
②

(2) $90-(23+27)$

(3) $24\times5\div4$

(4) $56\div(4\times2)\times9$

6 □ 안에 알맞은 수를 써넣으세요.

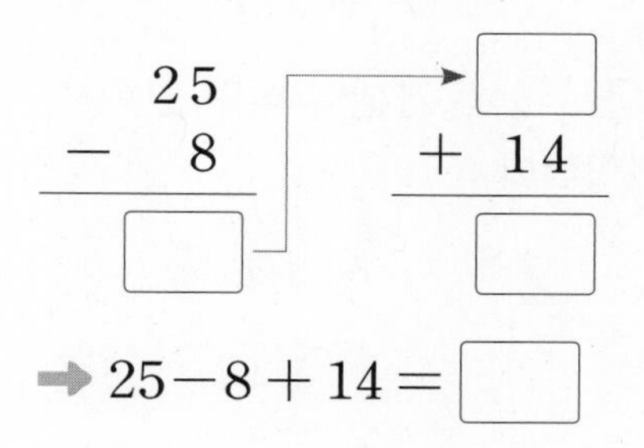

➜ $25-8+14=$□

7 두 식을 계산한 후 알맞은 말에 ○표 하세요.

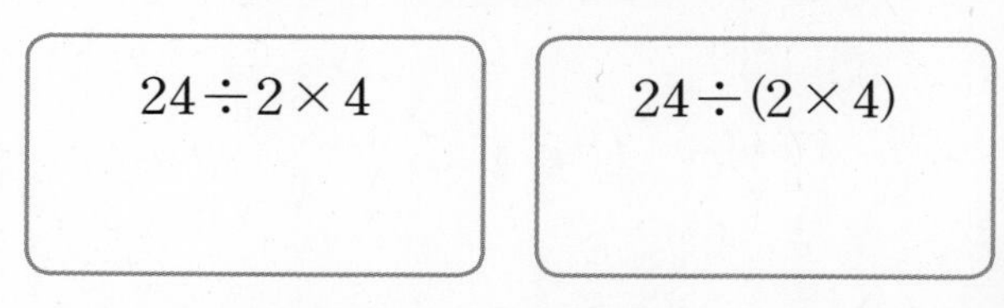

두 식의 계산 결과는 (같습니다 , 다릅니다).

1

8 계산해 보세요.

(1) $35+27-55$
$35-27+55$

(2) $10\times5\div2$
$10\div5\times2$

9 □ 안에 알맞은 수를 써넣으세요.

(1) $167+298=167+300-$□
$=$□$-$□$=$□

(2) $28\times25=28\times50\div$□
$=$□$\div$□$=$□

2 덧셈, 뺄셈, 곱셈(나눗셈)이 섞여 있는 식을 계산해 볼까요

• 덧셈, 뺄셈, 곱셈이 섞여 있는 식은 **곱셈을 먼저** 계산합니다.

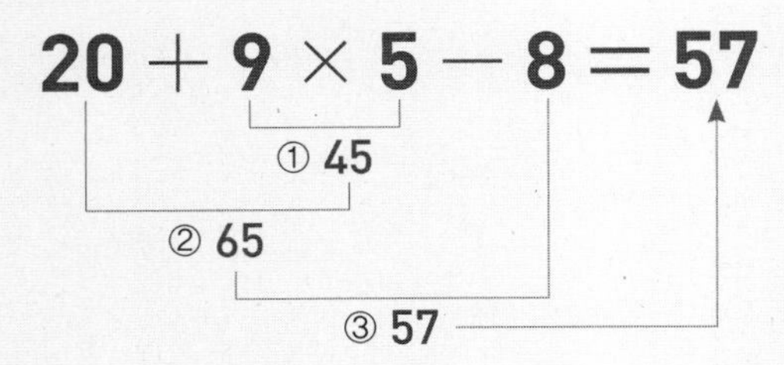

• 덧셈, 뺄셈, 나눗셈이 섞여 있는 식은 **나눗셈을 먼저** 계산합니다.

$$30 + 56 \div 2 - 25 = 33$$

① 28
② 58
③ 33

• 덧셈, 뺄셈, 곱셈이 섞여 있고 ( )가 있는 식에서는 **( ) 안 ➡ 곱셈 ➡ 덧셈(뺄셈)**의 순서로 계산합니다.

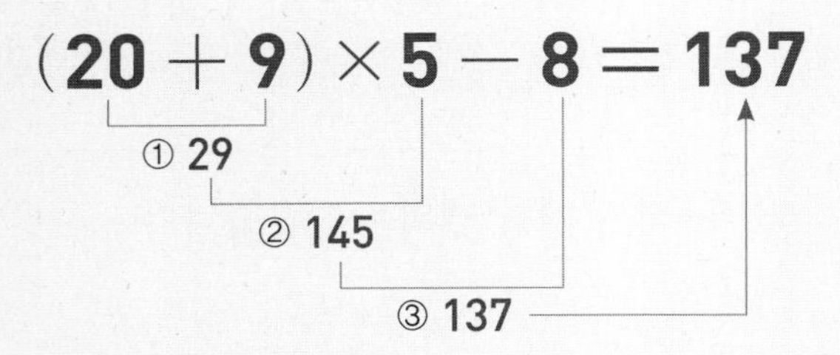

• 덧셈, 뺄셈, 나눗셈이 섞여 있고 ( )가 있는 식에서는 **( ) 안 ➡ 나눗셈 ➡ 덧셈(뺄셈)**의 순서로 계산합니다.

$$(30 + 56) \div 2 - 25 = 18$$

① 86
② 43
③ 18

➡ ( )가 있는 식과 없는 식은 계산 순서가 다르므로 계산 결과도 다릅니다.

1 선생님에게 남은 공책은 몇 권인지 알아보려고 합니다. □ 안에 알맞은 수를 써넣으세요.

> 선생님은 공책 50권을 사서 여학생 12명, 남학생 8명에게 2권씩 나누어 주었습니다. 선생님에게 남은 공책은 몇 권일까요?

공책을 나누어 준 학생 수는

□ + □ = □(명)입니다.

나누어 준 공책의 수는

□ × □ = □(권)입니다.

선생님에게 남은 공책의 수는

□ − □ = □(권)입니다.

➡ 50 − (12 + □) × □ = □(권)

2 한 접시에 남은 떡은 몇 개인지 알아보려고 합니다. □ 안에 알맞은 수를 써넣으세요.

> 쑥떡 10개, 콩떡 6개를 접시 4개에 똑같이 나누어 담았습니다. 한 접시에서 떡을 3개 먹었다면 그 접시에 남은 떡은 몇 개일까요?

전체 떡의 수는

□ + □ = □(개)입니다.

접시 1개에 담은 떡의 수는

□ ÷ □ = □(개)입니다.

한 접시에서 떡을 3개 먹고 남은 떡의 수는

□ − □ = □(개)입니다.

➡ (10 + □) ÷ □ − □ = □(개)

3 계산 순서에 맞게 기호를 차례로 써 보세요.

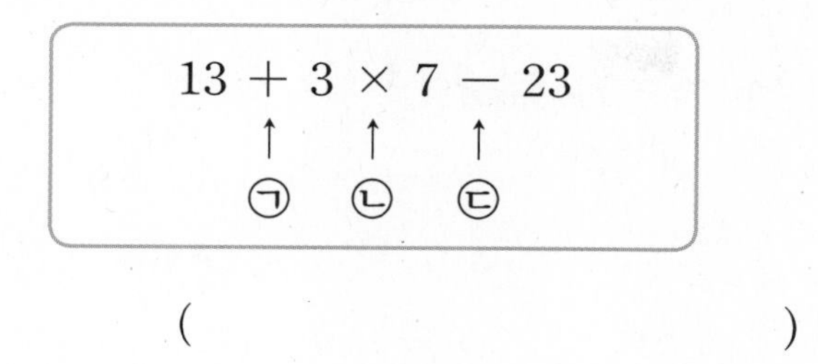

(　　　　　　　　　　)

4 □ 안에 알맞은 수를 써넣으세요.

(1) $40-3+6\times4=$□

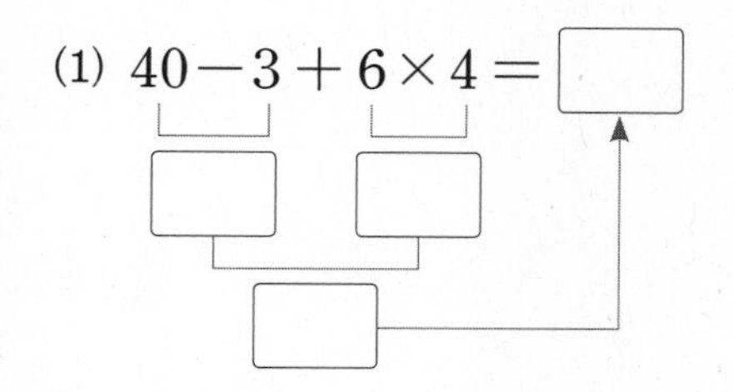

(2) $40-(3+6)\times4=$□

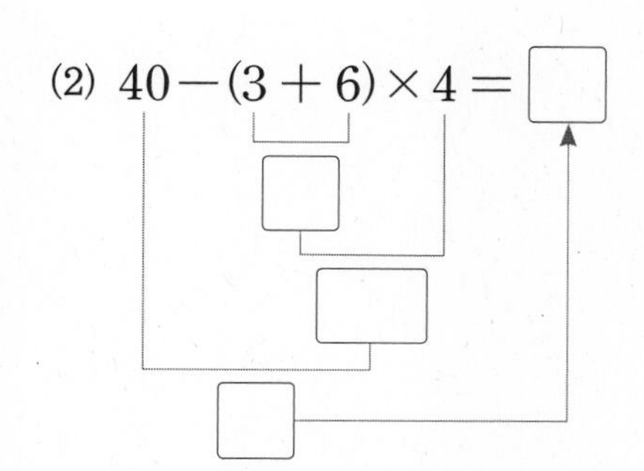

5 계산 순서를 나타내고 계산해 보세요.

(1) $70-6\times9+29$

(2) $3\times(24-17)+18$

(3) $27+36\div9-3$

(4) $(36-27)\div3+15$

6 (　)가 없어도 계산 결과가 같은 식은 어느 것일까요? (　　　)

① $(28+16)\div4$　② $(50-16)\div2$
③ $45+(5\times8)$　④ $7\times(47-12)$
⑤ $12\times(42-18)\div6$

7 계산 결과를 찾아 선으로 이어 보세요.

$80\div(10-2)+5$ •	• 1
$80\div10-2+5$ •	• 11
$80\div10-(2+5)$ •	• 15

8 ●에 알맞은 수를 구하려고 합니다. □ 안에 알맞은 수를 써넣으세요.

● $+9-4\times3=5$

● $+9-$□$=5$

● $+9=5+$□

● $+9=$□

● $=$□

3 덧셈, 뺄셈, 곱셈, 나눗셈이 섞여 있는 식을 계산해 볼까요

• 덧셈, 뺄셈, 곱셈, 나눗셈이 섞여 있는 식은 곱셈과 나눗셈을 먼저 계산하고, ( )가 있으면 ( ) 안을 가장 먼저 계산합니다.

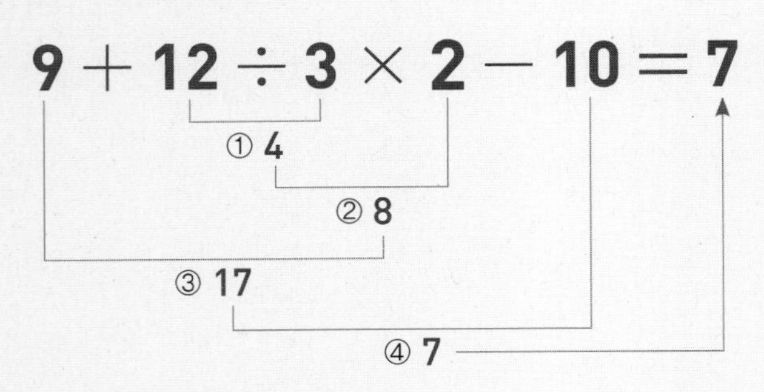

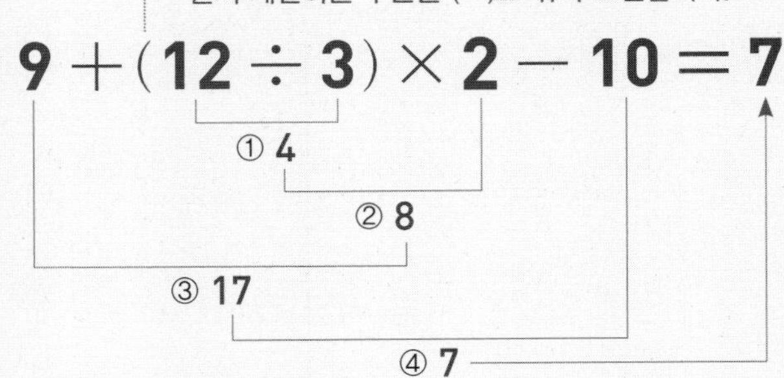

➡ 가장 앞에 있는 곱셈(나눗셈)에 ( )가 있으면 계산 결과는 같습니다.

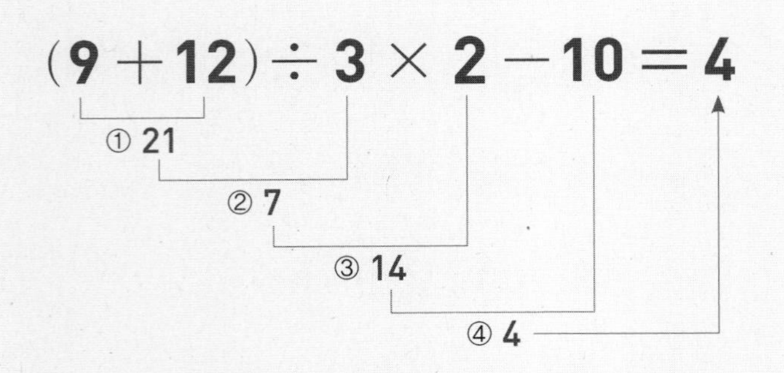

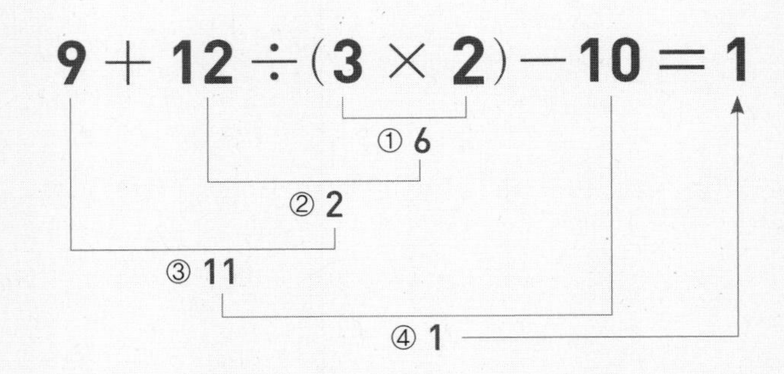

➡ ( )의 위치에 따라 계산 결과가 달라집니다.

1 계산 순서를 바르게 나타낸 것의 기호를 써 보세요.

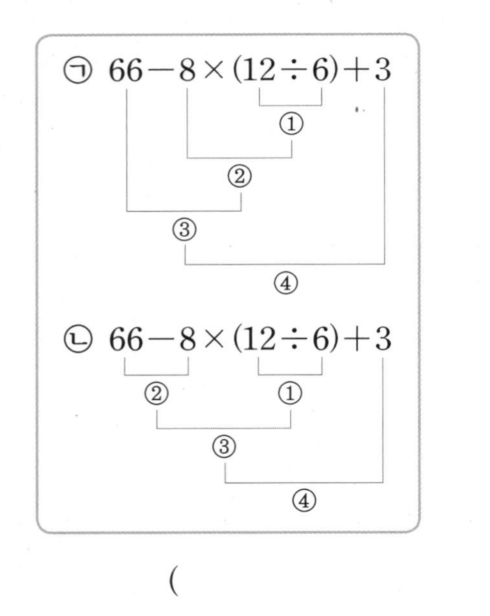

(   )

2 □ 안에 알맞은 수를 써넣으세요.

(1) $17+3\times6-27\div3+32$

$=17+\square-27\div3+32$

$=17+\square-\square+32$

$=\square-\square+32$

$=\square+32=\square$

(2) $100-(8\times9+5)\div7$

$=100-(\square+5)\div7$

$=100-\square\div7$

$=100-\square=\square$

3 수제비 2인분을 만들기 위해 5000원으로 필요한 양파와 파를 사고 남은 돈은 얼마인지 구해 보세요.

양파 6인분 3000원, 파 1인분 500원

(1) (양파와 파의 2인분 가격)

= (양파의 2인분 가격) + (파의 2인분 가격)

$= 3000 \div \square + 500 \times \square$

$= \square$ (원)

(2) (양파와 파를 사고 남은 돈)

= (가지고 있던 돈) − (양파와 파의 2인분 가격)

$= 5000 - \square$

$= \square$ (원)

(3) (1)과 (2)의 식을 하나의 식으로 나타내면

$5000 - (3000 \div \square + 500 \times \square)$

$= \square$ (원)입니다.

4 계산 순서를 나타내고 계산해 보세요.

(1) $12 \times 3 - 96 \div 6 + 9$

(2) $64 - 14 \times 3 + 48 \div 4$

(3) $26 \div (2 + 11) \times 3 - 5$

5 계산해 보세요.

(1) $14 \times 5 - 84 \div 7 + 26$

(2) $30 - (9 + 3) \times 5 \div 10$

(3) $29 + 16 \times 4 - 42 + 45 \div 9$

6 계산 결과가 더 큰 것의 기호를 써 보세요.

㉠ $50 + 3 \times 20 - 12 \div 4$
㉡ $50 + 3 \times (20 - 12) \div 4$

(　　　　　　)

7 계산이 처음으로 잘못된 곳을 찾아 ○표 하고 바르게 계산해 보세요.

$13 + (17 - 3) \div 7 \times 9 = 13 + 14 \div 7 \times 9$
$= 13 + 2 \times 9$
$= 15 \times 9 = 135$

바른 계산

$13 + (17 - 3) \div 7 \times 9$

개념 적용

기본기 다지기

1 덧셈과 뺄셈이 섞여 있는 식

덧셈과 뺄셈이 섞여 있는 식은 앞에서부터 차례로 계산하고, ( )가 있으면 ( ) 안을 먼저 계산합니다.

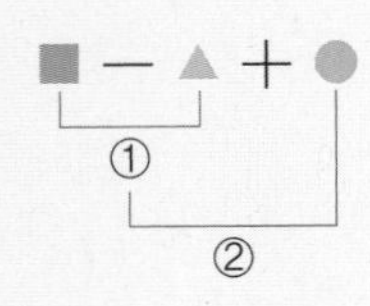

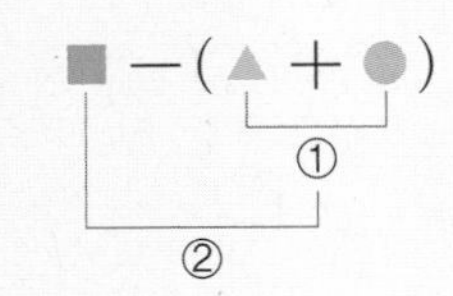

1 계산해 보세요.

(1) $24 + 8 - 27$

(2) $30 - (16 + 9)$

서술형

2 두 식을 계산 순서에 맞게 계산하고, 그 결과를 비교해 보세요.

$51 - 23 + 17 = \square$

$51 - (23 + 17) = \square$

3 바르게 계산한 사람의 이름을 써 보세요.

재우: $25 - (7 + 12) = 6$

선하: $25 - (7 + 12) = 30$

( )

4 버스에 38명의 사람이 타고 있었습니다. 다음 정거장에서 29명이 내리고 14명이 탔습니다. 지금 버스에 타고 있는 사람은 몇 명인지 하나의 식으로 나타내어 구해 보세요.

식

답

5 유은이네 반은 남학생이 16명, 여학생이 15명입니다. 유은이네 반 학생 중에서 22명은 축구를 하고 있습니다. 축구를 하고 있지 않은 학생은 몇 명인지 하나의 식으로 나타내어 구해 보세요.

식

답

6 문구점에 있는 학용품의 가격입니다. 세나는 공책 한 권을 사고, 동훈이는 지우개 한 개와 연필 한 자루를 샀습니다. 세나는 동훈이보다 얼마를 더 내야 할까요?

지우개	공책	자	연필
400원	1400원	600원	800원

( )

2 곱셈과 나눗셈이 섞여 있는 식

곱셈과 나눗셈이 섞여 있는 식은 앞에서부터 차례로 계산하고, ( )가 있으면 ( ) 안을 먼저 계산합니다.

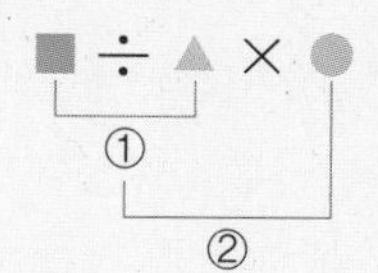
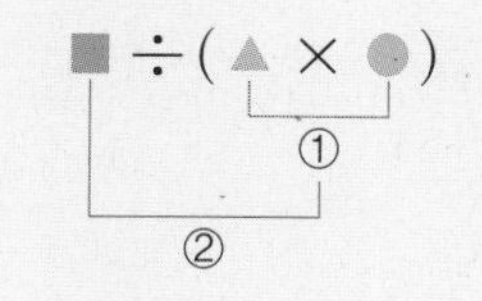

7 계산해 보세요.

(1) $4 \times 9 \div 3$

(2) $18 \div (3 \times 2)$

8 계산 결과를 비교하여 ○ 안에 >, =, <를 알맞게 써넣으세요.

$45 \div 5 \times 3$ ○ $45 \div (5 \times 3)$

9 문장을 식으로 바르게 나타낸 것의 기호를 써 보세요.

㉠ $48 \div (6 \times 4)$	㉡ $48 \div 6 \times 4$

(1) 민후네 반은 6명씩 4모둠입니다. 귤 48개를 민후네 반 학생들에게 똑같이 나누어 주면 한 사람에게 귤을 몇 개씩 줄 수 있을까요?

( )

(2) 지아네 반 학생 48명을 6명씩 모둠으로 나누었습니다. 구슬을 한 모둠에 4개씩 나누어 주면 나누어 준 구슬은 모두 몇 개일까요?

( )

10 ( )가 없으면 계산 결과가 달라지는 식의 기호를 써 보세요.

㉠ $2 \times (15 \div 3)$	㉡ $42 \div (7 \times 2)$

( )

11 연필 한 타는 12자루입니다. 연필 2타를 8명에게 똑같이 나누어 주면 한 사람에게 연필을 몇 자루씩 줄 수 있는지 하나의 식으로 나타내어 구해 보세요.

식

답

12 공장에서 기계 한 대가 한 시간에 의자를 4개씩 만들 수 있다고 합니다. 기계 3대가 의자 60개를 만들려면 몇 시간이 걸리는지 하나의 식으로 나타내어 구해 보세요.

식

답

서술형

13 다음 식에 알맞은 문제를 만들고 풀어 보세요.

$16 \times 4 \div 2$

문제

답

3 덧셈, 뺄셈, 곱셈이 섞여 있는 식

덧셈, 뺄셈, 곱셈이 섞여 있는 식은 곱셈을 먼저 계산하고, ( )가 있으면 ( ) 안을 가장 먼저 계산합니다.

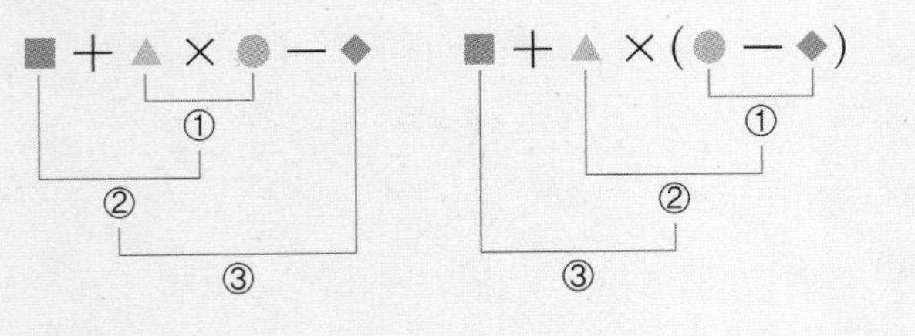

14 계산해 보세요.

(1) $15-10+2\times9$

(2) $22+7\times(13-8)$

서술형

15 계산이 잘못된 곳을 찾아 이유를 쓰고 바르게 계산해 보세요.

$$30-8\times3+11=22\times3+11$$
$$=66+11$$
$$=77$$

이유

바른 계산

16 ( )를 사용하여 두 식을 하나의 식으로 나타내어 보세요.

$16\times2=32$ $\quad$ $9+7=16$

식

17 색종이가 58장 있습니다. 남학생 4명과 여학생 6명에게 각각 5장씩 나누어 주었습니다. 남은 색종이는 몇 장인지 하나의 식으로 나타내어 구해 보세요.

식

답

4 덧셈, 뺄셈, 나눗셈이 섞여 있는 식

덧셈, 뺄셈, 나눗셈이 섞여 있는 식은 나눗셈을 먼저 계산하고, ( )가 있으면 ( ) 안을 가장 먼저 계산합니다.

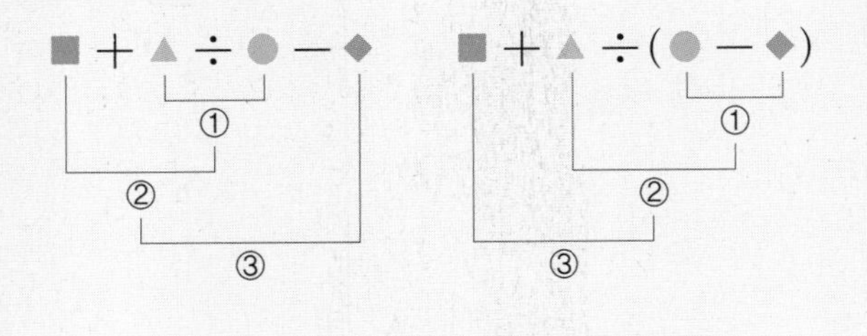

18 계산해 보세요.

(1) $19+81\div9-5$

(2) $35-(22+6)\div7$

19 계산 결과가 더 작은 식의 기호를 써 보세요.

㉠ $11+20-15\div5$

㉡ $11+(20-15)\div5$

( )

20 배 한 개는 2000원, 토마토 4개는 3600원, 한라봉 한 개는 2500원입니다. 배 한 개와 토마토 한 개를 같이 산 값은 한라봉 한 개의 값보다 얼마나 더 비싼지 하나의 식으로 나타내어 구해 보세요.

식 ....

답 ....

21 아버지는 49살, 어머니는 47살이고, 동훈이는 아버지와 어머니 나이의 합을 6으로 나눈 것보다 2살 더 적습니다. 동훈이는 몇 살일까요?

(　　　　　　　　)

5 덧셈, 뺄셈, 곱셈, 나눗셈이 섞여 있는 식

덧셈, 뺄셈, 곱셈, 나눗셈이 섞여 있는 식은 곱셈과 나눗셈을 먼저 계산하고, ( )가 있으면 ( ) 안을 가장 먼저 계산합니다.

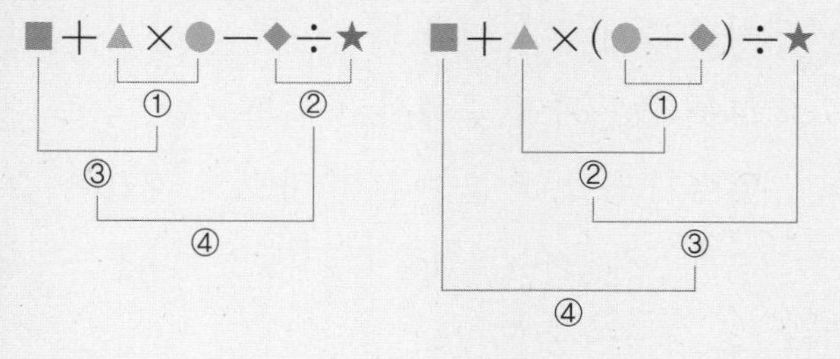

22 계산 순서에 맞게 기호를 차례로 써 보세요.

$$17 - 8 \times 3 \div 2 + 5$$

↑ ↑ ↑ ↑
㉠ ㉡ ㉢ ㉣

(　　　　　　　　)

23 계산해 보세요.

$$20 + 49 \div 7 - 3 \times 3$$

(　　　　　　　　)

24 계산이 <u>잘못된</u> 곳을 찾아 바르게 계산해 보세요.

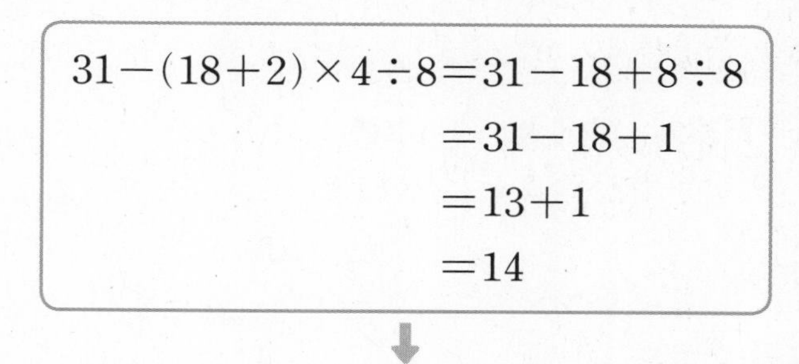

$$31-(18+2)\times4\div8=31-18+8\div8$$
$$=31-18+1$$
$$=13+1$$
$$=14$$

↓

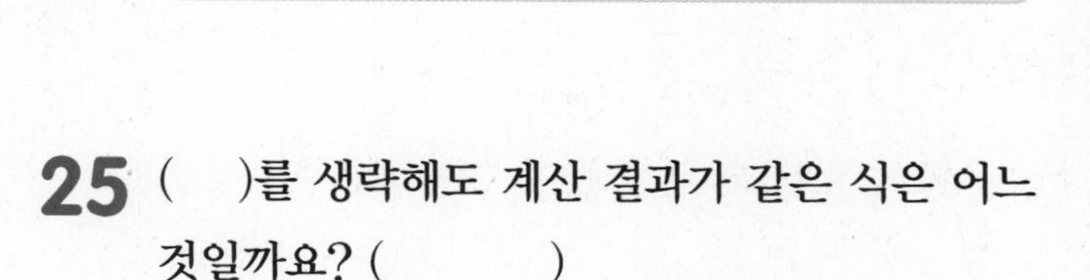

25 ( )를 생략해도 계산 결과가 같은 식은 어느 것일까요? (　　　)

① $(15-9)\div3$
② $4\times(5-2)+9$
③ $2+(18\div6)\times4$
④ $(7+2)\times5-10$
⑤ $(40-24)\div8+5\times5$

26 백화점에서 쿠키 900개를 3일 동안 방문객에게 매일 똑같은 수만큼 나누어 주려고 합니다. 첫날 오전에 남자 13명과 여자 18명에게 쿠키를 4개씩 나누어 주었습니다. 첫날 오후에 나누어 줄 수 있는 쿠키는 몇 개일까요?

(　　　　　　　　)

정답과 풀이 3쪽

6 □ 안에 알맞은 수 구하기

덧셈과 뺄셈의 관계, 곱셈과 나눗셈의 관계, 혼합 계산식의 계산 순서를 이용합니다.

예 $8+\square\times2-4=10$

$8+\square\times2=10+4=14$

$\square\times2=14-8=6$

$\square=6\div2=3$

27 □ 안에 알맞은 수를 써넣으세요.

$30-(\square+15)=8$

28 □ 안에 알맞은 수를 써넣으세요.

$9\times3+72\div\square=35$

7 ( )로 묶기

- ( )는 계산 순서를 바꾸는 역할을 합니다.
- ( )의 위치를 찾을 때 ( )를 넣어도 순서가 바뀌지 않는 경우는 계산해 보지 않아도 됩니다.

29 식이 성립하도록 ( )로 묶어 보세요.

$20 - 2 \times 5 + 3 = 4$

30 식이 성립하도록 ( )로 묶어 보세요.

$18 \div 3 \times 2 + 4 - 1 = 6$

8 어떤 수 구하기

① 어떤 수를 □라고 하여 식을 세웁니다.
② 식을 거꾸로 계산하여 □를 구합니다.

31 어떤 수를 5로 나누고 4를 곱한 다음 12를 뺐더니 8이 되었습니다. 어떤 수를 구해 보세요.

( )

32 어떤 수에 7을 더한 다음 6을 곱하고 9로 나누었더니 10이 되었습니다. 어떤 수를 구해 보세요.

( )

서술형

33 어떤 수에 3을 더한 다음 4를 곱해야 할 것을 잘못하여 어떤 수에서 3을 뺀 다음 4로 나누었더니 6이 되었습니다. 바르게 계산한 값은 얼마인지 풀이 과정을 쓰고 답을 구해 보세요.

풀이

답

응용력 기르기

약속한 규칙에 맞게 계산하기

기호 ★의 계산 방법을 보기 와 같이 약속할 때, 6★2의 계산식을 쓰고 계산해 보세요.

보기

㉠★㉡=㉠×㉡÷(㉠−㉡)

식 ....

● 핵심 NOTE 규칙에 따라 ㉠ 대신 6을, ㉡ 대신 2를 넣어 식을 만든 후 계산 순서에 따라 계산합니다.

1-1 기호 ♥의 계산 방법을 보기 와 같이 약속할 때, 20♥4의 계산식을 쓰고 계산해 보세요.

보기

㉠♥㉡=2×(㉠−㉡)+㉠÷㉡

식 ....

1-2 기호 ●의 계산 방법을 보기 와 같이 약속할 때, 1●(3●6)을 계산해 보세요.

보기

㉠●㉡=㉡×㉡−3×(㉠+㉡)

(   )

심화유형 2

□ 안에 들어갈 수 있는 수 구하기

□ 안에 들어갈 수 있는 자연수는 모두 몇 개인지 구해 보세요.

$$7\times5-\square>15+78\div6$$

(   )

● 핵심 NOTE 계산할 수 있는 부분을 먼저 계산하여 간단한 식으로 만든 다음 □ 안에 들어갈 수 있는 수를 알아봅니다.

2-1 □ 안에 들어갈 수 있는 자연수는 모두 몇 개인지 구해 보세요.

$$9+\square\times4<50-51\div3$$

(   )

2-2 □÷5의 값이 자연수일 때, □ 안에 들어갈 수 있는 자연수를 모두 구해 보세요.

$$2\times32\div(4+4)<\square\div5<9+72\div9\times3-22$$

(   )

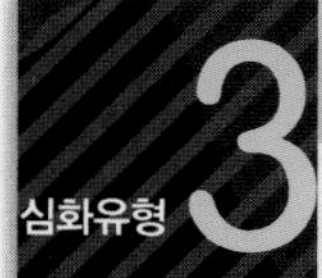

식이 성립하도록 ○ 안에 기호 넣기

식이 성립하도록 ○ 안에 $+$, $-$, $\times$, $\div$를 알맞게 써넣으세요.

$$3\times5-6\bigcirc4\div2=11$$

● **핵심 NOTE** 들어갈 수 있는 곳이 제한적인 $-$, $\div$를 넣을 수 있는지 먼저 확인해 본 후 $+$, $\times$를 넣어서 계산해 봅니다.

3-1

식이 성립하도록 ○ 안에 $+$, $-$, $\times$, $\div$를 알맞게 써넣으세요.

1

3-2

식이 성립하도록 ○ 안에 $+$, $-$, $\times$, $\div$를 알맞게 써넣으세요. (단, 같은 기호를 여러 번 사용해도 됩니다.)

$$(5\bigcirc5)\bigcirc(5\bigcirc5)=1$$

$$5\bigcirc5\bigcirc5\bigcirc5=2$$

$$(5\bigcirc5\bigcirc5)\bigcirc5=3$$

$$5\bigcirc(5\bigcirc5)\bigcirc5=7$$

$$5\bigcirc5\bigcirc5\bigcirc5=9$$

$$5\bigcirc5\bigcirc5\bigcirc5=10$$

$$5\bigcirc5\bigcirc5\bigcirc5=11$$

정답과 풀이 5쪽

수학 + 사회

남은 거리를 갈 때의 시간 계산하기

우도

우도는 제주특별자치도 제주시에 속하는 섬 중에서 가장 넓습니다. 섬의 형태가 소가 드러누웠거나 머리를 내민 모습과 같아서 우도라고 합니다. 우도는 제주특별자치도 서귀포시 성산포에서 북동쪽으로 3800 m 떨어져 있고, 성산포에서 배를 타고 갈 수 있습니다. 종호가 성산포에서 배를 타고 1분에 400 m를 가는 빠르기로 6분을 간 후, 1분에 500 m를 가는 빠르기로 2분을 더 갔습니다. 남은 거리는 1분에 80 m를 가는 빠르기로 가려고 합니다. 우도까지 가려면 몇 분을 더 가야 하는지 구해 보세요.

1단계 남은 거리를 구하는 식 세우기

2단계 더 가야 하는 시간을 하나의 식으로 나타내어 구하기

답

● 핵심 NOTE

1단계 (남은 거리)=(전체 거리)−(간 거리)

2단계 (더 가야 하는 시간)=(남은 거리)÷(1분에 가는 거리)

4-1 서울에서 전라남도 여수까지의 거리는 410 km입니다. 세영이는 버스를 타고 서울에서 출발하여 한 시간에 90 km를 가는 빠르기로 1시간을 간 후, 한 시간에 85 km를 가는 빠르기로 2시간을 더 갔습니다. 남은 거리는 한 시간에 75 km를 가는 빠르기로 가려고 합니다. 여수까지 가려면 몇 시간을 더 가야 하는지 하나의 식으로 나타내어 구해 보세요.

여수

식

답

단원 평가 Level ❶

점수

확인

1 □ 안에 알맞은 수를 써넣으세요.

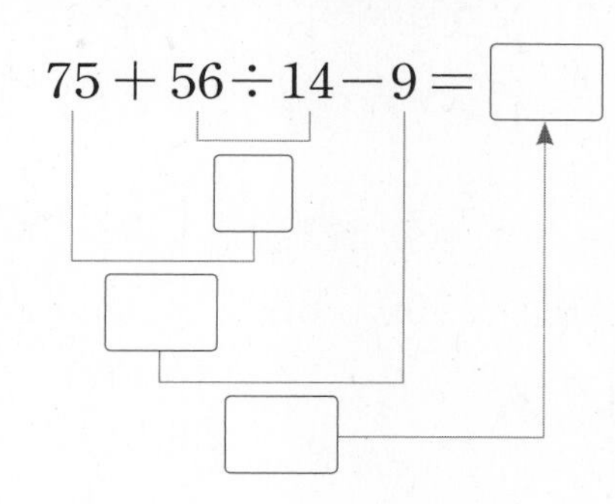

2 다음 식을 계산할 때 가장 먼저 계산해야 하는 부분은 어느 것일까요? (　　　)

$84-60+36\div(18-9)\times 4$

① $84-60$　② $60+36$
③ $36\div 18$　④ $18-9$
⑤ 9×4

3 □ 안에 알맞은 수를 써넣으세요.

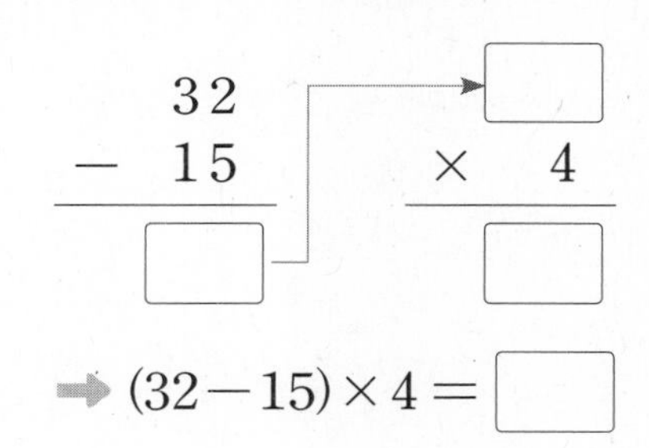

➡ $(32-15)\times 4=$ □

4 바르게 계산한 것의 기호를 써 보세요.

㉠ $42-(25+7)=24$
㉡ $81\div 9\times 5=45$

(　　　　　　　　)

5 계산 순서를 나타내고 계산해 보세요.

$80-35\div 5\times 7+16$

6 계산해 보세요.

(1) $60\div(8+2)+7$

(2) $81-13\times(6\div 3)+11$

7 두 식을 하나의 식으로 나타내어 보세요.

$8\times 3=24$
$24-11=13$

식 ……………………

8 계산 결과를 비교하여 ○ 안에 >, =, <를 알맞게 써넣으세요.

$13\times 7+5-45$ ○ $13\times(7+5)-45$

1

9 계산 결과가 같은 것을 찾아 기호를 써 보세요.

㉠ $7+6\times3-2$
㉡ $(7+6)\times3-2$
㉢ $7+(6\times3-2)$
㉣ $7+6\times(3-2)$

( )

10 문구점에 있는 학용품의 가격입니다. 은정이는 물감을 하나 샀고 미영이는 스케치북과 붓을 하나씩 샀습니다. 은정이는 미영이보다 얼마를 더 내야 하는지 하나의 식으로 나타내어 구해 보세요.

스케치북	지우개	붓	물감
2700원	800원	1200원	9600원

식

답

11 계산 결과가 가장 큰 것을 찾아 기호를 써 보세요.

㉠ $70-9\times4\div6+18$
㉡ $56-48\div(10-7)\times2+32$
㉢ $25+17\times(4+8\div2)-80$

( )

12 5000원짜리 지폐로 간식을 사려고 합니다. 자신에게 필요한 간식을 두 가지 골라 ∨표 하고, 거스름돈으로 얼마를 받아야 하는지 구해 보세요.

간식	과자	음료수	빵	사탕	캐러멜
가격(원)	1200	800	1800	500	1000
필요한 간식					

( )

13 식에서 자신이 원하는 곳에 ( )를 넣어 계산해 보세요.

$29+6\times4+16\div4$

( )

14 온도를 나타내는 단위에는 섭씨(℃)와 화씨(℉)가 있습니다. 현재 기온이 95℉일 때 섭씨로 나타내면 몇 ℃인지 구해 보세요.

(섭씨 온도) = (화씨 온도 − 32) × 10 ÷ 18

( )

15 기호 ★의 계산 방법을 다음과 같이 약속할 때, 18★6의 계산식을 쓰고 계산해 보세요.

㉠★㉡ = (㉠ − ㉡) × ㉡ + ㉠ ÷ ㉡

식

16 식이 성립하도록 ( )로 묶어 보세요.

$$8 \times 6 - 4 \div 2 + 10 = 42$$

17 식이 성립하도록 ○ 안에 +, −, ×, ÷를 알맞게 써넣으세요. (단, 같은 기호를 여러 번 사용해도 됩니다.)

(1) $2 \times 8 - 3 = 2$ ○ 8 ○ 3

(2) $1 \times 3 + 2 \times 4 = 1$ ○ 3 ○ 2 ○ 4

18 □ 안에 들어갈 수 있는 자연수는 모두 몇 개인지 구해 보세요.

$$(15+21) \times (18-6) \div 8 > 10 \times (7-\square)$$

( )

19 계산이 잘못된 곳을 찾아 이유를 쓰고 바르게 계산해 보세요.

$$(2+8 \times 6) \div 5 = (10 \times 6) \div 5$$
$$= 60 \div 5 = 12$$

↓

바른 계산

$(2+8 \times 6) \div 5$

이유

20 4장의 수 카드 1, 2, 3, 4를 한 번씩만 사용하여 계산 결과가 2가 되는 식을 만들려고 합니다. 풀이 과정을 쓰고 식을 완성해 보세요.

$$\square \times \square - \square \times \square = 2$$

풀이

식

단원 평가 Level 2

점수

확인

1 계산 순서에 맞게 □ 안에 1, 2, 3, 4를 써넣으세요.

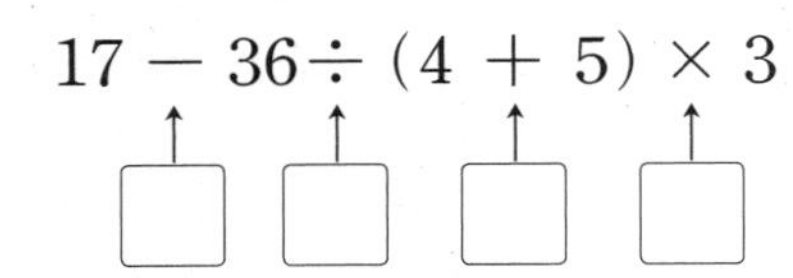

2 빈 곳에 알맞은 수를 써넣으세요.

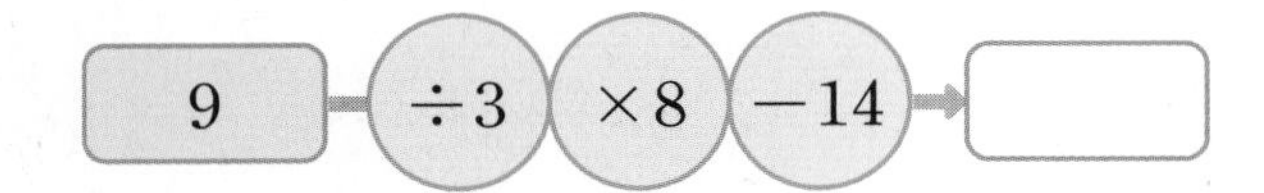

3 계산해 보세요.

(1) $4\times(6+7)-30$

(2) $5+23\times2-51\div3$

4 계산 결과가 가장 작은 것을 찾아 기호를 써 보세요.

㉠ $18-8-4+2$
㉡ $18-(8-4)+2$
㉢ $18-8-(4+2)$

(　　　　　　　　)

5 (　)를 생략해도 계산 결과가 같은 식은 어느 것일까요? (　　　　)

① $30-(15+5)$　② $48\div(6\times2)$
③ $(16+8)-3$　④ $(11-5)\times2$
⑤ $(8+12)\div4$

6 ㉠과 ㉡의 계산 결과의 차를 구해 보세요.

㉠ $5+18\div6-4$
㉡ $5+18\div(6-4)$

(　　　　　　　　)

7 풍선 40개를 학생 17명에게 2개씩 나누어 주었습니다. 남은 풍선은 몇 개인지 알아보는 식은 어느 것일까요? (　　　　)

① $40+17\times2$　② $40-17\times2$
③ $(40+17)\times2$　④ $(40-17)\times2$
⑤ $17\times2-40\div2$

8 (　)를 사용하여 두 식을 하나의 식으로 나타내어 보세요.

$8+7=15$　　$45\div15=3$

식 ....

9 시하네 반 학생은 한 모둠에 4명씩 9모둠입니다. 시하네 반 학생들을 똑같이 6팀으로 나누면 한 팀은 몇 명일까요?

(　　　　　　　　)

10 재욱이의 예금 통장 내용입니다. 2022년 5월 22일에 남은 금액은 얼마일까요?

디딤돌 은행

거래일	찾으신 금액	맡기신 금액	남은 금액
2022.05.14			2,500
2022.05.20		1,100	
2022.05.22	900		?

(　　　　　　　　)

11 조기 한 두름은 20마리이고 고등어 한 손은 2마리입니다. 조기 4두름과 고등어 8손은 모두 몇 마리일까요?

(　　　　　　　　)

12 진성이는 친구들과 떡볶이 4인분과 어묵 2인분을 사 먹었습니다. 음식값을 6명이 똑같이 나누어 낸다면 한 사람이 얼마를 내야 할까요?

떡볶이 1인분: 3500원
어묵 1인분: 2000원

(　　　　　　　　)

13 기호 ♥의 계산 방법을 다음과 같이 약속할 때, ㉠♥4 = 52에서 ㉠에 알맞은 수를 구해 보세요.

가♥나 = 가×가+나×나

(　　　　　　　　)

14 길이가 52 cm인 종이테이프를 4등분 한 것 중의 한 도막과 길이가 96 cm인 종이테이프를 6등분 한 것 중의 한 도막을 2 cm가 겹쳐지도록 이어 붙였습니다. 이어 붙인 종이테이프의 전체 길이는 몇 cm일까요?

(　　　　　　　　)

15 어떤 수를 4로 나눈 다음 13을 더해야 할 것을 잘못하여 어떤 수에 4를 곱한 다음 13을 뺐더니 19가 되었습니다. 바르게 계산하면 얼마일까요?

(　　　　　　　　)

16 식이 성립하도록 ( )로 묶어 보세요.

$40 - 30 \div 5 + 10 = 38$

17 □ 안에 들어갈 수 있는 자연수는 모두 몇 개일까요?

$\square - 2 \div 2 < 28 \div 7 + 1$

( )

18 수 카드 2, 4, 6 을 한 번씩 사용하여 다음과 같이 식을 만들려고 합니다. 계산 결과가 가장 클 때와 가장 작을 때는 각각 얼마인지 구해 보세요.

$48 \div (\square \times \square) + \square$

가장 클 때 ( )
가장 작을 때 ( )

19 식에 알맞은 문제를 만들고 풀어 보세요.

$1000 - 1200 \div 3$

문제

답

20 지우개가 한 묶음에 8개씩 15묶음 있습니다. 이 지우개를 한 모둠에 12명씩 2모둠의 사람들에게 똑같이 나누어 주려고 합니다. 한 사람에게 지우개를 몇 개씩 줄 수 있는지 하나의 식으로 나타내어 구하려고 합니다. 풀이 과정을 쓰고 답을 구해 보세요.

풀이

답

사고력이 반짝

● 곰은 누구랑 통화하고 있을까요?

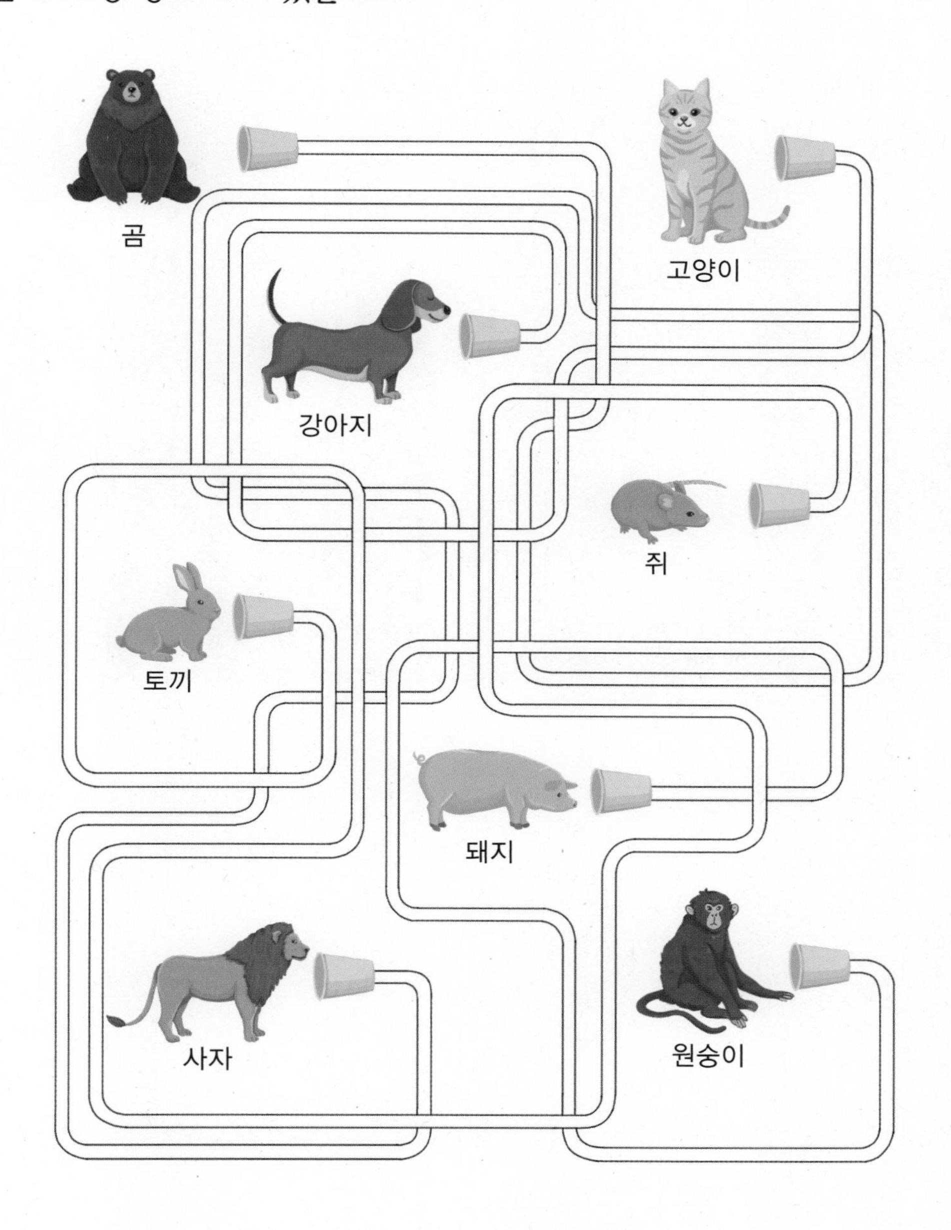

2 약수와 배수

나눗셈과 곱셈을 할 줄 안다고?

약수와 배수를 알고 있는 거야!

약수는 나눗셈으로, 배수는 곱셈으로!

약수	배수
어떤 수를 나누어떨어지게 하는 수	어떤 수를 1배, 2배, 3배, ... 한 수
$4 \div 1 = 4$	$4 \times 1 = 4$
$4 \div 2 = 2$	$4 \times 2 = 8$
$4 \div 3 = 1 \cdots 1$	$4 \times 3 = 12$
$4 \div 4 = 1$	$4 \times 4 = 16$
	$4 \times 5 = 20$
	⋮

약수의 개수는 정해져 있지만
배수는 셀 수 없이 많아!

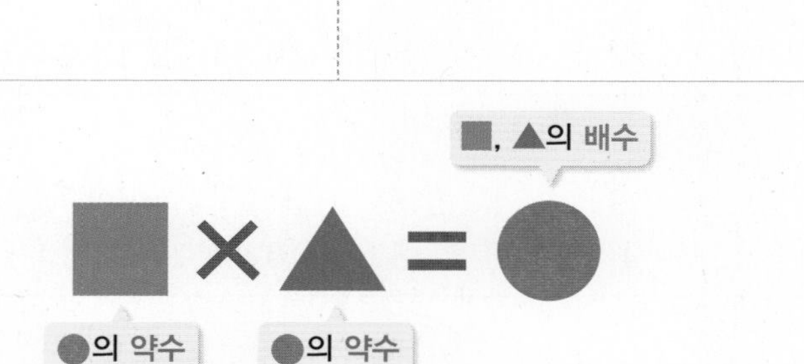

1 약수와 배수를 찾아볼까요

● **약수**

• 약수: 어떤 수를 나누어떨어지게 하는 수 (나누어떨어지게 → 나머지가 0이 되도록)

• 6의 약수 구하기

$$6 \div 1 = 6$$
$$6 \div 2 = 3$$
$$6 \div 3 = 2$$
$$6 \div 6 = 1$$

6을 나누어떨어지게 하는 수
6의 약수 ➡ 1, 2, 3, 6

● **배수**

• 배수: 어떤 수를 1배, 2배, 3배, ... 한 수

• 6의 배수 구하기 → 6단 곱셈구구와 같습니다.

$$6 \times 1 = 6$$
$$6 \times 2 = 12$$
$$6 \times 3 = 18$$
$$6 \times 4 = 24$$
$$\vdots \qquad \vdots$$

6을 1배, 2배, 3배, ... 한 수
6의 배수 ➡ 6, 12, 18, 24, ...

약수의 성질
• 어떤 수의 약수 중 가장 큰 약수는 자기 자신입니다.
• 1은 모든 수의 약수입니다.

곱셈으로 약수 구하기

1 2 3 6 (2와 3을 ×, 1과 6을 ×)

$1 \times 6 = 6$, $2 \times 3 = 6$
➡ 6의 약수: 1, 2, 3, 6

배수의 성질
어떤 수의 배수 중 가장 작은 배수는 자기 자신입니다.

약수는 셀 수 있지만 배수는 셀 수 없이 많습니다.

1 수직선을 보고 주어진 수의 배수에 각각 ●표 하세요.

2의 배수
0 1 2 3 4 5 6 7 8 9 10 11 12 13 14 15 16 17 18 19 20 21 22 23 24 25

4의 배수
0 1 2 3 4 5 6 7 8 9 10 11 12 13 14 15 16 17 18 19 20 21 22 23 24 25

6의 배수
0 1 2 3 4 5 6 7 8 9 10 11 12 13 14 15 16 17 18 19 20 21 22 23 24 25

2 12의 약수를 모두 써 보세요.

$12 \div 1 = 12 \quad 12 \div 2 = 6 \quad 12 \div 3 = 4$

(　　　　　　　　　　　　　　)

3 □ 안에 알맞은 수를 써넣고 약수를 구해 보세요.

$10 \div \square = 10 \qquad 10 \div \square = 5$

$10 \div \square = 2 \qquad 10 \div \square = 1$

10의 약수 ➡ ....

4 수 배열표를 보고 3의 배수를 모두 찾아 ○표 하세요.

1	2	3	4	5	6	7	8	9	10
11	12	13	14	15	16	17	18	19	20
21	22	23	24	25	26	27	28	29	30
31	32	33	34	35	36	37	38	39	40

5 27의 약수를 모두 찾아 써 보세요.

1　3　4　7　8
9　12　18　21　27

(　　　　　　　　　　　　　　)

6 배수를 가장 작은 수부터 차례로 5개 써 보세요.

(1) 6의 배수

(　　　　　　　　　　　　　　)

(2) 9의 배수

(　　　　　　　　　　　　　　)

7 약수를 모두 구해 보세요.

(1) 15의 약수 ➡ ....

(2) 20의 약수 ➡ ....

2

8 11의 배수를 모두 찾아 써 보세요.

43　22　56　77　84

(　　　　　　　　　　　　　　)

9 왼쪽 수가 오른쪽 수의 약수인 것에 ○표, 아닌 것에 ×표 하세요.

(1) | 5 | 15 | (　　)

(2) | 9 | 24 | (　　)

2 곱을 이용하여 약수와 배수의 관계를 알아볼까요

12를 두 수의 곱으로 나타내기

하나의 곱셈식으로 약수와 배수를 모두 구할 수 있습니다.

$$\overset{■}{12} = \overset{▲}{1} \times \overset{●}{12} = \overset{▲}{2} \times \overset{●}{6} = \overset{▲}{3} \times \overset{●}{4}$$

➡ 12는 1, 2, 3, 4, 6, 12의 배수

➡ 1, 2, 3, 4, 6, 12는 12의 약수

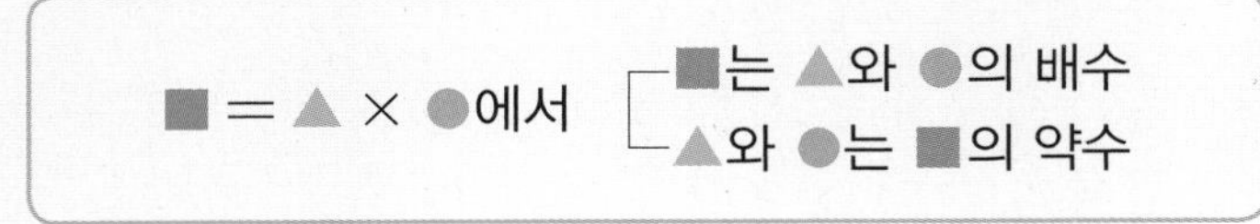

12를 여러 수의 곱으로 나타내기

$12 = 1 \times 12$
$= 2 \times 6$
$= 2 \times 3 \times 2$ → 2×3×2, 3×2×2, 2×2×3 모두 같은 식입니다.

$12 = 3 \times 4$
$= 3 \times 2 \times 2$

➡ 12는 1, 2, 3, 4, 6, 12의 배수

➡ 1, 2, 3, 4, 6, 12는 12의 약수

3 —배수→ 12
3 ←약수— 12

여러 수의 곱으로 나타내는 방법

① 두 수의 곱으로 나타냅니다.
$40 = 10 \times 4$

② 두 수의 곱으로 나타낸 수를 다시 두 수의 곱으로 나타냅니다.
$40 = 10 \times 4$
$= 5 \times 2 \times 2 \times 2$

약수와 배수의 관계

3	18

큰 수를 작은 수로 나누었을 때 나누어떨어지면 약수와 배수의 관계입니다.

➡ $18 \div 3 = 6$이므로 3과 18은 약수와 배수의 관계입니다.

1 곱을 이용하여 약수와 배수의 관계를 알아보려고 합니다. □ 안에 알맞게 써넣으세요.

$10 = 1 \times 10$ $10 = 2 \times 5$

(1) 1은 10의 □, 10은 1의 □입니다.

(2) 2는 □의 약수, □은 2의 배수입니다.

(3) 5는 10의 □, 10은 5의 □입니다.

(4) 10은 □의 약수, □은 10의 배수입니다.

2 6을 두 수의 곱으로 나타내고 약수와 배수의 관계를 알아보려고 합니다. □ 안에 알맞은 수를 써넣으세요.

(1) 6을 두 수의 곱으로 나타내기

$6 = 1 \times □$, $6 = □ \times □$

(2) 6은 1, □, □, □의 배수입니다.

(3) □, □, □, □은/는 6의 약수입니다.

3 □ 안에 알맞은 수를 써넣으세요.

(1) 4의 약수는 □, □, □입니다.

(2) 4는 □, □, □의 배수입니다.

4 식을 보고 □ 안에 알맞은 말을 써넣으세요.

$72 = 8 \times 9$

(1) 72는 8과 9의 □입니다.

(2) 8과 9는 72의 □입니다.

5 20을 여러 수의 곱으로 나타내어 약수와 배수의 관계를 써 보세요.

$20 = 1 \times 20$
$20 = 2 \times 10$
$\quad = 2 \times \square \times \square$
$20 = 5 \times 4$
$\quad = 5 \times \square \times \square$

20은 .... 의 배수이고

.... 은/는 20의 약수입니다.

6 36과 약수와 배수의 관계가 아닌 수는 어느 것일까요? (   )

① 1 ② 3 ③ 9
④ 24 ⑤ 36

7 두 수가 약수와 배수의 관계인 것에 ○표, 아닌 것에 ×표 하세요.

(1) | 4 | 12 | (   )

(2) | 6 | 16 | (   )

8 두 수가 약수와 배수의 관계가 되도록 빈 곳에 알맞은 수를 써넣으세요.

(1) | □ | 16 |

(2) | 5 | □ |

9 식을 보고 바르게 설명한 것은 어느 것일까요? (   )

$42 = 6 \times 7$

① 42는 7의 약수입니다.
② 6은 7의 약수입니다.
③ 42는 6의 배수입니다.
④ 7은 6의 배수입니다.
⑤ 6은 42와 7의 배수입니다.

3 공약수와 최대공약수를 구해 볼까요

● 8과 12의 공약수와 최대공약수

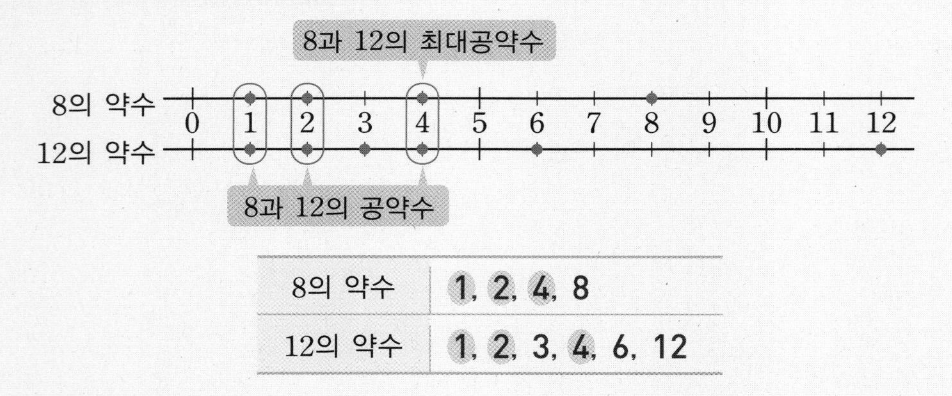

8의 약수	1, 2, 4, 8
12의 약수	1, 2, 3, 4, 6, 12

- 8과 12의 공통된 약수 ➡ **1, 2, 4** ⬅ 8과 12의 공약수
- 공약수 중에서 가장 큰 수 ➡ **4** ⬅ 8과 12의 최대공약수
- 8과 12의 최대공약수의 약수 ➡ **1, 2, 4** ⬅ 8과 12의 공약수

➡ 최대공약수의 약수가 공약수입니다.

그림으로 알아보기

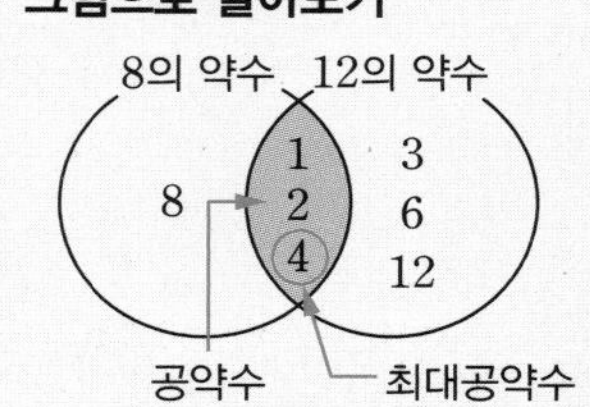

두 수의 공약수 중에서 가장 작은 수는 항상 1이기 때문에 최소공약수를 따로 구하지는 않습니다.

1 같은 색깔의 조각만 사용하여 비어 있는 두 곳을 채우려고 합니다. □ 안에 알맞은 수를 써넣으세요.

■: 1칸
■■: 2칸
■■■: 3칸
■■■■: 4칸

(1) 6칸을 채울 수 있는 조각은 □칸, □칸, □칸이고, 9칸을 채울 수 있는 조각은 □칸, □칸입니다.

(2) 6칸과 9칸의 빈 곳을 동시에 채울 수 있는 조각은 □칸, □칸입니다.

(3) 두 곳을 모두 채울 수 있는 가장 큰 조각은 □칸입니다.

2 10과 30의 공통된 약수를 구하려고 합니다. 물음에 답하세요.

1	2	3	4	5	6	7	8	9	10
11	12	13	14	15	16	17	18	19	20
21	22	23	24	25	26	27	28	29	30

(1) 10의 약수에 ○표, 30의 약수에 △표 하세요.

(2) ○표와 △표가 동시에 표시된 수를 모두 쓰면 .... 입니다.

(3) (2)에서 구한 수를 □(이)라고 합니다.

(4) (2)에서 구한 수 중 가장 큰 수는 □입니다.

(5) (4)에서 구한 수를 □(이)라고 합니다.

3 18과 27의 공약수와 최대공약수를 나타낸 그림입니다. 공약수와 최대공약수를 써 보세요.

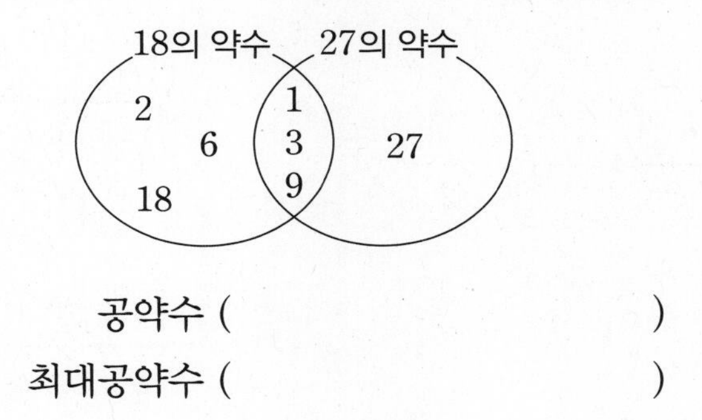

공약수 (　　　　　　　　　　)
최대공약수 (　　　　　　　　　　)

4 15와 24의 공약수와 최대공약수를 써 보세요.

15의 약수: 1, 3, 5, 15
24의 약수: 1, 2, 3, 4, 6, 8, 12, 24

공약수 (　　　　　　　　　　)
최대공약수 (　　　　　　　　　　)

5 4와 12의 공약수와 최대공약수를 구하려고 합니다. 물음에 답하세요.

(1) 위쪽 수직선에는 4의 약수, 아래쪽 수직선에는 12의 약수를 찾아 각각 •표 하세요.

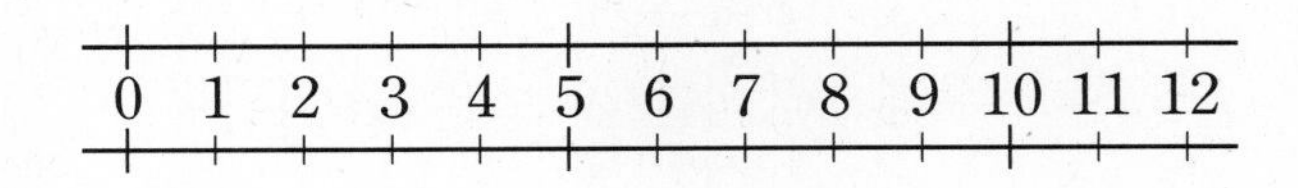

(2) 공약수와 최대공약수를 써 보세요.

공약수 (　　　　　　　　　　)
최대공약수 (　　　　　　　　　　)

6 15와 20의 공약수는 모두 몇 개인지 구해 보세요.

(　　　　　　　　　　)

7 12와 28의 최대공약수를 구하려고 합니다. 물음에 답하세요.

12의 약수						
28의 약수						

(1) 빈칸에 알맞은 수를 써넣고, 공약수를 모두 찾아 ○표 하세요.

(2) 최대공약수를 써 보세요.

(　　　　　　　　　　)

(3) 최대공약수의 약수를 써 보세요.

(　　　　　　　　　　)

(4) 12와 28의 공약수와 12와 28의 최대공약수의 약수는 (같습니다 , 다릅니다).

8 어떤 두 수의 최대공약수가 8일 때 두 수의 공약수를 모두 써 보세요.

(　　　　　　　　　　)

9 15와 21을 어떤 수로 나누면 두 수 모두 나누어떨어집니다. 어떤 수 중에서 가장 큰 수를 구해 보세요.

(　　　　　　　　　　)

4 최대공약수 구하는 방법을 알아볼까요

방법 1 두 수의 곱으로 나타낸 곱셈식 이용하기

$8 = 1 \times 8$ $\quad$ $12 = 1 \times 12$

$8 = 2 \times 4$ $\quad$ $12 = 2 \times 6$

$12 = 3 \times 4$

공통으로 들어 있는 수가 가장 큰 식을 찾습니다.

최대공약수: 공통으로 들어 있는 수 중에서 가장 큰 수

$8 = 2 \times 4$ $\quad$ $12 = 3 \times 4$

8과 12의 최대공약수

방법 2 여러 수의 곱으로 나타낸 곱셈식 이용하기

수가 커서 두 수의 곱으로 구하기 어려울 때 이용하면 편리합니다.

$60 = 6 \times 10$ $\quad$ $84 = 7 \times 12$

$60 = 3 \times 2 \times 5 \times 2$ $\quad$ $84 = 7 \times 6 \times 2$

$84 = 7 \times 3 \times 2 \times 2$

최대공약수: 공통으로 들어 있는 곱셈식

$60 = 5 \times 3 \times 2 \times 2$ $\quad$ $84 = 7 \times 3 \times 2 \times 2$

60과 84의 최대공약수

방법 3 공약수 이용하기

60과 84의 공약수 → 2) 60 84

30과 42의 공약수 → 2) 30 42

15와 21의 공약수 → 3) 15 21

× $\quad$ 5 $\quad$ 7

12 $\quad$ 두 수의 공약수가 1밖에 없습니다.

① 1 이외의 공약수로 60과 84를 나누고 각각의 몫을 밑에 씁니다.

② 1 이외의 공약수로 밑에 쓴 두 몫을 나누고 각각의 몫을 밑에 씁니다.

③ 1 이외의 공약수가 없을 때까지 나눗셈을 계속합니다.

④ 나눈 공약수들의 곱이 처음 두 수의 최대공약수가 됩니다.

1 15와 40을 두 수의 곱으로 나타낸 곱셈식을 보고 물음에 답하세요.

$15 = 1 \times 15$	$40 = 1 \times 40$
$15 = 3 \times 5$	$40 = 2 \times 20$
	$40 = 4 \times 10$
	$40 = 5 \times 8$

(1) 15와 40의 최대공약수를 구하기 위한 두 수의 곱셈식을 써 보세요.

$15 = \square \times \square$

$40 = \square \times \square$

(2) 15와 40의 최대공약수는 공통으로 들어 있는 수 중에서 가장 큰 수인 $\square$ 입니다.

2 36과 88을 여러 수의 곱으로 나타낸 곱셈식을 보고 물음에 답하세요.

$36 = 4 \times 9$	$88 = 8 \times 11$
$36 = 6 \times 6$	$88 = 4 \times 22$
$36 = 2 \times 3 \times 2 \times 3$	$88 = 2 \times 2 \times 2 \times 11$

(1) 36과 88의 최대공약수를 구하기 위한 여러 수의 곱셈식을 써 보세요.

$36 = \square \times \square \times \square \times \square$

$88 = \square \times \square \times \square \times \square$

(2) 36과 88의 최대공약수는 공통으로 들어 있는 곱셈식이 ______________ 이므로 $\square$ 입니다.

3 24와 32의 최대공약수를 구하려고 합니다. □ 안에 알맞은 수를 써넣으세요.

$$\begin{array}{r|rr} 2 & 24 & 32 \\ \hline 2 & 12 & 16 \\ \hline 2 & 6 & 8 \\ \hline & 3 & 4 \end{array}$$

최대공약수: □×□×□=□

4 □ 안에 알맞은 수를 써넣고, 36과 30의 최대공약수를 구해 보세요.

$36=2\times2\times\square\times\square$

$30=2\times\square\times\square$

(　　　　　　)

5 보기 와 같은 방법으로 두 수의 최대공약수를 구해 보세요.

보기

$$\begin{array}{r|rr} 2 & 12 & 28 \\ \hline 2 & 6 & 14 \\ \hline & 3 & 7 \end{array}$$

최대공약수: $2\times2=4$

$$\begin{array}{r|rr} & 36 & 42 \\ \hline \end{array}$$

최대공약수: ....

6 두 수의 최대공약수를 구해 보세요.

(1) 27　45

(　　　　　　)

(2) 26　65

(　　　　　　)

7 빈칸에 알맞은 수를 써넣으세요.

수	최대공약수	공약수
(15, 21)		
(16, 48)		

8 18과 60의 최대공약수를 두 가지 방법으로 구해 보세요.

방법 1 여러 수의 곱으로 나타내기

18 = ...

60 = ...

18과 60의 최대공약수: ....

방법 2 공약수로 나누기

$$\begin{array}{r|rr} & 18 & 60 \\ \hline \end{array}$$

18과 60의 최대공약수: ....

5 공배수와 최소공배수를 구해 볼까요

● 2와 3의 공배수와 최소공배수

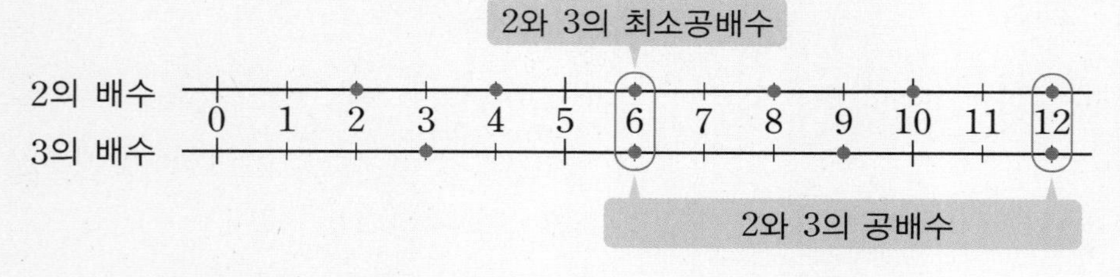

2의 배수	2, 4, 6, 8, 10, 12, 14, 16, 18, ...
3의 배수	3, 6, 9, 12, 15, 18, ...

- 2와 3의 공통된 배수 ➡ **6, 12, 18, ...** ⬅ 2와 3의 공배수
- 2와 3의 공배수 중에서 가장 작은 수 ➡ **6** ⬅ 2와 3의 최소공배수
- 2와 3의 최소공배수의 배수 ➡ **6, 12, 18, ...** ⬅ 2와 3의 공배수

➡ 최소공배수의 배수가 공배수입니다.

그림으로 알아보기

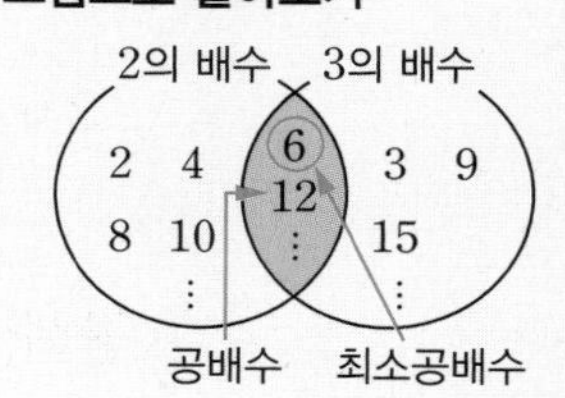

두 수의 공배수는 셀 수 없이 많고 무한정 커지므로 최대공배수는 구할 수 없습니다.

1 흰색과 검은색 바둑돌이 놓여 있습니다. 검은색 바둑돌이 나란히 놓인 곳은 어디인지 알아보려고 합니다. □ 안에 알맞게 써넣으세요.

가 ○●

(1) 가는 □, □ 바둑돌이 반복됩니다.

(2) 나는 □, □, □, □ 바둑돌이 반복됩니다.

(3) 검은색 바둑돌이 나란히 놓인 곳은 □번째, □번째, □번째, □번째입니다.

(4) 검은색 바둑돌이 처음으로 나란히 놓인 곳은 □번째입니다.

2 3과 4의 공통된 배수를 구하려고 합니다. 물음에 답하세요.

1	2	3	4	5	6	7	8	9	10
11	12	13	14	15	16	17	18	19	20
21	22	23	24	25	26	27	28	29	30

(1) 3의 배수에 ○표, 4의 배수에 △표 하세요.

(2) ○표와 △표가 동시에 표시된 수를 모두 쓰면 ________ 입니다.

(3) (2)에서 구한 수를 □(이)라고 합니다.

(4) (2)에서 구한 수 중 가장 작은 수는 □입니다.

(5) (4)에서 구한 수를 □(이)라고 합니다.

3 6과 9의 공배수와 최소공배수를 나타낸 그림입니다. 공배수와 최소공배수를 써 보세요.

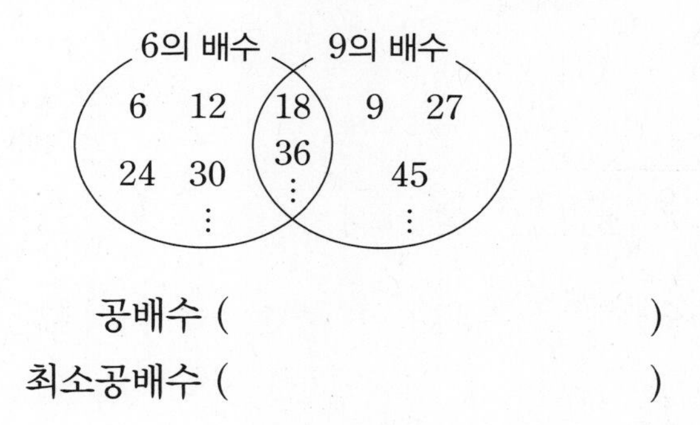

공배수 (　　　　　　　　　　)
최소공배수 (　　　　　　　　　　)

4 4와 10의 공배수와 최소공배수를 써 보세요.

4의 배수: 4, 8, 12, 16, 20, 24, 28, 32, 36, 40, ...
10의 배수: 10, 20, 30, 40, ...

공배수 (　　　　　　　　　　)
최소공배수 (　　　　　　　　　　)

6 12와 8의 최소공배수를 구하려고 합니다. 물음에 답하세요.

12의 배수								...
8의 배수								...

(1) 빈칸에 알맞은 수를 써넣고, 공배수를 모두 찾아 ○표 하세요.

(2) 최소공배수를 써 보세요.

(　　　　　　　　　　)

(3) 최소공배수의 배수를 가장 작은 수부터 3개 써 보세요.

(　　　　　　　　　　)

(4) 12와 8의 공배수와 12와 8의 최소공배수의 배수는 (같습니다 , 다릅니다).

7 어떤 두 수의 최소공배수가 16일 때 두 수의 공배수를 가장 작은 수부터 3개 써 보세요.

(　　　　　　　　　　)

8 11부터 40까지의 수 중에서 3의 배수이면서 5의 배수인 수를 모두 써 보세요.

(　　　　　　　　　　)

5 4와 12의 공배수와 최소공배수를 구하려고 합니다. 물음에 답하세요.

(1) 위쪽 수직선에는 4의 배수, 아래쪽 수직선에는 12의 배수를 찾아 각각 •표 하세요.

0 1 2 3 4 5 6 7 8 9 10 11 12 13 14 15 16 17 18 19 20 21 22 23 24 25 26 27 28 29 30 31 32 33 34 35 36 37 38 39 40

(2) 공배수와 최소공배수를 써 보세요.

공배수 (　　　　　　　　　　), 최소공배수 (　　　　　　　　　　)

6 최소공배수 구하는 방법을 알아볼까요

방법 1 두 수의 곱으로 나타낸 곱셈식 이용하기

$8 = 1 \times 8$
$8 = 2 \times 4$

$12 = 1 \times 12$
$12 = 2 \times 6$
$12 = 3 \times 4$

공통으로 들어 있는 수가 가장 큰 식을 찾습니다.

최소공배수: 공통으로 들어 있는 가장 큰 수와 남은 수 곱하기

$8 = 2 \times 4$
$12 = 3 \times 4$ → $4 \times 2 \times 3 = 24$

방법 2 여러 수의 곱으로 나타낸 곱셈식 이용하기

수가 커서 두 수의 곱으로 구하기 어려울 때 이용하면 편리합니다.

$60 = 6 \times 10$
$60 = 3 \times 2 \times 5 \times 2$

$84 = 7 \times 12$
$84 = 7 \times 6 \times 2$
$84 = 7 \times 3 \times 2 \times 2$

최소공배수: 공통으로 들어 있는 곱셈식에 남은 수 곱하기

$60 = 5 \times 3 \times 2 \times 2$
$84 = 7 \times 3 \times 2 \times 2$ → $3 \times 2 \times 2 \times 5 \times 7 = 420$

방법 3 공약수로 나누기

60과 84의 공약수 → 2) 60 84
30과 42의 공약수 → 2) 30 42
15와 21의 공약수 → 3) 15 21
× 5 7 (두 수의 공약수가 1밖에 없습니다.)
420

① 1 이외의 공약수로 60과 84를 나누고 각각의 몫을 밑에 씁니다.
② 1 이외의 공약수로 밑에 쓴 두 몫을 나누고 각각의 몫을 밑에 씁니다.
③ 1 이외의 공약수가 없을 때까지 나눗셈을 계속합니다.
④ 나눈 공약수와 밑에 남은 몫을 모두 곱하면 처음 두 수의 최소공배수가 됩니다.

1 16과 20을 두 수의 곱으로 나타낸 곱셈식을 보고 물음에 답하세요.

$16 = 1 \times 16$	$20 = 1 \times 20$
$16 = 2 \times 8$	$20 = 2 \times 10$
$16 = 4 \times 4$	$20 = 4 \times 5$

(1) 16과 20의 최소공배수를 구하기 위한 두 수의 곱셈식을 써 보세요.

$16 = \square \times \square$
$20 = \square \times \square$

(2) 16과 20의 최소공배수는

$\square \times \square \times \square = \square$입니다.

2 10과 30을 여러 수의 곱으로 나타낸 곱셈식을 보고 물음에 답하세요.

$10 = 5 \times 2$	$30 = 3 \times 10$
	$30 = 3 \times 5 \times 2$

(1) 10과 30의 최소공배수를 구하기 위한 여러 수의 곱셈식을 써 보세요.

$10 =$ ....
$30 =$ ....

(2) 10과 30의 최소공배수는

$\square \times \square \times \square = \square$입니다.

3 27과 63의 최소공배수를 구하려고 합니다. □ 안에 알맞은 수를 써넣으세요.

$$\begin{array}{r|rr} 3 & 27 & 63 \\ \hline 3 & 9 & 21 \\ \hline & 3 & 7 \end{array}$$

최소공배수: □×□×□×□

=□

4 □ 안에 알맞은 수를 써넣고, 20과 28의 최소공배수를 구해 보세요.

20 = 2×□×□

28 = 2×□×□

(　　　　　　　　)

5 보기 와 같은 방법으로 두 수의 최소공배수를 구해 보세요.

보기

$$\begin{array}{r|rr} 2 & 18 & 24 \\ \hline 3 & 9 & 12 \\ \hline & 3 & 4 \end{array}$$

최소공배수: 2×3×3×4 = 72

$$\begin{array}{r|rr} & 12 & 16 \\ \hline \end{array}$$

최소공배수: ....

6 두 수의 최소공배수를 구해 보세요.

(1) 9　15

(　　　　　　　　)

(2) 20　25

(　　　　　　　　)

7 빈칸에 알맞은 수를 써넣으세요. (단, 공배수는 가장 작은 수부터 3개만 써 보세요.)

수	최소공배수	공배수
(6, 9)		
(10, 18)		

8 15와 27의 최소공배수를 두 가지 방법으로 구해 보세요.

방법 1 두 수의 곱으로 나타내기

15 = ...

27 = ...

15와 27의 최소공배수: ....

방법 2 공약수로 나누기

$$\begin{array}{r|rr} & 15 & 27 \\ \hline \end{array}$$

15와 27의 최소공배수: ....

개념 적용

기본기 다지기

1 약수와 배수

• 약수: 어떤 수를 나누어떨어지게 하는 수

예 8의 약수 구하기

$8\div1=8$, $8\div2=4$, $8\div4=2$,

$8\div8=1$

➡ 8의 약수: 1, 2, 4, 8

• 배수: 어떤 수를 1배, 2배, 3배, ... 한 수

예 4의 배수 구하기

$4\times1=4$, $4\times2=8$, $4\times3=12$, ...

➡ 4의 배수: 4, 8, 12, ...

1 왼쪽 수가 오른쪽 수의 약수인 것에 ○표 하세요.

3	15

( )

5	42

( )

7	54

( )

9	36

( )

서술형

2 6은 96의 약수일까요? 그렇게 생각한 이유를 써 보세요.

답

이유

3 18의 약수는 모두 몇 개일까요?

( )

4 수 배열표를 보고 4의 배수에는 ○표, 9의 배수에는 △표 하세요.

1	2	3	4	5	6	7	8	9	10
11	12	13	14	15	16	17	18	19	20
21	22	23	24	25	26	27	28	29	30
31	32	33	34	35	36	37	38	39	40
41	42	43	44	45	46	47	48	49	50

5 어떤 수의 약수를 가장 작은 수부터 차례로 모두 쓴 것입니다. 물음에 답하세요.

1, 2, 3, 4, □, 9, 12, □, 36

(1) 어떤 수는 얼마일까요?

( )

(2) □ 안에 알맞은 수를 써넣으세요.

6 어떤 수의 배수를 가장 작은 수부터 차례로 쓴 것입니다. □ 안에 알맞은 수를 써넣으세요.

5, 10, □, 20, 25, □, 35, ...

7 약수가 가장 많은 수를 찾아 써 보세요.

5 9 12 16 35

( )

8 어떤 수의 배수를 가장 작은 수부터 차례로 쓴 것입니다. 12번째 수를 구해 보세요.

7, 14, 21, 28, 35, 42, ...

( )

서술형

9 9의 배수는 모두 3의 배수일까요? 그렇게 생각한 이유를 써 보세요.

답

이유

10 6의 배수 중에서 70에 가장 가까운 수를 구해 보세요.

( )

11 4의 배수는 끝의 두 자리 수가 00이거나 4의 배수입니다. 다음 중 4의 배수를 모두 찾아 써 보세요.

124 250 300 662

( )

12 종하는 젤리 24개를 친구들에게 남김없이 똑같이 나누어 주려고 합니다. 다음 중 나누어 줄 수 있는 친구 수가 아닌 것은 어느 것일까요? ( )

① 2명 ② 3명 ③ 4명
④ 5명 ⑤ 6명

13 영지는 호두 45개를 여러 개의 접시에 남김없이 똑같이 나누어 담으려고 합니다. 호두를 접시에 나누어 담는 방법은 모두 몇 가지일까요?
(단, 1개보다 많은 접시를 사용합니다.)

( )

14 은빈이는 4일에 한 번씩 피아노를 배웁니다. 4월 2일에 처음으로 피아노를 배웠다면 여섯 번째로 피아노를 배우는 날은 몇 월 며칠일까요?

( )

15 터미널에서 고속버스가 오전 8시부터 8분 간격으로 출발합니다. 오전 9시까지 고속버스는 몇 번 출발할까요?

( )

2 약수와 배수의 관계

● = ▲ × ■ ➡ ●는 ▲와 ■의 배수 / ▲와 ■는 ●의 약수

예 $10 = 1 \times 10$, $10 = 2 \times 5$

➡ 10은 1, 2, 5, 10의 배수입니다.

1, 2, 5, 10은 10의 약수입니다.

16 두 수가 약수와 배수의 관계인 것에 ○표, 아닌 것에 ×표 하세요.

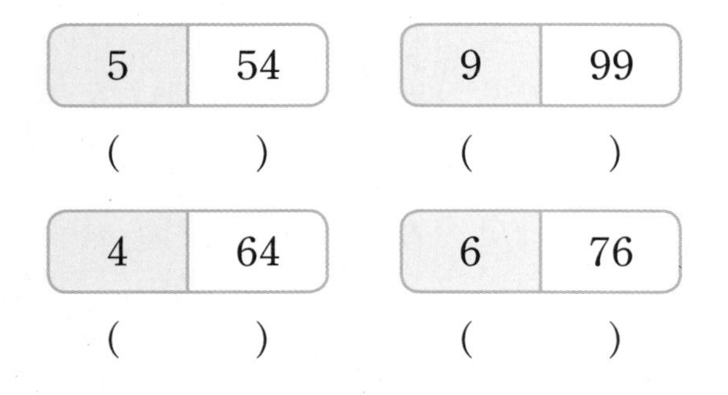

17 8은 64의 약수이고 64는 8의 배수입니다. 이 관계를 나타내는 식을 써 보세요.

식 ....

18 42를 여러 수의 곱으로 나타낸 식을 보고 바르게 설명한 것을 모두 고르세요. (　　　　)

$42 = 2 \times 3 \times 7$

① 42는 3의 약수입니다.
② 7은 42의 배수입니다.
③ 3×7은 42의 약수입니다.
④ 42의 약수는 2, 3, 7뿐입니다.
⑤ 42는 2×3의 배수입니다.

19 약수와 배수의 관계인 수를 모두 찾아 써 보세요.

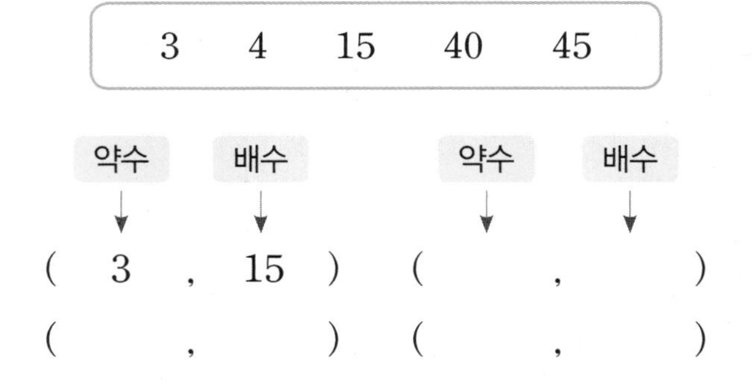

20 16과 약수와 배수의 관계인 수를 모두 찾아 써 보세요.

4　8　12　24　32

(　　　　　　　　　　)

21 오른쪽 수는 왼쪽 수의 배수입니다. □ 안에 들어갈 수 있는 수를 모두 구해 보세요.

(□, 30)

(　　　　　　　　　　)

22 4의 배수인 어떤 수가 있습니다. 이 수의 약수를 모두 더하였더니 28이 되었습니다. 어떤 수를 구해 보세요.

(　　　　　　　　　　)

3 공약수와 최대공약수

- 공약수: 공통된 약수
- 최대공약수: 공약수 중에서 가장 큰 수

예 12와 30의 공약수와 최대공약수 구하기

12의 약수: 1, 2, 3, 4, 6, 12

30의 약수: 1, 2, 3, 5, 6, 10, 15, 30

➡ 12와 30의 공약수: 1, 2, 3, 6

➡ 12와 30의 최대공약수: 6

23 10과 15의 공약수는 모두 몇 개일까요?

( )

24 16과 40을 어떤 수로 나누면 두 수 모두 나누어떨어집니다. 어떤 수 중에서 가장 큰 수는 얼마일까요?

( )

서술형

25 어떤 두 수의 최대공약수가 9일 때 두 수의 공약수를 모두 구하려고 합니다. 풀이 과정을 쓰고 답을 구해 보세요.

풀이

답

4 최대공약수 구하는 방법

예 12와 18의 최대공약수 구하기

```
2) 12  18
3)  6   9
    2   3
```

➡ 최대공약수: $2 \times 3 = 6$

서술형

26 두 수의 최대공약수를 두 가지 방법으로 구해 보세요.

8　　12

방법 1

방법 2

27 두 수의 최대공약수가 더 큰 것의 기호를 써 보세요.

㉠ (8, 24)　　㉡ (18, 27)

( )

28 ㉠과 ㉡의 최대공약수가 14일 때 ㉠, ㉡에 알맞은 수를 각각 구해 보세요.

```
□) ㉠  ㉡
7) 14  21
    2   3
```

㉠ ( )

㉡ ( )

5 공배수와 최소공배수

- 공배수: 공통된 배수
- 최소공배수: 공배수 중에서 가장 작은 수

㉠ 2와 3의 공배수와 최소공배수 구하기

2의 배수: 2, 4, 6, 8, 10, 12, 14, 16, 18, ...

3의 배수: 3, 6, 9, 12, 15, 18, 21, ...

➡ 2와 3의 공배수: 6, 12, 18, ...

2와 3의 최소공배수: 6

29 4의 배수이면서 6의 배수인 수는 어느 것일까요? (　　　)

① 16　② 28　③ 32　④ 36　⑤ 38

30 30부터 60까지의 수 중에서 3과 5의 공배수를 모두 써 보세요.

(　　　　　　　　)

서술형

31 어떤 두 수의 최소공배수가 14일 때 두 수의 공배수를 가장 작은 수부터 3개 구하려고 합니다. 풀이 과정을 쓰고 답을 구해 보세요.

풀이 ....

답 ....

6 최소공배수 구하는 방법

예 20과 30의 최소공배수 구하기

```
2 ) 20  30
5 ) 10  15
     2   3
```

➡ 최소공배수: $2 \times 5 \times 2 \times 3 = 60$

서술형

32 두 수의 최소공배수를 두 가지 방법으로 구해 보세요.

18	30

방법 1 ....

방법 2 ....

33 두 수의 최소공배수가 더 큰 것의 기호를 써 보세요.

㉠ (6, 15)　㉡ (10, 20)

(　　　　　　　　)

34 ㉠과 ㉡의 최소공배수가 90일 때 ㉠, ㉡에 알맞은 수를 각각 구해 보세요.

```
□ )  ㉠  ㉡
5 ) 10  15
     2   3
```

㉠ (　　　　　　)

㉡ (　　　　　　)

7 최대공약수의 활용

문제 속에 다음과 같은 표현이 있으면 최대공약수를 이용합니다.
➡ 최대한 많은, 최대한 크게, 가장 큰

35 사탕 12개, 초콜릿 20개를 최대한 많은 학생에게 남김없이 똑같이 나누어 주려고 합니다. 최대 몇 명에게 나누어 줄 수 있을까요?

( )

36 가로가 64 cm, 세로가 48 cm인 직사각형 모양의 종이가 있습니다. 이 종이를 크기가 같은 정사각형 모양으로 남는 부분 없이 자르려고 합니다. 가장 큰 정사각형 모양으로 자르려면 한 변의 길이를 몇 cm로 하면 될까요?

( )

37 검은색 바둑돌 16개와 흰색 바둑돌 40개를 최대한 많은 주머니에 남김없이 똑같이 나누어 담으려고 합니다. 주머니 한 개에 검은색 바둑돌과 흰색 바둑돌을 각각 몇 개씩 담아야 할까요?

검은색 바둑돌 ( )
흰색 바둑돌 ( )

8 최소공배수의 활용

문제 속에 다음과 같은 표현이 있으면 최소공배수를 이용합니다.
➡ 가능한 작게, 가장 작은, ~마다 동시에

38 어느 고속버스 터미널에서 수원행 버스는 10분마다, 천안행 버스는 15분마다 출발한다고 합니다. 오후 1시에 수원행과 천안행 버스가 동시에 출발하였다면 다음번에 두 버스가 동시에 출발하는 시각은 몇 시 몇 분일까요?

( )

39 현서와 은준이는 연못 둘레를 일정한 빠르기로 걷고 있습니다. 현서는 5분마다, 은준이는 2분마다 연못 둘레를 한 바퀴 돕니다. 두 사람이 출발점에서 같은 방향으로 동시에 출발할 때 출발 후 40분 동안 출발점에서 몇 번 다시 만날까요?

( )

40 가로가 6 cm, 세로가 8 cm인 직사각형 모양의 종이를 겹치지 않게 빈틈없이 늘어놓아 정사각형을 만들려고 합니다. 가능한 작은 정사각형을 만들 때 종이는 모두 몇 장 필요할까요?

( )

조건을 모두 만족하는 수 구하기

세 가지 조건을 모두 만족하는 수를 구해 보세요.

- 16의 약수입니다.
- 20의 약수가 아닙니다.
- 이 수의 약수를 모두 더하면 15입니다.

( )

● 핵심 NOTE 16과 20의 약수를 각각 구하여 조건을 모두 만족하는 수를 찾습니다.

1-1 세 가지 조건을 모두 만족하는 수를 구해 보세요.

- 28의 약수입니다.
- 12의 약수가 아닙니다.
- 이 수의 약수를 모두 더하면 24입니다.

( )

1-2 네 가지 조건을 만족하는 수를 모두 구해 보세요.

- 5의 배수입니다.
- 10의 배수가 아닙니다.
- 두 자리 수입니다.
- 70보다 큰 수입니다.

( )

공약수와 공배수를 활용하여 어떤 수 구하기

어떤 수로 25를 나누면 나머지가 1이고, 34를 나누면 나머지가 2입니다. 어떤 수 중에서 가장 큰 수를 구해 보세요.

( )

● 핵심 NOTE 나눗셈식 $25\div$(어떤 수)$=\square\cdots1$, $34\div$(어떤 수)$=\triangle\cdots2$에서 어떤 수는 나누어지는 수에서 나머지를 뺀 수의 약수가 됩니다.

2-1 어떤 수로 39를 나누면 나머지가 4이고, 45를 나누면 나머지가 3입니다. 어떤 수 중에서 가장 큰 수를 구해 보세요.

( )

2-2 어떤 수를 3으로 나누어도 나머지가 1이고, 7로 나누어도 나머지가 1입니다. 어떤 수 중에서 가장 작은 수를 구해 보세요.

( )

2-3 어떤 수를 6으로 나누어도 나머지가 3이고, 8로 나누어도 나머지가 3입니다. 어떤 수 중에서 가장 작은 수를 구해 보세요.

( )

최대공약수와 최소공배수를 알 때 두 수 구하기

어떤 두 수의 최대공약수는 4이고 최소공배수는 60입니다. 한 수가 20일 때 다른 한 수를 구해 보세요.

(　　　　　　　　)

● 핵심 NOTE　두 수 ●와 ■의 최대공약수가 ★일 때
●=★×▲, ■=★×♥이고 최소공배수는 ★×▲×♥입니다.

★) ●　■
　　▲　♥

3-1 어떤 두 수의 최대공약수는 12이고 최소공배수는 72입니다. 한 수가 24일 때 다른 한 수를 구해 보세요.

(　　　　　　　　)

3-2 어떤 두 수의 최대공약수는 9이고 최소공배수는 189입니다. 두 수가 모두 두 자리 수일 때 두 수를 구해 보세요.

(　　　　　,　　　　　)

3-3 어떤 두 수의 최대공약수는 8이고 최소공배수는 160입니다. 두 수의 차가 8일 때 두 수를 구해 보세요.

(　　　　　,　　　　　)

동시에 놓여 있는 곳 알아보기

경보는 두 발 중 한 쪽의 발이 항상 땅에서 떨어지지 않게 하며 빨리 걷는 것을 겨루는 육상 경기입니다. 발걸음을 옮기는 동안 앞으로 간 발은 뒷발을 땅에서 떼기 전에 땅에 닿아 있어야 하고, 다리는 몸을 세운 자세에서 적어도 일순간은 곧게 펴져 무릎을 굽히지 말아야 합니다. 20 km의 경보 경기 코스에서 출발점으로부터 2 km마다 물을 놓고, 3 km마다 깃발을 놓았습니다. 물과 깃발이 동시에 놓여 있는 곳은 모두 몇 군데인지 구해 보세요.

1단계 물과 깃발이 몇 km마다 동시에 놓이는지 구하기

2단계 물과 깃발이 동시에 놓여 있는 곳은 모두 몇 군데인지 구하기

(　　　　　　　　)

● **핵심 NOTE**

1단계 물과 깃발이 놓이는 간격의 최소공배수를 구합니다.

2단계 전체 거리에 **1단계** 에서 구한 간격이 몇 번인지 구합니다.

4-1

옛날 마라톤 전투에서 그리스군의 병사가 그리스의 승리를 알리기 위해 약 40 km를 달려 "우리는 이겼노라"라고 아테네 시민들에게 알리고 그 자리에 쓰러져 숨졌다고 합니다. 이에서 유래된 마라톤은 42.195 km를 가장 빨리 달리는 사람이 승리하는 운동 경기입니다. 어느 마라톤 경기에서 8 km마다 물을 적신 스펀지를 놓고, 4 km마다 물을 놓았습니다. 스펀지와 물이 동시에 놓여 있는 곳은 모두 몇 군데인지 구해 보세요.

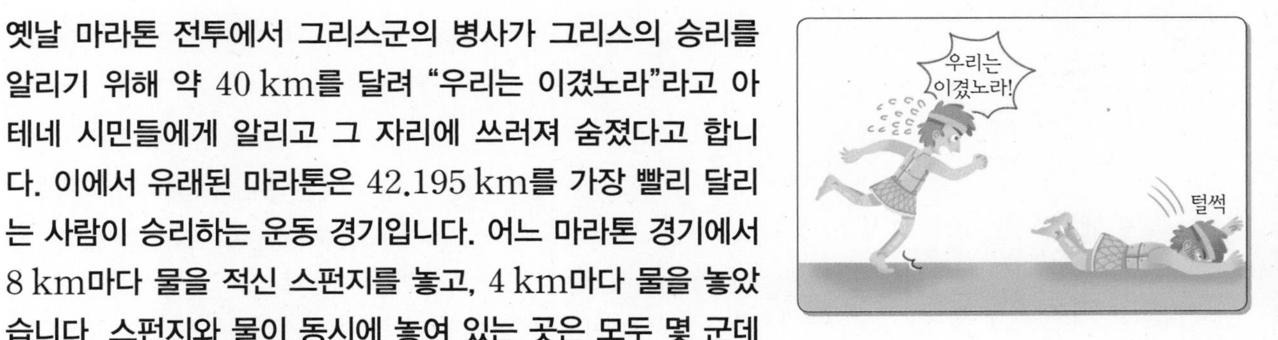

(　　　　　　　　)

단원 평가 Level 1

점수

확인

1 □ 안에 알맞은 수를 써넣고, 35의 약수를 구해 보세요.

$35 \div \square = 35$	$35 \div \square = 7$
$35 \div \square = 5$	$35 \div \square = 1$

( )

2 식을 보고 옳은 설명에 ○표, 틀린 설명에 ×표 하세요.

$7 \times 8 = 56$

(1) 7은 56의 배수입니다. ( )

(2) 7과 8은 56의 약수입니다. ( )

3 4의 배수는 모두 몇 개일까요?

12	27	18	40	6
10	24	2	16	44

( )

4 □ 안에 알맞은 수를 써넣으세요.

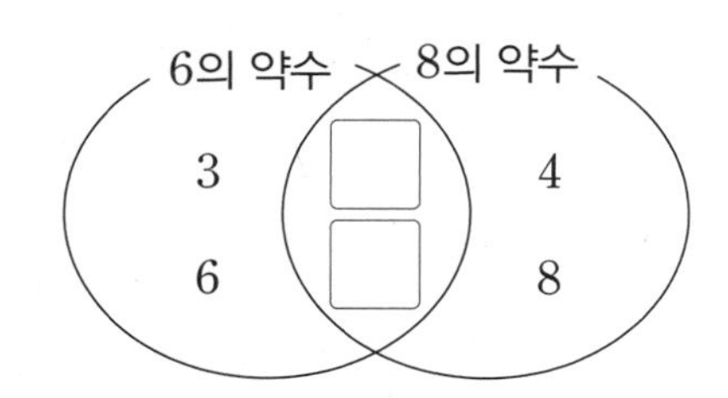

5 14와 42의 공약수 중 가장 큰 수를 구해 보세요.

( )

6 25부터 40까지의 수 중에서 6의 배수를 모두 찾아 수직선에 •표 하세요.

25 26 27 28 29 30 31 32 33 34 35 36 37 38 39 40

7 □ 안에 알맞은 수를 써넣고, 27과 36의 최소공배수를 구해 보세요.

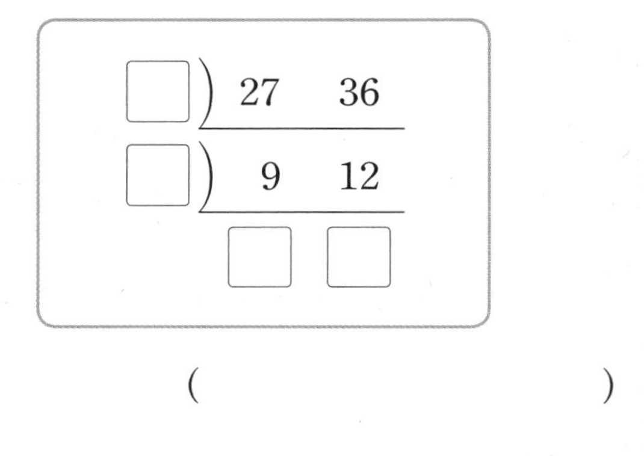

( )

8 두 수는 약수와 배수의 관계입니다. □ 안에 들어갈 수 있는 수를 모두 찾아 ○표 하세요.

(□, 36)

(8 , 18 , 16 , 72 , 48)

9 □ 안에 알맞은 수를 써넣고, 54와 72의 최대공약수를 구해 보세요.

$54 = 2 \times 3 \times \square \times \square$

$72 = 2 \times 4 \times \square \times \square$

( )

10 빈칸에 알맞은 수를 써넣으세요.

수	최대공약수	공약수
(12, 30)		

11 56과 어떤 수의 최대공약수가 8일 때 56과 어떤 수의 공약수는 몇 개인지 구해 보세요.

( )

12 32와 16의 공배수 중에서 100보다 작은 수를 모두 구해 보세요.

( )

13 장미 63송이와 백합 49송이를 최대한 많은 학생에게 남김없이 똑같이 나누어 주려고 합니다. 한 학생이 장미와 백합을 각각 몇 송이씩 받을 수 있을까요?

장미 ( )

백합 ( )

14 윤주는 10부터 50까지의 수를 차례대로 말하면서 다음과 같은 놀이를 하였습니다. 손뼉을 치면서 한 발을 들게 하는 수를 써 보세요.

- 5의 배수에서는 말하는 대신 손뼉을 칩니다.
- 8의 배수에서는 말하는 대신 한 발을 듭니다.

( )

15 보라는 4일마다, 슬기는 6일마다 태권도장에 갑니다. 두 사람이 6월 5일에 태권도장에서 만났다면 다음번에 처음으로 만나는 날은 몇 월 며칠일까요?

( )

16 가로가 54 cm, 세로가 90 cm인 직사각형 모양의 종이를 겹치지 않게 빈틈없이 늘어놓아 될 수 있는 대로 작은 정사각형을 만들려고 합니다. 필요한 종이는 모두 몇 장일까요?

(　　　　　　　　　)

17 66을 어떤 수로 나누면 나머지가 2이고, 43을 어떤 수로 나누면 나머지가 3입니다. 어떤 수 중에서 가장 큰 수를 구해 보세요.

(　　　　　　　　　)

18 14와 어떤 수의 최대공약수는 7이고 최소공배수는 42입니다. 어떤 수를 구해 보세요.

(　　　　　　　　　)

19 8의 배수 중 가장 작은 세 자리 수는 얼마인지 풀이 과정을 쓰고 답을 구해 보세요.

풀이 ....

답 ....

20 ㉠과 ㉡의 공약수를 모두 구하려고 합니다. 풀이 과정을 쓰고 답을 구해 보세요.

㉠ $= 2 \times 3 \times 5$
㉡ $= 2 \times 5 \times 7$

풀이 ....

답 ....

단원 평가 Level ❷

점수

확인

1 28의 약수는 모두 몇 개일까요?

( )

2 곱셈식을 보고 잘못 설명한 것은 어느 것일까요? ( )

$3 \times 5 = 15$

① 3은 15의 약수입니다.
② 15는 5의 배수입니다.
③ 5는 15의 약수입니다.
④ 15는 3과 5의 공배수입니다.
⑤ 15의 약수는 3과 5뿐입니다.

3 어떤 수의 약수를 가장 작은 수부터 차례로 모두 쓴 것입니다. 어떤 수를 구해 보세요.

1, 2, 3, 6, 7, 14, 21, 42

( )

4 어떤 수의 배수를 가장 작은 수부터 차례로 쓴 것입니다. □ 안에 알맞은 수를 써넣으세요.

7, 14, 21, □, 35, 42, □, 56, ...

5 3의 배수는 각 자리 숫자의 합이 3의 배수입니다. 다음 중 3의 배수를 모두 고르세요.

( )

① 123 ② 209 ③ 370
④ 474 ⑤ 583

6 색칠한 부분에 들어갈 수를 모두 구해 보세요.

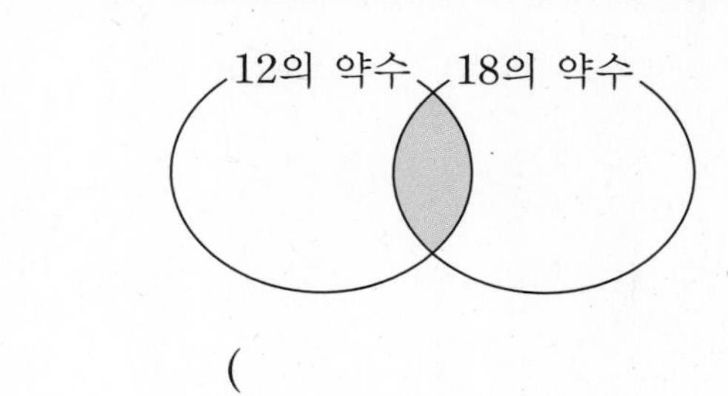

( )

7 4와 8의 공배수가 아닌 것은 어느 것일까요?

( )

① 16 ② 24 ③ 32
④ 36 ⑤ 48

8 20과 약수와 배수의 관계인 수를 모두 찾아 써 보세요.

5 8 10 30 40

( )

9 ㉠과 ㉡의 최소공배수를 구해 보세요.

㉠ $2\times2\times3\times3$　　㉡ $2\times3\times3\times5$

(　　　　　　　　)

10 두 수의 최대공약수를 구해 보세요.

$$\underline{)\ 32\quad 40}$$

(　　　　　　　　)

11 20과 25의 공약수와 공배수에 대해 잘못 말한 사람을 찾아 이름을 써 보세요.

지윤: 20과 25의 공약수 중 가장 작은 수는 1이야.
선재: 20과 25의 공약수 중 가장 큰 수는 5야.
준하: 20과 25의 공배수 중 가장 작은 수는 100이야.
동욱: 20과 25의 공배수 중 가장 큰 수는 200이야.

(　　　　　　　　)

12 어떤 두 수의 최소공배수가 34일 때 두 수의 공배수 중에서 100보다 작은 수를 모두 구해 보세요.

(　　　　　　　　)

13 45와 30의 공배수 중에서 세 자리 수는 모두 몇 개일까요?

(　　　　　　　　)

14 연필 27자루, 지우개 18개를 최대한 많은 학생에게 남김없이 똑같이 나누어 주려고 합니다. 최대 몇 명에게 나누어 줄 수 있을까요?

(　　　　　　　　)

15 동주와 채서가 다음과 같은 규칙에 따라 각각 바둑돌 50개를 놓았습니다. 같은 자리에 검은색 바둑돌이 놓이는 경우는 모두 몇 번일까요?

동주 ○ ○ ● ○ ○ ● ○ ○ ● ○ ○ ● …
채서 ○ ● ○ ● ○ ● ○ ● ○ ● ○ ● …

(　　　　　　　　)

16 어떤 수를 6으로 나누어도 나머지가 4이고, 9로 나누어도 나머지가 4입니다. 어떤 수 중에서 가장 작은 수를 구해 보세요.

( )

17 가로가 56 cm, 세로가 70 cm인 직사각형 모양의 종이를 크기가 같은 정사각형 모양으로 남는 부분 없이 자르려고 합니다. 가장 큰 정사각형 모양으로 자르면 모두 몇 개 만들 수 있을까요?

( )

18 어떤 두 수의 최대공약수는 16이고 최소공배수는 192입니다. 한 수가 64일 때 다른 한 수를 구해 보세요.

( )

19 터미널에서 놀이공원으로 가는 버스가 9분 간격으로 출발합니다. 첫차가 오전 7시에 출발한다면 오전 8시까지 버스는 몇 번 출발하는지 풀이 과정을 쓰고 답을 구해 보세요.

풀이

답

20 어떤 두 수의 최대공약수가 32일 때 두 수의 공약수는 모두 몇 개인지 풀이 과정을 쓰고 답을 구해 보세요.

풀이

답

3 규칙과 대응

내가 10살일 때 형은 12살,
내가 11살일 때 형은 13살,
내가 12살일 때 형은 14살.

대응 관계를 간단하게 표현해 볼까?

대응 관계를 식으로 나타낼 수 있어!

	□의 수(개)	○의 수(개)
	1	2
	2	3
	3	4
	4	5
⋮	⋮	⋮

○의 수는 □의 수보다 한 개 더 많구나!

(□의 수) + 1 = (○의 수)

1 두 양 사이의 관계를 알아볼까요

● **의자의 수와 탁자의 수 사이의 대응 관계**

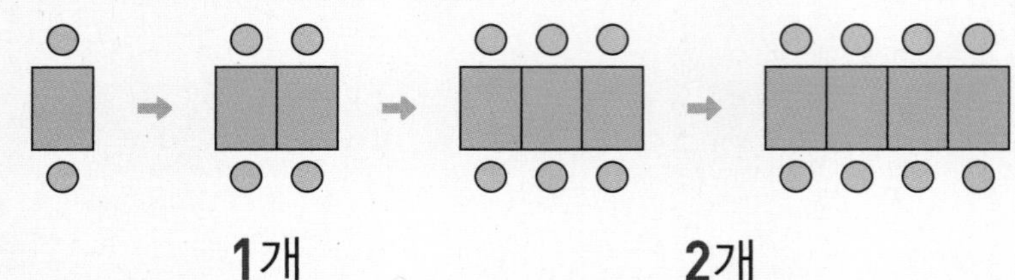

규칙

탁자의 수가 1개, 2개, 3개, ⋮, 10개 일 때 의자의 수는 2개, 4개, 6개, ⋮, 20개 입니다.

➡ 의자의 수는 탁자의 수의 2배입니다.
➡ 탁자의 수는 의자의 수의 반과 같습니다.

● **규칙적인 배열에서 대응 관계 찾기**

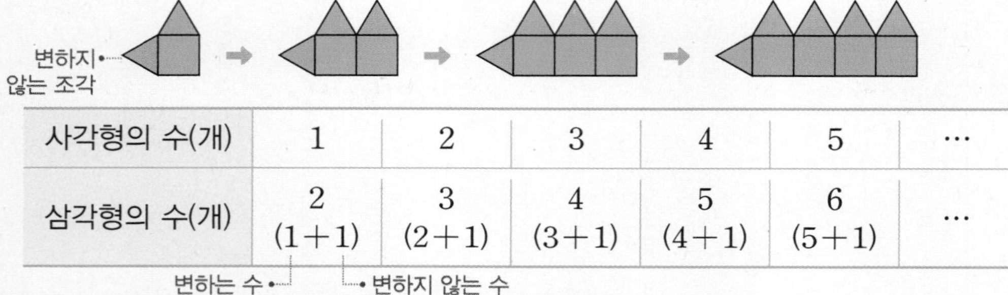

사각형의 수(개)	1	2	3	4	5	…
삼각형의 수(개)	2 (1+1)	3 (2+1)	4 (3+1)	5 (4+1)	6 (5+1)	…

변하는 수 / 변하지 않는 수

➡ 삼각형의 수는 사각형의 수보다 1만큼 더 큽니다.
사각형의 수는 삼각형의 수보다 1만큼 더 작습니다.

모양 조각을 사용하여 대응 관계 만들기
의자는 ● 모양, 탁자는 ■ 모양으로 나타냅니다.

대응 알아보기

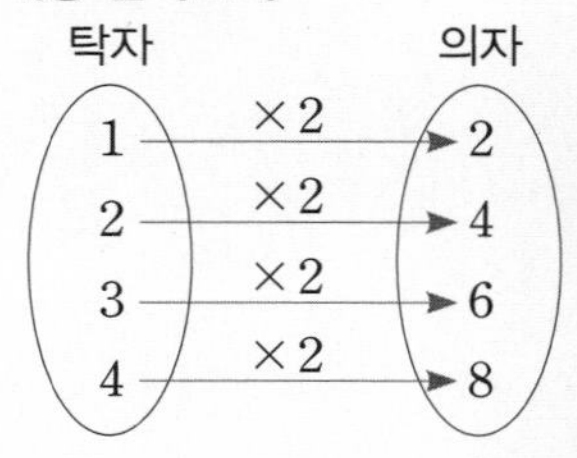

변하는 부분과 변하지 않는 부분 찾기
사각형의 왼쪽에 있는 삼각형 1개는 변하지 않고 사각형 위에 있는 삼각형의 수만 변합니다.

1 **도형의 배열을 보고 물음에 답하세요.**

(1) 다음에 이어질 알맞은 모양을 그려 보세요.

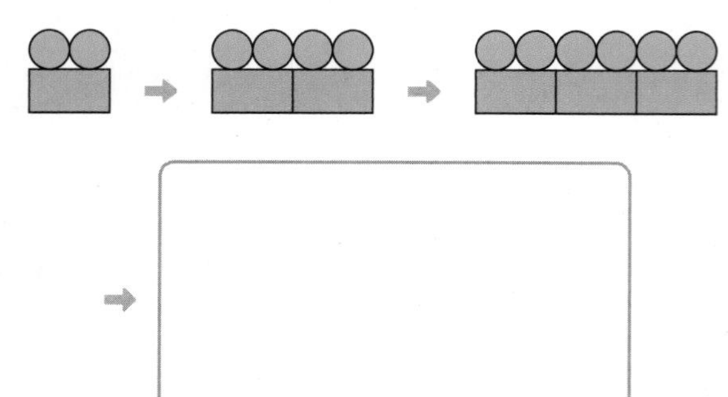

(2) 사각형의 수가 1개일 때 원의 수는 ☐개,
사각형의 수가 2개일 때 원의 수는 ☐개,
⋮
사각형의 수가 10개일 때 원의 수는 ☐개 입니다.

(3) 원의 수는 사각형의 수의 ☐배입니다.

[2~3] 사각형 조각으로 규칙적인 배열을 만들고 있습니다. 배열 순서와 사각형 조각의 수 사이의 대응 관계를 알아보려고 합니다. 물음에 답하세요.

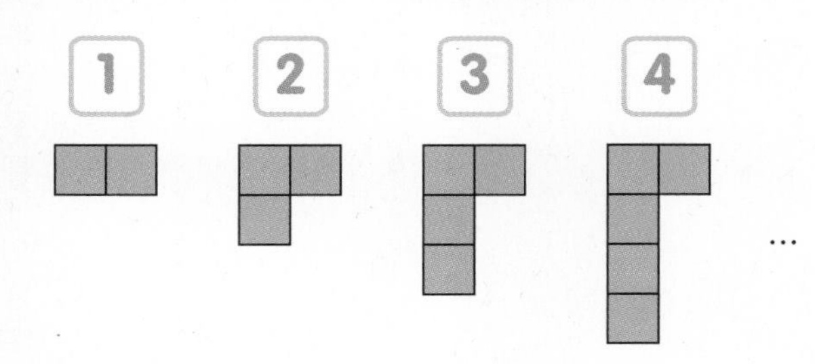

2 □ 안에 알맞은 수를 써넣으세요.

변하는 부분	왼쪽 사각형 줄이 □개씩 계속 길어집니다.
변하지 않는 부분	오른쪽에 놓은 사각형 □개가 변하지 않습니다.

3 사각형 조각의 수가 어떻게 변하는지 표를 이용하여 알아보세요.

배열 순서	1	2	3	4	…
조각의 수(개)	2				…

(1) 표를 완성해 보세요.

(2) 열째에는 사각형 조각이 몇 개 필요할까요?

( )

(3) 50째에는 사각형 조각이 몇 개 필요할까요?

( )

(4) 배열 순서와 사각형 조각의 수 사이의 대응 관계를 완성해 보세요.

배열 순서에 □을/를 더하면 사각형 조각의 수와 같습니다.

4 세발자전거의 수와 바퀴의 수 사이의 대응 관계를 알아보려고 합니다. 물음에 답하세요.

(1) 세발자전거의 수와 바퀴의 수 사이의 대응 관계를 표를 이용하여 알아보세요.

세발자전거의 수(대)	1	2	3	4
바퀴의 수(개)	3			

(2) 세발자전거의 수가 10대라면 바퀴는 모두 몇 개일까요?

( )

(3) 세발자전거의 수와 바퀴의 수 사이의 대응 관계를 써 보세요.

5 식탁의 수와 의자의 수 사이의 대응 관계를 알아보려고 합니다. 물음에 답하세요.

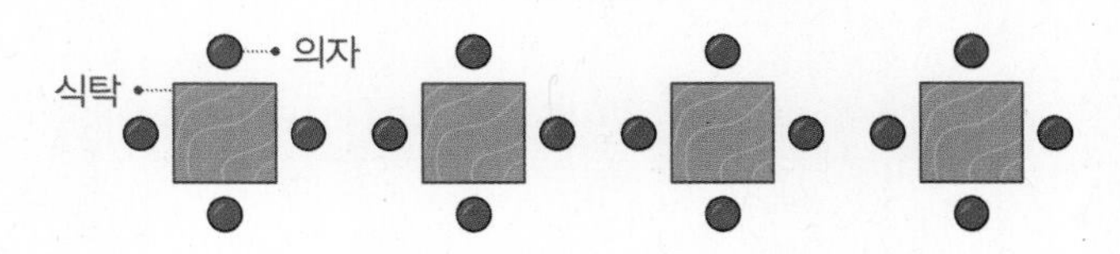

(1) 식탁의 수와 의자의 수 사이의 대응 관계를 표를 이용하여 알아보세요.

식탁의 수(개)	1	2	3	4
의자의 수(개)	4			

(2) 식탁의 수와 의자의 수 사이의 대응 관계를 써 보세요.

2 대응 관계를 식으로 나타내는 방법을 알아볼까요

● 자동차의 수와 바퀴의 수 사이의 대응 관계를 표를 이용하여 알아보기

자동차의 수(대)	1	2	3	4	5	6
자동차 바퀴의 수(개)	4	8	12	16	20	24

$\times 4$

● 곱셈식으로 나타내기

➡ 자동차의 수에 4를 곱하면 바퀴의 수와 같습니다.

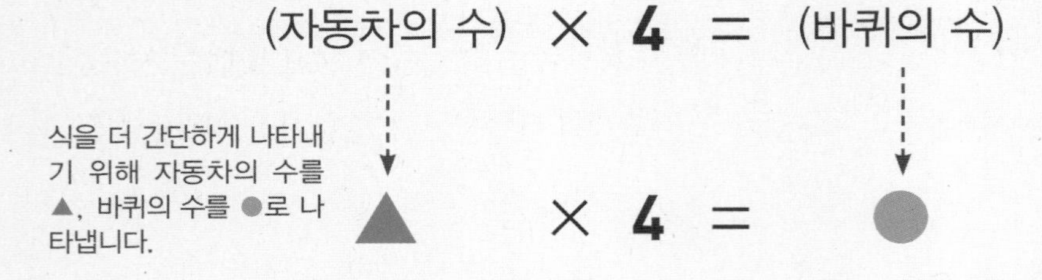

식을 더 간단하게 나타내기 위해 자동차의 수를 ▲, 바퀴의 수를 ●로 나타냅니다.

● 나눗셈식으로 나타내기

➡ 바퀴의 수를 4로 나누면 자동차의 수와 같습니다.

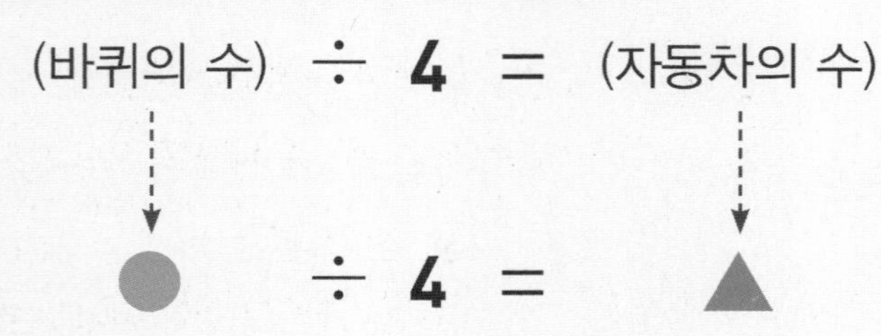

- 두 양 사이의 대응 관계를 식으로 간단하게 나타낼 때는 각양을 ○, □, △, ☆ 등과 같은 기호로 표현할 수 있습니다.

- ○와 △의 규칙을 찾는 방법

① 두 수의 차로 알아보기

○	2	3	4
△	4	5	6

+2

△−○=2, ○+2=△

② 두 수 중 큰 수를 작은 수로 나눈 몫으로 알아보기

○	2	3	4
△	4	6	8

×2

△÷○=2, ○×2=△

!

● 문어의 수(○)에 8을 곱하면 문어 다리의 수(◇)와 같습니다. ➡ (문어의 수)×8=(문어 다리의 수)

➡ □×8=□

[1~2] 나비의 수와 나비 날개의 수 사이의 대응 관계를 알아보려고 합니다. 물음에 답하세요.

1 나비의 수와 나비 날개의 수 사이의 대응 관계를 표를 이용하여 알아보세요.

나비의 수(마리)	1	2	3	4	5
나비 날개의 수(장)	4				

2 알맞은 카드를 골라 표를 통해 알 수 있는 두 양 사이의 대응 관계를 식으로 나타내어 보세요.

나비의 수　나비 날개의 수

+　−　×　÷　=

1　2　4　6

□×□=□

정답과 풀이 19쪽

[3~5] 언니와 동생이 저금을 하려고 합니다. 언니는 가지고 있던 2000원, 동생은 가지고 있던 1000원을 먼저 저금통에 넣었고, 두 사람은 다음 주부터 1주일에 500원씩 저금을 하기로 했습니다. 물음에 답하세요.

3 언니가 모은 돈과 동생이 모은 돈 사이의 대응 관계를 표를 이용하여 알아보세요.

	언니가 모은 돈(원)	동생이 모은 돈(원)
저금을 시작했을 때	2000	1000
1주일 후	2500	1500
2주일 후		
3주일 후		
4주일 후		
⋮	⋮	⋮

4 언니가 모은 돈과 동생이 모은 돈 사이의 대응 관계를 식으로 나타내어 보세요.

식 ……………………

5 언니가 모은 돈과 동생이 모은 돈 사이의 대응 관계를 기호를 사용하여 식으로 나타내어 보세요.

언니가 모은 돈을 ☐, 동생이 모은 돈을 ☐(이)라고 할 때, 두 양 사이의 대응 관계를 식으로 나타내면 ☐ 입니다.

[6~8] 무궁화 꽃의 수와 꽃잎의 수 사이의 대응 관계를 알아보려고 합니다. 물음에 답하세요.

6 무궁화 꽃의 수와 꽃잎의 수 사이의 대응 관계를 표를 이용하여 알아보세요.

꽃의 수(송이)	1	2	3	4	5
꽃잎의 수(장)	5				

7 무궁화 꽃의 수를 ○, 꽃잎의 수를 ☐라고 할 때, 두 양 사이의 대응 관계를 식으로 나타내어 보세요.

식 ……………………

8 7번에서 답한 식을 보고 쓴 무궁화 꽃의 수와 꽃잎의 수 사이의 대응 관계에 대한 설명입니다. 잘못 설명한 것을 찾아 기호를 써 보세요.

㉠ ☐는 무궁화 꽃잎의 수이므로 5, 10, 15, 20, 25, ...와 같은 수가 될 수 있습니다.
㉡ 무궁화 꽃의 수와 꽃잎의 수 사이의 관계는 항상 일정합니다.
㉢ ☐는 ○와 관계없이 변할 수 있습니다.

( )

3

3 생활 속에서 대응 관계를 찾아 식으로 나타내어 볼까요

● **서로 관계가 있는 두 양을 찾아 대응 관계 말하기**

① 

② 

③ 
④ 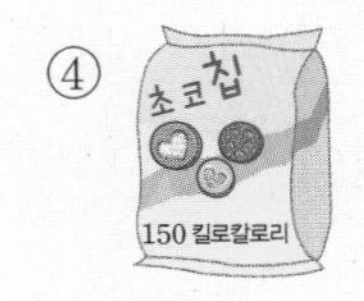

	서로 관계가 있는 두 양		대응 관계
①	라면의 수	상자의 수	상자의 수에 30배 한 만큼 라면이 있습니다.
②	연필의 수	상자의 수	연필의 수를 12로 나눈 만큼 상자의 수가 있습니다.
③	꽃잎의 수	꽃의 수	꽃잎의 수를 5로 나눈 만큼 꽃이 있습니다.
④	킬로칼로리	과자의 수	과자의 수에 150배 하면 킬로칼로리와 같습니다.

같은 두 양 사이의 대응 관계를 나타내는 식이라도 기준에 따라 표현된 식이 다릅니다.

●＋4＝■
||
■－4＝●

● **대응 관계를 식으로 나타내기**

①	라면의 수를 ■, 상자의 수를 ●라고 하면 ➡ ●×30＝■
②	연필의 수를 ★, 상자의 수를 ▲라고 하면 ➡ ★÷12＝▲
③	꽃잎의 수를 ◆, 꽃의 수를 ■라고 하면 ➡ ◆÷5＝■
④	킬로칼로리를 ●, 과자의 수를 ♥라고 하면 ➡ ♥×150＝●

라면의 수(■)를 30으로 나눈 만큼 상자의 수(●)가 있습니다.
(라면의 수)÷30＝(상자의 수)
↓ ↓
■ ÷30＝ ●

1 등산객의 수와 등산로의 입장료 사이의 대응 관계를 나타낸 표입니다. 대응 관계를 찾아 관계가 있는 것을 각각 기호로 나타내고, 식으로 나타내어 보세요.

등산객의 수(명)	1	2	3	4	5
등산로의 입장료(원)	1200	2400	3600	4800	6000

대응 관계				
등산객의 수	기호			기호
	△			

△×☐＝☐

2 도화지 한 묶음은 8장입니다. 도화지 묶음의 수와 도화지의 수 사이의 대응 관계를 알아보려고 합니다. 물음에 답하세요.

(1) 도화지 묶음의 수와 도화지의 수 사이의 대응 관계를 표를 이용하여 알아보세요.

묶음의 수(묶음)	1	2	3	4	5	…
도화지의 수(장)	8					…

(2) 도화지 묶음의 수를 ○, 도화지의 수를 ◇라고 하면 대응 관계는 ○×☐＝☐ 또는 ◇÷☐＝☐입니다.

3 윗몸일으키기를 1분 동안 하면 7 킬로칼로리 열량이 소모된다고 합니다. 물음에 답하세요.

(1) 윗몸일으키기를 한 시간(분)과 소모된 열량(킬로칼로리) 사이의 대응 관계를 표를 이용하여 알아보세요.

시간(분)	1	2	4	10	…
소모된 열량(킬로칼로리)	7				…

(2) 윗몸일으키기를 한 시간이 □(분)일 때, 소모된 열량(킬로칼로리)을 자신만의 기호로 나타내어 보세요. 그 기호를 사용하여 윗몸일으키기를 한 시간과 소모된 열량 사이의 대응 관계를 식으로 나타내어 보세요.

소모된 열량을 나타내는 기호 .... 킬로칼로리

식 ....

4 어떤 과자를 1개 만드는 데 아몬드가 3개 필요하다고 합니다. 물음에 답하세요.

(1) 과자의 수를 △, 아몬드의 수를 ◎라고 할 때, 두 양 사이의 대응 관계를 식으로 나타내어 보세요.

식 ....

(2) 각 과자마다 아몬드를 1개씩 더 넣었을 때 과자의 수와 아몬드의 수 사이의 대응 관계를 식으로 나타내어 보세요.

식 ....

[5~6] 2014년에 인영이는 6살이었습니다. 물음에 답하세요.

5 연도와 인영이의 나이 사이의 대응 관계를 표를 이용하여 알아보세요.

연도(년)	2013	2014	2018		2027
인영이의 나이(살)		6		14	

6 연도를 ◇, 인영이의 나이를 ○라고 할 때, 두 양 사이의 대응 관계를 식으로 나타내어 보세요.

식 ....

[7~8] 수현이가 5라고 말하면 건호는 7이라고 답하고, 수현이가 8이라고 말하면 건호는 10이라고 답합니다. 또 수현이가 13이라고 말하면 건호는 15라고 답할 때 물음에 답하세요.

7 수현이가 말한 수와 건호가 답한 수 사이의 대응 관계를 기호를 사용하여 식으로 나타내어 보세요.

수현이가 말한 수를 □, 건호가 답한 수를 □(이)라고 할 때, 두 양 사이의 대응 관계를 식으로 나타내면 □입니다.

8 수현이가 54라고 말하면 건호는 몇이라고 답해야 할까요?

(　　　　　　　　)

기본기 다지기

1 두 양 사이의 관계

• 강아지의 수와 다리의 수 사이의 대응 관계 알아보기

강아지의 수(마리)	1	2	3	4
다리의 수(개)	4	8	12	16

➡ 다리의 수는 강아지의 수의 4배입니다.

[1~3] 도형의 배열을 보고 물음에 답하세요.

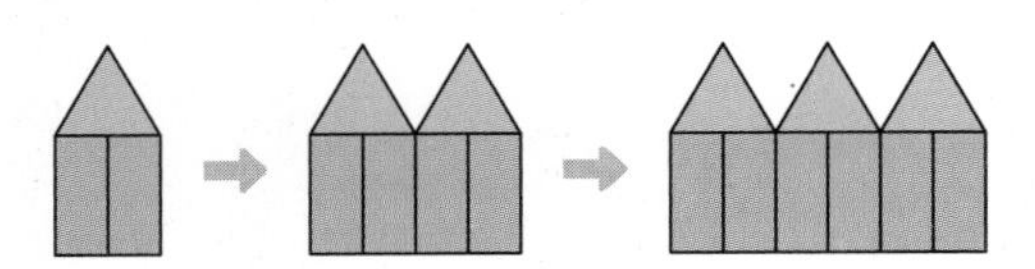

1 다음에 이어질 알맞은 모양을 그려 보세요.

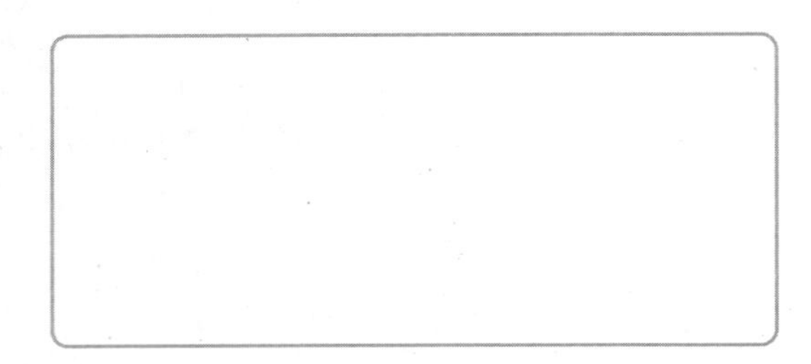

2 사각형이 30개일 때 삼각형은 몇 개 필요할까요?

( )

3 삼각형의 수와 사각형의 수 사이의 대응 관계를 두 가지 방법으로 써 보세요.

방법 1

방법 2

[4~5] 팔찌 한 개에 구슬이 7개씩 있습니다. 물음에 답하세요.

4 표를 완성하고, 팔찌의 수와 구슬의 수 사이의 대응 관계를 써 보세요.

팔찌의 수(개)	1	2	3	4
구슬의 수(개)				

5 팔찌가 12개이면 구슬은 몇 개일까요?

( )

[6~7] 배열 순서에 따른 모양의 변화를 보고 물음에 답하세요.

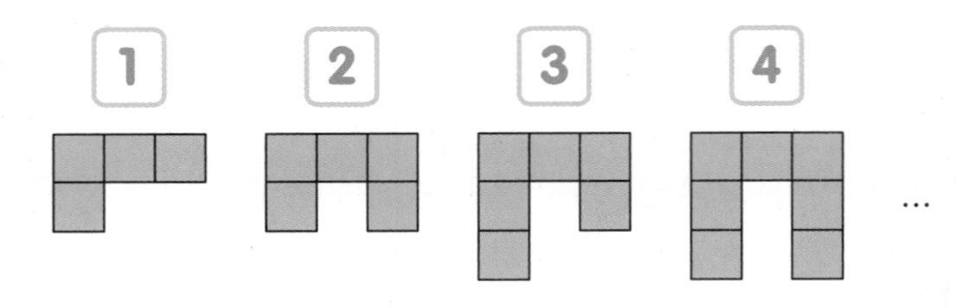

6 표를 완성하고, 배열 순서와 사각형 조각의 수 사이의 대응 관계를 써 보세요.

배열 순서	1	2	3	4
사각형 조각의 수(개)				

7 아홉째에는 사각형 조각이 몇 개 필요할까요?

( )

2 대응 관계를 식으로 나타내기

• 삼각형의 수와 꼭짓점의 수 사이의 대응 관계를 기호를 사용하여 식으로 나타내기

삼각형의 수(개)	1	2	3	4
꼭짓점의 수(개)	3	6	9	12

➡ 삼각형의 수를 △, 꼭짓점의 수를 ○라고 할 때, 두 양 사이의 대응 관계를 식으로 나타내면 △×3=○ 또는 ○÷3=△입니다.

[8~10] 2021년에 세호의 나이는 11살이었습니다. 물음에 답하세요.

8 세호의 나이와 연도 사이의 관계를 표를 이용하여 알아보세요.

세호의 나이(살)	연도(년)
10	
11	2021
	2022
	2023
14	
⋮	⋮

9 세호의 나이와 연도 사이의 대응 관계를 써 보세요.

10 세호의 나이를 △, 연도를 ○라고 할 때, 두 양 사이의 대응 관계를 식으로 나타내어 보세요.

식

[11~12] 거미 한 마리의 다리는 8개입니다. 물음에 답하세요.

11 거미의 수와 다리의 수 사이의 대응 관계를 기호를 사용하여 식으로 나타내어 보세요.

거미의 수를 ☐, 다리의 수를 ☐(이)라고 할 때, 두 양 사이의 대응 관계를 식으로 나타내면 ☐입니다.

서술형

12 대응 관계를 나타낸 식에 대해 잘못 이야기한 친구를 찾아 바르게 고쳐 보세요.

은성: 거미의 수와 다리의 수 사이의 관계는 항상 일정해.

영하: 거미의 수를 ◇, 다리의 수를 ○라고 하면 두 양 사이의 대응 관계는 ◇ = ○ × 8이야.

답

바르게 고치기

13 삼각형 조각과 수 카드를 이용하여 대응 관계를 만들었습니다. 두 양 사이의 대응 관계를 기호를 사용하여 식으로 나타내어 보세요.

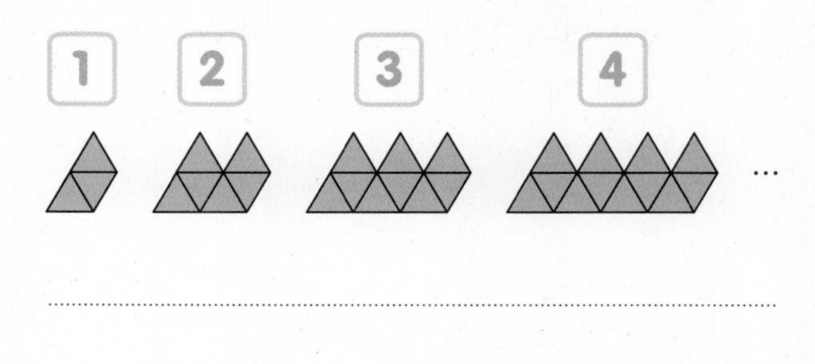

정답과 풀이 20쪽

3 생활 속에서 대응 관계 찾기

• 두 양 사이의 대응 관계를 찾아 식으로 나타내기

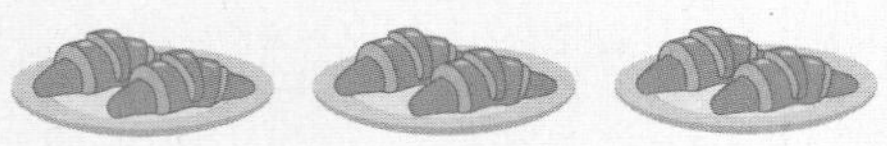

➡ 접시의 수에 2를 곱하면 빵의 수와 같습니다.

➡ 빵의 수를 □, 접시의 수를 ○라고 하면 두 양 사이의 대응 관계는
○×2＝□ 또는 □÷2＝○입니다.

14 바구니에 담긴 귤을 보고 서로 대응하는 두 양을 찾아 기호로 나타내고, 대응 관계를 식으로 나타내어 보세요.

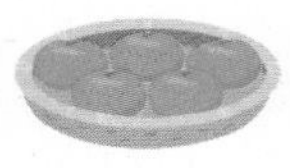
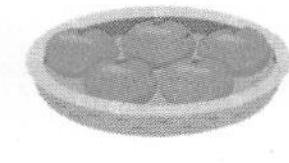

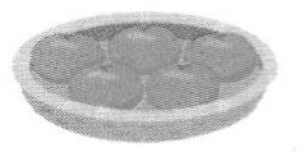

서로 대응하는 두 양			
	기호		기호

식 ....

15 민우가 수를 말하면 선빈이가 대응 관계에 따라 답을 하고 있습니다. 물음에 답하세요.

(1) 표를 완성해 보세요.

민우가 말한 수	6	10	13	
선빈이가 답한 수	2	6		12

(2) 선빈이가 만든 대응 관계를 기호를 사용하여 식으로 나타내어 보세요.

....

16 서울에서 경주로 가는 고속버스 시간표입니다. 물음에 답하세요.

출발 시각	오전 8시	오전 9시	오전 10시	오전 11시
도착 시각	낮 12시	오후 1시	오후 2시	오후 3시

(1) 출발 시각과 도착 시각 사이의 대응 관계를 기호를 사용하여 식으로 나타내어 보세요.

....

(2) 경주에 오후 9시에 도착하려면 서울에서 몇 시에 출발하는 고속버스를 타야 할까요?

(　　　　　　　　)

서술형

17 올해 성재의 나이는 13살이고 형의 나이는 20살입니다. 성재가 20살이 되면 형은 몇 살이 되는지 풀이 과정을 쓰고 답을 구해 보세요.

풀이 ....

답 ....

18 대응 관계를 나타낸 식을 보고, 식에 알맞은 상황을 써 보세요.

○×3＝□

....

응용력 기르기

두 수 사이의 대응 관계를 식으로 나타내기

주호가 ○의 수를 말하면 가영이가 □의 수를 답하고 있습니다. 표를 보고 ○와 □ 사이의 대응 관계를 식으로 나타내어 보세요.

○	1	2	3	4	5
□	3	5	7	9	11

식 ....

● 핵심 NOTE 두 수 사이의 대응 관계를 덧셈, 뺄셈, 곱셈, 나눗셈 중 어느 한 가지로 나타낼 수 없을 때는 두 가지의 연산을 이용하여 식으로 나타냅니다.

1-1

△의 수를 넣으면 ○의 수가 나오는 상자가 있습니다. 표를 보고 △와 ○ 사이의 대응 관계를 식으로 나타내어 보세요.

△	1	2	3	4	5
○	4	9	14	19	24

식 ....

1-2

다음과 같은 방법으로 노끈을 잘라 여러 도막으로 나누려고 합니다. 자른 횟수를 ▽, 도막의 수를 ◇라고 할 때 표를 완성하고, ▽와 ◇ 사이의 대응 관계를 식으로 나타내어 보세요.

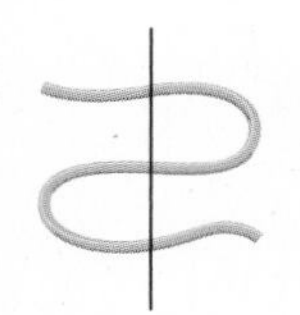
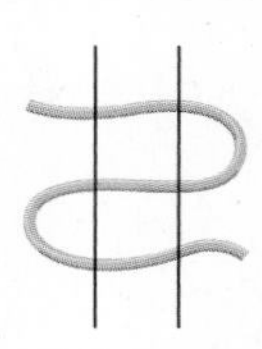
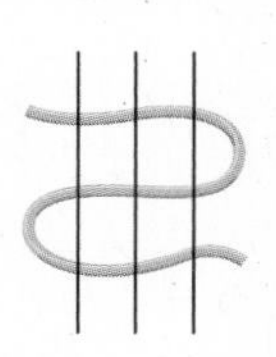
…

자른 횟수(번)	1	2	3	4	5	6
도막의 수(개)	4	7	10			

식 ....

심화유형 2 바둑돌의 수 구하기

바둑돌을 규칙적으로 늘어놓았습니다. 배열 순서와 바둑돌의 수 사이의 대응 관계를 식으로 나타내고, 여덟째에 놓을 바둑돌은 몇 개인지 구해 보세요.

식 ______________ 답 ______________

● 핵심 NOTE 배열 순서와 바둑돌의 수 사이의 대응 관계를 표로 만들어 알아본 후 대응 관계를 식으로 나타냅니다.

2-1 바둑돌을 규칙적으로 늘어놓았습니다. 배열 순서와 바둑돌의 수 사이의 대응 관계를 식으로 나타내고, 바둑돌 27개로 만든 모양은 몇째인지 구해 보세요.

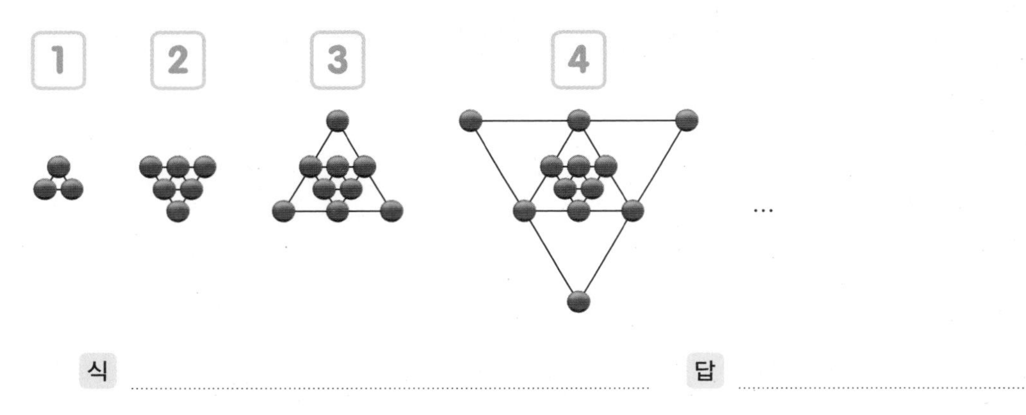

식 ______________ 답 ______________

2-2 동하와 미라는 바둑돌의 수 맞히기 놀이를 하고 있습니다. 미라가 몇째라고 말해야 할지 구해 보세요.

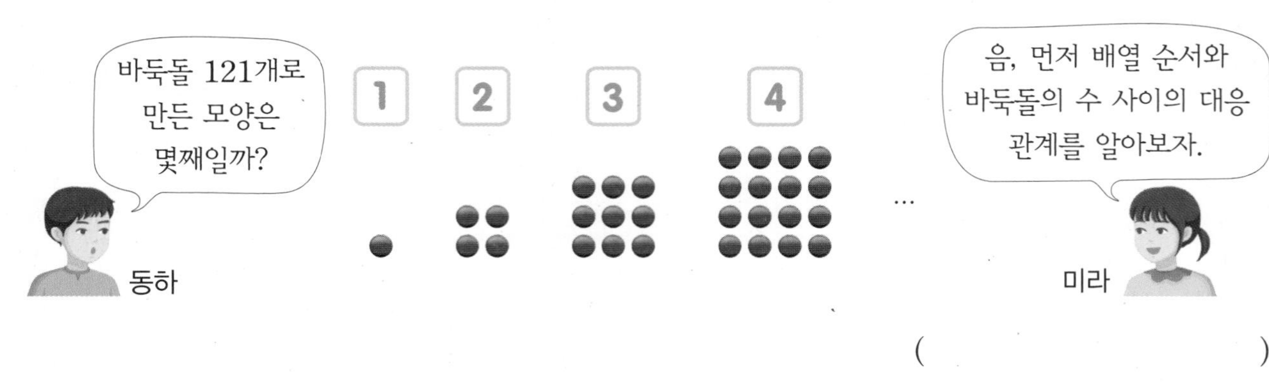

( )

심화유형 3 성냥개비의 수 구하기

성냥개비로 다음과 같이 삼각형을 만들고 있습니다. 삼각형의 수를 △, 성냥개비의 수를 ○라고 할 때, △와 ○ 사이의 대응 관계를 식으로 나타내고, 삼각형을 9개 만들 때 필요한 성냥개비는 몇 개인지 구해 보세요.

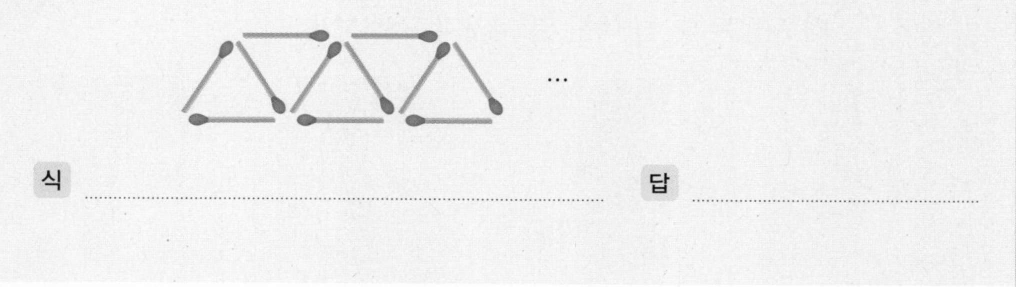

식 ______________________ 답 ______________

● 핵심 NOTE 삼각형의 수와 성냥개비의 수 사이의 대응 관계를 표로 만들어 알아본 후 대응 관계를 식으로 나타냅니다.

3-1 성냥개비로 다음과 같이 사각형을 만들고 있습니다. 사각형의 수를 □, 성냥개비의 수를 ○라고 할 때, □와 ○ 사이의 대응 관계를 식으로 나타내고, 사각형을 12개 만들 때 필요한 성냥개비는 몇 개인지 구해 보세요.

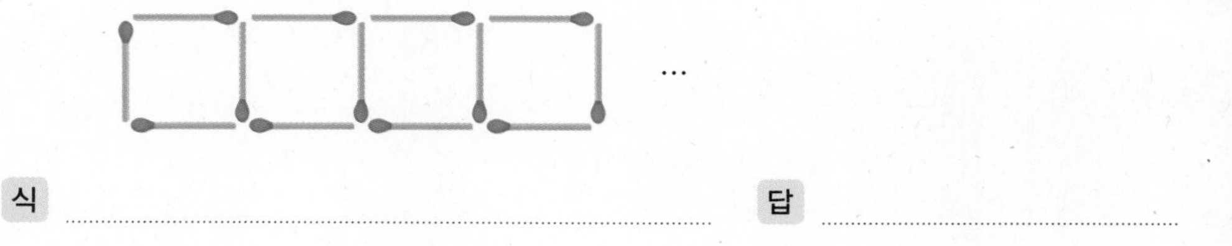

식 ______________________ 답 ______________

3-2 성냥개비로 다음과 같이 마름모를 만들고 있습니다. 마름모의 수를 ◇, 성냥개비의 수를 ○라고 할 때, ◇와 ○ 사이의 대응 관계를 식으로 나타내고, 성냥개비 44개로 만들 수 있는 마름모는 몇 개인지 구해 보세요.

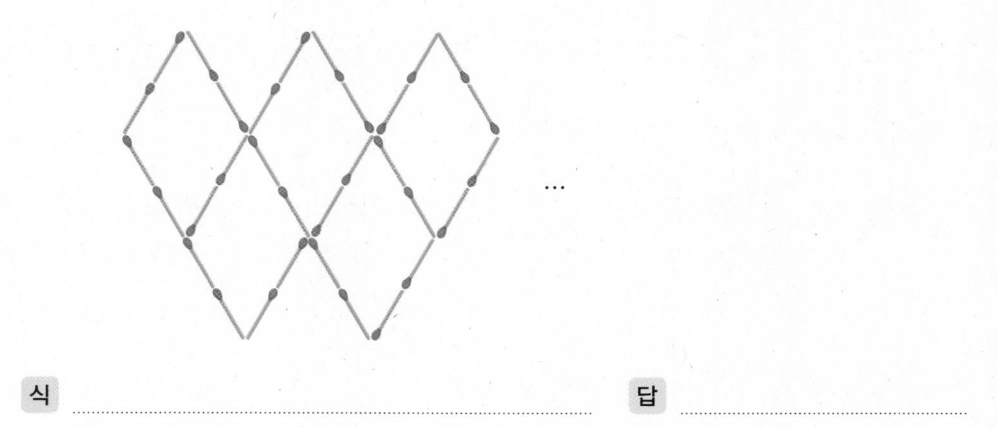

식 ______________________ 답 ______________

정답과 풀이 21쪽

융합유형 4

수학 + 과학

시차를 이용하여 시각 구하기

시차는 한 지역과 다른 지역 사이에 시간 차이가 생기는 것을 뜻합니다. 지구는 매일 서쪽에서 동쪽으로 스스로 도는데 이로 인해 나라와 나라 사이에 시차가 생깁니다. 다음은 2월의 어느 같은 날 서울의 시각과 뉴욕의 시각 사이의 대응 관계를 나타낸 표입니다. 뉴욕이 2월 2일 오후 9시일 때 서울은 몇 월 며칠 몇 시인지 구해 보세요.

서울

뉴욕

서울의 시각	오후 5시	오후 6시	오후 7시	오후 8시	오후 9시
뉴욕의 시각	오전 3시	오전 4시	오전 5시	오전 6시	오전 7시

1단계 서울의 시각을 △, 뉴욕의 시각을 ○라 할 때, △과 ○ 사이의 대응 관계를 식으로 나타내기

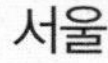

2단계 뉴욕이 2월 2일 오후 9시일 때 서울의 날짜와 시각 구하기

(　　　　　　　　　　)

● 핵심 NOTE

1단계 서울의 시각과 뉴욕의 시각 차이를 이용하여 대응 관계를 식으로 나타냅니다.

2단계 밤 12시가 넘으면 다음 날 오전이 되는 것을 이용하여 서울의 시각을 구합니다.

4-1

12월의 어느 날 서울의 시각과 파리의 시각 사이의 대응 관계를 나타낸 표입니다. 파리가 12월 5일 오후 11시일 때 서울은 몇 월 며칠 몇 시인지 구해 보세요.

서울의 시각	낮 12시	오후 1시	오후 2시	오후 3시	오후 4시
파리의 시각	오전 4시	오전 5시	오전 6시	오전 7시	오전 8시

(　　　　　　　　　　)

단원 평가 Level 1

점수

확인

1 현관이는 하루에 윗몸일으키기를 30번씩 합니다. 윗몸일으키기를 한 날수와 윗몸일으키기를 한 횟수 사이의 대응 관계를 식으로 나타내어 보세요.

윗몸일으키기를 한 날수를 □, 윗몸일으키기를 한 횟수를 ○라고 할 때,
두 양 사이의 대응 관계를 식으로 나타내면 [ ] 입니다.

[2~4] 연도와 지희의 나이 사이의 대응 관계를 알아보려고 합니다. 물음에 답하세요.

2 연도와 지희의 나이 사이의 대응 관계를 표를 이용하여 알아보세요.

연도(년)	2019	2020	2021	2022	2023
지희의 나이(살)	5		7		9

3 연도와 지희의 나이 사이의 대응 관계를 써 보세요.

4 연도와 지희의 나이 사이의 대응 관계를 식으로 나타내어 보세요.

식

5 오토바이의 수와 바퀴의 수 사이의 대응 관계를 표를 이용하여 알아보았습니다. 잘못된 곳에 ○표 하고 그곳에 알맞은 수를 구해 보세요.

오토바이의 수(대)	1	2	5	11	13
바퀴의 수(개)	2	4	10	23	26

( )

[6~7] 음료 한 개에 설탕이 15 g 들어 있습니다. 물음에 답하세요.

6 서로 대응하는 두 양을 찾아 각각 기호로 나타내어 보세요.

서로 대응하는 두 양			
	기호		기호

7 6번에서 찾은 두 양 사이의 대응 관계를 식으로 나타내어 보세요.

식

8 인형극 공연 시간을 나타낸 표입니다. 시작 시각과 끝나는 시각 사이의 대응 관계를 써 보세요.

시작 시각	오전 10시	낮 12시	오후 2시	오후 4시
끝나는 시각	오전 11시	오후 1시	오후 3시	오후 5시

[9~10] 연필꽂이 한 개에 연필이 5자루씩 꽂혀 있습니다. 연필꽂이의 수와 연필의 수 사이의 대응 관계를 알아보려고 합니다. 물음에 답하세요.

9 연필꽂이의 수와 연필의 수 사이의 대응 관계를 식으로 나타내어 보세요.

식 ....

10 각 연필꽂이마다 연필을 2자루씩 더 꽂을 때 연필꽂이의 수를 ○, 연필의 수를 ☆이라고 하여 두 양 사이의 대응 관계를 식으로 나타내어 보세요.

식 ....

11 은정이는 문구점에서 풀을 사려고 합니다. 풀의 수와 풀의 가격 사이의 대응 관계를 표를 이용하여 알아보고 식으로 나타내어 보세요.

풀의 수(개)	10	5		8	
풀의 가격(원)	4000		1200		2400

식 ....

12 마름모 조각과 수 카드를 이용하여 대응 관계를 만들었습니다. 수 카드 4 에는 마름모 조각이 몇 개 필요할까요?

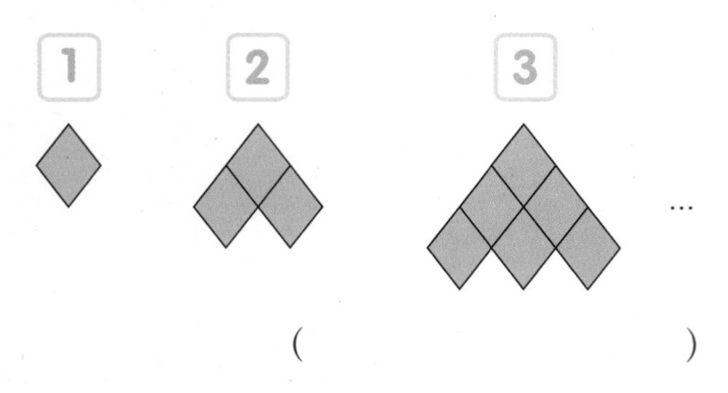

( )

[13~14] 1시간에 80 km를 이동하는 자동차가 있습니다. 이 자동차가 이동하는 시간과 이동하는 거리 사이의 대응 관계를 알아보려고 합니다. 물음에 답하세요.

13 자동차가 이동하는 시간을 □(시간), 이동하는 거리를 ◎(km)라고 할 때, 두 양 사이의 대응 관계를 식으로 나타내어 보세요.

식 ....

14 **13**번에서 답한 식에 대한 설명입니다. 잘못 설명한 친구를 찾아 이름을 써 보세요.

희진: □는 분수나 소수도 될 수 있어.
유민: 자동차가 이동하는 시간을 ☆, 이동하는 거리를 △로 바꿔서 나타낼 수도 있어.
철규: ◎는 □와 관계없이 변할 수 있어.

( )

15 바둑돌로 규칙적인 배열을 만들고 있습니다. 배열 순서를 ◎, 바둑돌의 수를 ◇라고 할 때, 두 양 사이의 대응 관계를 식으로 나타내어 보세요.

식 ....

16 유승이는 하루에 독서를 오전에 10분, 오후에 10분 동안 합니다. 독서를 하는 날수를 △, 독서를 하는 시간을 ☆이라고 할 때, 두 양 사이의 대응 관계를 식으로 나타내어 보세요.

식 ______________________

17 오렌지 1개로 오렌지주스 2잔을 만들 수 있습니다. 오렌지의 수를 ○, 오렌지주스의 수를 ◇라고 할 때, 두 양 사이의 대응 관계를 식으로 나타내고, 오렌지주스 16잔을 만들려면 오렌지가 몇 개 필요한지 구해 보세요.

식 ______________________

답 ______________________

18 어떤 상자에 1을 넣으면 5가 나오고, 2를 넣으면 8이 나옵니다. 또 3을 넣으면 11이 나옵니다. 이 상자에 어떤 수를 넣어 32가 나왔다면 넣은 수는 얼마인지 구해 보세요.

(   )

19 면봉으로 다음과 같은 삼각형을 만들었습니다. 10째 줄에 만들어지는 삼각형은 몇 개인지 풀이 과정을 쓰고 답을 구해 보세요.

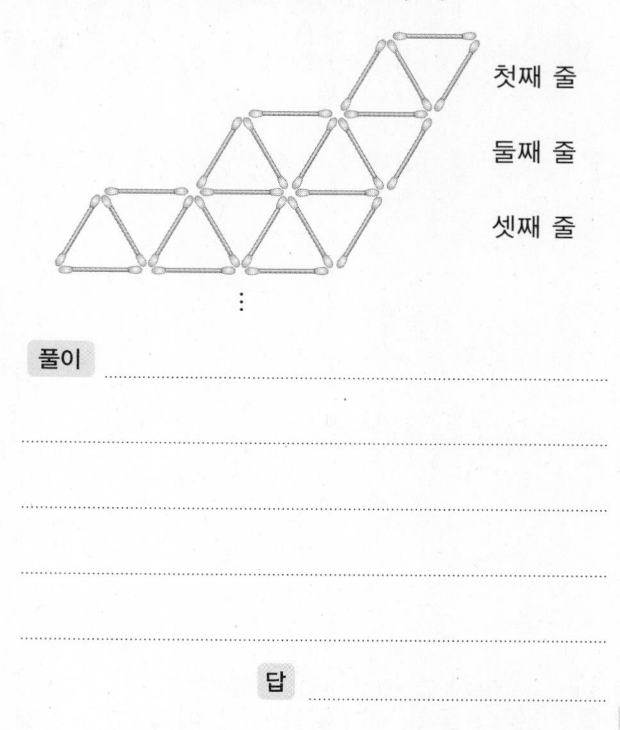

풀이 ______________________

답 ______________________

20 과자 1개의 가격은 1200원입니다. 과자 8개를 사는 데 필요한 금액은 얼마인지 풀이 과정을 쓰고 답을 구해 보세요.

풀이 ______________________

답 ______________________

단원 평가 Level 2

점수

확인

[1~3] 도형의 배열을 보고 물음에 답하세요.

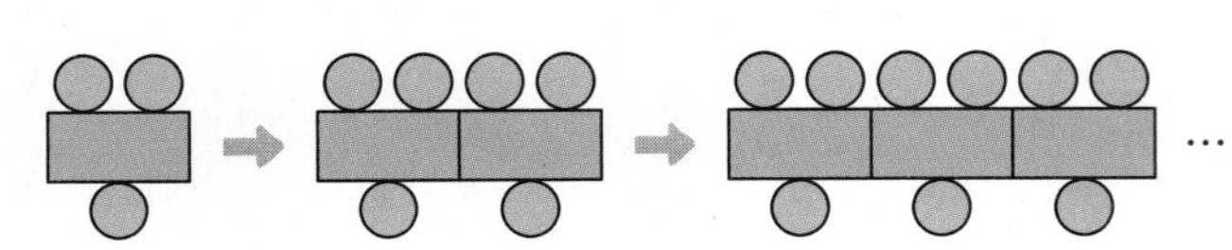

1 사각형이 6개일 때 원은 몇 개 필요할까요?

( )

2 원이 36개일 때 사각형은 몇 개 필요할까요?

( )

3 원의 수와 사각형의 수 사이의 대응 관계를 써 보세요.

4 호두과자를 한 봉지에 11개씩 담고 있습니다. 표를 완성하고, 봉지의 수와 호두과자의 수 사이의 대응 관계를 써 보세요.

봉지의 수(개)	1	2	3	4
호두과자의 수(개)				

5 재호의 나이가 13살일 때 동생의 나이는 9살입니다. 재호의 나이와 동생의 나이 사이의 대응 관계를 두 가지 방법으로 써 보세요.

방법 1

방법 2

6 표를 보고 오리배의 수를 □, 오리배 좌석의 수를 ○라고 할 때, 두 양 사이의 대응 관계를 식으로 나타내어 보세요.

오리배의 수(대)	2	4	7	9
좌석의 수(개)	10	20	35	45

식

[7~8] 연필 한 자루는 600원이라고 합니다. 물음에 답하세요.

7 연필의 수와 연필의 값 사이의 대응 관계를 표를 이용하여 알아보세요.

연필의 수(자루)	1	3		8
연필의 값(원)	600		3000	

8 연필의 수를 △, 연필의 값을 ◇라고 할 때, 두 양 사이의 대응 관계를 식으로 나타내어 보세요.

식

9 한 상자에 들어 있는 초콜릿은 9개입니다. 상자의 수를 ▽, 초콜릿의 수를 □라고 할 때 표를 완성하고, 두 양 사이의 대응 관계를 식으로 나타내어 보세요.

상자의 수(상자)	1	4	6	
초콜릿의 수(개)	9	36		81

식 ....

[10~11] 다음과 같이 막대를 잘라 여러 도막으로 나누려고 합니다. 물음에 답하세요.

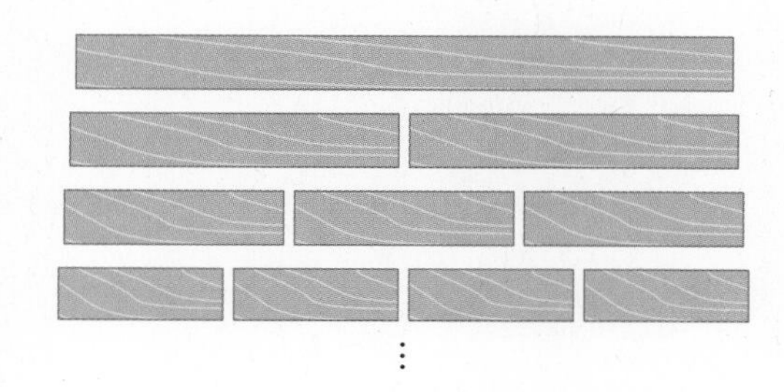

10 막대를 자른 횟수를 ◇, 도막의 수를 ○라고 할 때, 두 양 사이의 대응 관계를 식으로 나타내어 보세요.

식 ....

11 막대를 16도막으로 나누기 위해서는 몇 번을 잘라야 할까요?

( )

12 4개에 800원 하는 쿠키가 있습니다. 쿠키의 수를 ♡, 쿠키의 값을 ○라고 할 때, 두 양 사이의 대응 관계를 식으로 나타내어 보세요.

식 ....

13 동민이는 하루에 4 km씩 달리기를 합니다. 동민이가 13일 동안 달린 거리는 몇 km일까요?

( )

[14~15] 도형의 배열을 보고 물음에 답하세요.

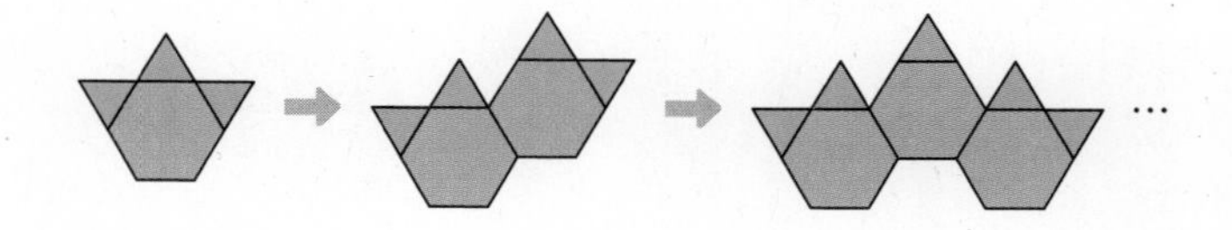

14 육각형이 8개일 때 삼각형은 몇 개 필요할까요?

( )

15 삼각형이 20개일 때 육각형은 몇 개 필요할까요?

( )

16 어느 영화의 시작 시각과 끝난 시각 사이의 대응 관계를 나타낸 표입니다. 빈칸에 알맞은 시각을 써넣으세요.

시작 시각	오전 10시	낮 12시	오후 2시	오후 5시	
끝난 시각	오후 1시	오후 3시	오후 5시		오후 10시

17 삼각형 조각과 수 카드를 이용하여 대응 관계를 만들었습니다. 일곱째에는 삼각형 조각이 몇 개 필요할까요?

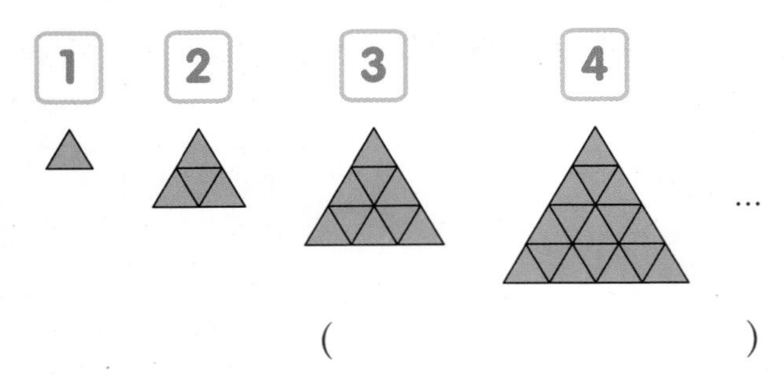

(　　　　　　　　)

18 성냥개비로 다음과 같이 사각형을 만들고 있습니다. 사각형을 9개 만들려면 성냥개비는 몇 개 필요할까요?

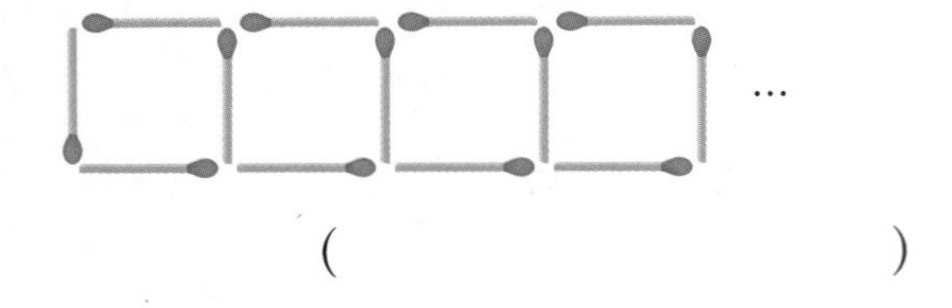

(　　　　　　　　)

19 낙지의 다리는 8개입니다. 낙지의 수와 낙지 다리의 수 사이의 대응 관계를 잘못 이야기한 친구의 이름을 쓰고 바르게 고쳐 보세요.

석훈: 대응 관계를 나타낸 식 △÷8＝○에서 △는 낙지의 수, ○는 다리의 수를 나타내.

가민: 낙지의 수를 □, 다리의 수를 ☆이라고 할 때, 두 양 사이의 대응 관계는 □×8＝☆이야.

답

바르게 고치기

20 꽃병 한 개에 꽃을 9송이씩 꽂고 있습니다. 꽃 72송이를 꽃병 몇 개에 꽂을 수 있는지 풀이 과정을 쓰고 답을 구해 보세요.

풀이

답

사고력이 반짝

● 다음과 같이 겹쳐진 색종이를 뒤집은 것은 어느 것일까요?

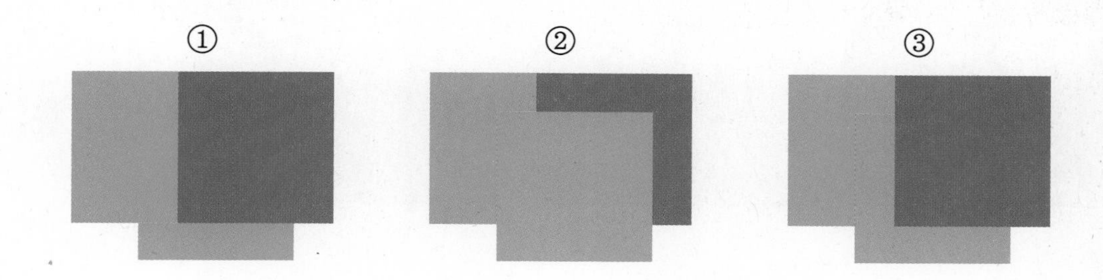

4 약분과 통분

$\frac{1}{2}$과 $\frac{2}{3}$ 중 더 큰 수는?

분모가 다른데 어떻게 비교해?

분모를 같게 하면 크기를 비교할 수 있어!

$$\frac{1}{2} \; ? \; \frac{2}{3}$$

$$\frac{1}{2} \qquad \frac{2}{3}$$

두 분모의 공배수로 분모를 같게 만들어!

1 크기가 같은 분수를 알아볼까요(1), (2)

● **분수로 나타내기**

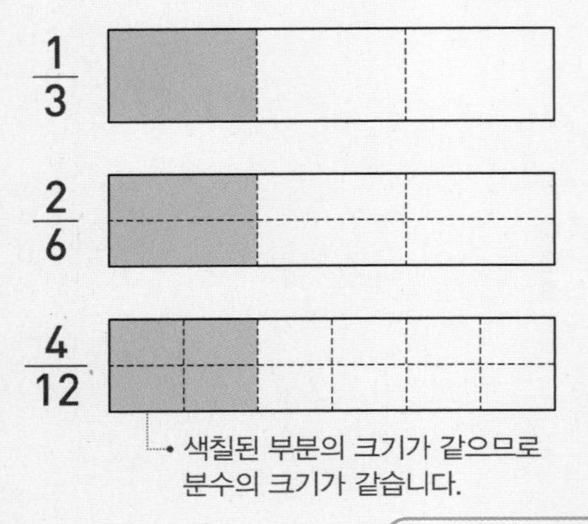

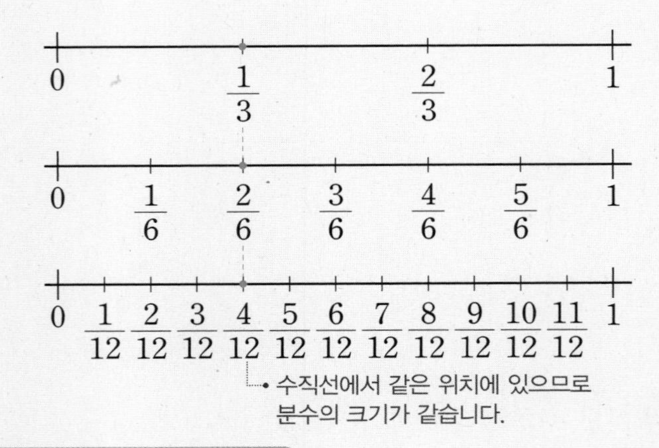

$$\frac{1}{3} = \frac{2}{6} = \frac{4}{12}$$

➡ 분모가 달라도 분수의 크기는 같을 수 있습니다.

● **크기가 같은 분수 만들기**

• 분모와 분자에 각각 0이 아닌 같은 수를 곱하면 크기가 같은 분수가 됩니다.

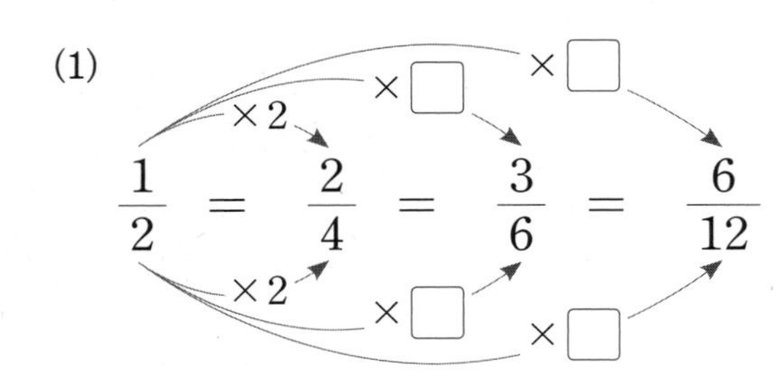

• 분모와 분자를 각각 0이 아닌 같은 수로 나누면 크기가 같은 분수가 됩니다. (0이 아닌 같은 수: 분모와 분자의 공약수)

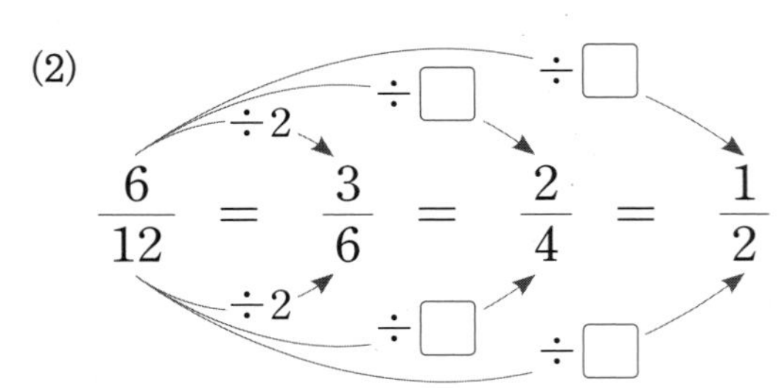

1 크기가 같은 분수를 만들었습니다. □ 안에 알맞은 수를 써넣으세요.

(1) $\frac{1}{2} = \frac{2}{4} = \frac{3}{6} = \frac{6}{12}$ (×2, ×□, ×□)

(2) $\frac{6}{12} = \frac{3}{6} = \frac{2}{4} = \frac{1}{2}$ (÷2, ÷□, ÷□)

2 두 분수 $\frac{1}{4}$과 $\frac{2}{8}$만큼 위에서부터 색칠하고 알맞은 말에 ○표 하세요.

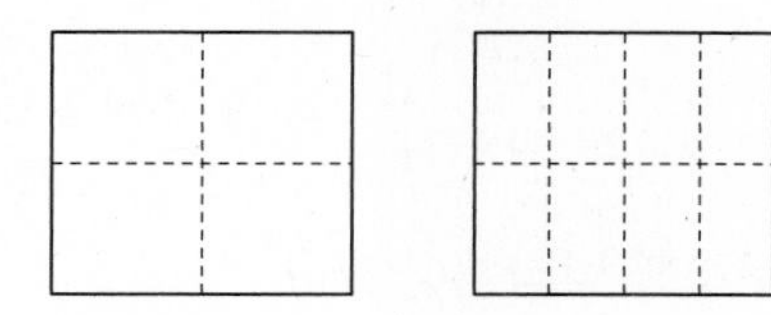

$\frac{1}{4}$과 $\frac{2}{8}$는 크기가 (같은 , 다른) 분수입니다.

3 색칠한 부분을 분수로 나타내어 보세요.

(1)

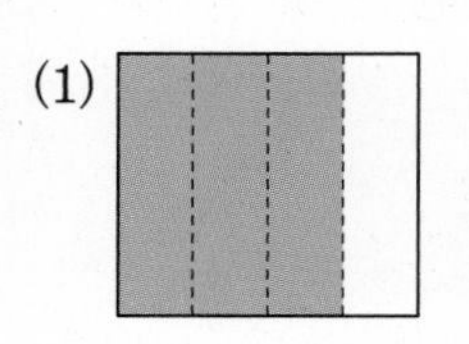

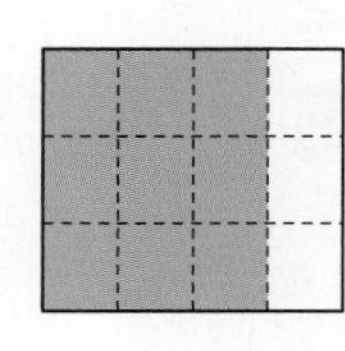

$\frac{3}{4}=\frac{3\times\square}{4\times3}=\frac{\square}{\square}$

(2)

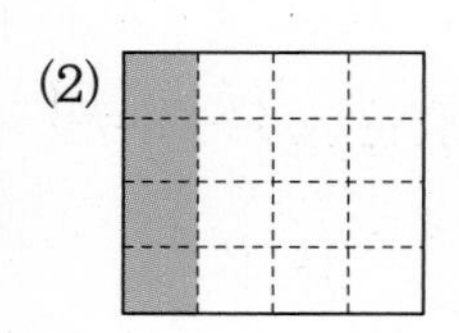

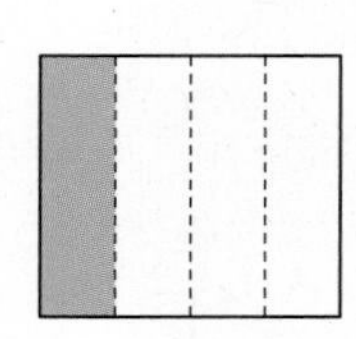

$\frac{4}{16}=\frac{4\div\square}{16\div4}=\frac{\square}{\square}$

4 분수만큼 색칠하고, 크기가 같은 분수를 써 보세요.

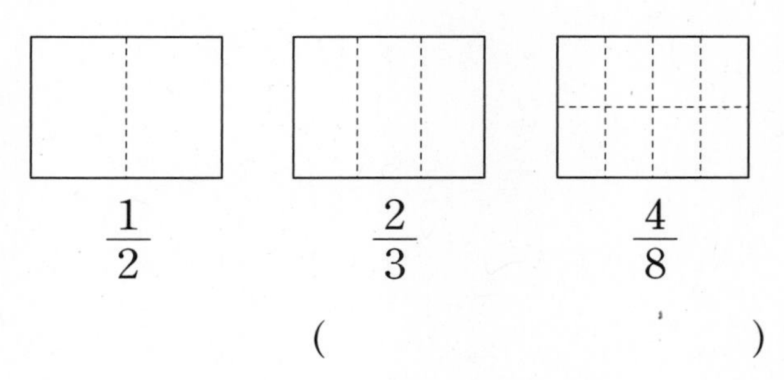

$\frac{1}{2}$ $\frac{2}{3}$ $\frac{4}{8}$

(,)

5 주어진 방법으로 크기가 같은 분수를 3개씩 만들어 보세요.

(1) 분모와 분자에 0이 아닌 같은 수를 곱하기

$\frac{1}{6}$ ...., ..., ...

(2) 분모와 분자를 0이 아닌 같은 수로 나누기

$\frac{24}{60}$ ...., ..., ...

6 □ 안에 알맞은 수를 써넣으세요.

(1)

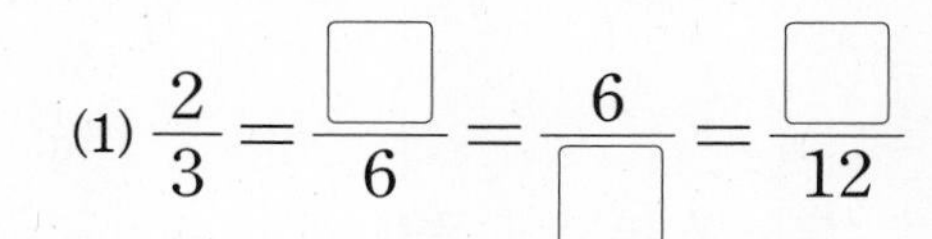

(2) $\frac{12}{20}=\frac{\square}{10}=\frac{3}{\square}$

7 주어진 분수와 크기가 같은 분수를 모두 찾아 ○표 하세요.

(1) $\frac{2}{7}$

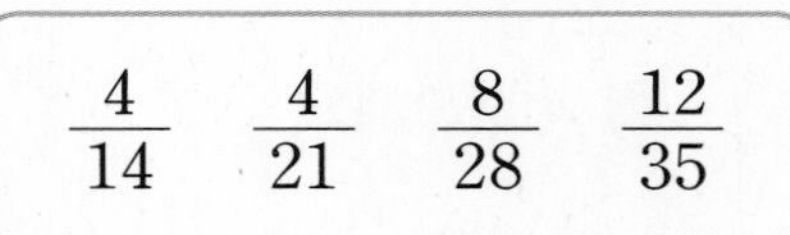

(2) $\frac{20}{24}$

$\frac{2}{4}$ $\frac{5}{6}$ $\frac{6}{8}$ $\frac{10}{12}$

8 $\frac{8}{16}$과 크기가 같은 눈금에 •표 하세요.

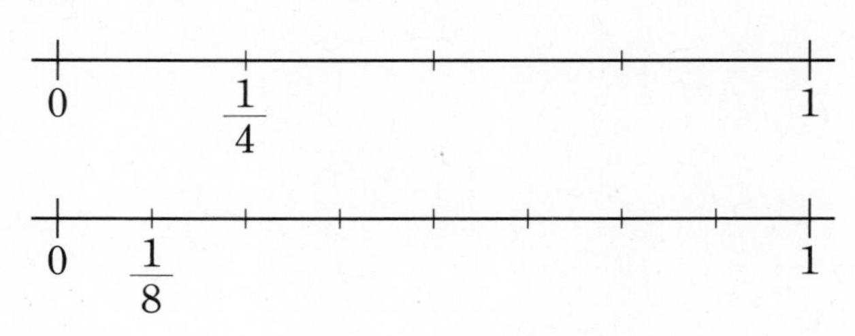

2 분수를 간단하게 나타내어 볼까요

● 약분한다: 분모와 분자를 공약수로 나누어 간단히 하는 것

• $\frac{8}{20}$을 약분하기

분모와 분자를 1로 나누면 자기 자신이 되므로 약분할 때 1로 나누는 경우는 생각하지 않습니다.

① 분모와 분자의 공약수를 구합니다.

8	1, 2, 4, 8
20	1, 2, 4, 5, 10, 20

➡ 8과 20의 공약수: 1, 2, 4

② 1을 제외한 공약수로 분모와 분자를 나눕니다.

$$\frac{8\div2}{20\div2}=\frac{\overset{4}{\cancel{8}}}{\underset{10}{\cancel{20}}}=\frac{4}{10}$$

$$\frac{8\div4}{20\div4}=\frac{\overset{2}{\cancel{8}}}{\underset{5}{\cancel{20}}}=\frac{2}{5}$$

약분의 표시로 /를 사용하고 나눈 몫을 분모와 분자의 위, 아래에 작게 씁니다.

● 기약분수: 분모와 분자의 공약수가 1뿐인 분수

$$\frac{8}{20}\overset{\text{약분}}{=}\frac{4}{10}\overset{\text{약분}}{=}\frac{2}{5}$$

분모와 분자의 공약수로 더 이상 나누어지지 않을 때까지 나눕니다.

➕ 두 수의 곱으로 약분하기

$$\frac{8}{20}=\frac{2\times4}{2\times10}=\frac{4}{10}$$

$$\frac{8}{20}=\frac{4\times2}{4\times5}=\frac{2}{5}$$

분모와 분자의 **최대공약수**로 나누면 한번에 기약분수를 구할 수 있습니다.

• 8과 20의 최대공약수: 4

$$\frac{\overset{2}{\cancel{8}}}{\underset{5}{\cancel{20}}}=\frac{2}{5}$$

1 $\frac{6}{12}$을 약분하려고 합니다. □ 안에 알맞은 수를 써넣으세요.

(1) 분모와 분자의 공약수인 2, □, □(으)로 각각 나눕니다.

(2)
$$\frac{6}{12}=\frac{6\div\square}{12\div2}=\frac{\square}{6}$$
$$\frac{6}{12}=\frac{6\div\square}{12\div3}=\frac{\square}{4}$$
$$\frac{6}{12}=\frac{6\div\square}{12\div6}=\frac{\square}{2}$$

2 $\frac{27}{36}$을 기약분수로 나타내려고 합니다. □ 안에 알맞은 수를 써넣으세요.

(1) 분모와 분자의 최대공약수인 □(으)로 나눕니다.

(2) $\frac{27}{36}=\frac{27\div9}{36\div\square}=\frac{\square}{\square}$

3 □ 안에 알맞은 수를 써넣으세요.

$$\frac{12}{18}=\frac{\square}{\square}\ (\div2)\qquad \frac{12}{18}=\frac{\square}{\square}\ (\div6)$$

4 분수를 기약분수로 나타내려고 합니다. □ 안에 알맞은 수를 써넣으세요.

(1) $\frac{24}{40}=\frac{24\div\square}{40\div\square}=\frac{3}{\square}$

(2) $\frac{35}{55}=\frac{35\div\square}{55\div\square}=\frac{\square}{\square}$

5 분수를 약분하려고 합니다. □ 안에 알맞은 수를 써넣으세요.

(1) $\frac{8}{10}=\frac{2\times\square}{2\times\square}=\frac{\square}{\square}$

(2) $\frac{6}{9}=\frac{3\times\square}{3\times\square}=\frac{\square}{\square}$

6 약분한 분수를 모두 써 보세요.

(1) $\frac{30}{50}$ ➡ (　　　　　　)

(2) $\frac{36}{42}$ ➡ (　　　　　　)

7 기약분수로 나타내어 보세요.

(1) $\frac{12}{16}$　　(2) $\frac{18}{30}$

(3) $\frac{15}{45}$　　(4) $\frac{44}{66}$

8 $\frac{12}{60}$를 약분하려고 합니다. 분모와 분자를 나눌 수 없는 수는 어느 것일까요? (　　　)

① 2　② 3　③ 4
④ 5　⑤ 6

9 기약분수를 모두 찾아 기호를 써 보세요.

㉠ $\frac{18}{45}$　㉡ $\frac{19}{72}$　㉢ $\frac{26}{30}$　㉣ $\frac{27}{32}$

(　　　　　　)

10 진분수 $\frac{\square}{6}$가 기약분수라고 할 때, □ 안에 들어갈 수 있는 수를 모두 구해 보세요.

(　　　　　　)

11 분자가 12인 진분수 중에서 약분하면 $\frac{3}{5}$이 되는 분수를 구해 보세요.

(　　　　　　)

3 통분을 알아볼까요

● **분모가 같은 분수끼리 짝짓기**

$$\frac{5}{6}=\frac{10}{12}=\frac{15}{18}=\frac{20}{24}=\frac{25}{30}=\frac{30}{36}$$
$$\frac{3}{4}=\frac{6}{8}=\frac{9}{12}=\frac{12}{16}=\frac{15}{20}=\frac{18}{24}$$
$$\rightarrow \left(\frac{10}{12}, \frac{9}{12}\right), \left(\frac{20}{24}, \frac{18}{24}\right), \cdots$$

공통분모가 될 수 있는 수
➡ 두 분모의 공배수
공통분모 중 가장 작은 수
➡ 두 분모의 최소공배수

● **$\frac{3}{4}$과 $\frac{1}{6}$을 통분하기**

- **통분한다**: 분수의 분모를 같게 하는 것
- **공통분모**: 통분한 분모

방법 1 분모의 곱을 공통분모로 하여 통분하기 → 분모가 작을 때 편리합니다.

$$\left(\frac{3}{4}, \frac{1}{6}\right) \rightarrow \left(\frac{3}{4}=\frac{18}{24}, \frac{1}{6}=\frac{4}{24}\right) \rightarrow \left(\frac{18}{24}, \frac{4}{24}\right)$$
(×6, ×6 / ×4, ×4)

x자로 곱해서 통분할 수도 있습니다.
3×6 1×4
$$\frac{3}{4} \times \frac{1}{6} \rightarrow \left(\frac{18}{24}, \frac{4}{24}\right)$$
4×6

방법 2 분모의 최소공배수를 공통분모로 하여 통분하기 → 분모가 클 때 편리합니다.

$$\left(\frac{3}{4}, \frac{1}{6}\right) \rightarrow \left(\frac{3}{4}=\frac{9}{12}, \frac{1}{6}=\frac{2}{12}\right) \rightarrow \left(\frac{9}{12}, \frac{2}{12}\right)$$
(×3, ×3 / ×2, ×2)

4와 6의 최소공배수: 12

1 $\frac{1}{2}$과 $\frac{1}{4}$을 통분하려고 합니다. 다음을 보고 □ 안에 알맞은 수를 써넣으세요.

$$\frac{1}{2}=\frac{2}{4}=\frac{3}{6}=\frac{4}{8}=\frac{5}{10}=\cdots$$
$$\frac{1}{4}=\frac{2}{8}=\frac{3}{12}=\frac{4}{16}=\frac{5}{20}=\cdots$$

(1) 두 분수를 분모가 같은 분수끼리 짝 지으면

$\left(\frac{□}{4}, \frac{1}{4}\right), \left(\frac{□}{8}, \frac{□}{□}\right)$, …입니다.

(2) 공통분모는 4, □, …입니다.

2 $\frac{5}{6}$와 $\frac{3}{8}$을 분모의 곱을 공통분모로 하여 통분하려고 합니다. □ 안에 알맞은 수를 써넣으세요.

(1) 분모의 곱을 공통분모로 하여 통분하기

$$\frac{5}{6}=\frac{5\times□}{6\times8}=\frac{□}{□}$$
$$\frac{3}{8}=\frac{3\times□}{8\times6}=\frac{□}{□}$$

(2) $\left(\frac{5}{6}, \frac{3}{8}\right) \rightarrow \left(\frac{□}{□}, \frac{□}{□}\right)$

3 두 분수를 주어진 공통분모로 통분해 보세요.

(1) $\left(\frac{5}{8}, \frac{7}{10}\right) \rightarrow \left(\frac{\square}{40}, \frac{\square}{40}\right)$

(2) $\left(\frac{6}{7}, \frac{2}{3}\right) \rightarrow \left(\frac{\square}{21}, \frac{\square}{21}\right)$

4 $\frac{7}{8}$과 $\frac{7}{12}$을 통분하려고 합니다. 공통분모가 될 수 있는 수를 모두 찾아 써 보세요.

12	24	36	48	72

( )

5 분모의 곱을 공통분모로 하여 통분해 보세요.

(1) $\left(\frac{2}{5}, \frac{3}{7}\right) \rightarrow$ (,)

(2) $\left(1\frac{4}{9}, 1\frac{5}{12}\right) \rightarrow$ (,)

6 분모의 최소공배수를 공통분모로 하여 통분해 보세요.

(1) $\left(\frac{1}{3}, \frac{11}{24}\right) \rightarrow$ (,)

(2) $\left(2\frac{9}{10}, 2\frac{8}{15}\right) \rightarrow$ (,)

7 $\frac{5}{8}$와 $\frac{13}{20}$을 서로 다른 공통분모로 통분해 보세요.

$\left(\frac{5}{8}, \frac{13}{20}\right) \rightarrow$
(,)
(,)
(,)

8 주어진 방법으로 $\frac{10}{21}$과 $\frac{5}{6}$를 통분해 보세요.

(1) 분모의 곱을 공통분모로 하여 통분하기

$\left(\frac{10}{21}, \frac{5}{6}\right) \rightarrow$ (,)

(2) 분모의 최소공배수를 공통분모로 하여 통분하기

$\left(\frac{10}{21}, \frac{5}{6}\right) \rightarrow$ (,)

9 $\frac{11}{35}$과 $\frac{5}{14}$ 사이의 수 중에서 분모가 70인 분수를 모두 구해 보세요.

( )

4

4 분수의 크기를 비교해 볼까요

• $\frac{1}{2}$과 $\frac{3}{5}$의 크기 비교

분모가 다른 두 분수는 통분하거나 약분하여 분모를 같게 한 다음 분자의 크기를 비교합니다.

$$\left(\frac{1}{2}, \frac{3}{5}\right) \rightarrow \left(\frac{1\times5}{2\times5}, \frac{3\times2}{5\times2}\right) \rightarrow \left(\frac{5}{10}, \frac{6}{10}\right) \rightarrow \frac{1}{2} < \frac{3}{5}$$

• $\frac{4}{9}$, $\frac{2}{5}$, $\frac{2}{3}$의 크기 비교

분모가 다른 세 분수는 두 분수씩 차례로 통분하여 크기를 비교합니다.

$$\left(\frac{4}{9}, \frac{2}{5}\right) \xrightarrow{\text{통분}} \left(\frac{20}{45}, \frac{18}{45}\right) \rightarrow \frac{4}{9} > \frac{2}{5}$$

$$\left(\frac{2}{5}, \frac{2}{3}\right) \xrightarrow{\text{통분}} \left(\frac{6}{15}, \frac{10}{15}\right) \rightarrow \frac{2}{5} < \frac{2}{3}$$

$$\left(\frac{4}{9}, \frac{2}{3}\right) \xrightarrow{\text{통분}} \left(\frac{4}{9}, \frac{6}{9}\right) \rightarrow \frac{4}{9} < \frac{2}{3}$$

$$\rightarrow \frac{2}{5} < \frac{4}{9} < \frac{2}{3}$$

- 분자가 같은 분수는 분모가 작을수록 큰 수입니다.

$\frac{2}{3}$, $\frac{2}{4}$, $\frac{2}{5}$

$\rightarrow \frac{2}{5} < \frac{2}{4} < \frac{2}{3}$

- x자로 곱해서 분자끼리 비교할 수도 있습니다.

$1\times5 < 3\times2$

$\frac{1}{2} \times \frac{3}{5} \rightarrow \frac{1}{2} < \frac{3}{5}$

- 세 분수를 한꺼번에 통분하여 크기를 비교할 수도 있습니다.

$\left(\frac{4}{9}, \frac{2}{5}, \frac{2}{3}\right)$

$\rightarrow \left(\frac{20}{45}, \frac{18}{45}, \frac{30}{45}\right)$

$\rightarrow \frac{18}{45} < \frac{20}{45} < \frac{30}{45}$

$\rightarrow \frac{2}{5} < \frac{4}{9} < \frac{2}{3}$

1 $\frac{2}{7}$와 $\frac{1}{3}$의 크기를 비교하려고 합니다. □ 안에 알맞은 수를 써넣고, ○ 안에 >, =, <를 알맞게 써넣으세요.

(1) 두 분수를 통분하기

$\frac{2}{7} = \frac{2\times\square}{7\times3} = \frac{\square}{21}$

$\frac{1}{3} = \frac{1\times\square}{3\times7} = \frac{\square}{21}$

(2) 두 분수의 크기를 비교하기

$\frac{6}{21} \bigcirc \frac{\square}{21} \rightarrow \frac{2}{7} \bigcirc \frac{1}{3}$

2 $\frac{2}{3}$, $\frac{3}{5}$, $\frac{5}{6}$의 크기를 비교하려고 합니다. □ 안에 알맞은 수를 써넣고, ○ 안에 >, =, <를 알맞게 써넣으세요.

$\left(\frac{2}{3}, \frac{3}{5}\right) \rightarrow \left(\frac{\square}{15}, \frac{\square}{15}\right) \rightarrow \frac{2}{3} \bigcirc \frac{3}{5}$

$\left(\frac{3}{5}, \frac{5}{6}\right) \rightarrow \left(\frac{\square}{30}, \frac{\square}{30}\right) \rightarrow \frac{3}{5} \bigcirc \frac{5}{6}$

$\left(\frac{2}{3}, \frac{5}{6}\right) \rightarrow \left(\frac{\square}{6}, \frac{5}{6}\right) \rightarrow \frac{2}{3} \bigcirc \frac{5}{6}$

$\rightarrow \frac{\square}{\square} < \frac{\square}{\square} < \frac{\square}{\square}$

3 세 분수 $\frac{1}{2}$, $\frac{3}{4}$, $\frac{5}{8}$의 크기를 그림을 이용하여 비교해 보세요.

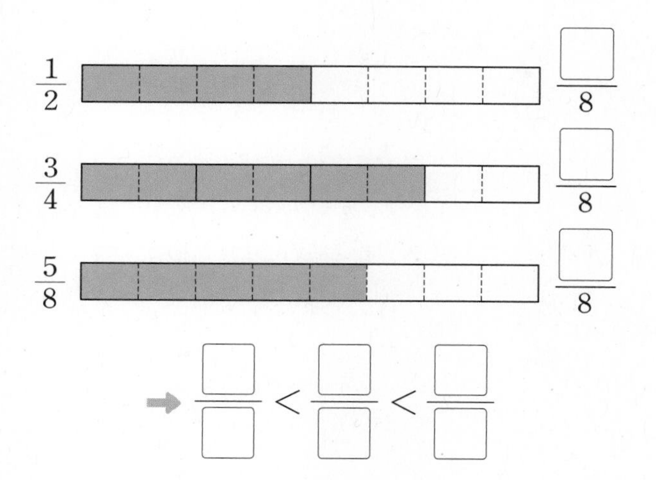

➡ $\frac{\square}{\square} < \frac{\square}{\square} < \frac{\square}{\square}$

4 □ 안에 알맞은 수를 써넣고, ○ 안에 >, =, <를 알맞게 써넣으세요.

(1) $\left(\frac{3}{4}, \frac{5}{7}\right)$ ➡ $\left(\frac{\square}{28}, \frac{\square}{28}\right)$

➡ $\frac{3}{4}$ ○ $\frac{5}{7}$

(2) $\left(\frac{27}{45}, \frac{24}{30}\right)$ ➡ $\left(\frac{\square}{5}, \frac{\square}{5}\right)$

➡ $\frac{27}{45}$ ○ $\frac{24}{30}$

3학년 때 배웠어요

분모가 같은 분수의 크기 비교

0, $\frac{2}{8}$, $\frac{7}{8}$, 1

$2<7$

$\frac{2}{8} < \frac{7}{8}$

➡ 분모가 같은 분수는 분자가 클수록 큰 수입니다.

5 분수의 크기 비교를 바르게 한 것에 ○표 하세요.

$\frac{5}{7} < \frac{5}{8}$	$2\frac{4}{5} > 2\frac{2}{3}$
( )	( )

6 세 분수를 한꺼번에 통분하여 가장 큰 수를 써 보세요.

(1) $\left(\frac{3}{10}, \frac{1}{4}, \frac{2}{5}\right)$ ➡(통분) (,   ,   )

(   )

(2) $\left(\frac{3}{5}, \frac{5}{6}, \frac{7}{18}\right)$ ➡(통분) (,   ,   )

(   )

7 분수의 크기를 비교하여 ○ 안에 >, =, <를 알맞게 써넣으세요.

(1) $\frac{7}{10}$ ○ $\frac{8}{15}$ (2) $\frac{5}{6}$ ○ $\frac{3}{4}$

8 세 분수의 크기를 비교하여 큰 수부터 차례로 써 보세요.

(1) $\left(\frac{1}{2}, \frac{4}{5}, \frac{5}{7}\right)$ ➡ □, □, □

(2) $\left(\frac{7}{9}, \frac{7}{12}, \frac{11}{15}\right)$ ➡ □, □, □

5 분수와 소수의 크기를 비교해 볼까요

● **두 분수를 약분하여 크기 비교하기**

$\left(\frac{14}{20}, \frac{9}{30}\right) \xrightarrow{\text{약분}} \left(\frac{7}{10}, \frac{3}{10}\right) \Rightarrow \frac{7}{10} > \frac{3}{10} \Rightarrow \frac{14}{20} > \frac{9}{30}$

$0.7 \quad 0.3 \Rightarrow 0.7 > 0.3$

● **분수를 소수로 나타내어 크기 비교하기** → 분모가 10, 100, 1000인 분수로 고칠 수 있는 경우

$\left(\frac{3}{4}, 0.35\right) \Rightarrow \left(\frac{75}{100}, 0.35\right) \Rightarrow 0.75 > 0.35 \Rightarrow \frac{3}{4} > 0.35$

분모가 100인 분수로 고치기

● **소수를 분수로 나타내어 크기 비교하기** → $\frac{5}{13}(=0.3846\cdots)$와 같이 소수로 고칠 수 없는 경우

$\left(0.4, \frac{4}{7}\right) \Rightarrow \left(\frac{4}{10}, \frac{4}{7}\right) \xrightarrow{\text{통분}} \left(\frac{28}{70}, \frac{40}{70}\right) \Rightarrow \frac{28}{70} < \frac{40}{70} \Rightarrow 0.4 < \frac{4}{7}$

분자가 같을 때에는
분모가 작을수록 큰 수입니다.

1 $\frac{30}{50}$과 $\frac{14}{20}$의 크기를 비교하려고 합니다. 물음에 답하세요.

(1) 두 분수를 약분하여 크기 비교하기

$\left(\frac{30}{50}, \frac{14}{20}\right) \xrightarrow{\text{약분}} \left(\frac{\square}{10}, \frac{\square}{10}\right)$

$\Rightarrow \frac{\square}{10} \bigcirc \frac{\square}{10} \Rightarrow \frac{30}{50} \bigcirc \frac{14}{20}$

(2) 두 분수를 소수로 나타내어 크기 비교하기

$\left(\frac{30}{50}, \frac{14}{20}\right) \xrightarrow{\text{약분}} \left(\frac{\square}{10}, \frac{\square}{10}\right)$

$\Rightarrow \square \bigcirc \square \Rightarrow \frac{30}{50} \bigcirc \frac{14}{20}$

2 $\frac{1}{2}$과 0.4의 크기를 비교하려고 합니다. 물음에 답하세요.

(1) 분수를 소수로 나타내어 크기 비교하기

$\left(\frac{1}{2}, 0.4\right) \Rightarrow \left(\frac{\square}{10}, 0.4\right)$

$\Rightarrow (\square, 0.4)$

$\Rightarrow \frac{1}{2} \bigcirc 0.4$

(2) 소수를 분수로 나타내어 크기 비교하기

$\left(\frac{1}{2}, 0.4\right) \Rightarrow \left(\frac{\square}{10}, \frac{\square}{10}\right)$

$\Rightarrow \frac{1}{2} \bigcirc 0.4$

3 분수를 분모가 10, 100인 분수로 알맞게 고치고, 소수로 나타내어 보세요.

(1) $\frac{4}{5}=\frac{4\times\square}{5\times\square}=\frac{\square}{\square}=\square$

(2) $\frac{3}{4}=\frac{3\times\square}{4\times\square}=\frac{\square}{\square}=\square$

3학년 때 배웠어요

분수와 소수의 관계

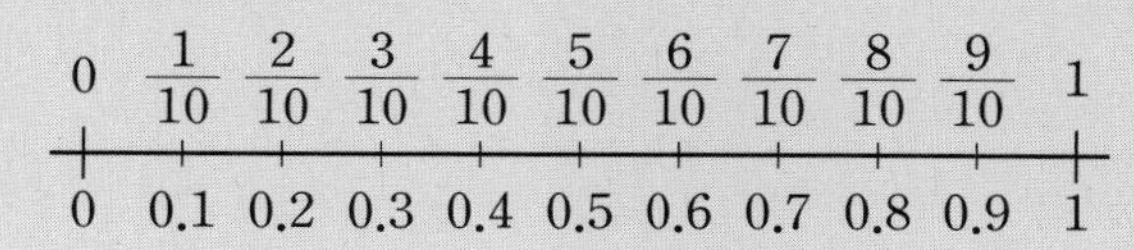

4 □ 안에 알맞은 수를 써넣고, ○ 안에 >, =, <를 알맞게 써넣으세요.

(1) $\left(0.3, \frac{1}{5}\right) \rightarrow (0.3, \square)$

$\rightarrow 0.3 \bigcirc \frac{1}{5}$

(2) $\left(\frac{5}{8}, 0.9\right) \rightarrow \left(\frac{5}{8}, \square\right)$

$\rightarrow \frac{5}{8} \bigcirc 0.9$

5 수직선에 분수와 소수를 나타내어 보고, ○ 안에 >, =, <를 알맞게 써넣으세요.

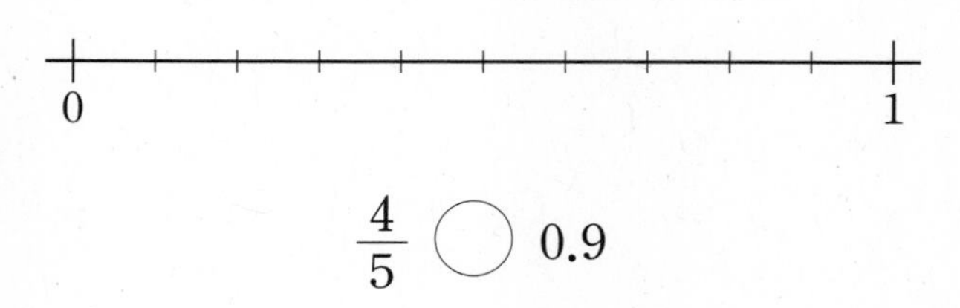

$\frac{4}{5} \bigcirc 0.9$

6 분수와 소수의 크기를 비교하여 ○ 안에 >, =, <를 알맞게 써넣으세요.

(1) $0.43 \bigcirc \frac{3}{5}$

(2) $2\frac{3}{4} \bigcirc 2.34$

(3) $\frac{8}{20} \bigcirc \frac{12}{30}$

7 크기가 같은 케이크를 각각 다음과 같이 먹었습니다. 케이크를 더 많이 먹은 사람의 이름을 써 보세요.

미소: 나는 케이크의 $\frac{6}{40}$을 먹었어.

영찬: 나는 케이크의 0.2를 먹었어.

(　　　　　　　　)

8 0.7보다 큰 수의 기호를 써 보세요.

㉠ $\frac{17}{25}$　　㉡ $\frac{29}{40}$

(　　　　　　　　)

9 가장 큰 수를 찾아 써 보세요.

$\frac{5}{6}$　　0.8　　$\frac{12}{20}$

(　　　　　　　　)

개념 적용

기본기 다지기

1 크기가 같은 분수 알아보기

• $\frac{1}{2}$과 크기가 같은 분수

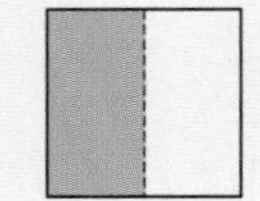 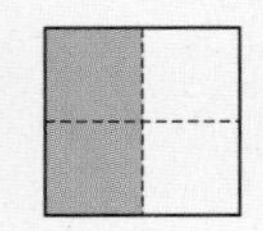 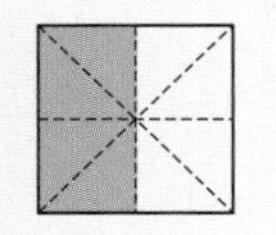 …

$$\frac{1}{2}=\frac{2}{4}=\frac{4}{8}=\cdots$$

1 분수만큼 수직선에 나타내고 크기가 같은 분수를 써 보세요.

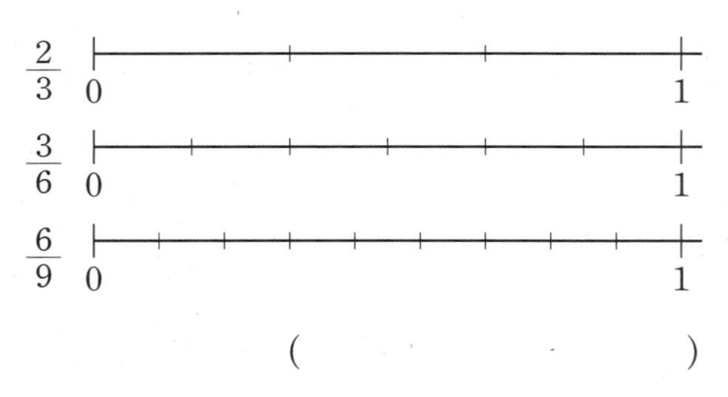

(　　　　　　　)

2 두 분수는 크기가 같은 분수입니다. 오른쪽 그림에 분수만큼 색칠하고 □ 안에 알맞은 수를 써넣으세요.

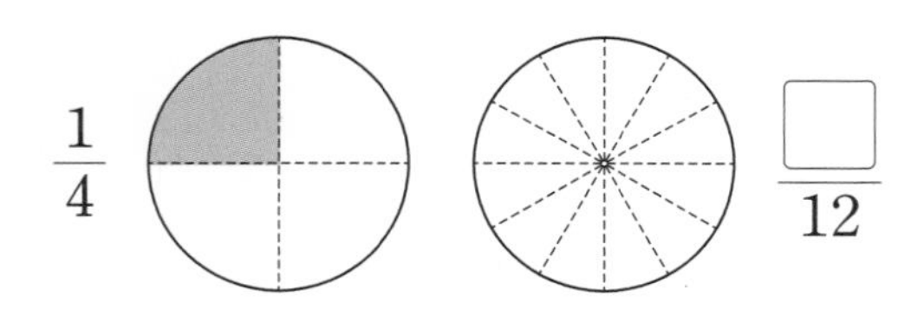

3 왼쪽 그림과 크기가 같은 분수를 모두 찾아 ○표 하세요.

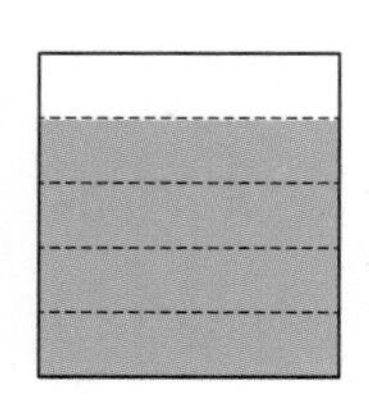

$\frac{4}{6}$　$\frac{8}{10}$　$\frac{9}{12}$　$\frac{12}{15}$

2 크기가 같은 분수 만들기

• 분모와 분자에 각각 0이 아닌 같은 수를 곱하면 크기가 같은 분수가 됩니다.
• 분모와 분자를 각각 0이 아닌 같은 수로 나누면 크기가 같은 분수가 됩니다. (0이 아닌 같은 수: 분모와 분자의 공약수)

4 분모와 분자에 각각 0이 아닌 같은 수를 곱하여 크기가 같은 분수를 만들려고 합니다. 분모가 가장 작은 것부터 차례로 3개 써 보세요.

$\frac{5}{8}$ → (　　　　　　　)

5 분모와 분자를 각각 0이 아닌 같은 수로 나누어 크기가 같은 분수를 만들려고 합니다. 분모가 가장 작은 것부터 차례로 3개 써 보세요.

$\frac{18}{24}$ → (　　　　　　　)

6 □ 안에 알맞은 수를 써넣어 크기가 같은 분수를 만들어 보세요.

(1) $\frac{2}{7}=\frac{\square}{21}=\frac{10}{\square}$

(2) $\frac{15}{45}=\frac{\square}{15}=\frac{3}{\square}$

7 왼쪽 분수와 크기가 같은 분수를 모두 찾아 ○표 하세요.

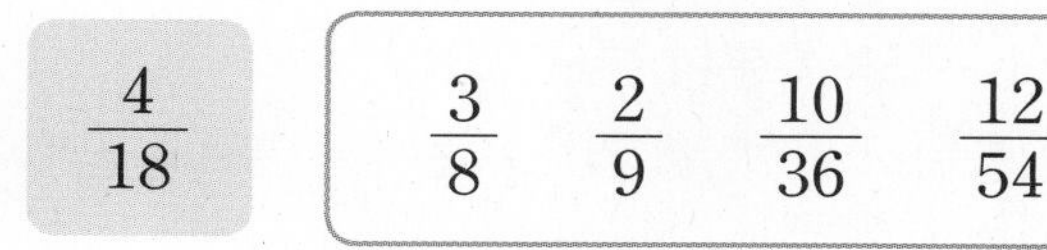

$\frac{4}{18}$ | $\frac{3}{8}$ $\frac{2}{9}$ $\frac{10}{36}$ $\frac{12}{54}$

8 수 카드를 사용하여 $\frac{3}{5}$과 크기가 같은 분수를 만들어 보세요.

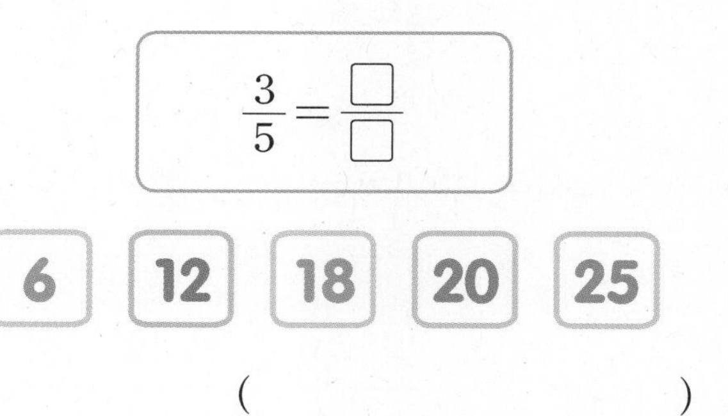

$\frac{3}{5}=\frac{\square}{\square}$

6 12 18 20 25

( )

서술형

9 크기가 같은 분수를 같은 방법으로 구한 두 사람을 찾고, 어떤 방법으로 구했는지 써 보세요.

우혁: $\frac{1}{3}$과 크기가 같은 분수에 $\frac{3}{9}$이 있어.

종민: $\frac{3}{6}$과 크기가 같은 분수에 $\frac{6}{12}$이 있어.

시영: $\frac{12}{18}$와 크기가 같은 분수에 $\frac{4}{6}$가 있어.

같은 방법으로 구한 사람 ....

방법 ....

3 약분

- 약분한다: 분모와 분자를 공약수로 나누어 간단히 하는 것
- 기약분수: 분모와 분자의 공약수가 1뿐인 분수
- 분모와 분자를 두 수의 최대공약수로 나누면 기약분수가 됩니다.

10 $\frac{16}{40}$을 약분하려고 합니다. 분모와 분자를 나눌 수 있는 수를 모두 찾아 ○표 하세요.

2 3 4 8 9

11 $\frac{10}{20}$을 약분한 분수를 모두 써 보세요.

( )

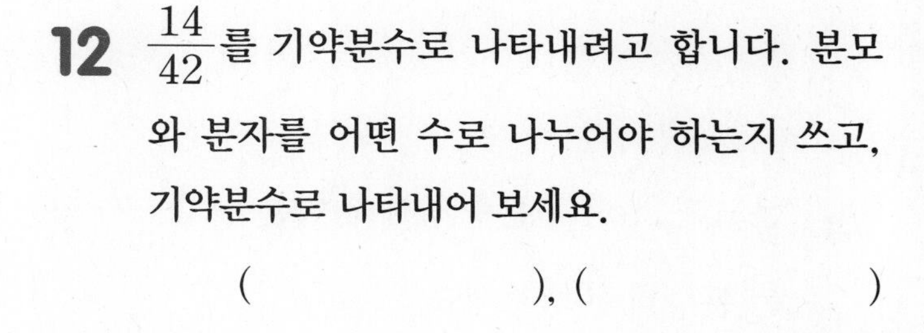

12 $\frac{14}{42}$를 기약분수로 나타내려고 합니다. 분모와 분자를 어떤 수로 나누어야 하는지 쓰고, 기약분수로 나타내어 보세요.

( ), ( )

13 기약분수로 나타내어 보세요.

(1) $\frac{12}{16}=\frac{\square}{\square}$ (2) $\frac{40}{72}=\frac{\square}{\square}$

14 진분수 $\frac{\square}{8}$가 기약분수라고 할 때, □ 안에 들어갈 수 있는 수를 모두 구해 보세요.

( )

서술형

15 $\frac{18}{27}$에 대해 잘못 말한 사람을 찾고, 그 이유를 써 보세요.

> 세은: $\frac{18}{27}$을 기약분수로 나타내면 $\frac{2}{3}$야.
>
> 재하: $\frac{18}{27}$을 약분한 분수 중 분모와 분자가 두 번째로 작은 것은 $\frac{6}{9}$이야.
>
> 유성: $\frac{18}{27}$을 약분하여 만들 수 있는 분수는 모두 3개야.

잘못 말한 사람 ....

이유 ....

16 분모가 35인 진분수 중에서 약분하면 $\frac{4}{7}$가 되는 분수를 구해 보세요.

( )

17 우석이가 가지고 있는 구슬 24개 중 빨간색 구슬이 15개입니다. 빨간색 구슬의 수는 전체 구슬의 수의 몇 분의 몇인지 기약분수로 나타내어 보세요.

( )

4 통분

- 통분한다: 분수의 분모를 같게 하는 것
- 공통분모: 통분한 분모
- 공통분모가 될 수 있는 수는 두 분모의 공배수입니다.

18 $\frac{1}{4}$과 $\frac{3}{8}$을 통분할 때 공통분모가 될 수 있는 수를 가장 작은 것부터 차례로 3개 써 보세요.

( )

서술형

19 분수를 두 가지 방법으로 통분해 보세요.

$\frac{5}{6}$ $\frac{7}{10}$

방법 1 ....

방법 2 ....

20 두 분수를 가장 작은 공통분모로 통분해 보세요.

$\left(\frac{2}{9}, \frac{5}{12}\right)$ → (,)

21 $\frac{2}{3}$와 $\frac{4}{5}$를 통분하려고 합니다. 공통분모가 될 수 있는 수 중에서 40에 가장 가까운 수를 공통분모로 하여 통분해 보세요.

(,)

5 분수의 크기 비교

분모가 다른 분수는 통분하거나 약분하여 분모를 같게 한 후 분자의 크기를 비교합니다.

예 $\left(\frac{1}{3}, \frac{2}{7}\right) \Rightarrow \left(\frac{7}{21}, \frac{6}{21}\right) \Rightarrow \frac{1}{3} > \frac{2}{7}$

22 분수의 크기를 비교하여 ○ 안에 $>$, $=$, $<$를 알맞게 써넣으세요.

(1) $\frac{4}{7}$ ○ $\frac{1}{2}$ (2) $\frac{12}{21}$ ○ $\frac{10}{14}$

23 더 큰 분수에 ○표 하세요.

(1) $\frac{3}{5}$ | $\frac{2}{3}$ (2) $\frac{5}{6}$ | $\frac{3}{4}$

24 두 분수의 크기를 비교하여 더 큰 분수를 위의 □ 안에 써넣으세요.

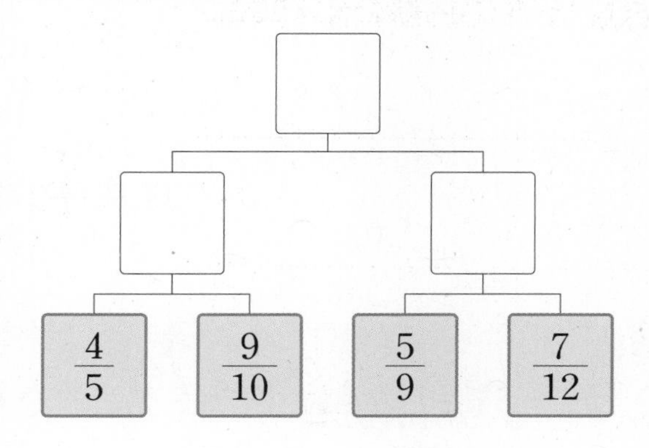

25 세 분수의 크기를 비교하여 큰 수부터 차례로 써 보세요.

$\left(\frac{1}{2}, \frac{2}{3}, \frac{5}{6}\right) \Rightarrow$ (　　,　　,　　)

26 가장 큰 분수에 ○표, 가장 작은 분수에 △표 하세요.

$\frac{3}{8}$　$\frac{5}{12}$　$\frac{1}{4}$

27 □ 안에 들어갈 수 있는 자연수를 모두 구해 보세요.

$\frac{\square}{5} < \frac{8}{15}$

(　　　　　　)

28 빨간색 테이프의 길이는 $\frac{14}{18}$ m이고, 파란색 테이프의 길이는 $\frac{25}{45}$ m입니다. 더 긴 테이프는 무슨 색일까요?

(　　　　　　)

29 다음을 모두 만족하는 분수를 찾아 써 보세요.

- $\frac{1}{2}$보다 작습니다.
- $\frac{2}{5}$보다 큽니다.

$\frac{11}{14}$　$\frac{3}{8}$　$\frac{9}{20}$　$\frac{3}{4}$

(　　　　　　)

6 분수와 소수의 크기 비교

분수를 소수로 나타내어 소수끼리 비교하거나
소수를 분수로 나타내어 분수끼리 비교합니다.

예 $\frac{1}{2}$과 0.2의 크기 비교하기

$\frac{1}{2}=\frac{5}{10}=0.5 \ (>) \ 0.2$

$\frac{1}{2}=\frac{5}{10} \ (>) \ 0.2=\frac{2}{10}$

30 분수를 분모가 10, 100인 분수로 고치고, 소수로 나타내어 보세요.

(1) $\frac{2}{5}=\frac{\square}{10}=\square$

(2) $\frac{7}{20}=\frac{\square}{100}=\square$

31 소수를 분모가 10, 100인 분수로 고치고, 기약분수로 나타내어 보세요.

(1) $0.6=\frac{\square}{10}=\frac{\square}{\square}$

(2) $0.25=\frac{\square}{100}=\frac{\square}{\square}$

서술형

32 $\frac{4}{5}$와 0.7의 크기를 두 가지 방법으로 비교해 보세요.

방법 1

방법 2

33 두 수의 크기를 비교하여 ○ 안에 >, =, <를 알맞게 써넣으세요.

(1) 0.3 ○ $\frac{1}{2}$ (2) $\frac{3}{4}$ ○ 0.7

34 분수와 소수의 크기를 비교하여 큰 수부터 차례로 써 보세요.

$1\frac{1}{20}$ 0.9 $\frac{3}{5}$ 1.1

(   )

35 승혜는 고구마를 $\frac{17}{25}$ kg, 감자를 0.6 kg 캤습니다. 고구마와 감자 중 어느 것을 더 많이 캤을까요?

(   )

36 4장의 수 카드 중 2장을 골라 진분수를 만들려고 합니다. 만들 수 있는 진분수 중에서 가장 작은 수를 소수로 나타내어 보세요.

1 2 4 5

(   )

7 조건에 맞는 분수 구하기

$\frac{▲}{■}$와 크기가 같은 분수를 만든 다음 조건에 맞는 분수를 찾습니다.

37 $\frac{2}{3}$와 크기가 같은 분수 중에서 분모와 분자의 합이 15인 분수를 구해 보세요.

( )

38 $\frac{3}{5}$과 크기가 같은 분수 중에서 분모와 분자의 차가 8인 분수를 구해 보세요.

( )

39 $\frac{3}{4}$과 크기가 같은 분수 중에서 분모와 분자의 합이 20보다 크고 30보다 작은 분수를 모두 구해 보세요.

( )

40 종서는 5장의 수 카드 중 2장을 골라 가장 작은 진분수를 만들었습니다. 윤하는 종서가 만든 분수와 크기가 같은 분수 중에서 분모와 분자의 차가 8인 분수를 만들었습니다. 윤하가 만든 분수를 구해 보세요.

5 6 7 8 9

( )

41 $\frac{4}{7}$의 분자에 8을 더했을 때 분수의 크기가 변하지 않으려면 분모에는 얼마를 더해야 할까요?

( )

42 $\frac{11}{23}$의 분모와 분자에 같은 수를 더하여 $\frac{5}{9}$와 크기가 같은 분수를 만들려고 합니다. 분모와 분자에 얼마를 더해야 할까요?

( )

8 통분하기 전의 분수 구하기

통분한 분수를 약분하면 통분하기 전의 분수를 구할 수 있습니다.

43 어떤 두 분수를 통분한 것입니다. □ 안에 알맞은 수를 써넣으세요.

$$\left(\frac{\square}{6}, \frac{1}{\square}\right) \rightarrow \left(\frac{10}{12}, \frac{3}{12}\right)$$

44 어떤 두 기약분수를 통분하였더니 $\frac{15}{36}$와 $\frac{8}{36}$이 되었습니다. 통분하기 전의 두 분수를 구해 보세요.

(,)

응용력 기르기

심화유형 1 분수의 크기를 비교하여 □ 안에 들어갈 수 있는 수 구하기

□ 안에 들어갈 수 있는 자연수를 구해 보세요.

$$\frac{1}{2} < \frac{\square}{8} < \frac{3}{4}$$

(　　　　　　　　　　)

● 핵심 NOTE 범위를 나타내는 두 분수를 □가 있는 분수의 분모를 공통분모로 하여 통분하면 크기를 비교하기 쉽습니다.

1-1 □ 안에 들어갈 수 있는 자연수는 모두 몇 개인지 구해 보세요.

$$\frac{3}{5} < \frac{\square}{30} < \frac{5}{6}$$

(　　　　　　　　　　)

1-2 □ 안에 들어갈 수 있는 자연수를 구해 보세요.

$$\frac{6}{11} < \frac{3}{\square} < \frac{2}{3}$$

(　　　　　　　　　　)

조건을 만족하는 분수 구하기

$\frac{3}{5}$보다 크고 $\frac{5}{6}$보다 작은 분수 중에서 분모가 30인 기약분수를 모두 구해 보세요.

(　　　　　　　　)

핵심 NOTE

- 분모가 ■인 기약분수를 찾기 위해 주어진 분수를 ■를 공통분모로 하여 통분합니다.
- 기약분수는 분모와 분자의 공약수가 1뿐인 분수이므로 더 이상 약분할 수 없는 분수입니다.

2-1 $\frac{1}{6}$보다 크고 $\frac{3}{8}$보다 작은 분수 중에서 분모가 24인 기약분수를 모두 구해 보세요.

(　　　　　　　　)

2-2 $\frac{3}{10}$보다 크고 $\frac{11}{15}$보다 작은 분수 중에서 분모가 30인 기약분수는 모두 몇 개인지 구해 보세요.

(　　　　　　　　)

2-3 조건을 모두 만족하는 분수를 구해 보세요.

- $\frac{9}{16}$보다 크고 $\frac{3}{4}$보다 작습니다.
- 분모는 16입니다.
- 기약분수가 아닙니다.

(　　　　　　　　)

처음 분수 구하기

어떤 분수의 분자에 4를 더하고 분모에 3을 더한 후 2로 약분하였더니 $\frac{3}{8}$이 되었습니다. 어떤 분수를 구해 보세요.

( )

● 핵심 NOTE 거꾸로 생각하여 약분하기 전의 분수를 먼저 구합니다.

$\frac{▲ \div ♥}{■ \div ♥} = \frac{★}{●} \Leftrightarrow \frac{★ \times ♥}{● \times ♥} = \frac{▲}{■}$

3-1 어떤 분수의 분자에서 2를 빼고 분모에서 4를 뺀 후 5로 약분하였더니 $\frac{2}{3}$가 되었습니다. 어떤 분수를 구해 보세요.

( )

3-2 어떤 분수의 분자에서 3을 빼고 분모에 1을 더한 후 4로 약분하였더니 $\frac{5}{7}$가 되었습니다. 어떤 분수를 구해 보세요.

( )

3-3 어떤 분수의 분자에 1을 더하고 분모에서 3을 뺀 후 약분하였더니 $\frac{4}{9}$가 되었습니다. 어떤 분수가 될 수 있는 분수를 분모가 가장 작은 것부터 차례로 3개 구해 보세요.

( )

수학 + 실과

$1\,g$에 들어 있는 양 비교하기

단백질은 탄수화물, 지방과 함께 3대 영양소 중 하나로 근육과 내장, 뼈와 피부 등 우리 몸을 이루고 있는 물질입니다. 단백질이 풍부한 음식에는 여러 가지 고기, 달걀, 두부 등이 있습니다. 달걀 $100\,g$에는 $14\,g$의 단백질이 들어 있고, 두부 $300\,g$에는 $24\,g$의 단백질이 들어 있습니다. 달걀과 두부 중에서 $1\,g$에 단백질이 더 많이 들어 있는 것은 무엇인지 구해 보세요.

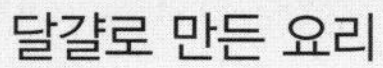
달걀로 만든 요리

두부로 만든 요리

1단계 달걀과 두부 $1\,g$에 들어 있는 단백질의 양을 각각 기약분수로 나타내기

2단계 $1\,g$에 들어 있는 단백질의 양이 더 많은 것 구하기

( )

● 핵심 NOTE

1단계 달걀과 두부 $1\,g$에 들어 있는 단백질의 양인 $\frac{(\text{단백질의 양})}{(\text{달걀의 양})}$, $\frac{(\text{단백질의 양})}{(\text{두부의 양})}$을 각각 기약분수로 나타냅니다.

2단계 분수의 크기를 비교하여 $1\,g$에 들어 있는 단백질의 양이 더 많은 것을 구합니다.

4-1

단백질이 풍부한 소고기는 $8\,g$을 먹으면 17 킬로칼로리의 열량을 낼 수 있고, 돼지고기는 $6\,g$을 먹으면 14 킬로칼로리의 열량을 낼 수 있습니다. 소고기와 돼지고기 중에서 $1\,g$을 먹었을 때 더 많은 열량을 낼 수 있는 것은 무엇인지 구해 보세요.

( )

단원 평가 Level 1

점수

확인

1 □ 안에 알맞은 수를 써넣으세요.

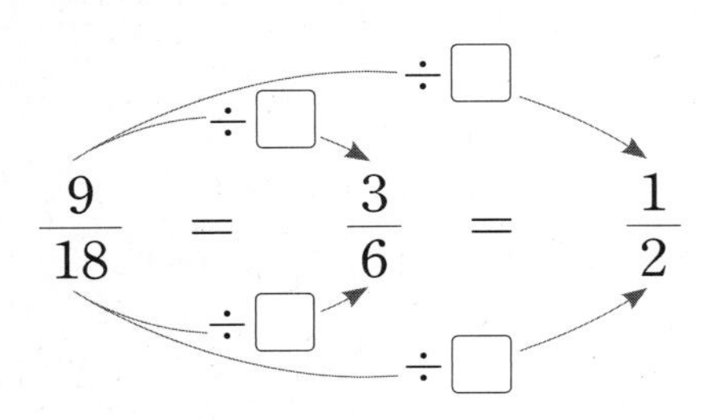

2 분수만큼 색칠하고, 크기가 같은 분수를 찾아 □ 안에 알맞은 수를 써넣으세요.

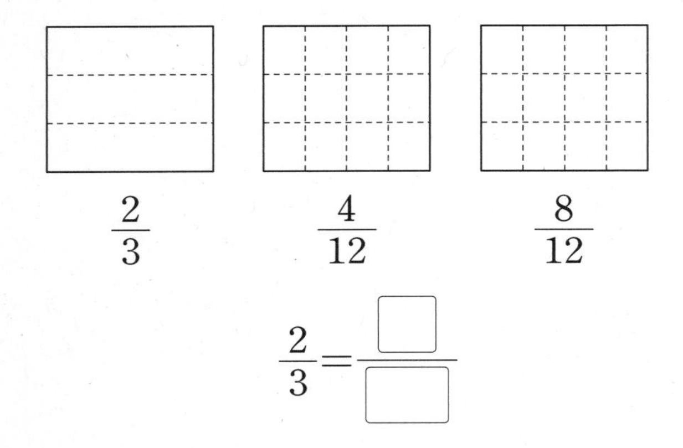

$\frac{2}{3}=\frac{\square}{\square}$

3 □ 안에 알맞은 수를 써넣으세요.

(1) $\frac{4}{25}=\frac{4\times\square}{25\times\square}=\frac{\square}{100}$

(2) $\frac{42}{54}=\frac{42\div\square}{54\div\square}=\frac{7}{\square}$

4 기약분수로 나타내어 보세요.

(1) $\frac{44}{56}$ (2) $\frac{32}{72}$

5 분수를 분모가 10, 100인 분수로 고치고, 소수로 나타내어 보세요.

(1) $\frac{3}{5}=\frac{3\times\square}{5\times\square}=\frac{\square}{\square}=\square$

(2) $\frac{9}{25}=\frac{9\times\square}{25\times\square}=\frac{\square}{\square}=\square$

6 분모의 곱을 공통분모로 하여 통분해 보세요.

(1) $\left(\frac{3}{4}, \frac{5}{8}\right)$ ➡ (,)

(2) $\left(\frac{5}{6}, \frac{7}{15}\right)$ ➡ (,)

7 분모의 최소공배수를 공통분모로 하여 통분해 보세요.

(1) $\left(\frac{5}{13}, \frac{8}{39}\right)$ ➡ (,)

(2) $\left(\frac{7}{12}, \frac{8}{21}\right)$ ➡ (,)

8 $\frac{42}{48}$를 약분하려고 합니다. 1을 제외하고 분모와 분자를 나눌 수 있는 수를 모두 써 보세요.

( )

9 $\frac{3}{16}$과 $\frac{5}{24}$를 통분하려고 합니다. 공통분모가 될 수 <u>없는</u> 수는 어느 것일까요? (　　　)

① 48　② 60　③ 96
④ 144　⑤ 240

10 분수의 크기를 비교하여 ○ 안에 >, =, <를 알맞게 써넣으세요.

(1) $\frac{11}{18}$ ○ $\frac{2}{3}$

(2) $\frac{15}{50}$ ○ $\frac{6}{20}$

11 <u>잘못</u> 말한 사람을 찾아 이름을 써 보세요.

승욱: $\frac{3}{6}$과 $\frac{1}{2}$은 크기가 같아. $\frac{3}{6}$의 분모와 분자를 3으로 나누어 보면 알 수 있지.

현아: 분모와 분자의 공약수가 1뿐인 분수를 기약분수라고 해.

민주: $\frac{2}{3}$와 $\frac{3}{5}$의 크기를 비교할 때에는 분모와 분자의 차를 알아보면 돼.

(　　　　　)

12 진분수 $\frac{\square}{12}$가 기약분수라고 할 때, □ 안에 들어갈 수 있는 수는 모두 몇 개일까요?

(　　　　　)

13 $\frac{4}{6}$보다 큰 수를 찾아 써 보세요.

$\frac{7}{9}$　$\frac{4}{7}$

(　　　　　)

14 세 분수의 크기를 비교하여 큰 수부터 차례로 써 보세요.

$2\frac{2}{5}$　$2\frac{7}{20}$　$2\frac{11}{24}$

(　　　　　)

15 밀가루 $\frac{11}{12}$컵으로 과자를 만들고, 밀가루 $\frac{8}{9}$컵으로 빵을 만들었습니다. 과자와 빵 중에서 밀가루를 더 많이 사용한 것은 무엇일까요?

(　　　　　)

16 $\frac{7}{18}$과 크기가 같은 분수 중에서 분모와 분자의 합이 50보다 크고 80보다 작은 분수를 구해 보세요.

( )

17 어떤 두 기약분수를 통분하였더니 다음과 같았습니다. 통분하기 전의 두 기약분수를 구해 보세요.

$$\left(\frac{39}{90}, \frac{25}{90}\right)$$

(,)

18 □ 안에 들어갈 수 있는 자연수는 모두 몇 개일까요?

$$\frac{7}{15} > \frac{\square}{10}$$

( )

19 기약분수가 아닌 분수를 모두 찾아 쓰려고 합니다. 풀이 과정을 쓰고 답을 구해 보세요.

$$\frac{34}{51} \quad \frac{12}{49} \quad \frac{5}{24} \quad \frac{7}{14} \quad \frac{21}{64}$$

풀이

답

20 수 카드를 사용하여 $\frac{10}{18}$과 크기가 같은 분수를 만들려고 합니다. 풀이 과정을 쓰고 답을 구해 보세요.

$$\frac{10}{18} = \frac{\square}{\square}$$

9 20 24 15 36

풀이

답

단원 평가 Level 2

점수

확인

1 왼쪽 그림과 크기가 같은 분수를 모두 찾아 ○표 하세요.

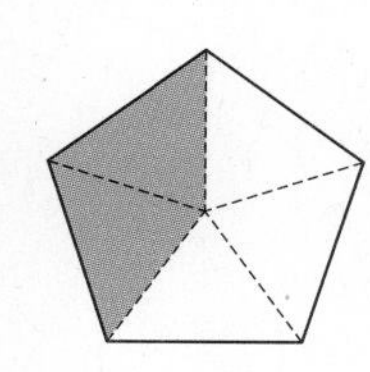

$\frac{6}{9}$ $\frac{4}{10}$ $\frac{6}{15}$ $\frac{12}{20}$

2 $\frac{3}{4}$과 크기가 같은 분수 중에서 분모가 20인 분수를 구해 보세요.

(　　　　　　)

3 기약분수를 모두 찾아 ○표 하세요.

$\frac{4}{7}$ $\frac{2}{6}$ $\frac{9}{12}$ $\frac{8}{15}$ $\frac{6}{8}$

4 $\frac{7}{8}$과 크기가 같은 분수를 분모가 가장 작은 것부터 차례로 3개 써 보세요.

(　　　　　　)

5 $\frac{16}{24}$을 약분하려고 합니다. 분모와 분자를 나눌 수 <u>없는</u> 수를 모두 고르세요. (　　　　)

① 2　② 3　③ 4
④ 6　⑤ 8

6 $\frac{15}{30}$를 약분한 분수를 모두 써 보세요.

(　　　　　　)

7 기약분수로 나타내어 보세요.

$\frac{28}{70}$

(　　　　　　)

8 두 분수를 가장 작은 공통분모로 통분해 보세요.

$\left(\frac{7}{8}, \frac{3}{4}\right) \rightarrow \left(\quad , \quad\right)$

9 분수의 크기를 비교하여 ○ 안에 $>$, $=$, $<$를 알맞게 써넣으세요.

$$\frac{1}{6} \bigcirc \frac{2}{15}$$

10 두 분수의 크기를 비교하여 더 큰 분수를 위의 □ 안에 써넣으려고 합니다. ㉠에 알맞은 수를 구해 보세요.

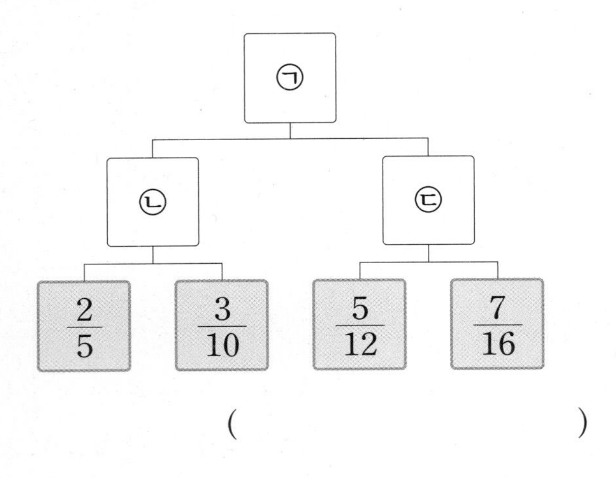

( )

11 분수와 소수의 크기를 비교하여 큰 수부터 차례로 써 보세요.

$\frac{1}{2}$	0.6	$\frac{19}{25}$	0.45

( )

12 빨간색 끈의 길이는 0.4 m이고, 노란색 끈의 길이는 $\frac{7}{20}$ m입니다. 더 긴 끈은 무슨 색일까요?

( )

13 분모가 30보다 크고 40보다 작은 분수 중에서 $\frac{4}{9}$와 크기가 같은 분수를 구해 보세요.

( )

14 $\frac{1}{4}$과 $\frac{1}{6}$을 통분하려고 합니다. 공통분모가 될 수 있는 수 중 20에 가장 가까운 수를 공통분모로 하여 통분해 보세요.

(,)

15 우유가 $\frac{7}{12}$ L, 두유가 $\frac{5}{9}$ L, 주스가 $\frac{23}{36}$ L 있습니다. 우유, 두유, 주스 중에서 가장 적은 것은 무엇일까요?

( )

16 학교 도서관에 있던 책 400권 중에서 학생들이 160권을 빌려 갔습니다. 빌려 간 책의 수는 도서관에 있던 책의 수의 몇 분의 몇인지 기약분수로 나타내어 보세요.

(　　　　　　　　)

17 3장의 수 카드 중 2장을 골라 진분수를 만들려고 합니다. 만들 수 있는 진분수 중에서 가장 큰 수를 소수로 나타내어 보세요.

3　6　8

(　　　　　　　　)

18 어떤 분수의 분모와 분자에 각각 2를 더한 후 3으로 약분하였더니 $\frac{1}{4}$이 되었습니다. 어떤 분수를 구해 보세요.

(　　　　　　　　)

19 분모가 10인 진분수 중에서 기약분수는 모두 몇 개인지 풀이 과정을 쓰고 답을 구해 보세요.

풀이

답

20 어떤 두 기약분수를 통분하였더니 $\frac{14}{18}$와 $\frac{15}{18}$가 되었습니다. 통분하기 전의 두 분수는 무엇인지 풀이 과정을 쓰고 답을 구해 보세요.

풀이

답 ,

5 분수의 덧셈과 뺄셈

$\frac{1}{6} + \frac{1}{3} = ?$

분모가 다른데 어떻게 더해?

분모를 같게 하면 **더하고 뺄 수 있어!**

$$\frac{1}{6} + \frac{1}{3}$$

$$= \frac{1}{6} + \frac{2}{6} = \frac{3}{6} = \frac{1}{2}$$

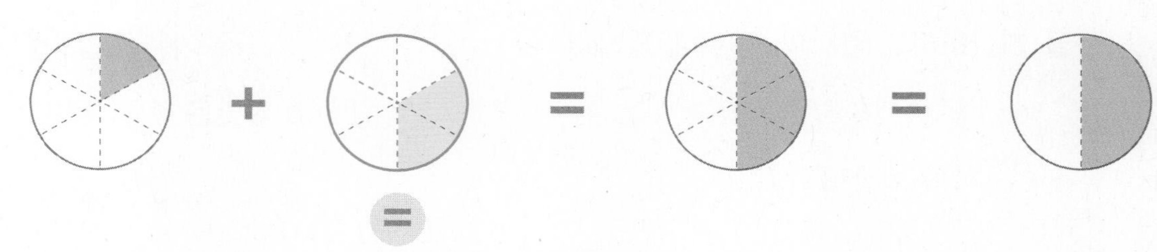

$$\frac{1 \times 2}{3 \times 2} = \frac{2}{6}$$

두 분모 3과 6의 최소공배수인 6으로 통분하면 더할 수 있어!

1 분수의 덧셈을 해 볼까요(1), (2)

● 받아올림이 없는 분모가 다른 (진분수)+(진분수)

• 분모의 곱을 공통분모로 하여 통분한 후 계산하기
→ 분모끼리 곱하면 되므로 공통분모를 구하기 쉽습니다.

$$\frac{1}{4}+\frac{2}{6}=\frac{1\times6}{4\times6}+\frac{2\times4}{6\times4}=\frac{6}{24}+\frac{8}{24}=\frac{14}{24}=\frac{7}{12}$$

약분

• 분모의 최소공배수를 공통분모로 하여 통분한 후 계산하기 → 계산 결과를 약분할 필요가 없거나 간단합니다.

$$\frac{1}{4}+\frac{2}{6}=\frac{1\times3}{4\times3}+\frac{2\times2}{6\times2}=\frac{3}{12}+\frac{4}{12}=\frac{7}{12}$$

최소공배수 : 12

● 받아올림이 있는 분모가 다른 (진분수)+(진분수)

• 분모의 곱을 공통분모로 하여 통분한 후 계산하기

$$\frac{5}{6}+\frac{2}{9}=\frac{5\times9}{6\times9}+\frac{2\times6}{9\times6}=\frac{45}{54}+\frac{12}{54}=\frac{57}{54}=1\frac{3}{54}=1\frac{1}{18}$$

가분수 → 대분수　약분

• 분모의 최소공배수를 공통분모로 하여 통분한 후 계산하기

$$\frac{5}{6}+\frac{2}{9}=\frac{5\times3}{6\times3}+\frac{2\times2}{9\times2}=\frac{15}{18}+\frac{4}{18}=\frac{19}{18}=1\frac{1}{18}$$

가분수 → 대분수

→ 통분을 하면 분모가 같은 분수의 덧셈이 되므로 계산하기 쉽습니다.

1 $\frac{1}{3}+\frac{1}{4}$을 계산하려고 합니다. 물음에 답하세요.

(1) 그림을 이용하여 계산해 보세요.

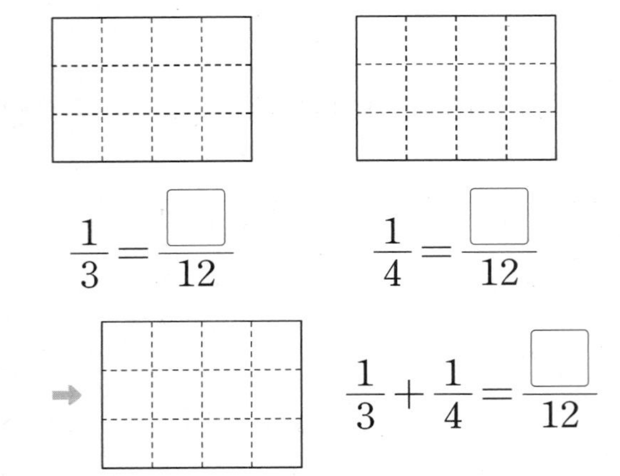

$\frac{1}{3}=\frac{\square}{12}$　$\frac{1}{4}=\frac{\square}{12}$

→ $\frac{1}{3}+\frac{1}{4}=\frac{\square}{12}$

(2) □ 안에 알맞은 수를 써넣으세요.

$$\frac{1}{3}+\frac{1}{4}=\frac{\square}{12}+\frac{\square}{12}=\frac{\square}{12}$$

2 $\frac{1}{6}+\frac{7}{8}$을 두 가지 방법으로 계산하려고 합니다. □ 안에 알맞은 수를 써넣으세요.

(1) $\frac{1}{6}+\frac{7}{8}=\frac{1\times\square}{6\times8}+\frac{7\times\square}{8\times6}=\frac{\square}{48}+\frac{\square}{48}=\frac{\square}{48}=\square\frac{\square}{48}=\square$

분모의 곱을 공통분모로 하여 통분하기

(2) $\frac{1}{6}+\frac{7}{8}=\frac{1\times\square}{6\times4}+\frac{7\times\square}{8\times3}=\frac{\square}{24}+\frac{\square}{24}=\frac{\square}{24}=\square$

분모의 최소공배수를 공통분모로 하여 통분하기

3 보기 와 같이 계산해 보세요.

보기

$$\frac{1}{4}+\frac{1}{6}=\frac{1\times6}{4\times6}+\frac{1\times4}{6\times4}$$
$$=\frac{6}{24}+\frac{4}{24}=\frac{10}{24}=\frac{5}{12}$$

(1) $\frac{1}{8}+\frac{3}{10}=$

(2) $\frac{1}{2}+\frac{11}{16}=$

4 계산해 보세요.

(1) $\frac{2}{9}+\frac{1}{6}$

(2) $\frac{7}{12}+\frac{11}{15}$

5 □ 안에 알맞은 수를 써넣으세요.

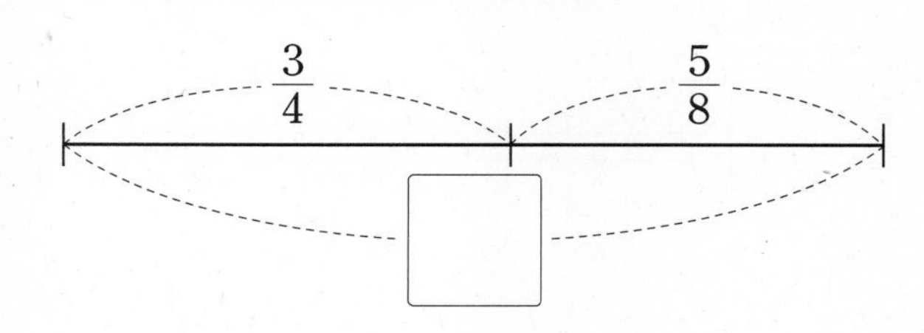

6 분수 막대를 이용하여 $\frac{1}{2}+\frac{1}{5}$을 구해 보세요.

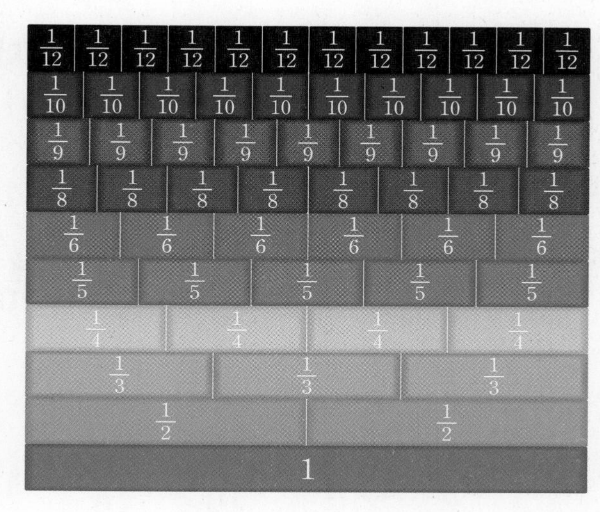

$\frac{1}{2}$은 $\frac{1}{10}$이 □개, $\frac{1}{5}$은 $\frac{1}{10}$이 □개 입니다.

➡ $\frac{1}{2}+\frac{1}{5}=\frac{\square}{10}$

7 □ 안에 알맞은 수를 써넣으세요.

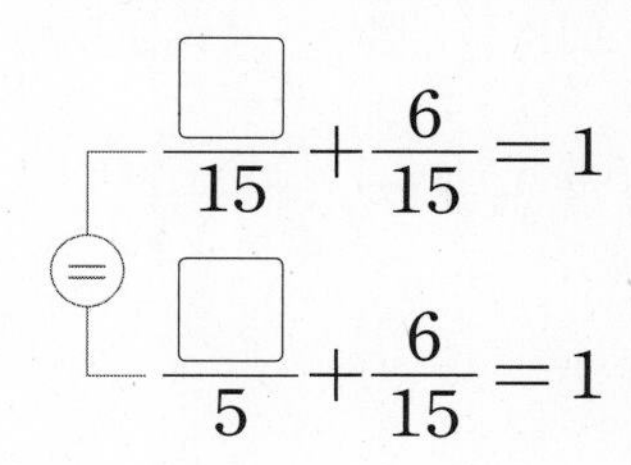

8 계산 결과가 1보다 큰 것의 기호를 써 보세요.

㉠ $\frac{7}{8}+\frac{4}{5}$　　㉡ $\frac{1}{2}+\frac{2}{7}$

(　　　　　　　　)

2 분수의 덧셈을 해 볼까요(3)

● **자연수는 자연수끼리, 분수는 분수끼리 더해서 계산하기** — 분수 부분의 계산이 간편합니다.

• 분모의 곱을 공통분모로 하여 통분한 후 계산하기

$$1\frac{1}{2}+1\frac{7}{10}=1\frac{10}{20}+1\frac{14}{20}=(1+1)+\left(\frac{10}{20}+\frac{14}{20}\right)$$
$$=2+\frac{24}{20}=2+1\frac{4}{20}=3\frac{4}{20}=3\frac{1}{5}$$

약분

• 분모의 최소공배수를 공통분모로 하여 통분한 후 계산하기

$$1\frac{1}{2}+1\frac{7}{10}=1\frac{5}{10}+1\frac{7}{10}=(1+1)+\left(\frac{5}{10}+\frac{7}{10}\right)$$
$$=2+\frac{12}{10}=2+1\frac{2}{10}=3\frac{2}{10}=3\frac{1}{5}$$

약분

● **대분수를 가분수로 나타내어 계산하기** — 자연수 부분과 분수 부분을 따로 떼어 계산하지 않아도 됩니다.

• 분모의 곱을 공통분모로 하여 통분한 후 계산하기

$$1\frac{1}{2}+1\frac{7}{10}=\frac{3}{2}+\frac{17}{10}=\frac{30}{20}+\frac{34}{20}=\frac{64}{20}=3\frac{4}{20}=3\frac{1}{5}$$

가분수 → 대분수　약분

• 분모의 최소공배수를 공통분모로 하여 통분한 후 계산하기

$$1\frac{1}{2}+1\frac{7}{10}=\frac{3}{2}+\frac{17}{10}=\frac{15}{10}+\frac{17}{10}=\frac{32}{10}=3\frac{2}{10}=3\frac{1}{5}$$

가분수 → 대분수　약분

대분수를 가분수로 나타내는 방법

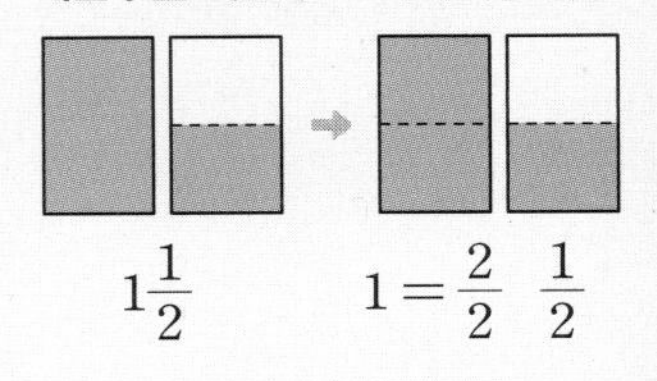

$1\frac{1}{2}=\frac{3}{2}$

$\Rightarrow 1\frac{1}{2}=\frac{1\times2+1}{2}=\frac{3}{2}$

가분수를 대분수로 나타내는 방법

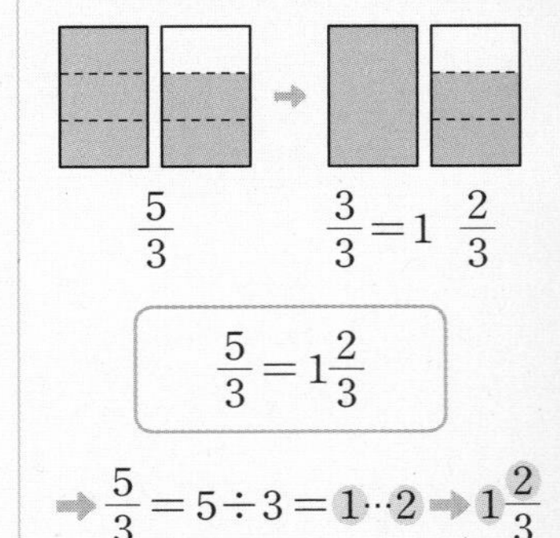

$\frac{5}{3}=1\frac{2}{3}$

$\Rightarrow \frac{5}{3}=5\div3=1\cdots2 \Rightarrow 1\frac{2}{3}$

1 그림을 이용하여 $1\frac{5}{8}+1\frac{1}{2}$을 계산해 보세요.

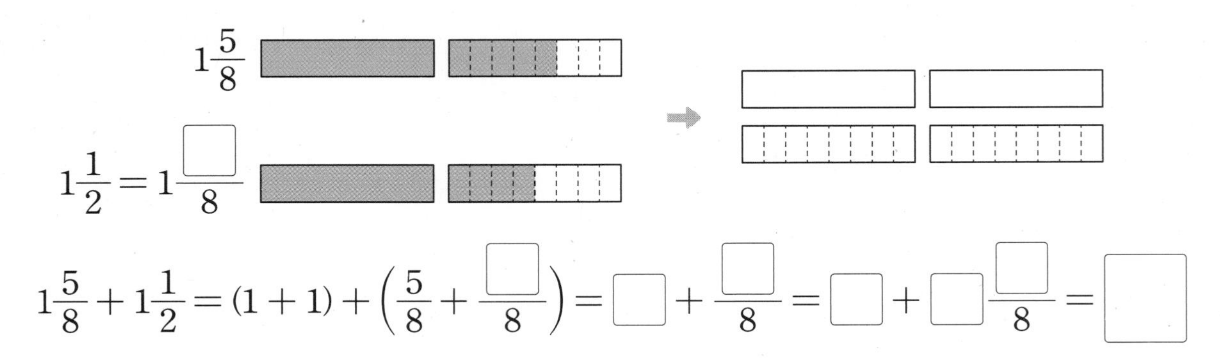

$$1\frac{5}{8}+1\frac{1}{2}=(1+1)+\left(\frac{5}{8}+\frac{\square}{8}\right)=\square+\frac{\square}{8}=\square+\square\frac{\square}{8}=\square$$

2 $2\frac{1}{3}+3\frac{3}{4}$을 두 가지 방법으로 계산하려고 합니다. □ 안에 알맞은 수를 써넣으세요.

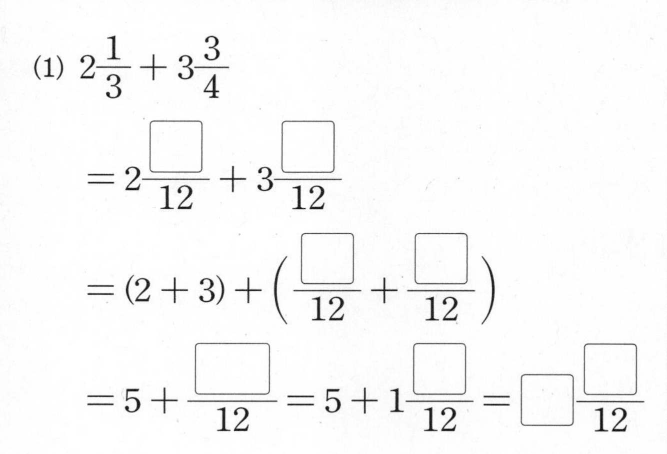

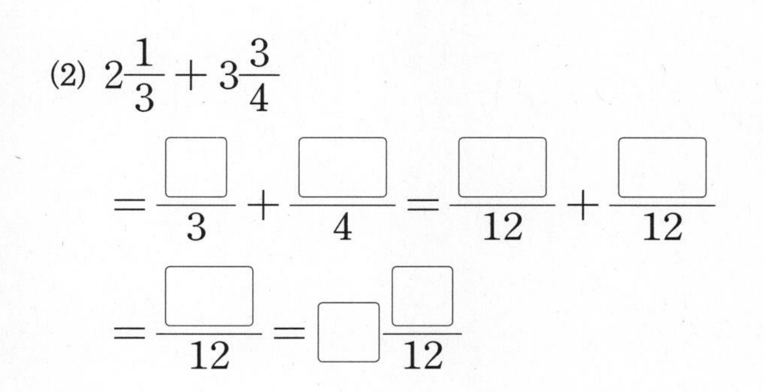

3 보기 와 같이 계산해 보세요.

보기

$$3\frac{2}{3}+1\frac{8}{9}=\frac{11}{3}+\frac{17}{9}=\frac{33}{9}+\frac{17}{9}$$
$$=\frac{50}{9}=5\frac{5}{9}$$

(1) $2\frac{1}{6}+3\frac{3}{8}=$

(2) $1\frac{7}{8}+3\frac{3}{5}=$

4 계산해 보세요.

(1) $2\frac{3}{5}+1\frac{2}{9}$

(2) $2\frac{4}{15}+3\frac{9}{10}$

5 단위에 맞게 계산해 보세요.

(1) $1\frac{4}{5}\text{ kg}+2\frac{7}{12}\text{ kg}$

(2) $2\frac{7}{10}\text{ m}+1\frac{3}{4}\text{ m}$

6 잘못 계산한 곳을 찾아 바르게 계산해 보세요.

$$6\frac{5}{6}+1\frac{5}{8}=(6+1)+\left(\frac{5}{24}+\frac{5}{24}\right)$$
$$=7\frac{10}{24}=7\frac{5}{12}$$

$6\frac{5}{6}+1\frac{5}{8}=$

7 ○ 안에 $>$, $=$, $<$를 알맞게 써넣으세요.

(1) $2\frac{5}{8}+1\frac{3}{10}$ ○ 4

(2) $1\frac{7}{10}+3\frac{1}{3}$ ○ $2\frac{7}{10}+2\frac{2}{6}$

5

3 분수의 뺄셈을 해 볼까요(1)

- **분모의 곱을 공통분모로 하여 통분한 후 계산하기**
  - 분모끼리 곱하면 되므로 공통분모를 구하기 쉽습니다.

$$\frac{5}{6}-\frac{1}{4}=\frac{5\times4}{6\times4}-\frac{1\times6}{4\times6}=\frac{20}{24}-\frac{6}{24}=\frac{14}{24}=\frac{7}{12}$$

약분

- **분모의 최소공배수를 공통분모로 하여 통분한 후 계산하기**
  - 계산 결과를 약분할 필요가 없거나 간단합니다.

$$\frac{5}{6}-\frac{1}{4}=\frac{5\times2}{6\times2}-\frac{1\times3}{4\times3}=\frac{10}{12}-\frac{3}{12}=\frac{7}{12}$$

최소공배수: 12

➡ 통분을 하면 분모가 같은 분수의 뺄셈이 되므로 계산하기 편리합니다.

분모에서 바로 최소공배수를 구해서 계산할 수 있습니다.

$\frac{5}{6}-\frac{1}{4}$, 2) 6 4 → 3 2

$$=\frac{5\times2}{6\times2}-\frac{1\times3}{4\times3}$$

$$=\frac{10}{12}-\frac{3}{12}=\frac{7}{12}$$

- 분모가 다른 분수의 뺄셈은 두 분수의 분모를 먼저 통분합니다.

$$\frac{7}{8}-\frac{1}{2}=\frac{7}{8}-\frac{\square}{8}=\frac{\square}{8}$$

1 $\frac{1}{2}-\frac{1}{5}$을 계산하려고 합니다. 물음에 답하세요.

(1) 그림을 이용하여 계산해 보세요.

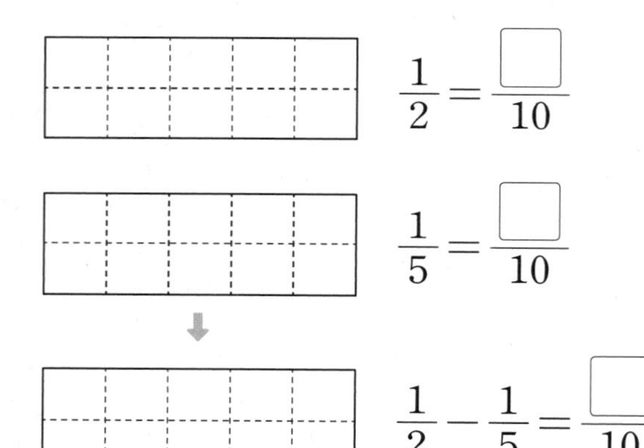

$\frac{1}{2}=\frac{\square}{10}$

$\frac{1}{5}=\frac{\square}{10}$

$\frac{1}{2}-\frac{1}{5}=\frac{\square}{10}$

(2) □ 안에 알맞은 수를 써넣으세요.

$$\frac{1}{2}-\frac{1}{5}=\frac{\square}{10}-\frac{\square}{10}=\frac{\square}{10}$$

2 $\frac{3}{4}-\frac{7}{10}$을 두 가지 방법으로 계산하려고 합니다. □ 안에 알맞은 수를 써넣으세요.

(1) $\frac{3}{4}-\frac{7}{10}=\frac{3\times\square}{4\times10}-\frac{7\times\square}{10\times\square}$

분모의 곱을 공통분모로 하여 통분하기

$$=\frac{\square}{40}-\frac{\square}{40}$$

$$=\frac{\square}{40}=\frac{\square}{20}$$

(2) $\frac{3}{4}-\frac{7}{10}=\frac{3\times\square}{4\times5}-\frac{7\times\square}{10\times\square}$

분모의 최소공배수를 공통분모로 하여 통분하기

$$=\frac{\square}{20}-\frac{\square}{20}=\frac{\square}{20}$$

3 수직선을 보고 □ 안에 알맞은 수를 써넣으세요.

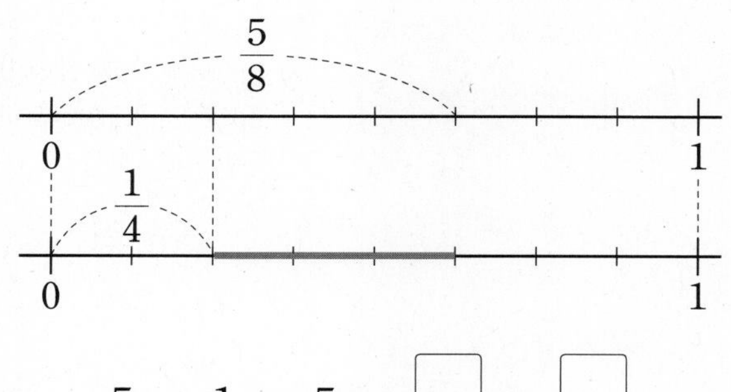

$$\frac{5}{8}-\frac{1}{4}=\frac{5}{8}-\frac{\square}{8}=\frac{\square}{8}$$

4 보기 와 같이 계산해 보세요.

보기

$$\frac{5}{6}-\frac{3}{4}=\frac{5\times4}{6\times4}-\frac{3\times6}{4\times6}$$
$$=\frac{20}{24}-\frac{18}{24}=\frac{2}{24}=\frac{1}{12}$$

(1) $\frac{3}{5}-\frac{3}{10}=$

(2) $\frac{5}{6}-\frac{4}{15}=$

5 계산해 보세요.

(1) $\frac{1}{6}-\frac{1}{8}$

(2) $\frac{11}{16}-\frac{7}{12}$

6 계산해 보세요.

(1) $\frac{1}{2}-\frac{1}{8}$

(2) $\frac{1}{2}-\frac{1}{6}$

(3) $\frac{1}{2}-\frac{1}{4}$

7 두 수의 차를 구해 보세요.

$\frac{9}{20}$ $\frac{9}{14}$

( )

8 □ 안에 알맞은 수를 써넣으세요.

$$\frac{7}{12}-\frac{3}{8}=\square$$

$$\frac{3}{8}+\square=\frac{7}{12}$$

9 ○ 안에 $>$, $=$, $<$를 알맞게 써넣으세요.

(1) $\frac{1}{2}-\frac{1}{7}$ ○ $\frac{9}{14}$

(2) $\frac{7}{10}-\frac{8}{15}$ ○ $\frac{9}{10}-\frac{13}{15}$

5

4 분수의 뺄셈을 해 볼까요(2), (3)

① 진분수의 크기를 비교합니다.

$2\frac{1}{2}-1\frac{2}{5} \Rightarrow \frac{1}{2}>\frac{2}{5} \Rightarrow$ 받아내림이 없습니다. — 분수 부분끼리 뺄 수 있습니다.

$2\frac{1}{4}-1\frac{1}{2} \Rightarrow \frac{1}{4}<\frac{1}{2} \Rightarrow$ 받아내림이 있습니다. — 분수 부분끼리 뺄 수 없습니다.

② 받아내림이 없으면 자연수는 자연수끼리, 분수는 분수끼리 계산하면 편리합니다.

$$2\frac{1}{2}-1\frac{2}{5}=2\frac{5}{10}-1\frac{4}{10}=1+\left(\frac{5}{10}-\frac{4}{10}\right)=1+\frac{1}{10}=1\frac{1}{10}$$

• 대분수를 가분수로 나타내어 계산할 수도 있습니다.

$$2\frac{1}{2}-1\frac{2}{5}=\frac{5}{2}-\frac{7}{5}=\frac{25}{10}-\frac{14}{10}=\frac{11}{10}=1\frac{1}{10}$$

③ 받아내림이 있으면 대분수를 가분수로 나타내어 계산하면 편리합니다.

$$2\frac{1}{4}-1\frac{1}{2}=\frac{9}{4}-\frac{3}{2}=\frac{9}{4}-\frac{6}{4}=\frac{3}{4}$$

• 받아내림하여 자연수는 자연수끼리, 분수는 분수끼리 계산할 수도 있습니다.

$$2\frac{1}{4}-1\frac{1}{2}=2\frac{1}{4}-1\frac{2}{4}=1\frac{5}{4}-1\frac{2}{4}=(1-1)+\left(\frac{5}{4}-\frac{2}{4}\right)=\frac{3}{4}$$

자연수에서 1만큼을 받아내림

곱셈으로 진분수의 크기 비교하기

$5>4$: $\frac{1}{2} \times \frac{2}{5} \Rightarrow \frac{1}{2}>\frac{2}{5}$

$2<4$: $\frac{1}{4} \times \frac{1}{2} \Rightarrow \frac{1}{4}<\frac{1}{2}$

$2\frac{1}{4}=1+\boxed{1}+\frac{1}{4}$
$=1+\boxed{\frac{4}{4}}+\frac{1}{4}$
$=1+\frac{5}{4}=1\frac{5}{4}$

1 그림을 이용하여 $2\frac{2}{3}-1\frac{1}{4}$을 계산해 보세요.

$2\frac{2}{3}$

$1\frac{1}{4}$

$2\frac{2}{3}-1\frac{1}{4}=(2-1)+\left(\frac{\square}{12}-\frac{\square}{12}\right)$

$=\square$

2 $5\frac{1}{3}-2\frac{4}{5}$를 두 가지 방법으로 계산하려고 합니다. □ 안에 알맞은 수를 써넣으세요.

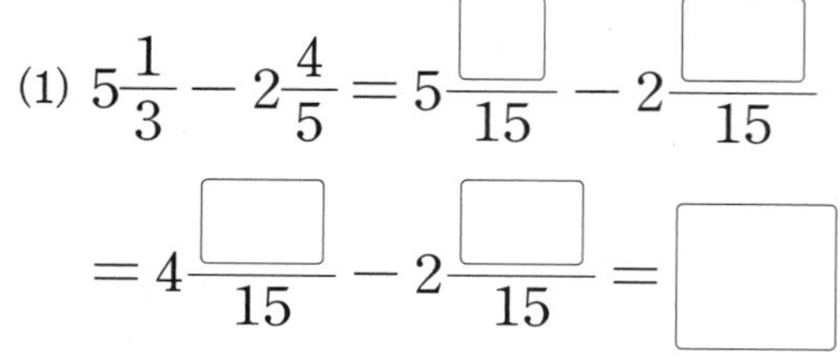

(1) $5\frac{1}{3}-2\frac{4}{5}=5\frac{\square}{15}-2\frac{\square}{15}$

$=4\frac{\square}{15}-2\frac{\square}{15}=\square$

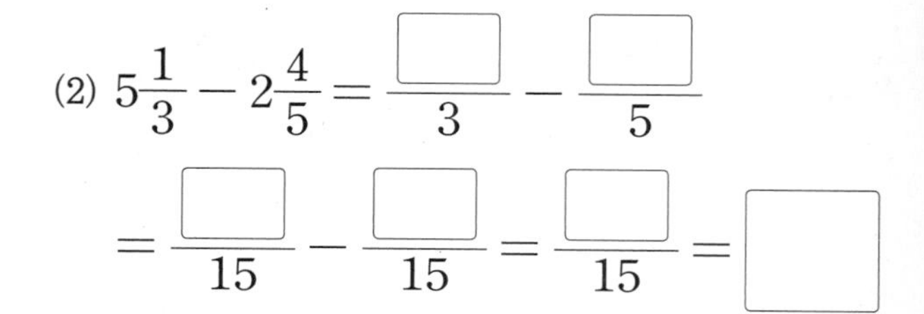

(2) $5\frac{1}{3}-2\frac{4}{5}=\frac{\square}{3}-\frac{\square}{5}$

$=\frac{\square}{15}-\frac{\square}{15}=\frac{\square}{15}=\square$

3 보기 와 같이 계산해 보세요.

보기

$$3\frac{1}{2}-2\frac{3}{4}=\frac{7}{2}-\frac{11}{4}$$
$$=\frac{14}{4}-\frac{11}{4}=\frac{3}{4}$$

(1) $2\frac{3}{4}-\frac{9}{14}=$

(2) $4\frac{1}{6}-2\frac{3}{8}=$

4 계산해 보세요.

(1) $4\frac{5}{9}-2\frac{1}{3}$

(2) $5\frac{1}{4}-2\frac{6}{7}$

5 □ 안에 알맞은 수를 써넣으세요.

$$\frac{8}{15}-\frac{1}{6}=\square$$

$$9\frac{8}{15}-6\frac{1}{6}=\square$$

6 단위에 맞게 계산해 보세요.

(1) $3\frac{4}{5}\,\mathrm{L}-1\frac{1}{2}\,\mathrm{L}$

(2) $6\frac{2}{9}\,\mathrm{kg}-3\frac{8}{15}\,\mathrm{kg}$

7 다음이 나타내는 수를 구해 보세요.

$7\frac{1}{8}$보다 $3\frac{5}{6}$ 작은 수

( )

8 □ 안에 알맞은 수를 써넣으세요.

$$6\frac{7}{12}-1\frac{23}{24}=\square$$

$$6\frac{7}{12}-\square=1\frac{23}{24}$$

9 계산 결과가 대분수인 것에 ○표 하세요.

$6\frac{6}{7}-5\frac{3}{5}$	$6\frac{1}{5}-5\frac{5}{6}$
( )	( )

기본기 다지기

1 받아올림이 없는 진분수의 덧셈

예 $\frac{1}{4}+\frac{3}{14}$의 계산

방법 1 분모의 곱으로 통분하여 계산하기

$$\frac{1}{4}+\frac{3}{14}=\frac{14}{56}+\frac{12}{56}=\frac{26}{56}=\frac{13}{28}$$

방법 2 분모의 최소공배수로 통분하여 계산하기

$$\frac{1}{4}+\frac{3}{14}=\frac{7}{28}+\frac{6}{28}=\frac{13}{28}$$

1 $\frac{3}{8}+\frac{1}{4}$을 그림에 색칠하고 계산해 보세요.

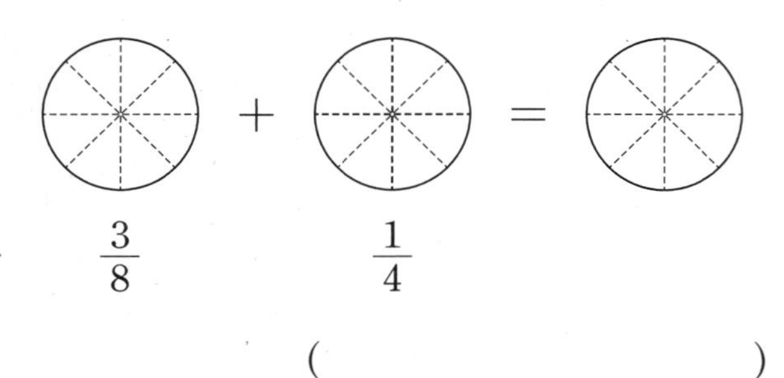

( )

2 보기 와 같이 계산해 보세요.

보기

$$\frac{1}{2}+\frac{1}{3}=\frac{1\times3}{2\times3}+\frac{1\times2}{3\times2}=\frac{3}{6}+\frac{2}{6}=\frac{5}{6}$$

$\frac{2}{5}+\frac{1}{6}=$

3 빈칸에 알맞은 수를 써넣으세요.

+	$\frac{3}{5}$	$\frac{1}{4}$
$\frac{3}{10}$		

4 $\frac{5}{6}+\frac{1}{9}$을 계산할 때 공통분모가 될 수 있는 수를 모두 고르세요. ( )

① 9 ② 12 ③ 18
④ 24 ⑤ 36

5 계산이 처음으로 잘못된 곳을 찾아 ○표 하고, 바르게 고쳐 계산해 보세요.

$$\frac{1}{6}+\frac{7}{12}=\frac{1\times1}{6\times2}+\frac{7}{12}=\frac{1}{12}+\frac{7}{12}=\frac{8}{12}=\frac{2}{3}$$

$\frac{1}{6}+\frac{7}{12}=$

6 계산 결과를 비교하여 ○ 안에 >, =, <를 알맞게 써넣으세요.

$\frac{3}{8}+\frac{1}{3}$ ○ $\frac{1}{4}+\frac{2}{3}$

7 우혁이는 운동을 $\frac{8}{15}$시간 동안 하였고, 민서는 우혁이보다 $\frac{1}{10}$시간 더 오래 하였습니다. 민서가 운동을 한 시간은 몇 시간일까요?

( )

2 받아올림이 있는 진분수의 덧셈

진분수의 합이 가분수이면 대분수로 나타냅니다.

예 $\frac{4}{5}+\frac{3}{4}=\frac{16}{20}+\frac{15}{20}=\frac{31}{20}=1\frac{11}{20}$

8 분수 막대를 사용하여 $\frac{1}{4}+\frac{5}{6}$를 계산하려고 합니다. 물음에 답하세요.

(1) $\frac{1}{4}+\frac{5}{6}$를 계산하려면 어떤 분수 막대를 사용해야 할까요?

( )

(2) $\frac{1}{4}+\frac{5}{6}$는 (1)의 분수 막대 몇 개가 될까요?

( )

(3) $\frac{1}{4}+\frac{5}{6}$를 계산해 보세요.

$$\frac{1}{4}+\frac{5}{6}=\frac{\square}{\square}=\square\frac{\square}{\square}$$

9 □ 안에 알맞은 수를 써넣으세요.

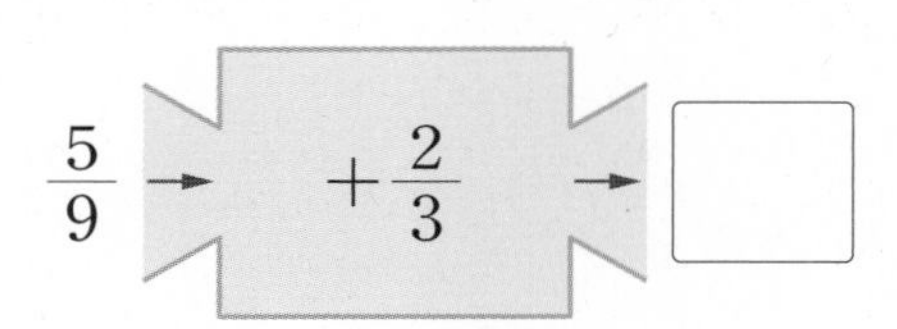

서술형

10 다음을 두 가지 방법으로 계산해 보세요.

$$\frac{7}{8}+\frac{1}{6}$$

방법 1 ....

....

방법 2 ....

....

11 계산 결과가 1보다 큰 것의 기호를 써 보세요.

㉠ $\frac{4}{5}+\frac{7}{15}$ ㉡ $\frac{5}{12}+\frac{9}{16}$

( )

12 가장 큰 수와 가장 작은 수의 합을 구해 보세요.

$\frac{3}{4}$ $\frac{17}{20}$ $\frac{9}{10}$

( )

13 종하는 오늘 오전에 $\frac{11}{12}$ km, 오후에 $\frac{5}{8}$ km를 달렸습니다. 종하가 오늘 하루 동안 달린 거리는 몇 km일까요?

( )

3 받아올림이 있는 대분수의 덧셈

예 $1\frac{3}{5}+1\frac{1}{2}$의 계산

방법 1 자연수끼리, 분수끼리 계산하기

$$1\frac{3}{5}+1\frac{1}{2}=1\frac{6}{10}+1\frac{5}{10}=2+\frac{11}{10}$$
$$=2+1\frac{1}{10}=3\frac{1}{10}$$

방법 2 대분수를 가분수로 나타내어 계산하기

$$1\frac{3}{5}+1\frac{1}{2}=\frac{8}{5}+\frac{3}{2}=\frac{16}{10}+\frac{15}{10}$$
$$=\frac{31}{10}=3\frac{1}{10}$$

14 계산해 보세요.

(1) $1\frac{5}{6}+2\frac{1}{3}$

(2) $3\frac{7}{9}+1\frac{5}{12}$

서술형

15 $2\frac{1}{2}+1\frac{4}{5}$를 서로 다른 방법으로 계산한 것입니다. 어떤 방법으로 계산했는지 설명해 보세요.

방법 1

$$2\frac{1}{2}+1\frac{4}{5}=2\frac{5}{10}+1\frac{8}{10}$$
$$=3+\frac{13}{10}=3+1\frac{3}{10}=4\frac{3}{10}$$

방법 2

$$2\frac{1}{2}+1\frac{4}{5}=\frac{5}{2}+\frac{9}{5}$$
$$=\frac{25}{10}+\frac{18}{10}=\frac{43}{10}=4\frac{3}{10}$$

16 □ 안에 알맞은 수를 써넣으세요.

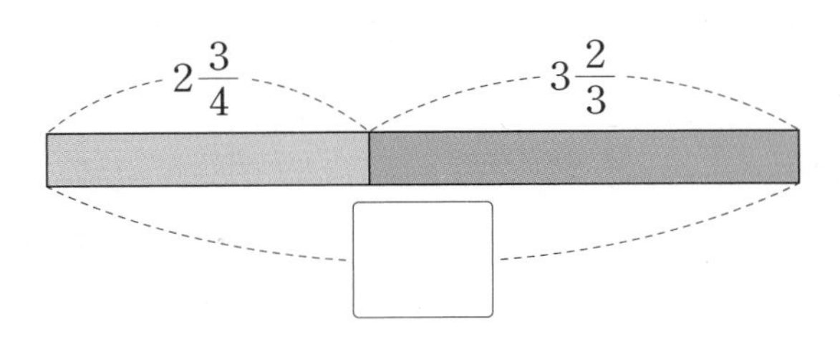

17 더운물 $1\frac{3}{8}$ L에 찬물 $1\frac{5}{6}$ L를 섞어서 손을 씻었습니다. 손을 씻는 데 사용한 물은 모두 몇 L일까요?

( )

18 학교에서 도서관을 거쳐 병원까지 가는 거리는 몇 km일까요?

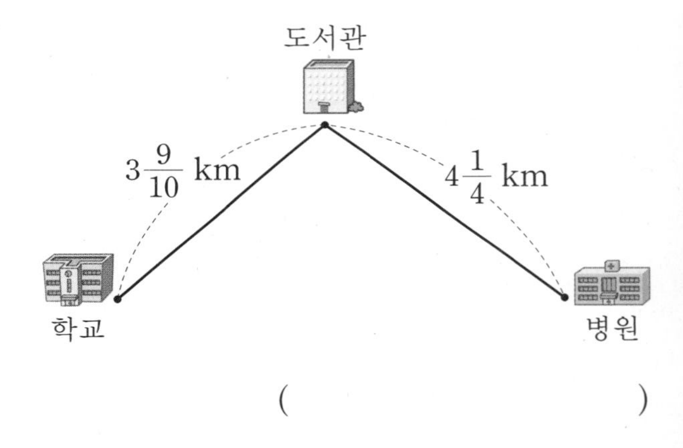

( )

19 어떤 수에서 $1\frac{2}{3}$를 뺐더니 $5\frac{4}{9}$가 되었습니다. 어떤 수를 구해 보세요.

( )

4 받아내림이 없는 진분수의 뺄셈

예 $\frac{5}{6}-\frac{3}{4}$의 계산

방법 1 분모의 곱으로 통분하여 계산하기

$$\frac{5}{6}-\frac{3}{4}=\frac{20}{24}-\frac{18}{24}=\frac{2}{24}=\frac{1}{12}$$

방법 2 분모의 최소공배수로 통분하여 계산하기

$$\frac{5}{6}-\frac{3}{4}=\frac{10}{12}-\frac{9}{12}=\frac{1}{12}$$

20 $\frac{2}{3}-\frac{1}{9}$을 그림에 색칠하고 계산해 보세요.

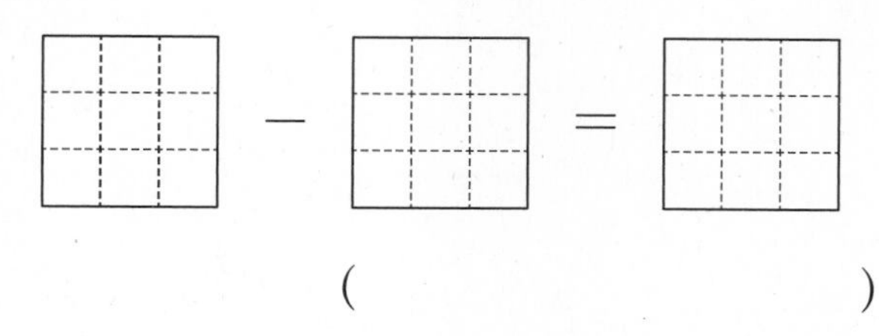

(　　　　　　　　　)

21 보기 와 같이 계산해 보세요.

보기

$$\frac{5}{6}-\frac{1}{4}=\frac{5\times2}{6\times2}-\frac{1\times3}{4\times3}$$
$$=\frac{10}{12}-\frac{3}{12}=\frac{7}{12}$$

$\frac{4}{9}-\frac{5}{12}=$ ……………………

……………………

22 계산 결과를 찾아 이어 보세요.

$\frac{4}{5}-\frac{3}{4}$ ·		· $\frac{1}{20}$
$\frac{9}{10}-\frac{11}{20}$ ·		· $\frac{3}{20}$
		· $\frac{7}{20}$

23 빈칸에 알맞은 수를 써넣으세요.

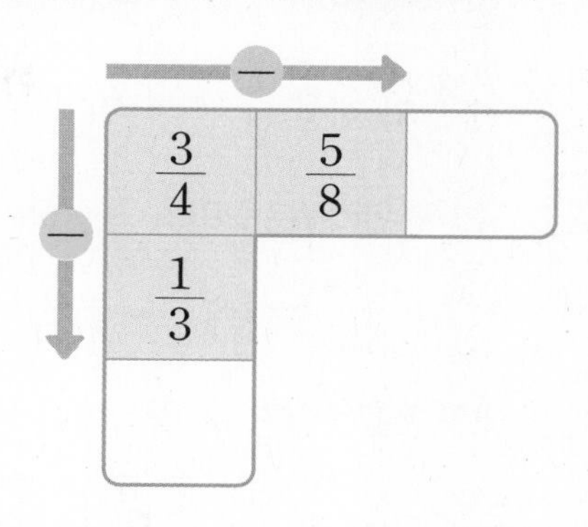

24 다음이 나타내는 수를 구해 보세요.

$\frac{7}{8}$보다 $\frac{3}{10}$ 작은 수

(　　　　　　　　　)

25 고구마를 $\frac{5}{6}$ kg, 감자를 $\frac{8}{9}$ kg 캤습니다. 감자를 고구마보다 몇 kg 더 많이 캤을까요?

(　　　　　　　　　)

26 집에서 문구점까지의 거리는 집에서 소방서까지의 거리보다 몇 km 더 멀까요?

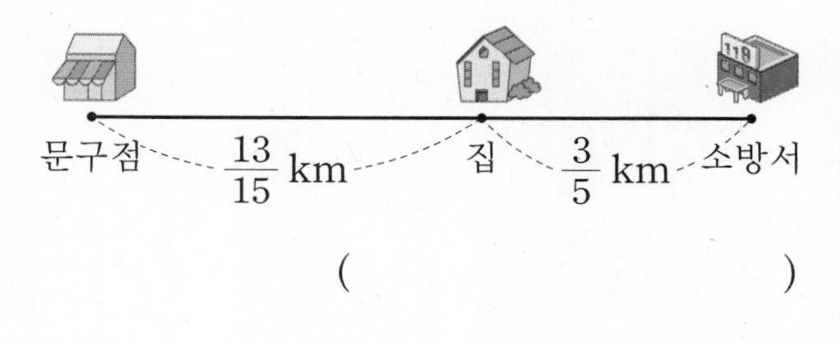

(　　　　　　　　　)

5

5 받아내림이 없는 대분수의 뺄셈

예 $2\frac{2}{3}-1\frac{1}{5}$의 계산

방법 1 자연수끼리, 분수끼리 계산하기

$$2\frac{2}{3}-1\frac{1}{5}=2\frac{10}{15}-1\frac{3}{15}=1\frac{7}{15}$$

방법 2 대분수를 가분수로 나타내어 계산하기

$$2\frac{2}{3}-1\frac{1}{5}=\frac{8}{3}-\frac{6}{5}=\frac{40}{15}-\frac{18}{15}$$

$$=\frac{22}{15}=1\frac{7}{15}$$

27 계산해 보세요.

(1) $2\frac{3}{5}-1\frac{1}{2}$

(2) $5\frac{2}{3}-3\frac{2}{9}$

28 빈칸에 알맞은 수를 써넣으세요.

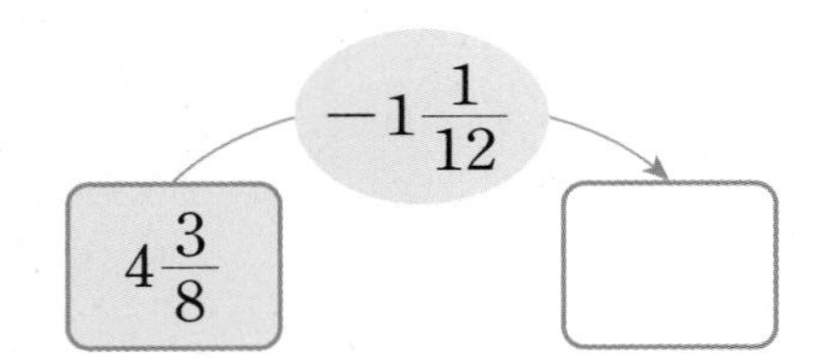

서술형

29 다음을 두 가지 방법으로 계산해 보세요.

$2\frac{1}{2}-2\frac{2}{5}$

방법 1 ....

....

방법 2 ....

....

30 직사각형의 가로와 세로의 길이의 차는 몇 cm일까요?

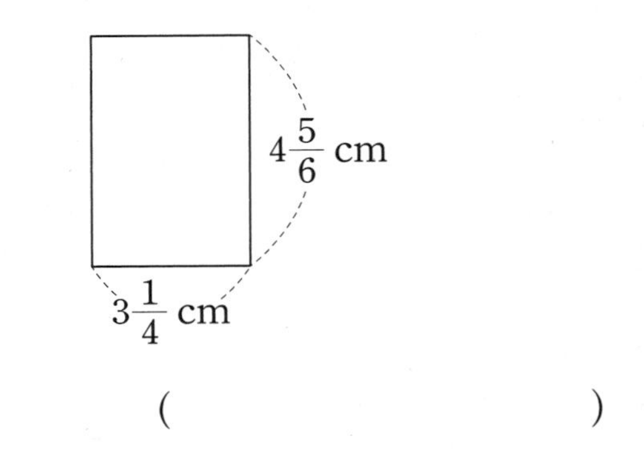

(　　　　　　　　)

31 가장 큰 수와 가장 작은 수의 차를 구해 보세요.

$1\frac{3}{8}$　　$5\frac{13}{15}$　　$1\frac{3}{10}$　　$3\frac{2}{5}$

(　　　　　　　　)

32 □ 안에 알맞은 수를 구해 보세요.

$2\frac{2}{3}+\square=4\frac{6}{7}$

(　　　　　　　　)

33 철사의 길이는 $5\frac{8}{15}$ m이고 노끈의 길이는 철사보다 $1\frac{2}{5}$ m 더 짧습니다. 노끈의 길이는 몇 m일까요?

(　　　　　　　　)

6 받아내림이 있는 대분수의 뺄셈

분수끼리 뺄 수 없을 때에는 자연수에서 1을 받아내림하여 계산합니다.

예 $3\frac{1}{3}-1\frac{3}{4}=3\frac{4}{12}-1\frac{9}{12}$

$=2\frac{16}{12}-1\frac{9}{12}=1\frac{7}{12}$

34 계산해 보세요.

(1) $3\frac{1}{4}-2\frac{1}{2}$

(2) $4\frac{3}{5}-1\frac{2}{3}$

35 두 수의 차를 구해 보세요.

$3\frac{3}{4}$ $6\frac{1}{6}$

( )

36 □ 안에 알맞은 수를 써넣으세요.

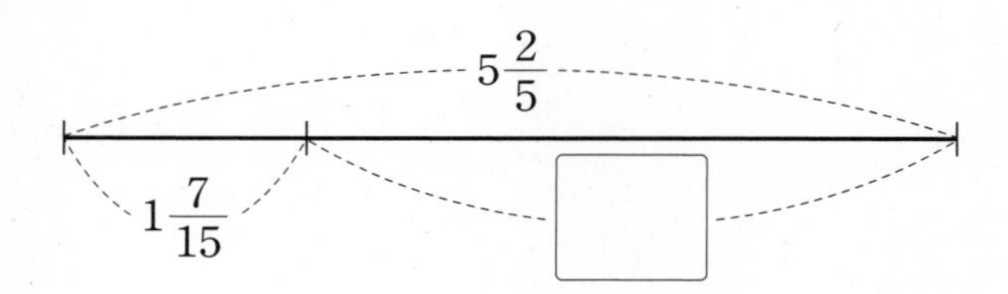

37 계산 결과를 비교하여 ○ 안에 >, =, <를 알맞게 써넣으세요.

$5\frac{4}{9}-2\frac{5}{6}$ ○ $4\frac{1}{6}-1\frac{1}{3}$

서술형

38 계산이 잘못된 곳을 찾아 이유를 쓰고 바르게 계산해 보세요.

$3\frac{3}{8}-1\frac{1}{2}=3\frac{3}{8}-1\frac{4}{8}$

$=3\frac{11}{8}-1\frac{4}{8}=2\frac{7}{8}$

이유

바르게 계산

39 빈칸에 알맞은 수를 써넣으세요.

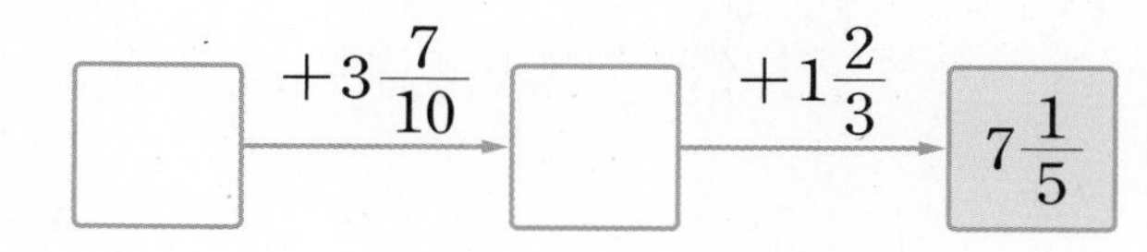

40 우유 $3\frac{2}{3}$ L와 두유 $2\frac{7}{9}$ L가 있습니다. 우유는 두유보다 몇 L 더 많을까요?

( )

41 □ 안에 들어갈 수 있는 자연수를 모두 구해 보세요.

$3\frac{2}{3}-1\frac{2}{5}<\square<7\frac{1}{4}-2\frac{5}{8}$

( )

7 세 분수의 덧셈과 뺄셈

앞에서부터 두 분수씩 차례로 계산합니다.

예 $\frac{1}{2}-\frac{1}{3}+\frac{3}{4}$의 계산

$$\frac{1}{2}-\frac{1}{3}+\frac{3}{4}=\left(\frac{3}{6}-\frac{2}{6}\right)+\frac{3}{4}$$

$$=\frac{1}{6}+\frac{3}{4}$$

$$=\frac{2}{12}+\frac{9}{12}=\frac{11}{12}$$

①, ②

42 빈칸에 알맞은 수를 써넣으세요.

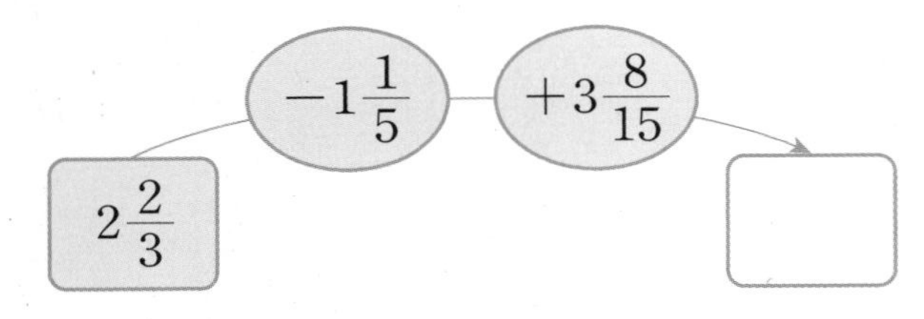

43 삼각형의 세 변의 길이의 합은 몇 m일까요?

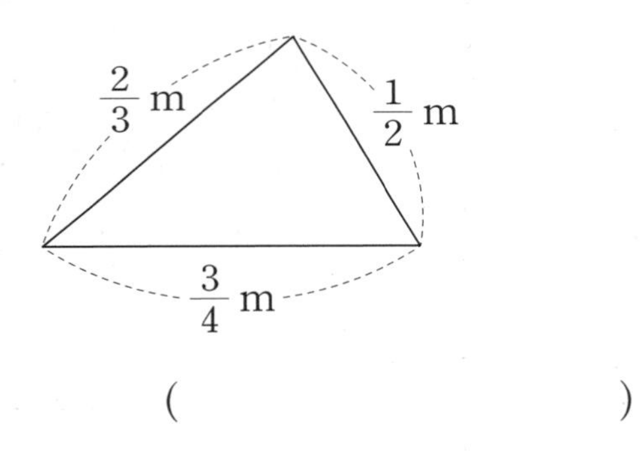

( )

44 □ 안에 알맞은 수를 써넣으세요.

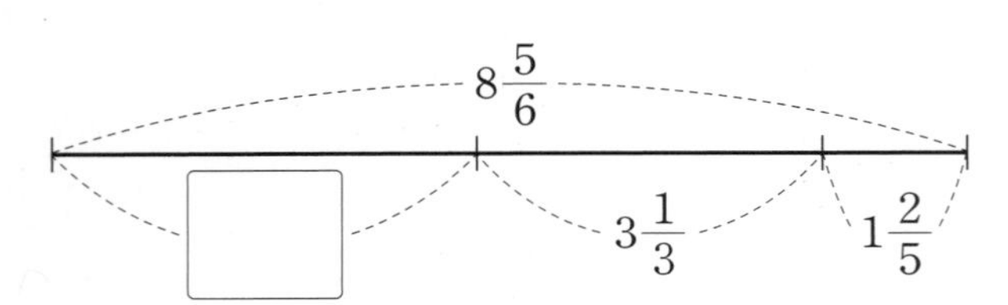

45 계산 결과가 더 큰 것의 기호를 써 보세요.

㉠ $3\frac{4}{5}+\frac{1}{3}+1\frac{2}{15}$

㉡ $2\frac{1}{6}+1\frac{1}{2}+1\frac{7}{9}$

( )

46 ㉠◆㉡＝㉠－㉡－㉡이라고 약속할 때 $3\frac{1}{4}$◆$\frac{5}{6}$를 계산해 보세요.

( )

47 다음 분수를 모두 한 번씩 사용하여 계산 결과가 가장 작게 되도록 □ 안에 알맞게 써넣고 계산해 보세요.

$2\frac{1}{4}$　$1\frac{7}{8}$　$\frac{1}{2}$

□＋□－□＝( )

48 밭 전체의 $\frac{5}{9}$에 양파를 심고, 전체의 $\frac{1}{12}$에 당근을 심었습니다. 아무것도 심지 않은 부분은 밭 전체의 얼마인지 분수로 나타내어 보세요.

( )

8 이어 붙인 테이프의 전체 길이 구하기

- (이어 붙인 테이프의 전체 길이)
  =(테이프의 길이의 합)
  −(겹쳐진 부분의 길이의 합)
- (겹쳐진 부분의 수)=(이어 붙인 테이프의 수)−1

49 그림에서 색칠한 부분의 길이는 몇 m일까요?

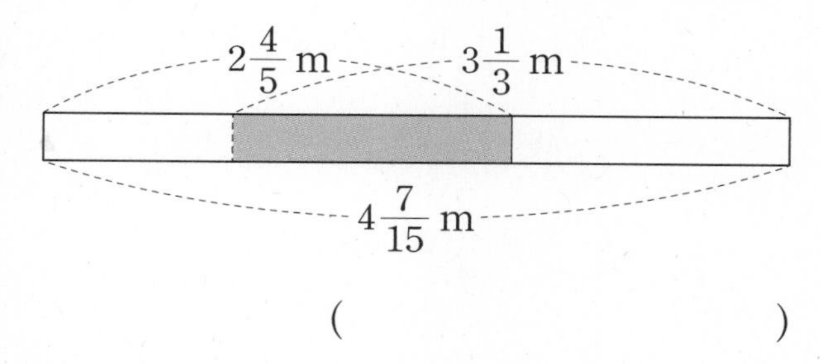

( )

50 길이가 $1\frac{5}{8}$ m인 색 테이프 2장을 $\frac{5}{12}$ m만큼 겹치게 이어 붙였습니다. 이어 붙인 색 테이프의 전체 길이는 몇 m일까요?

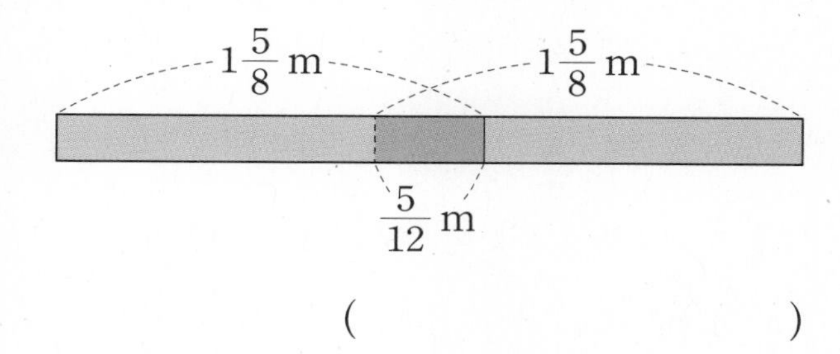

( )

51 길이가 $4\frac{2}{3}$ cm인 종이테이프 3장을 $1\frac{1}{9}$ cm씩 겹치게 이어 붙였습니다. 이어 붙인 종이테이프의 전체 길이는 몇 cm일까요?

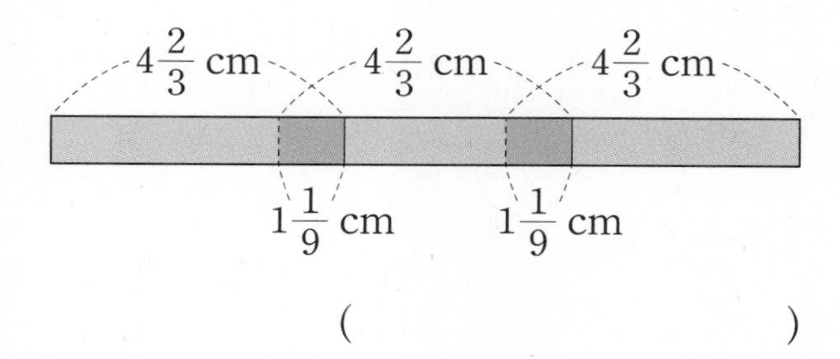

( )

9 어떤 수를 구한 후 바르게 계산하기

① 잘못 계산한 식 세우기
② 덧셈과 뺄셈의 관계를 이용하여 어떤 수 구하기
③ 바르게 계산한 값 구하기

52 어떤 수에 $2\frac{1}{2}$을 더해야 할 것을 잘못하여 뺐더니 $\frac{9}{10}$가 되었습니다. 물음에 답하세요.

(1) 어떤 수는 얼마일까요?

( )

(2) 바르게 계산하면 얼마일까요?

( )

53 어떤 수에서 $\frac{3}{8}$을 빼야 할 것을 잘못하여 더했더니 $3\frac{5}{6}$가 되었습니다. 바르게 계산하면 얼마일까요?

( )

54 $5\frac{4}{9}$에 어떤 수를 더해야 할 것을 잘못하여 $5\frac{4}{9}$에서 어떤 수를 뺐더니 $3\frac{7}{12}$이 되었습니다. 바르게 계산하면 얼마일까요?

( )

응용력 기르기

심화유형 1 가장 큰 분수와 가장 작은 분수를 만들어 합, 차 구하기

3장의 수 카드를 모두 한 번씩 사용하여 만들 수 있는 대분수 중에서 가장 큰 수와 가장 작은 수의 합을 구해 보세요.

2 3 4

( )

● 핵심 NOTE

• 가장 큰 대분수 만들기

가장 큰 수 → ■ $\frac{▲}{●}$ ← 가장 작은 수, ← 두 번째로 큰 수

• 가장 작은 대분수 만들기

가장 작은 수 → ■ $\frac{▲}{●}$ ← 두 번째로 큰 수, ← 가장 큰 수

1-1 3장의 수 카드를 모두 한 번씩 사용하여 만들 수 있는 대분수 중에서 가장 큰 수와 가장 작은 수의 차를 구해 보세요.

3 5 9

( )

1-2 3장의 수 카드를 모두 한 번씩 사용하여 만들 수 있는 대분수 중에서 가장 큰 수와 가장 작은 수의 합을 구해 보세요.

5 6 8

( )

시간을 분수로 나타내어 계산하기

종하네 학교 농구부는 농구 연습을 오전 8시에 시작하여 $1\frac{3}{10}$시간 동안 하고 30분 동안 쉬었습니다. 다시 농구 연습을 시작하여 $1\frac{4}{5}$시간이 지난 후에 연습을 끝냈습니다. 농구 연습이 끝난 시각은 오전 몇 시 몇 분인지 구해 보세요.

( )

● 핵심 NOTE

- 1시간 $=$ 60분이므로 1분 $=\frac{1}{60}$시간입니다. ➡ ■분 $=\frac{■}{60}$시간
- 시간 단위로 구한 분수는 분모가 60인 분수로 나타내면 몇 분인지 알 수 있습니다.

2-1 세린이는 동화책을 오전 10시에 읽기 시작하여 $2\frac{5}{6}$시간 동안 읽고 20분 동안 방을 정리하였습니다. 다시 동화책을 읽기 시작하여 $1\frac{1}{4}$시간 후에 동화책을 다 읽었습니다. 세린이가 동화책을 다 읽은 시각은 오후 몇 시 몇 분인지 구해 보세요.

( )

2-2 동민이는 오전 11시부터 $1\frac{7}{12}$시간 동안 수학 숙제를 하고 15분 동안 쉬었습니다. 그리고 영어 숙제를 $\frac{8}{15}$시간 동안 하였더니 숙제를 마칠 수 있었습니다. 동민이가 숙제를 마친 시각은 오후 몇 시 몇 분인지 구해 보세요.

( )

분수를 단위분수의 합으로 나타내기

그림을 보고 $\frac{3}{4}$을 분모가 다른 두 단위분수의 합으로 나타내어 보세요.

$\frac{3}{4}=\square+\square$

● 핵심 NOTE 분모가 다른 두 단위분수의 합으로 나타내기

① 주어진 분수의 분모의 약수를 구합니다.

② 구한 약수 중에서 합이 분자가 되는 두 수를 찾습니다.

③ ②에서 구한 두 수를 분자로 하는 분수의 합으로 나타냅니다.

3-1 그림을 보고 $\frac{7}{10}$을 분모가 다른 두 단위분수의 합으로 나타내어 보세요.

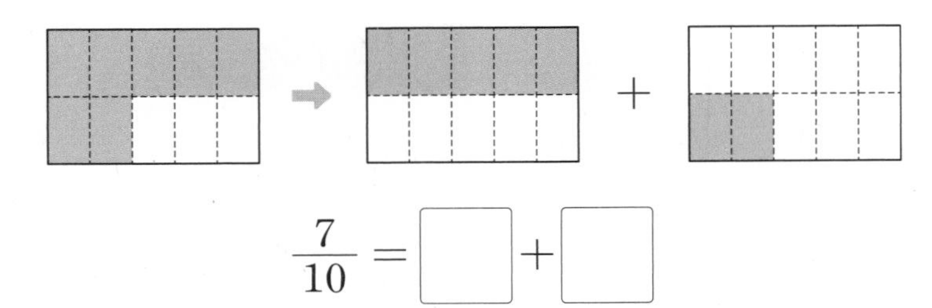

$\frac{7}{10}=\square+\square$

3-2 그림에 알맞게 색칠하고 1을 분모가 다른 세 단위분수의 합으로 나타내어 보세요.

$1=\square+\square+\square$

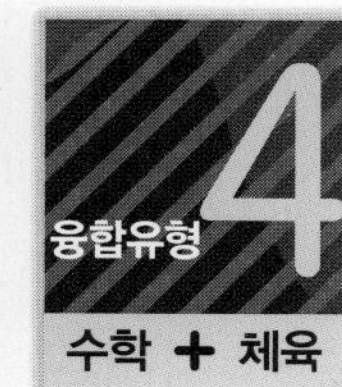

기록의 차 구하기

우상혁은 2022년 세계실내육상선수권대회 남자 높이뛰기 결선에서 $2\frac{17}{50}$ m를 뛰어 세계 정상에 올랐습니다. 우상혁은 8살 때 사고를 당해 오른발이 왼발보다 작지만 이를 극복하고 훌륭한 선수가 되었습니다. 우상혁의 개인 최고 기록은 $2\frac{17}{50}$ m보다 2 cm 더 높습니다. 이날 그에게 메달을 건넨 사람은 우상혁이 가장 좋아하는 선수인 2004년 아테네 올림픽 금메달리스트 스테판 홀름이었습니다. 홀름의 개인 최고 기록은 $2\frac{2}{5}$ m입니다. 우상혁과 홀름의 개인 최고 기록의 차는 몇 m인지 구해 보세요.

1단계 우상혁의 개인 최고 기록은 몇 m인지 구하기

2단계 우상혁과 홀름의 개인 최고 기록의 차는 몇 m인지 구하기

( )

● **핵심 NOTE**

1단계 cm 단위를 m 단위의 분수로 바꾸어 우상혁의 개인 최고 기록을 구합니다.

2단계 우상혁과 홀름의 개인 최고 기록의 차를 구합니다.

4-1

멀리뛰기 세계 최고 기록은 $8\frac{19}{20}$ m입니다. 수로만 보면 별 것 아닌 것 같지만 옆으로 누운 아파트가 있다면 육상 선수들은 3층까지 단번에 뛰어오를 수 있는 셈입니다. 여자 세계 최고 기록은 $7\frac{13}{25}$ m입니다. 한국 최고 기록은 김덕현 선수가 세운 기록으로 여자 세계 최고 기록보다 70 cm 더 높아 국내에 적수가 없을 정도로 최고입니다. 멀리뛰기 세계 최고 기록과 한국 최고 기록의 차는 몇 m인지 구해 보세요.

( )

단원 평가 Level 1

점수

확인

1 □ 안에 알맞은 수를 써넣으세요.

(1) $\frac{5}{12}+\frac{1}{8}=\frac{\square}{24}+\frac{\square}{24}=\frac{\square}{24}$

(2) $\frac{8}{15}-\frac{9}{20}=\frac{\square}{60}-\frac{\square}{60}$

$=\frac{\square}{60}=\frac{\square}{\square}$

2 계산해 보세요.

(1) $2\frac{5}{18}+3\frac{1}{4}$

(2) $5\frac{1}{6}-2\frac{3}{4}$

3 분수 막대를 이용하여 $\frac{1}{2}+\frac{1}{3}$을 구해 보세요.

$\frac{1}{2}$은 $\frac{1}{6}$이 □개, $\frac{1}{3}$은 $\frac{1}{6}$이 □개입니다.

➡ $\frac{1}{2}+\frac{1}{3}=\frac{\square}{6}$

4 계산 결과가 1보다 큰 것의 기호를 써 보세요.

받아올림이 있습니다.

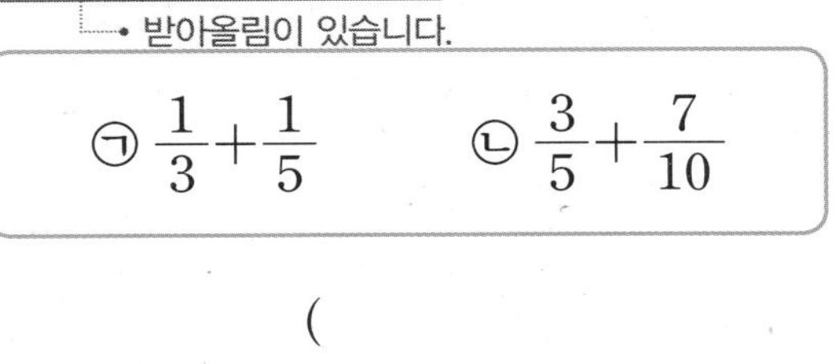

㉠ $\frac{1}{3}+\frac{1}{5}$ ㉡ $\frac{3}{5}+\frac{7}{10}$

(   )

5 단위에 맞게 계산해 보세요.

(1) $\frac{5}{6}$ cm $+\frac{2}{5}$ cm

(2) $3\frac{2}{9}$ km $-1\frac{7}{12}$ km

6 보기 와 같이 계산해 보세요.

보기

$1\frac{1}{4}+2\frac{9}{10}=\frac{5}{4}+\frac{29}{10}=\frac{25}{20}+\frac{58}{20}$

$=\frac{83}{20}=4\frac{3}{20}$

$2\frac{5}{6}+3\frac{11}{15}=$

7 두 수의 합을 구해 보세요.

$8\frac{1}{6}$ $1\frac{1}{12}$

(   )

8 다음이 나타내는 수를 구해 보세요.

$\frac{2}{3}$보다 $\frac{2}{9}$ 작은 수

( )

9 우유 $\frac{7}{10}$ L 중에서 $\frac{1}{2}$ L를 마셨습니다. 남아 있는 우유는 몇 L일까요?

( )

10 계산 결과가 더 큰 것의 기호를 써 보세요.

㉠ $2\frac{5}{12}+1\frac{1}{3}$ ㉡ $5\frac{3}{8}-2\frac{1}{4}$

( )

11 계산이 처음으로 잘못된 곳을 찾아 ○표 하고, 바르게 고쳐 계산해 보세요.

$$3\frac{3}{10}+1\frac{3}{8}=3\frac{24}{80}+10\frac{30}{80}$$
$$=13\frac{54}{80}=13\frac{27}{40}$$

$3\frac{3}{10}+1\frac{3}{8}=$ ....

....

12 직사각형의 둘레를 구해 보세요.

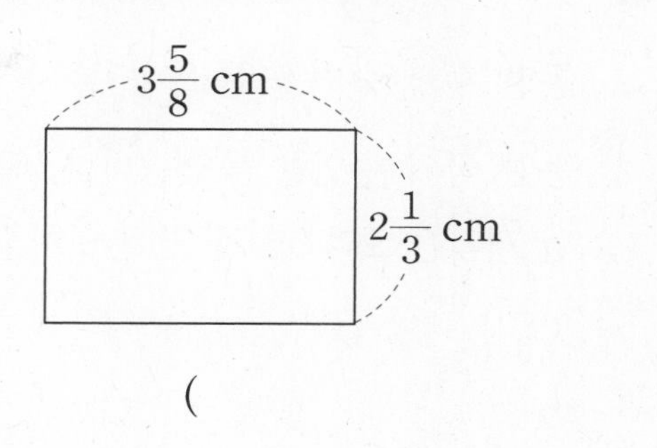

( )

13 □ 안에 알맞은 수를 써넣으세요.

(1) $\frac{13}{40}-\square=\frac{3}{10}$

(2) $1\frac{5}{6}+\square=3\frac{11}{18}$

14 과일 상자에 사과, 배, 감이 있습니다. 사과는 전체의 $\frac{2}{9}$, 배는 전체의 $\frac{4}{15}$입니다. 나머지는 모두 감이라고 할 때 감은 전체의 얼마일까요?

( )

15 ㉠에 알맞은 수를 구해 보세요.

㉠ —($+2\frac{3}{7}$)→ ㉡ —($-1\frac{10}{21}$)→ $8\frac{9}{14}$

( )

16 은우는 학원에서 오후 1시 30분부터 $1\frac{3}{4}$시간 동안 수학 수업을 듣고 15분 쉰 후 $1\frac{5}{12}$시간 동안 국어 수업을 들었습니다. 국어 수업이 끝난 시각은 오후 몇 시 몇 분일까요?

( )

17 $\frac{13}{16}$을 분모가 서로 다른 세 단위분수의 합으로 나타내어 보세요.

$$\frac{13}{16}=\square+\square+\square$$

18 진분수끼리의 뺄셈에서 □ 안에는 1부터 9까지의 수 중 서로 다른 수가 들어갑니다. □ 안에 알맞은 수를 써넣으세요.

$$\frac{\square}{7}-\frac{9}{14}=\frac{\square}{14},\ \frac{\square}{7}-\frac{9}{14}=\frac{\square}{14}$$

19 $5\frac{3}{8}+1\frac{2}{7}$를 두 가지 방법으로 계산해 보세요.

방법 1

방법 2

20 민재네 집에서 학교까지의 거리와 공원까지의 거리입니다. 민재네 집에서 어느 곳이 몇 km 더 먼지 풀이 과정을 쓰고 답을 구해 보세요.

구간	거리
민재네 집 ~ 학교	$2\frac{5}{7}$ km
민재네 집 ~ 공원	$2\frac{2}{3}$ km

풀이

답 ,

단원 평가 Level ❷

점수

확인

1 그림을 보고 □ 안에 알맞은 수를 써넣으세요.

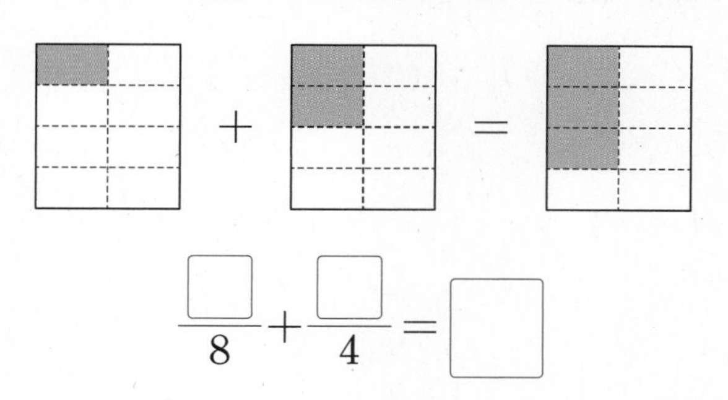

$\frac{\square}{8}+\frac{\square}{4}=\square$

2 계산 결과를 찾아 이어 보세요.

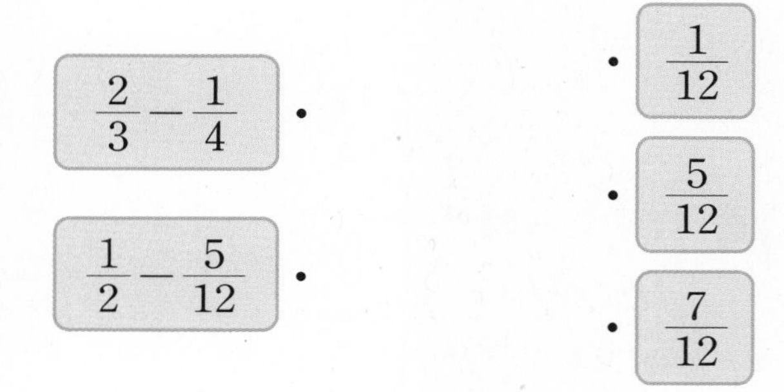

3 □ 안에 알맞은 수를 써넣으세요.

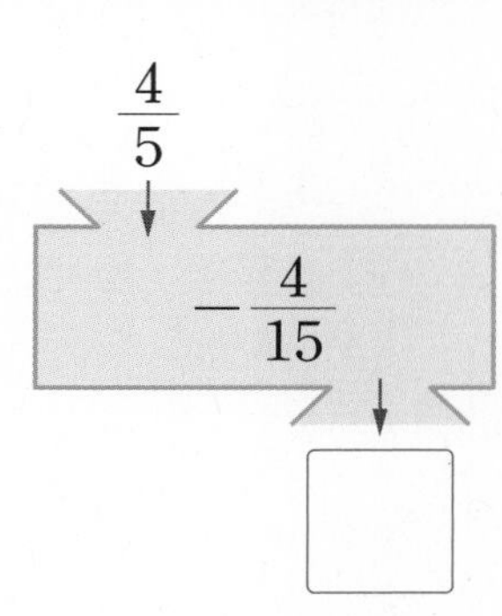

4 빈칸에 두 수의 합을 써넣으세요.

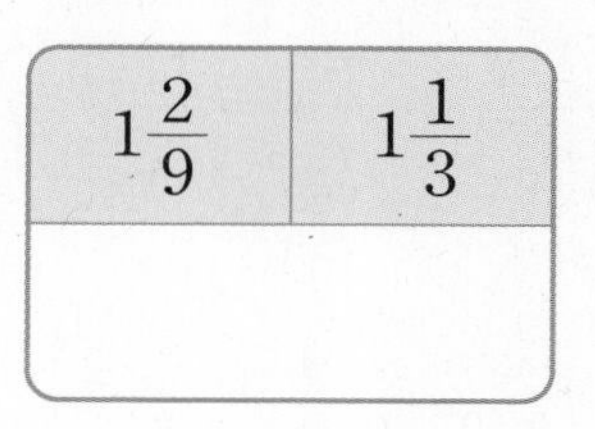

5 빈칸에 알맞은 수를 써넣으세요.

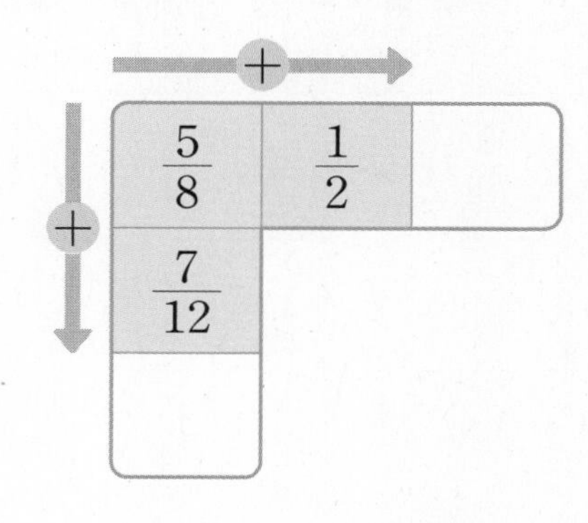

6 계산이 잘못된 곳을 찾아 바르게 계산해 보세요.

$$4\frac{5}{7}-2\frac{2}{3}=4\frac{35}{21}-2\frac{6}{21}$$
$$=2\frac{29}{21}=3\frac{8}{21}$$

$4\frac{5}{7}-2\frac{2}{3}=$ ....

....

7 □ 안에 알맞은 수를 써넣으세요.

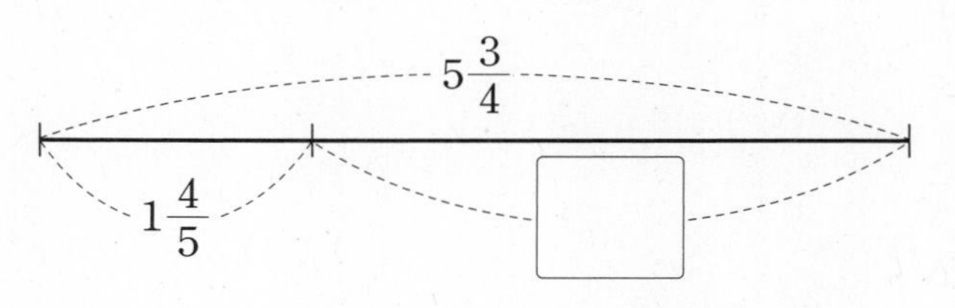

5

8 계산 결과가 다른 것을 찾아 기호를 써 보세요.

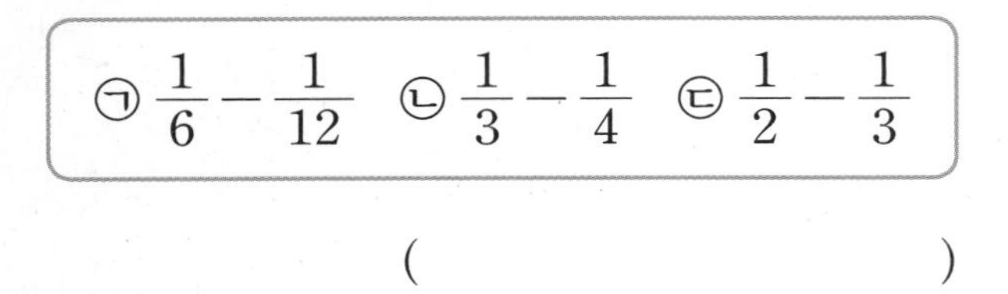

( )

9 ㉠과 ㉡의 합을 구해 보세요.

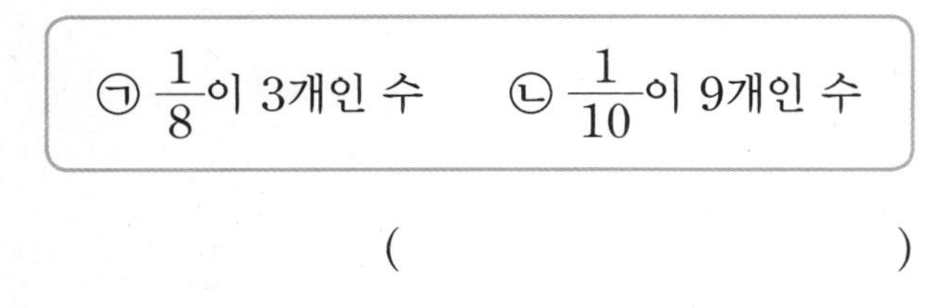

( )

10 시장에서 딸기 $\frac{7}{10}$ kg과 체리 $\frac{8}{15}$ kg을 사 왔습니다. 시장에서 사 온 딸기와 체리는 모두 몇 kg일까요?

( )

11 두 색 테이프의 길이의 차는 몇 m일까요?

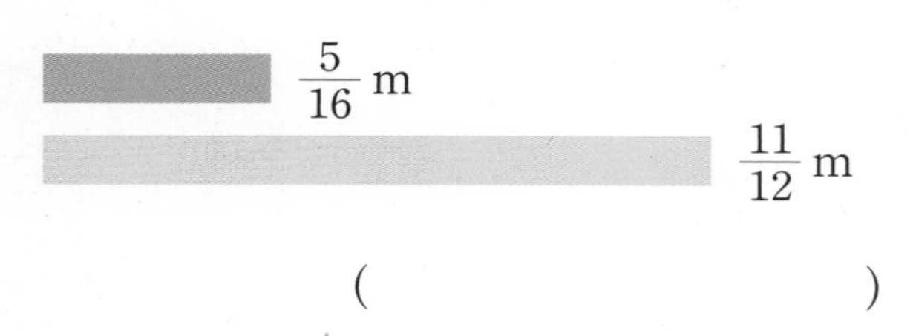

( )

12 콩 $5\frac{5}{8}$ kg 중에서 $2\frac{1}{6}$ kg으로 두부를 만들었습니다. 두부를 만들고 남은 콩은 몇 kg일까요?

( )

13 빈칸에 알맞은 수를 써넣으세요.

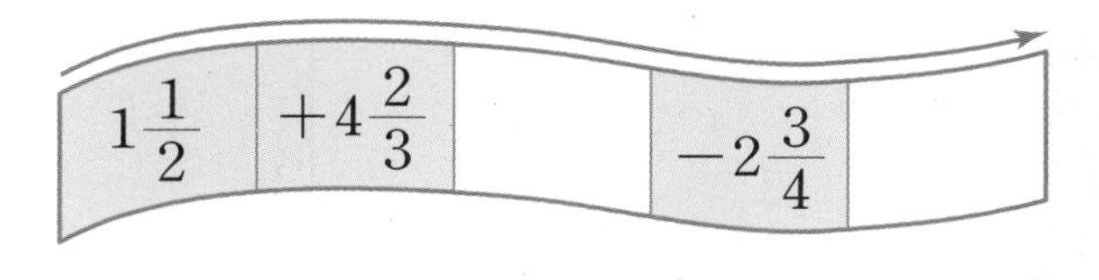

14 가장 큰 수에서 나머지 두 수를 차례로 뺀 값을 구해 보세요.

$\frac{3}{5}$ $\frac{17}{20}$ $\frac{1}{10}$

( )

15 ㉠에 알맞은 수를 구해 보세요.

㉠ → $+2\frac{1}{2}$ → ㉡ → $-1\frac{7}{12}$ → $3\frac{1}{4}$

( )

16 삼각형의 세 변의 길이의 합은 몇 m일까요?

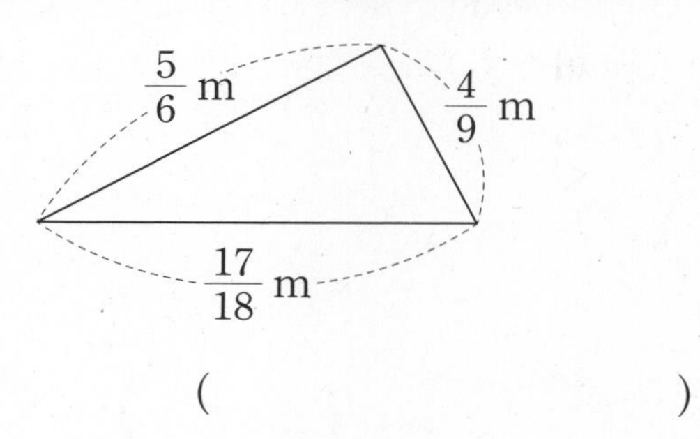

( )

17 3장의 수 카드를 모두 한 번씩 사용하여 만들 수 있는 대분수 중에서 가장 큰 수와 가장 작은 수의 차를 구해 보세요.

5 9 2

( )

18 ㉠에서 ㉣까지의 거리는 몇 km일까요?

$2\frac{2}{3}$ km, $3\frac{11}{18}$ km

㉠ ㉡ ㉢ ㉣

$\frac{8}{9}$ km

( )

19 기린의 키는 $3\frac{2}{9}$ m, 코끼리의 키는 $1\frac{7}{12}$ m입니다. 기린의 키는 코끼리의 키보다 몇 m 더 큰지 두 가지 방법으로 구해 보세요.

방법 1

방법 2

답

20 어떤 수에 $1\frac{4}{5}$를 더해야 할 것을 잘못하여 뺐더니 $2\frac{3}{4}$이 되었습니다. 바르게 계산한 값은 얼마인지 풀이 과정을 쓰고 답을 구해 보세요.

풀이

답

5

6 다각형의 둘레와 넓이

□, ▱, △, ◇, ⏢

넓이가 궁금해?

넓이는 넓이의 단위의 개수야!

● 넓이의 단위

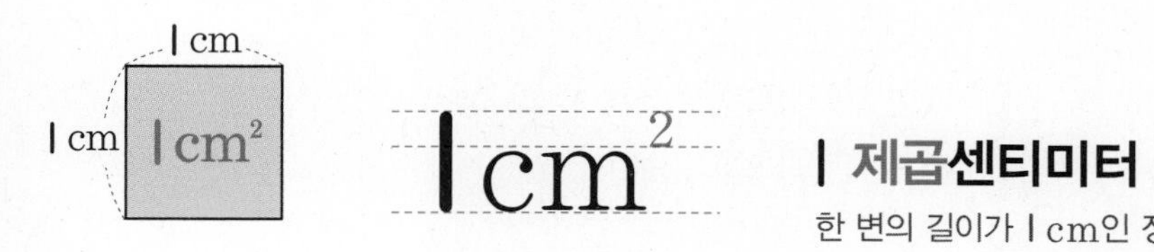

1 제곱센티미터

한 변의 길이가 1 cm인 정사각형의 넓이

● 평행사변형의 넓이

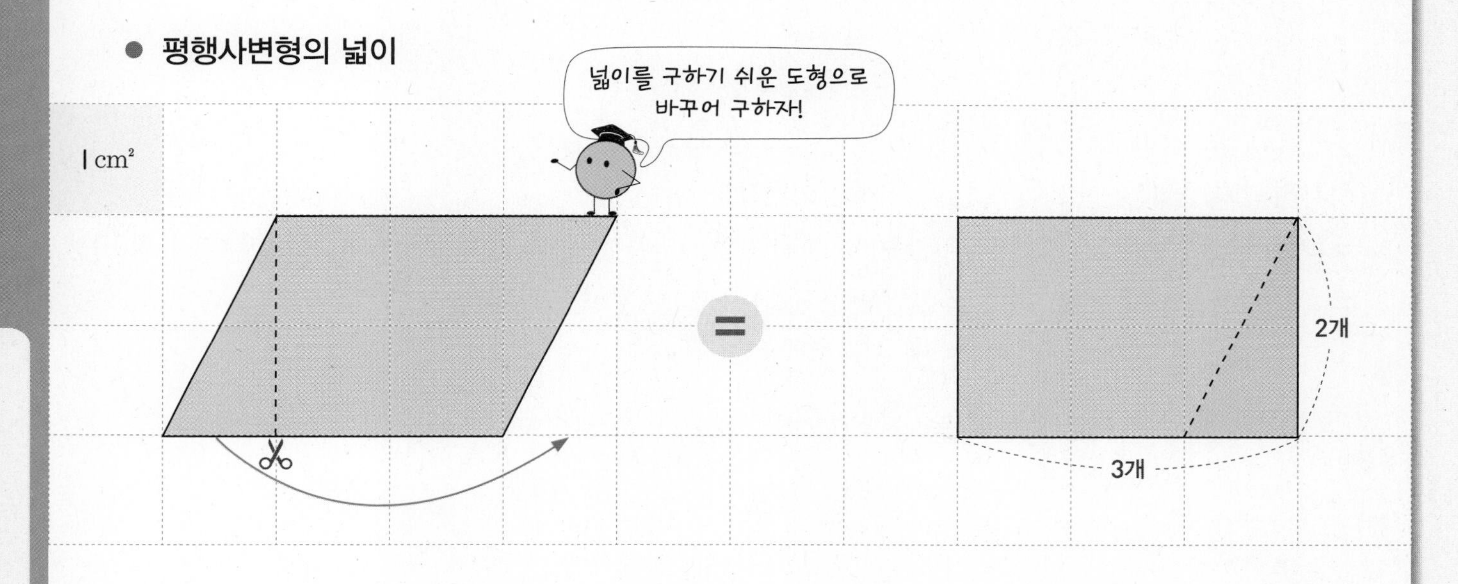

➡ 넓이의 단위 $1\ cm^2$가

$3 \times 2 = 6$(개) 있으므로 넓이는 $6\ cm^2$

1 정다각형과 사각형의 둘레를 구해 볼까요

● **정다각형의 둘레** — 물건의 가장자리를 한 번 둘러싼 끈의 길이

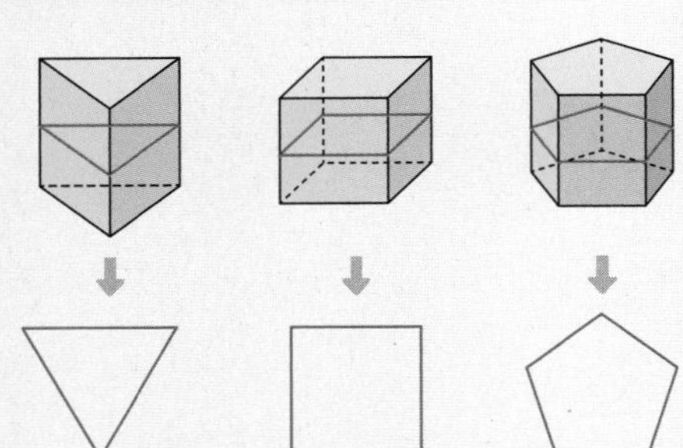

(정다각형의 둘레)
＝(모든 변의 길이의 합)
＝(한 변의 길이)＋(한 변의 길이)＋ ⋯ ＋(한 변의 길이)
＝(한 변의 길이)×(변의 수) — 모든 변의 수만큼 더합니다.

● **사각형의 둘레** — 마주 보는 두 변의 길이가 같습니다. / 모든 변의 길이가 같습니다.

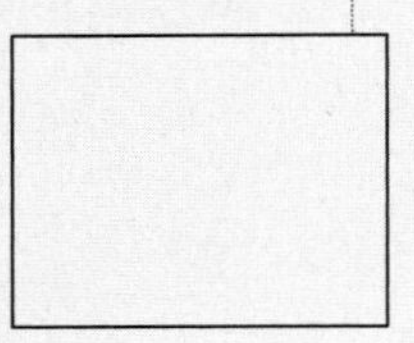

(직사각형의 둘레)
＝(가로)×2＋(세로)×2
＝((가로)＋(세로))×**2**

(평행사변형의 둘레)
＝(한 변의 길이)×2＋(다른 한 변의 길이)×2
＝((한 변의 길이)＋(다른 한 변의 길이))×**2**

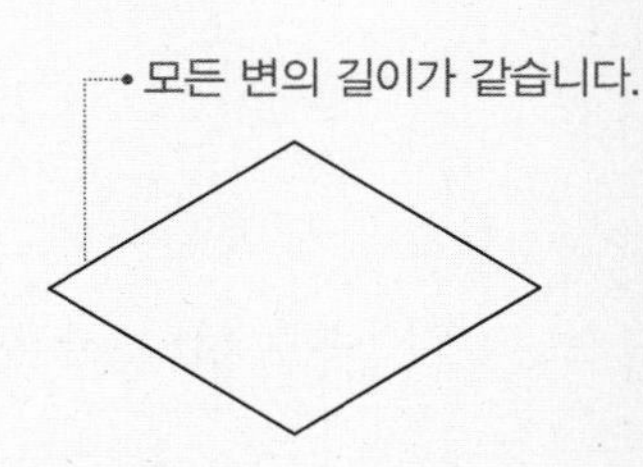

(마름모의 둘레)
＝(한 변의 길이)×**4**

길이가 다른 두 변의 길이를 더한 다음 2배 합니다.

!

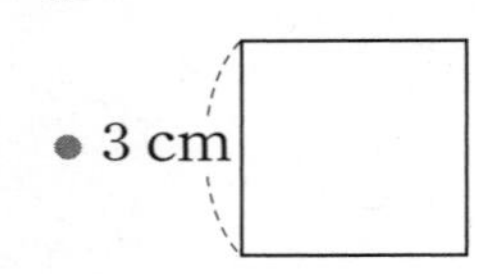

(정사각형의 둘레)＝(한 변의 길이)×(변의 수)
＝□×□＝□(cm)

1 한 변의 길이가 4 cm인 정삼각형의 둘레를 구하려고 합니다. □ 안에 알맞은 수를 써넣으세요.

(1) (정삼각형의 둘레)
＝(모든 변의 길이의 합)
＝□＋□＋□
＝□(cm)

(2) (정삼각형의 둘레)
＝(한 변의 길이)×(변의 수)
＝□×□
＝□(cm)

2 직사각형의 둘레를 구하려고 합니다. □ 안에 알맞은 수를 써넣으세요.

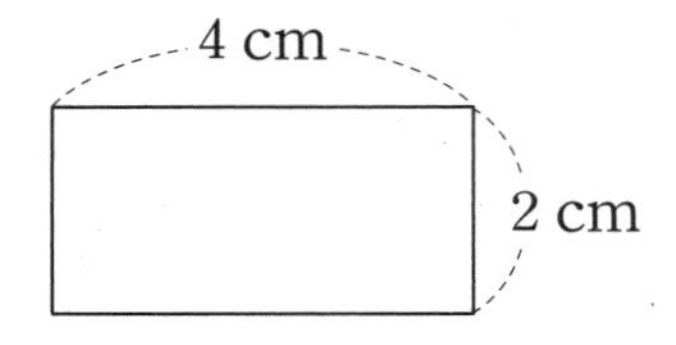

(직사각형의 둘레)
＝((가로)＋(세로))×□
＝(□＋□)×□
＝□(cm)

3 평행사변형과 마름모의 둘레를 구하려고 합니다. □ 안에 알맞은 수를 써넣으세요.

(1) 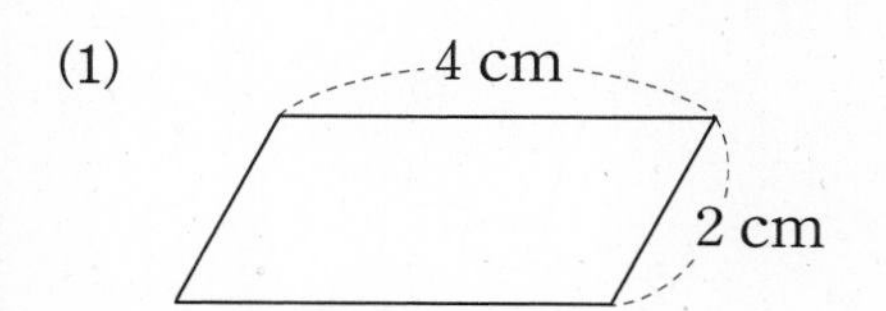

(평행사변형의 둘레)
$= \square + \square + \square + \square$
$= (\square + \square) \times \square = \square$(cm)

(2) 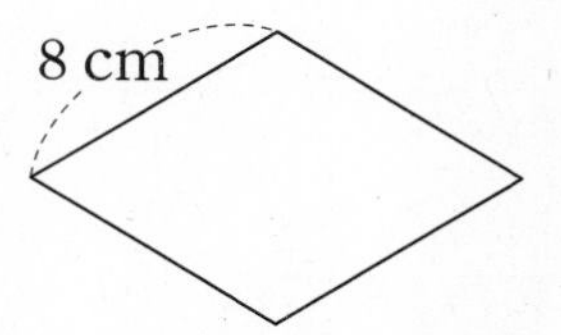

(마름모의 둘레)
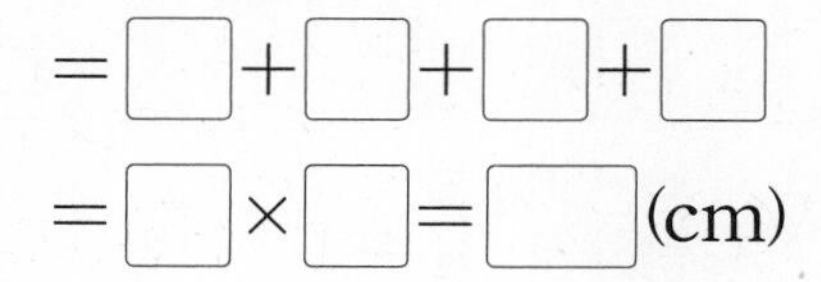
$= \square + \square + \square + \square$
$= \square \times \square = \square$(cm)

4학년 때 배웠어요

평행사변형: 마주 보는 두 쌍의 변이 서로 평행한 사각형

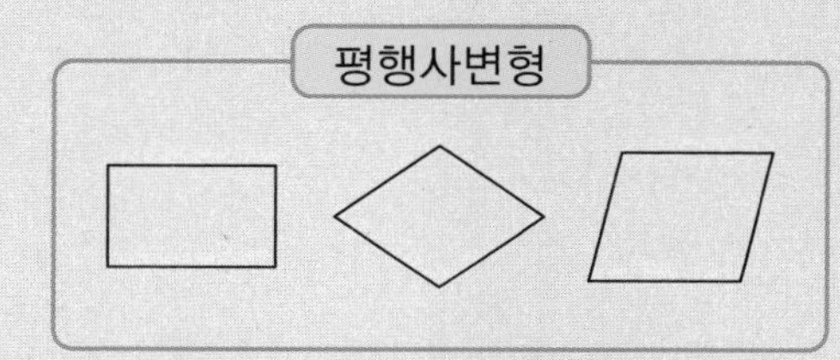

마름모: 네 변의 길이가 모두 같은 사각형

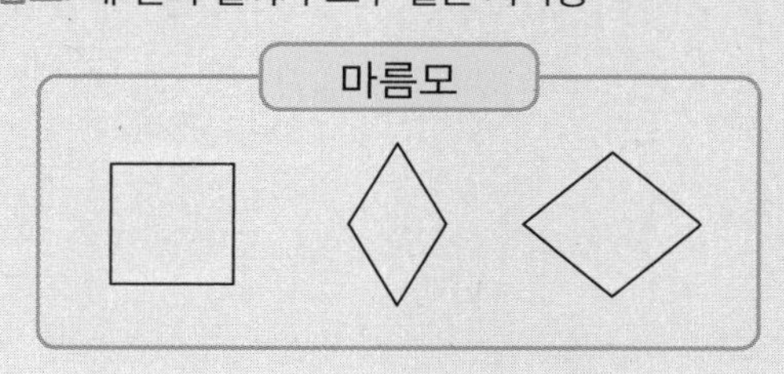

4 정다각형의 둘레를 구해 보세요.

(1) (2)
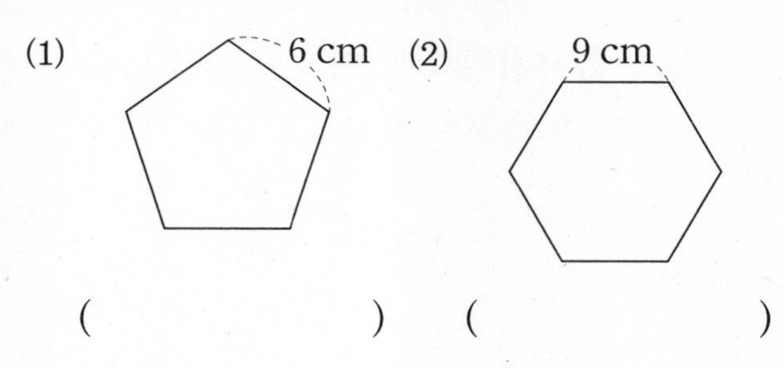

( ) ( )

5 직사각형의 둘레를 구해 보세요.

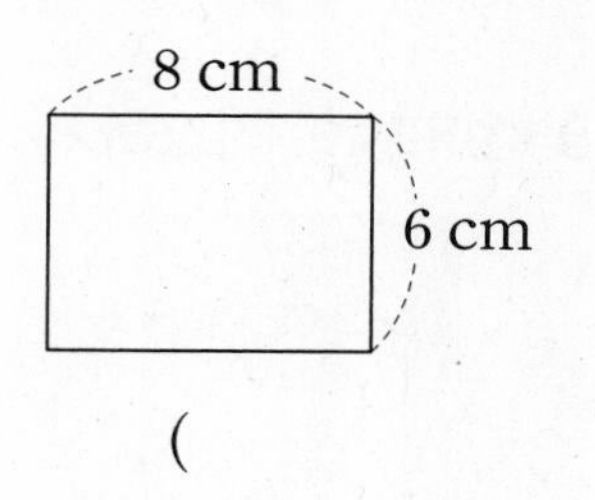

( )

6 평행사변형의 둘레를 구해 보세요.

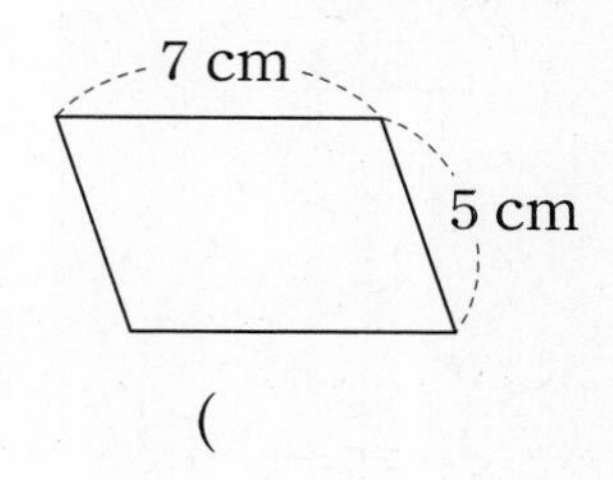

( )

7 마름모의 둘레를 구해 보세요.

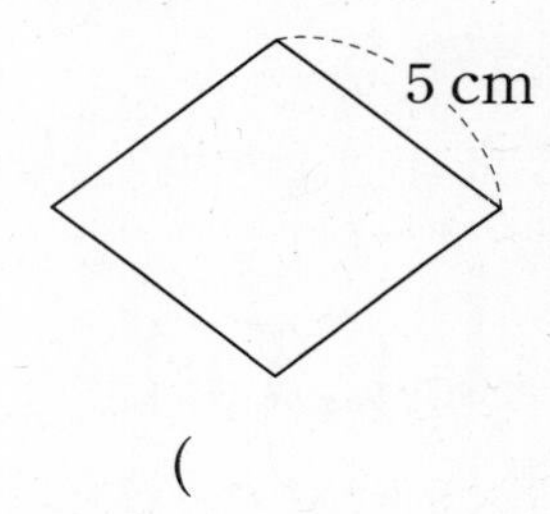

( )

8 한 변의 길이가 7 cm인 정사각형의 둘레는 몇 cm일까요?

( )

6

2 1 cm^2를 알아볼까요

● **직접 맞대어 넓이 비교하기**

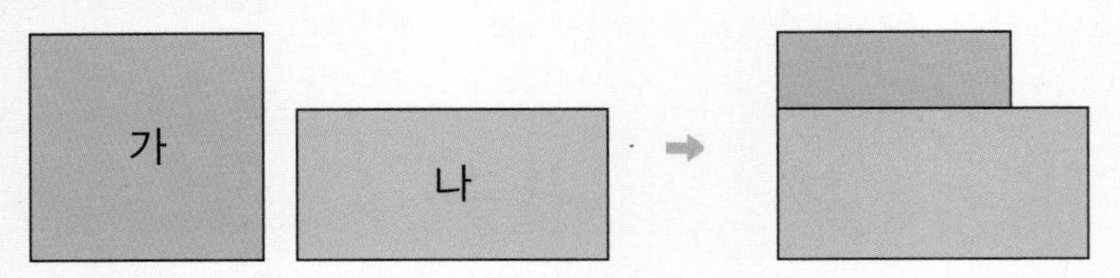

➡ 어느 도형이 얼마나 넓은지 정확하게 비교할 수 없습니다.

▬ 모양, ▬ 모양, ● 모양 중 ▬ 모양은 종이를 완전히 덮을 수 있습니다.

● **여러 가지 모양을 단위로 하여 넓이 비교하기**

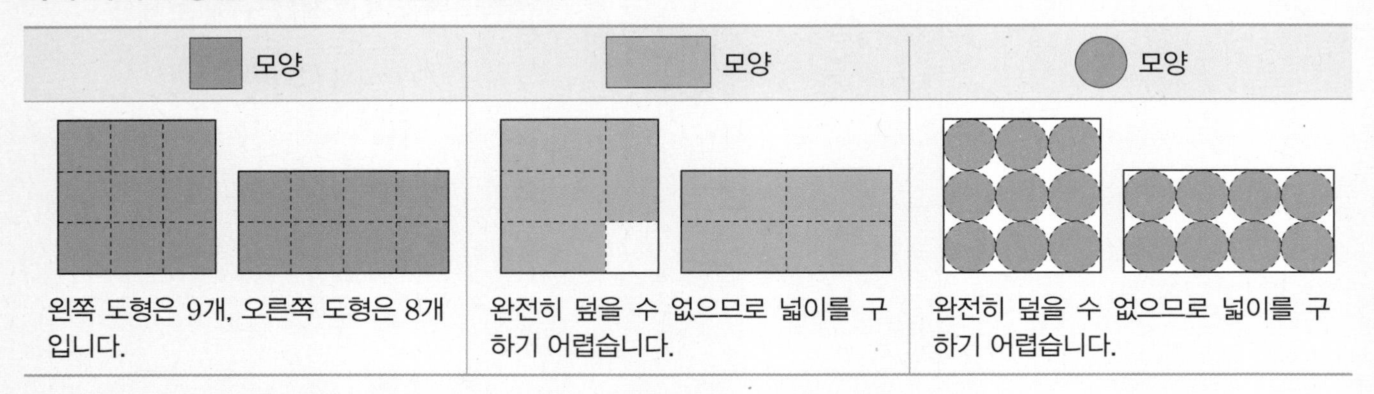

▬ 모양	▬ 모양	● 모양
왼쪽 도형은 9개, 오른쪽 도형은 8개입니다.	완전히 덮을 수 없으므로 넓이를 구하기 어렵습니다.	완전히 덮을 수 없으므로 넓이를 구하기 어렵습니다.

➡ 넓이를 정확하게 구하려면 기준이 되는 넓이의 단위가 필요합니다.

● **넓이의 단위**

1 cm^2: 한 변의 길이가 1 cm인 정사각형의 넓이

쓰기 1 cm^2 읽기 1 제곱센티미터

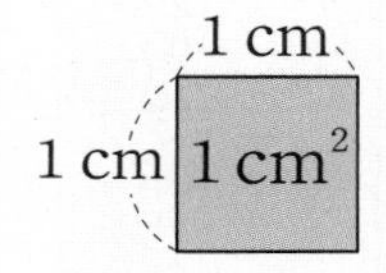

1 가와 나의 넓이를 두 가지 방법으로 비교하려고 합니다. 물음에 답하세요.

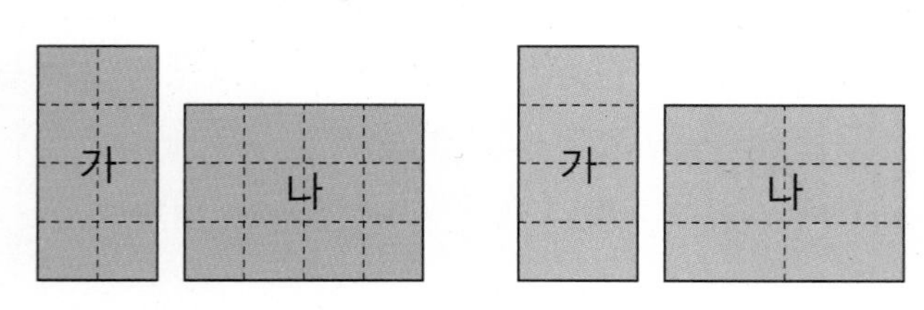

(1) 직접 맞대어 보면 가와 나 중 더 넓은 것을 쉽게 알 수 (있습니다 , 없습니다).

(2)

	가	나
▬ 의 개수	8	
▬ 의 개수		

두 가지 단위로 비교해 보면 넓이의 단위에 따라 측정한 값이 (같습니다 , 다릅니다).

2 주어진 넓이를 쓰고 읽어 보세요.

$3\,\text{cm}^2$

쓰기 $3\,\text{cm}^2$

읽기 (   )

3 $1\,\text{cm}^2$를 이용하여 도형의 넓이를 비교하려고 합니다. 물음에 답하세요.

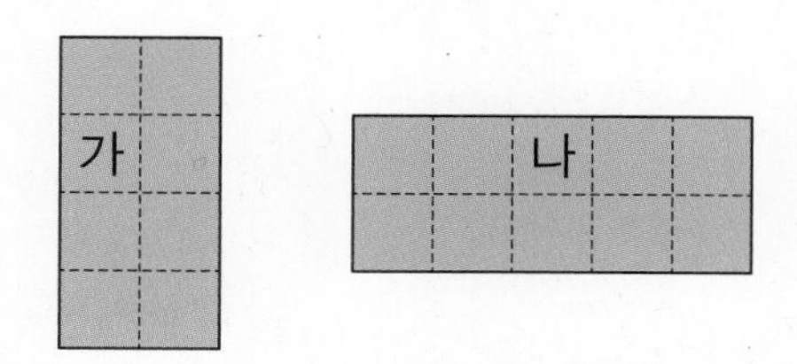

(1) □ 안에 알맞은 수를 써넣으세요.

가: $1\,\text{cm}^2$가 □개 ➡ □ cm^2

나: $1\,\text{cm}^2$가 □개 ➡ □ cm^2

(2) 넓이가 더 넓은 것의 기호를 써 보세요.

(   )

4 넓이가 같은 도형끼리 같은 색으로 색칠해 보세요.

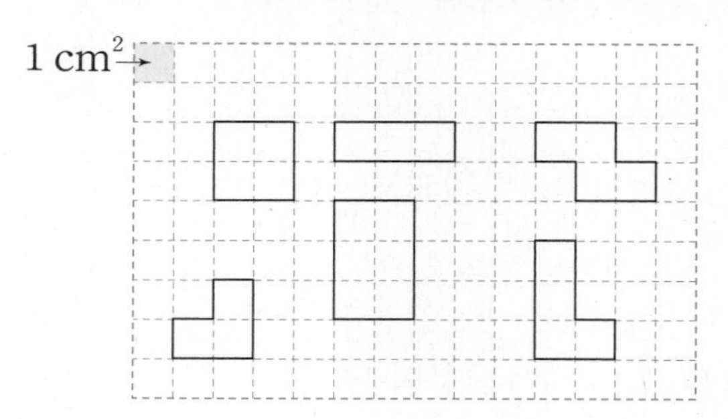

5 넓이가 $5\,\text{cm}^2$가 아닌 것을 찾아 기호를 써 보세요.

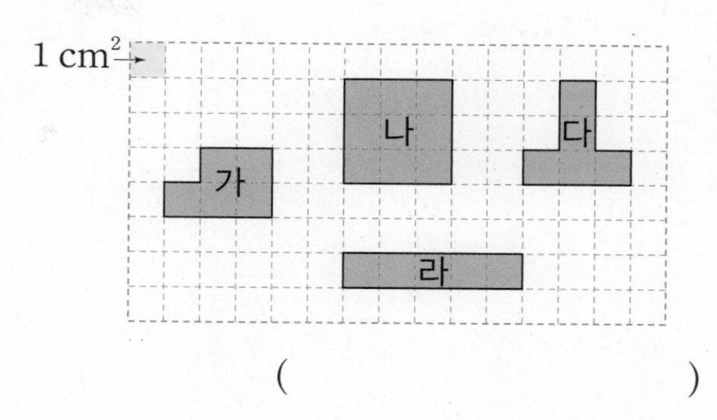

(   )

6 도형의 넓이를 구해 보세요.

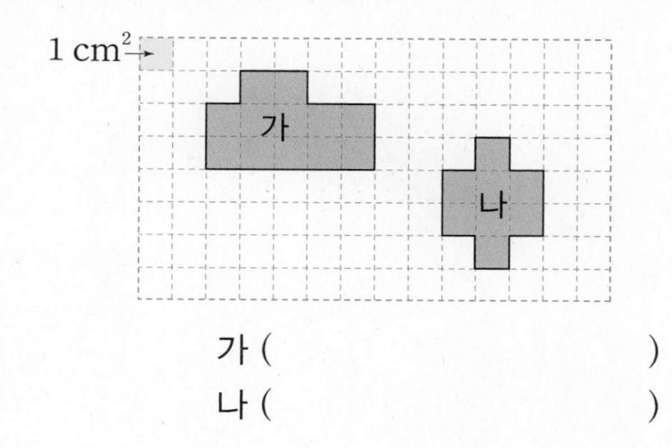

가 (   )

나 (   )

7 도형을 보고 □ 안에 알맞은 수를 써넣으세요.

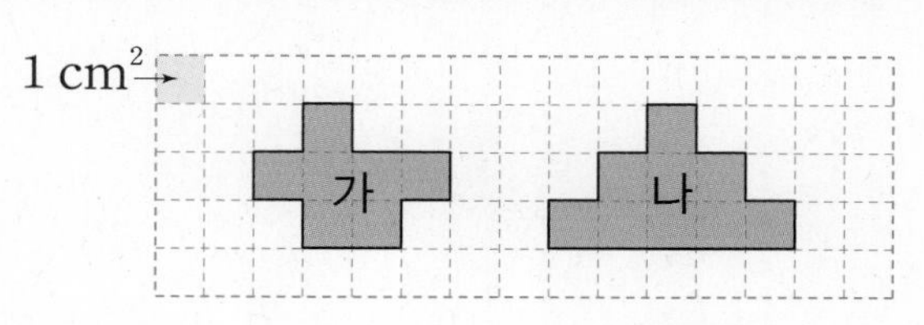

도형 나는 도형 가보다 넓이가 □ cm^2 더 넓습니다.

3 직사각형의 넓이를 구해 볼까요

● **$1\,cm^2$의 개수를 세어 가, 나, 다, 라의 넓이 구하기**

$1\,cm^2$가 몇 개씩 놓여 있는지 세어 봅니다.

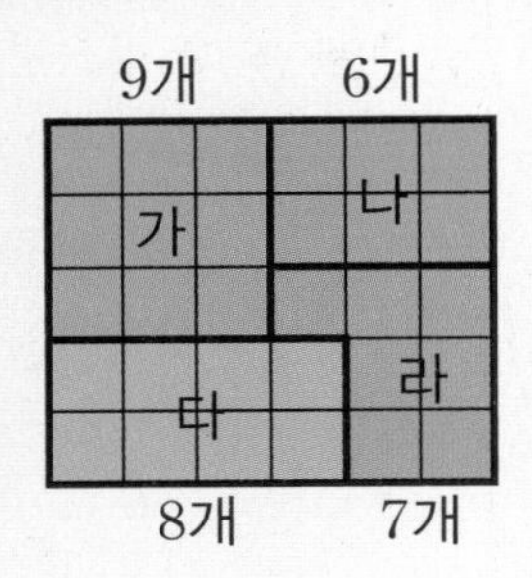

가: 9개 ➡ $9\,cm^2$
나: 6개 ➡ $6\,cm^2$
다: 8개 ➡ $8\,cm^2$
라: 7개 ➡ $7\,cm^2$

⬇

$1\,cm^2$를 하나씩 세어 보면 번거롭고 시간이 오래 걸리므로 간단히 구하는 방법을 알아봅니다.

● **직사각형의 넓이 구하기**

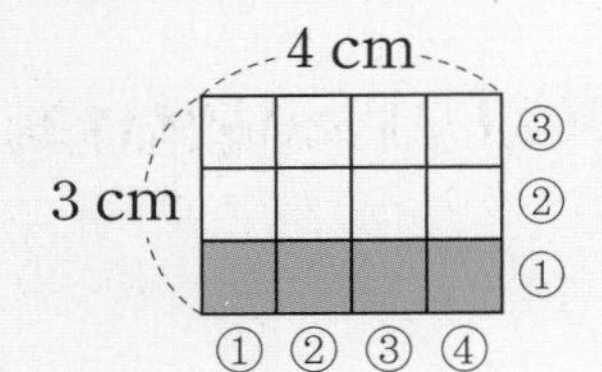

한 줄에는 $1\,cm^2$가 4개 놓입니다.
세 줄에는 $1\,cm^2$가 $4 \times 3 = 12$(개) 놓입니다.

(직사각형의 넓이) = (가로) × (세로)
= **$4 \times 3 = 12\,(cm^2)$**

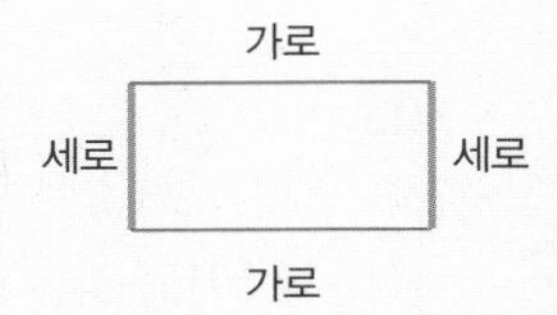

가로는 '옆으로 나 있는 길이', 세로는 '위아래로 나 있는 길이'로 구분합니다.

정사각형도 직사각형입니다.
(정사각형의 넓이)
= (가로) × (세로)

⬇

정사각형은 (가로) = (세로)이므로 '한 변의 길이'를 사용하여 나타냅니다.
(정사각형의 넓이)
= (한 변의 길이)
× (한 변의 길이)

1 $1\,cm^2$의 수를 세어 직사각형의 넓이를 구하려고 합니다. 그림을 보고 □ 안에 알맞게 써넣으세요.

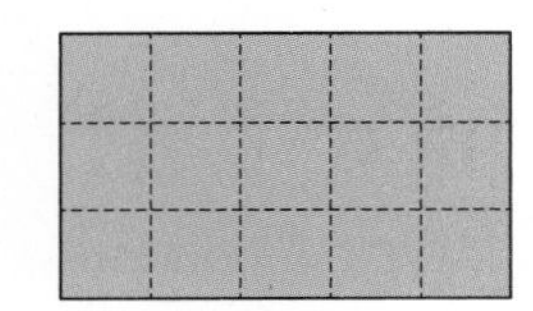

(1) $1\,cm^2$가 직사각형의 가로에 □개, 세로에 □개 있습니다.

(2) 직사각형의 넓이는 (가로) × (□)입니다.

(3) (직사각형의 넓이)
= □ × □ = □ (cm^2)

2 정사각형의 넓이를 구하려고 합니다. 물음에 답하세요.

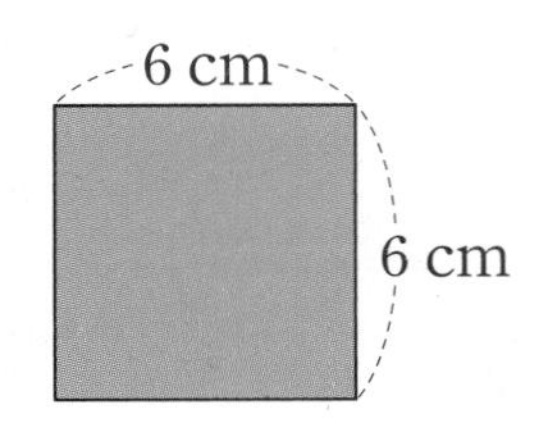

(1) 정사각형의 넓이는
(한 변의 길이) × (□)입니다.

(2) (정사각형의 넓이)
= □ × □ = □ (cm^2)

3 직사각형과 정사각형의 넓이를 구하려고 합니다. □ 안에 알맞은 수를 써넣으세요.

(1)

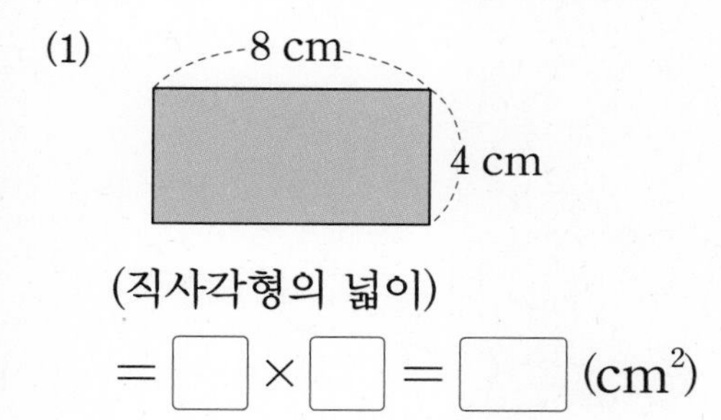

(직사각형의 넓이)

$= \square \times \square = \square$ (cm²)

(2)

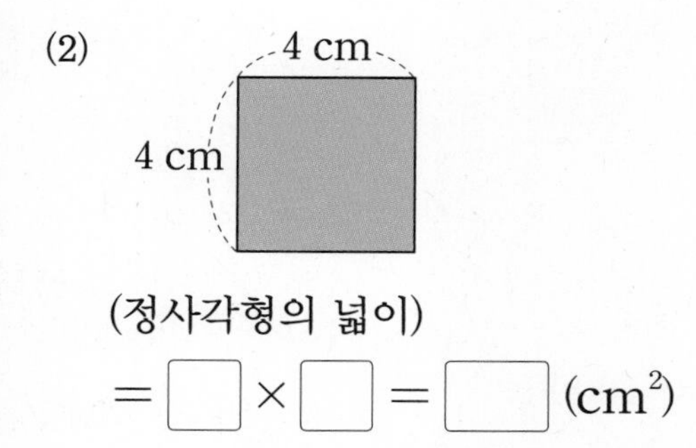

(정사각형의 넓이)

$= \square \times \square = \square$ (cm²)

4 직사각형의 넓이를 구해 보세요.

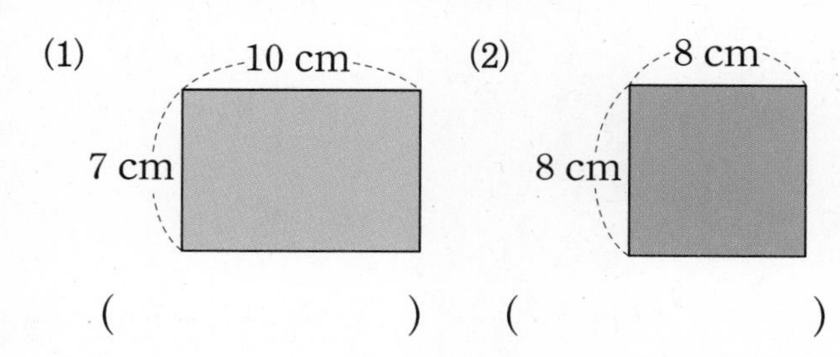

(1) (　　　　　)　(2) (　　　　　)

5 넓이가 더 넓은 직사각형의 기호를 써 보세요.

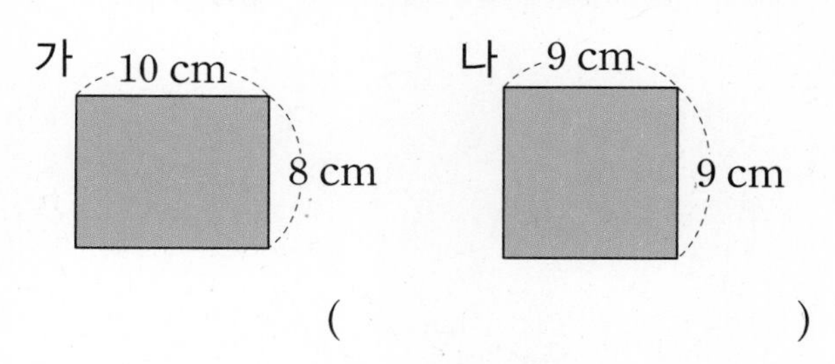

(　　　　　)

6 표의 빈칸에 알맞은 수를 써넣고 □ 안에 알맞은 수를 써넣으세요.

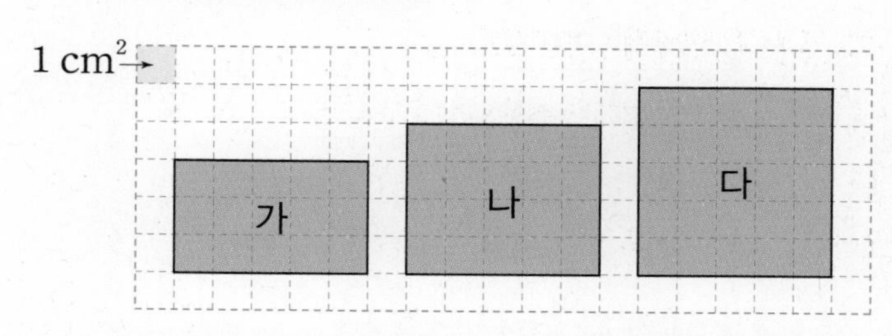

직사각형	가로(cm)	세로(cm)	넓이(cm²)
가			
나			
다			

➡ 세로가 1 cm만큼 커지면 넓이는 □ cm² 만큼 커집니다.

7 정사각형의 넓이가 다음과 같을 때 정사각형의 한 변의 길이는 몇 cm일까요?

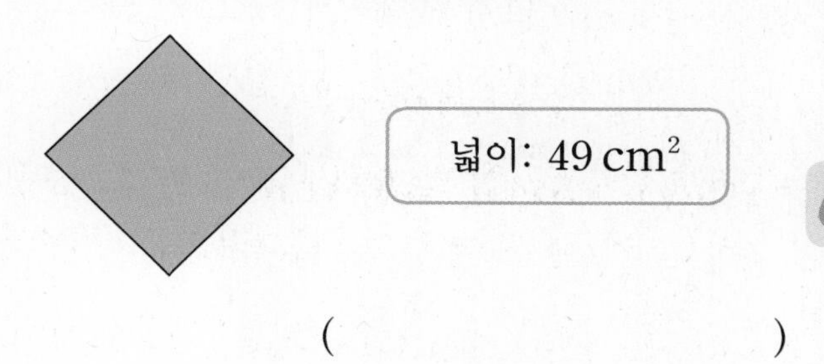

(　　　　　)

8 미영이의 키보드는 가로가 30 cm, 세로가 12 cm인 직사각형 모양입니다. 이 키보드의 넓이는 몇 cm²일까요?

식 ....

답 ....

4 $1\,cm^2$보다 더 큰 넓이의 단위를 알아볼까요

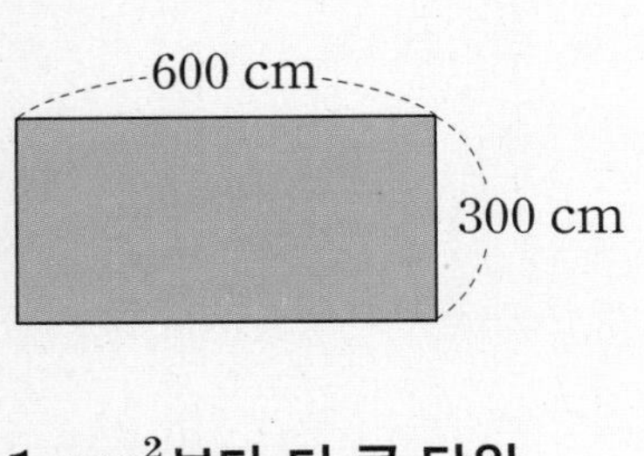

(직사각형의 넓이) $= 600 \times 300$

$= 180000\,(cm^2)$

• 자릿수가 커서 불편함이 있으므로 $1\,cm^2$보다 더 큰 넓이의 단위가 필요합니다.

- 1 cm보다 긴 단위 ➜ 1 m
- $1\,cm^2$보다 큰 넓이의 단위 ➜ $1\,m^2$
- 1 m보다 긴 단위 ➜ 1 km
- $1\,m^2$보다 큰 넓이의 단위 ➜ $1\,km^2$

● **$1\,cm^2$보다 더 큰 단위**

$1\,m^2$: 한 변의 길이가 1 m인 정사각형의 넓이

쓰기 

읽기 1 제곱미터

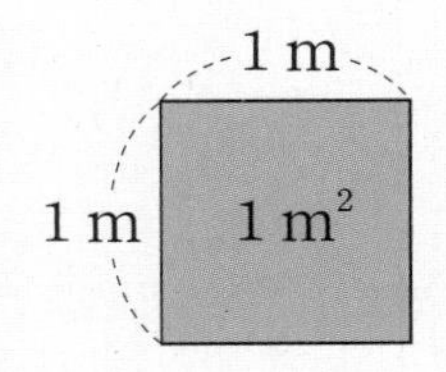

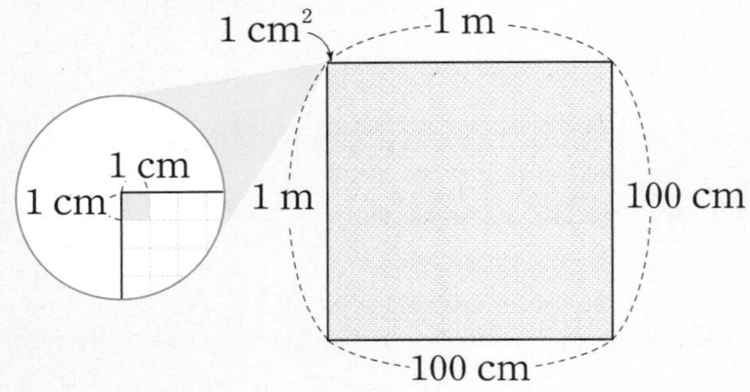

$1\,m = 100\,cm$

$100 \times 100 = 10000$

$1\,m^2 = 10000\,cm^2$

- $1\,m^2$에는 $1\,cm^2$가 한 줄에 100개씩 100줄 들어갑니다.

● **$1\,m^2$보다 더 큰 단위**

$1\,km^2$: 한 변의 길이가 1 km인 정사각형의 넓이

쓰기 

읽기 1 제곱킬로미터

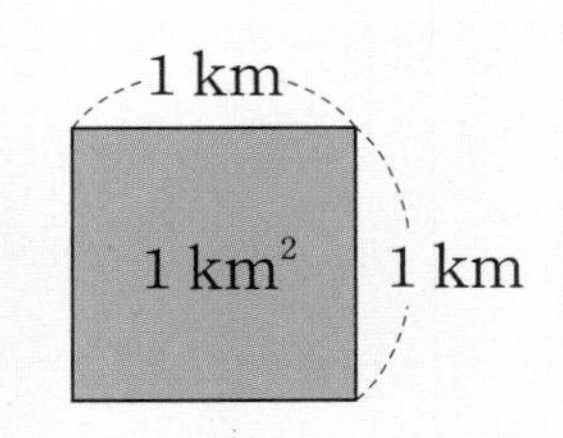

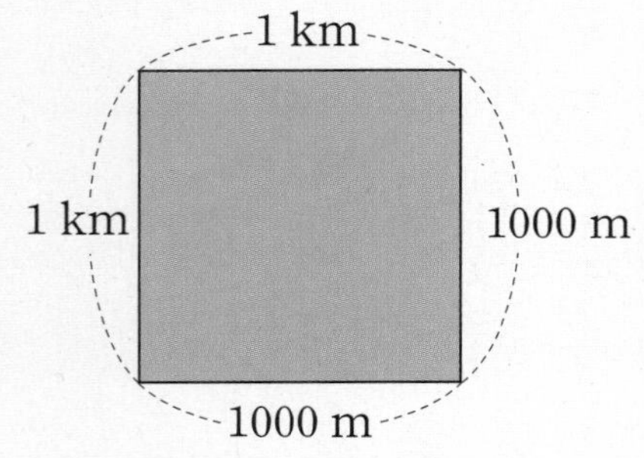

$1\,km = 1000\,m$

$1000 \times 1000 = 1000000$

$1\,km^2 = 1000000\,m^2$

- $1\,km^2$에는 $1\,m^2$가 한 줄에 1000개씩 1000줄 들어갑니다.

● **$1\,cm^2$, $1\,m^2$, $1\,km^2$의 크기 관계**

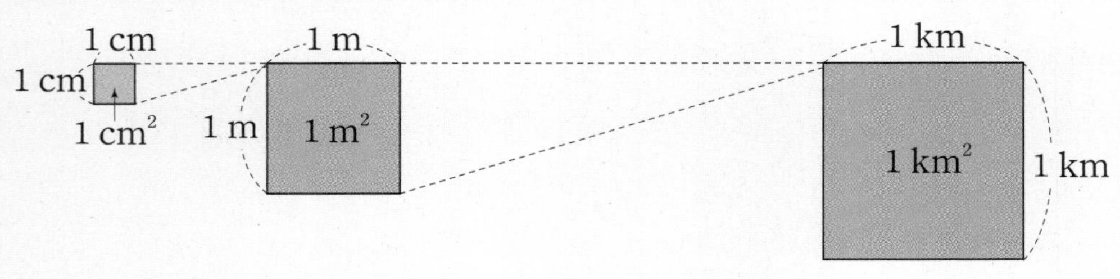

- $1\,cm < 1\,m < 1\,km$ ➜ $1\,cm^2 < 1\,m^2 < 1\,km^2$

1 주어진 넓이를 쓰고 읽어 보세요.

$2\ m^2$

쓰기 $2\ m^2$

읽기 (   )

2 도형을 보고 □ 안에 알맞은 수를 써넣으세요.

(1)

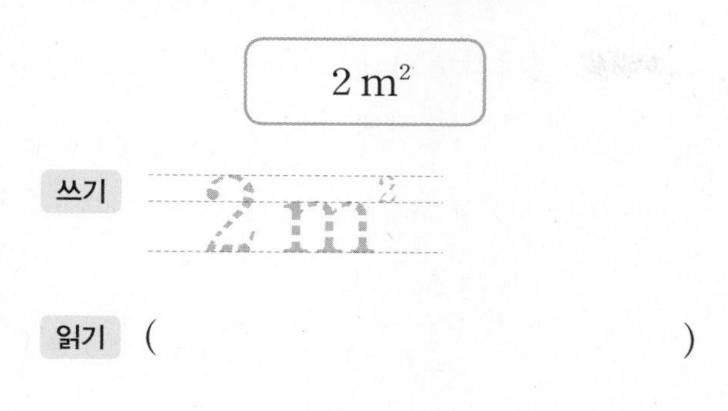

$1\ m^2 = \square\ cm^2$

(2)

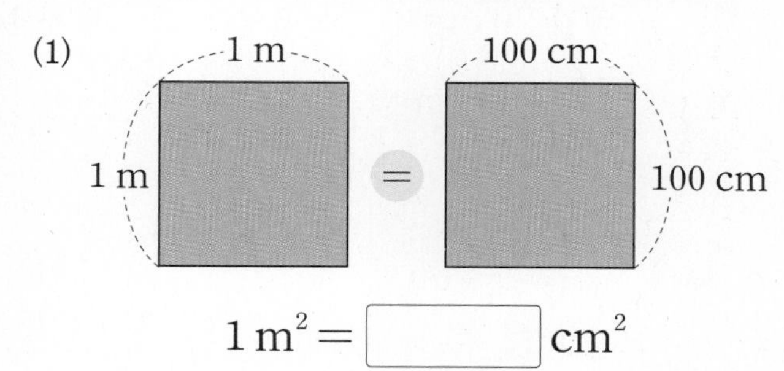

$1\ km^2 = \square\ m^2$

3 □ 안에 알맞은 수를 써넣으세요.

(1) $8\ m^2 = \square\ cm^2$

(2) $7000000\ m^2 = \square\ km^2$

(3) $15\ km^2 = \square\ m^2$

(4) $300000\ cm^2 = \square\ m^2$

4 직사각형 안에 $1\ km^2$가 몇 번 들어가는지 □ 안에 알맞은 수를 써넣으세요.

(1)

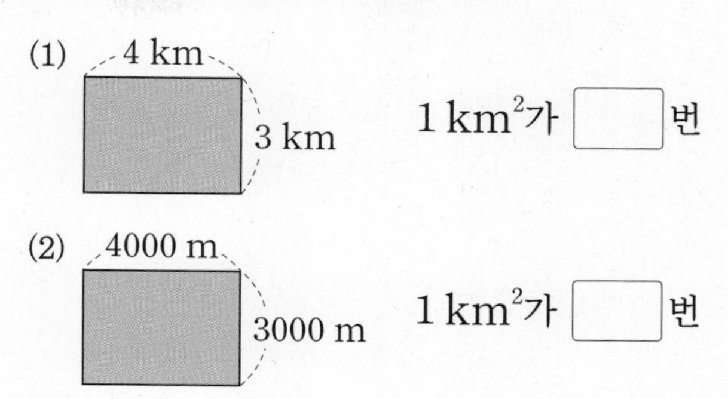

$1\ km^2$가 □번

(2)

4000 m, 3000 m

$1\ km^2$가 □번

5 직사각형의 넓이를 구해 보세요.

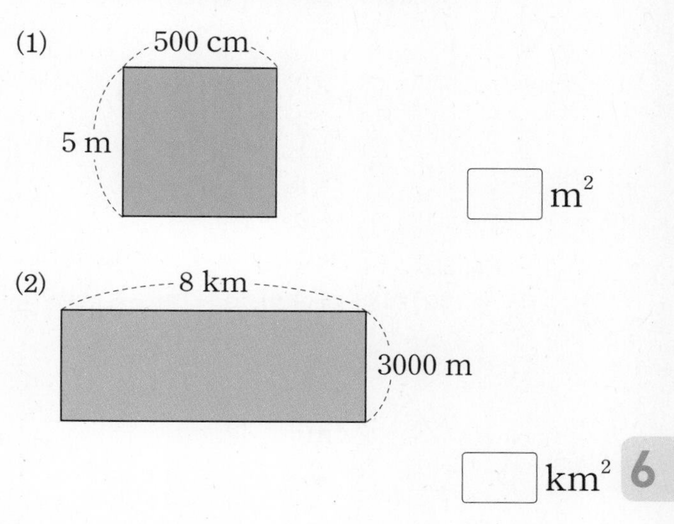

(1) □ m^2

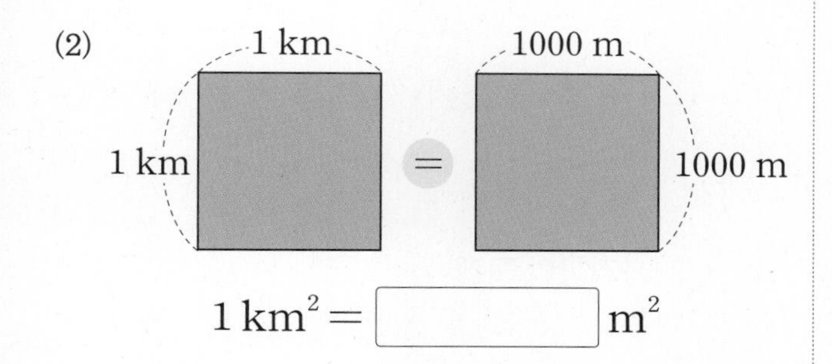

(2) □ km^2

6 넓이를 비교하여 ○ 안에 >, =, <를 알맞게 써넣으세요.

(1) $100000\ m^2$ ○ $10\ cm^2$

(2) $107\ km^2$ ○ $10700000\ m^2$

개념 적용

기본기 다지기

1 정다각형의 둘레

• (정다각형의 둘레) $=$ (한 변의 길이) $\times$ (변의 수)

예 3 cm (정육각형의 둘레)
$= 3 \times 6$
$= 18$ (cm)

1 윤서네 밭은 한 변의 길이가 8 m인 정오각형 모양입니다. 윤서네 밭의 둘레는 몇 m일까요?

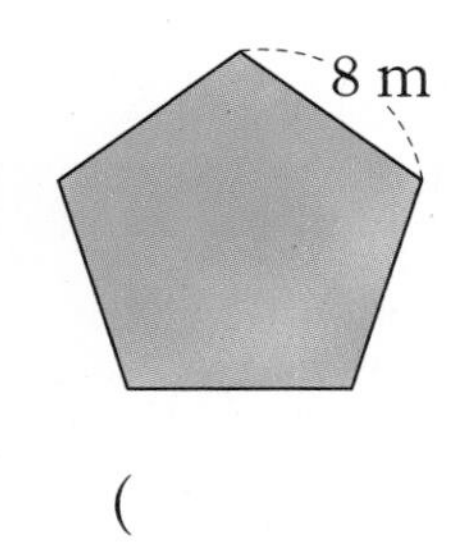

( )

2 두 정다각형의 둘레의 차는 몇 cm일까요?

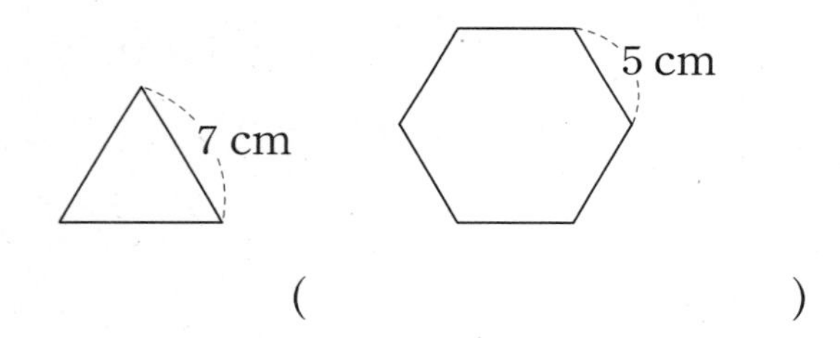

( )

3 둘레가 12 cm인 정사각형 모양의 색종이가 있습니다. 이 색종이의 한 변의 길이는 몇 cm일까요?

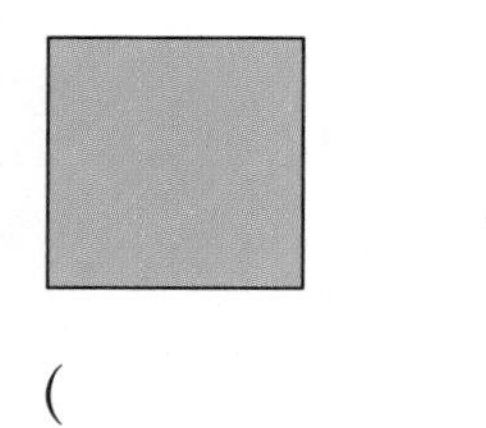

( )

4 두 정다각형의 둘레가 각각 35 cm일 때 한 변의 길이를 구해 보세요.

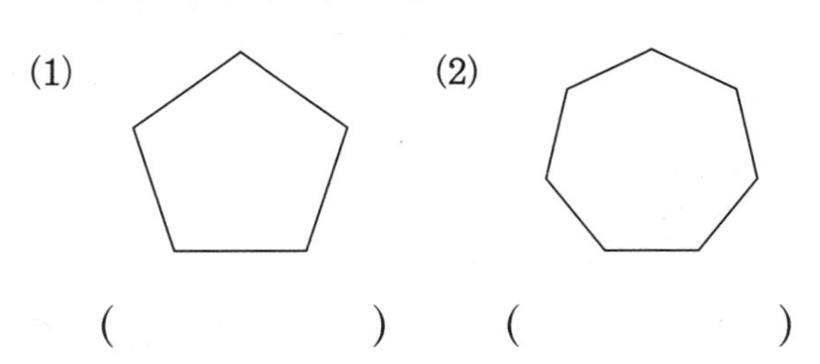

( ) ( )

5 둘레가 20 cm인 정사각형을 그려 보세요.

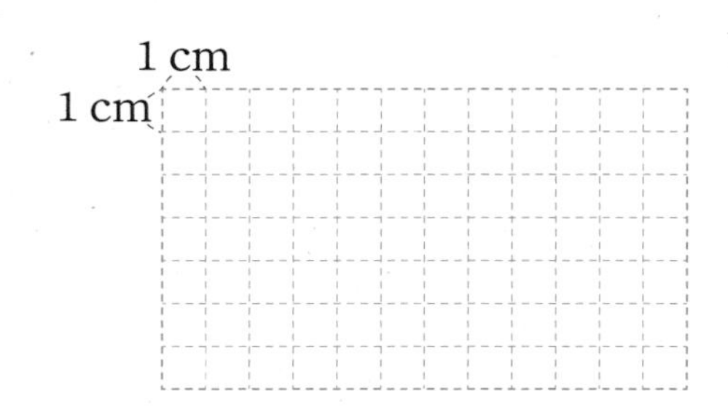

2 사각형의 둘레

• (직사각형의 둘레) $= ((\text{가로}) + (\text{세로})) \times 2$

• (마름모의 둘레) $=$ (한 변의 길이) $\times 4$

예

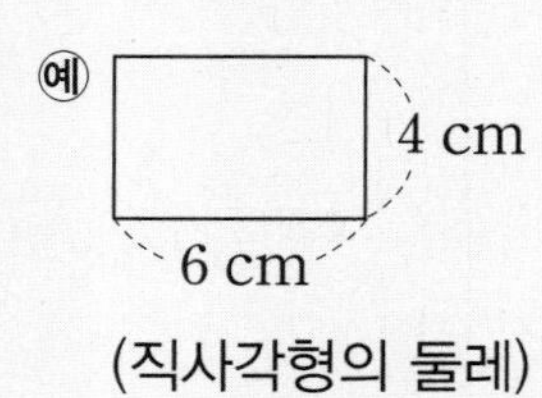

(직사각형의 둘레)
$= (6 + 4) \times 2$
$= 20$ (cm)

예 5 cm

(마름모의 둘레)
$= 5 \times 4$
$= 20$ (cm)

6 가로가 4 cm, 세로가 7 cm인 직사각형이 있습니다. 이 직사각형의 둘레는 몇 cm일까요?

( )

7 평행사변형과 마름모 중 둘레가 더 긴 것을 써 보세요.

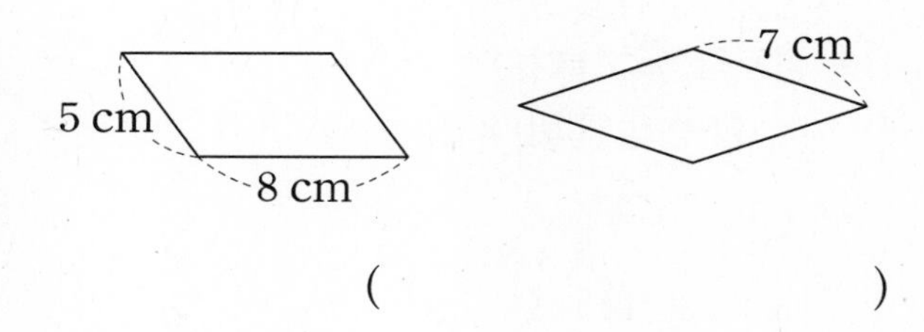

(　　　　　　　　　　)

8 직사각형과 정사각형의 둘레의 합을 구해 보세요.

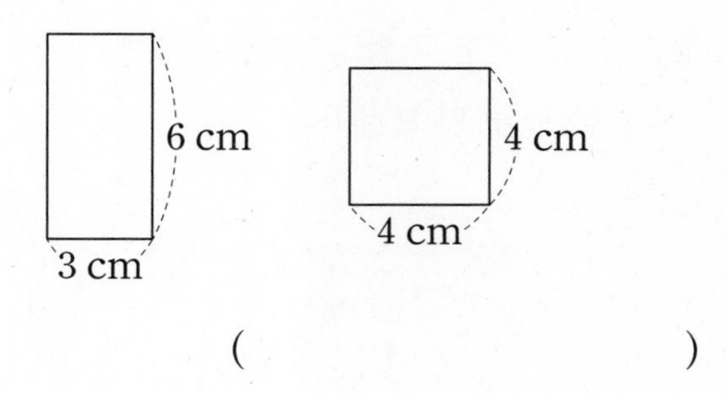

(　　　　　　　　　　)

서술형

9 둘레가 34 cm인 직사각형입니다. 이 직사각형의 가로는 몇 cm인지 풀이 과정을 쓰고 답을 구해 보세요.

7 cm

풀이 ....

답 ....

10 다음 직사각형과 둘레가 같은 마름모가 있습니다. 마름모의 한 변의 길이는 몇 cm일까요?

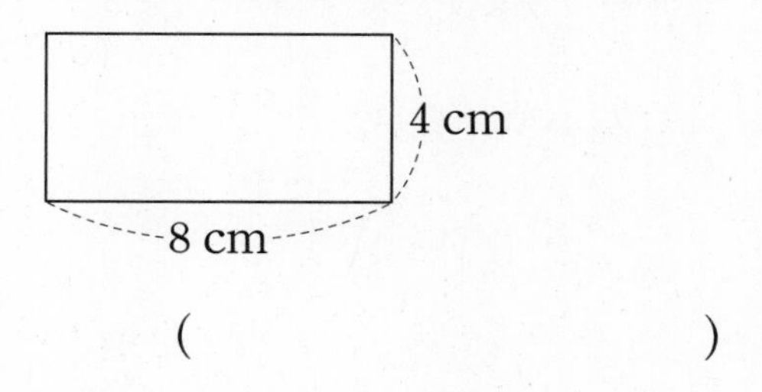

(　　　　　　　　　　)

11 주어진 선분을 한 변으로 하고, 둘레가 각각 10 cm인 직사각형 2개를 완성해 보세요.

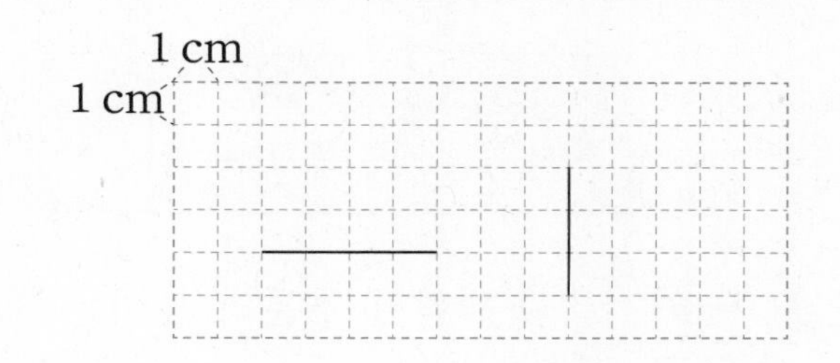

3 $1\ cm^2$

• $1\ cm^2$(1 제곱센티미터)
: 한 변의 길이가 1 cm인 정사각형의 넓이

1 cm
1 cm $1\ cm^2$　　$1\ cm^2$

12 도형 ㉠과 넓이가 다른 도형을 모두 찾아 기호를 써 보세요.

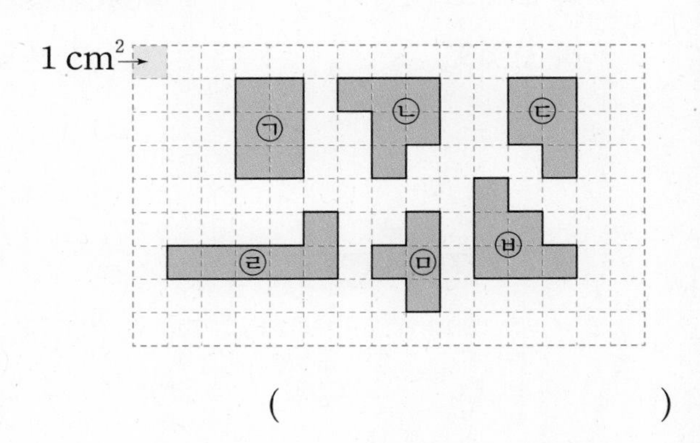

(　　　　　　　　　　)

13 넓이가 $9\,cm^2$인 도형을 2개 그려 보세요.

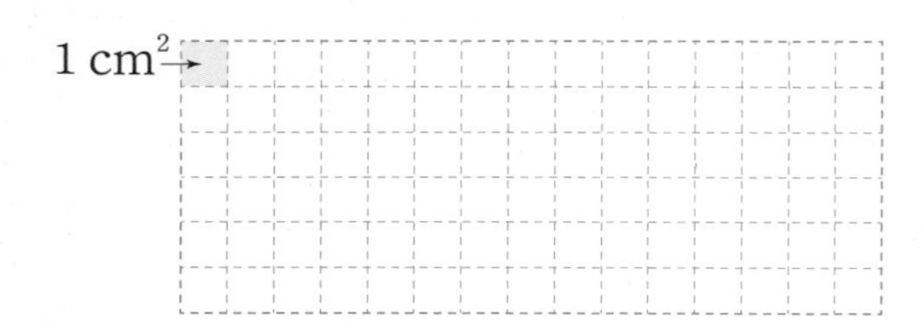

[14~15] 조각 맞추기 놀이를 하고 있습니다. 물음에 답하세요.

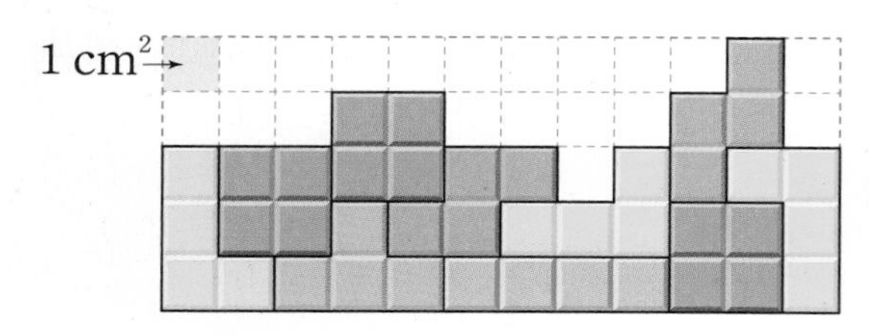

14 (ㄴ 모양 조각)로 채워진 부분의 넓이는 모두 몇 cm^2일까요?

( )

15 모양 조각이 차지하는 부분의 넓이는 몇 cm^2일까요?

( )

16 넓이를 $2\,cm^2$씩 늘려가며 도형을 규칙에 따라 그리고 있습니다. 빈칸에 알맞은 도형을 그려 보세요.

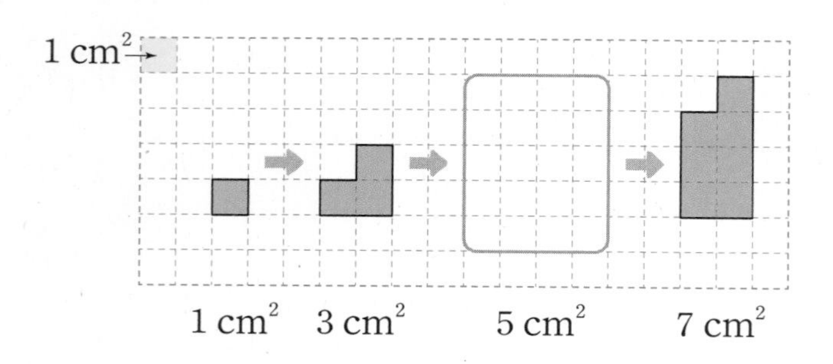

4 직사각형의 넓이

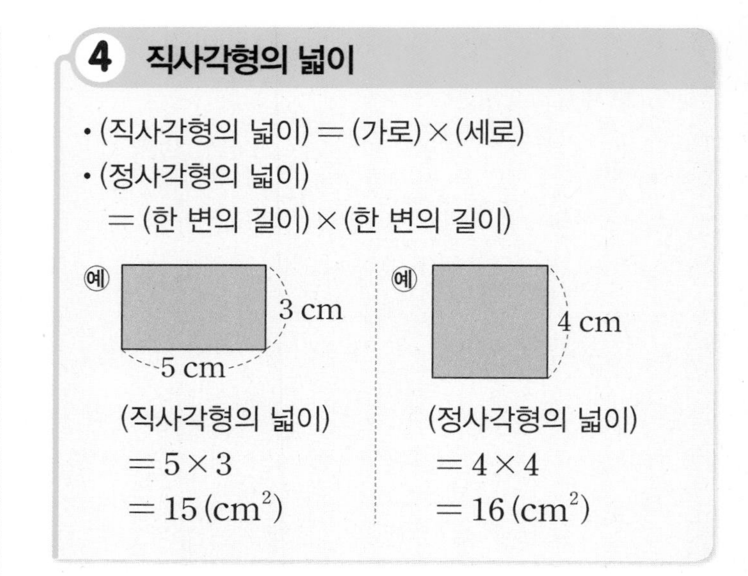

17 직사각형 가와 나 중에서 넓이가 더 넓은 것의 기호를 써 보세요.

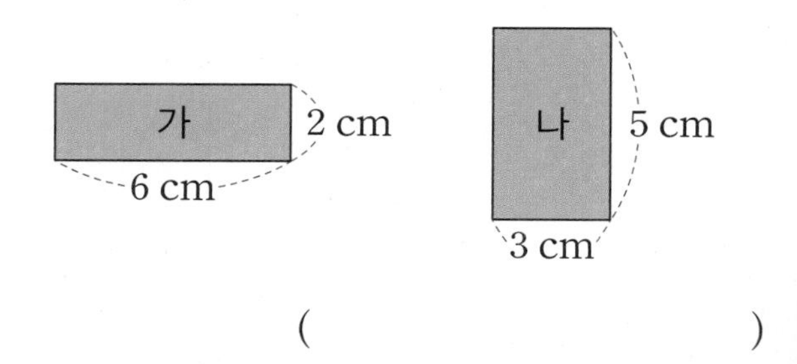

( )

서술형

18 정사각형 모양인 두 물건의 넓이의 차는 몇 cm^2인지 풀이 과정을 쓰고 답을 구해 보세요.

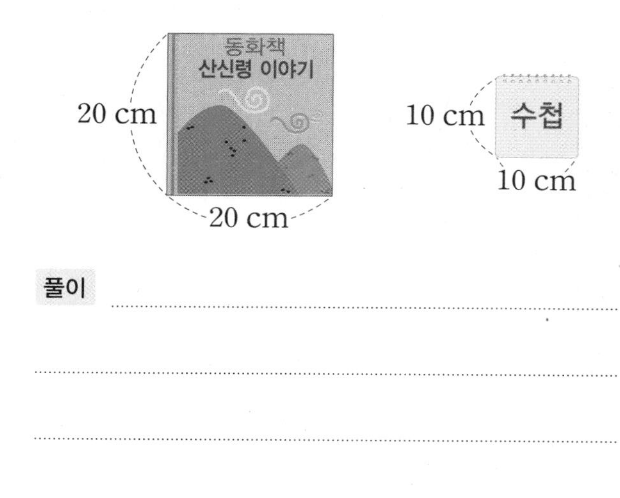

풀이

답

[19~21] 직사각형을 보고 물음에 답하세요.

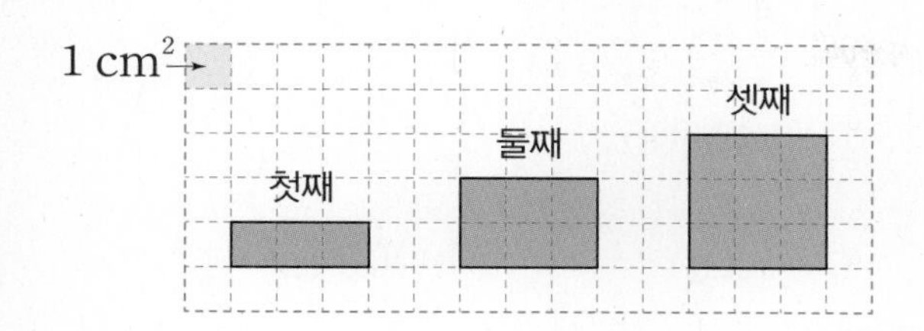

19 직사각형의 넓이가 얼마인지 표를 완성해 보세요.

직사각형	첫째	둘째	셋째
가로(cm)	3		
세로(cm)	1		
넓이(cm^2)			

20 옳은 문장에는 ○표, 틀린 문장에는 ×표 하세요.

(1) 직사각형의 가로는 모두 같고 세로만 변합니다. (　　)

(2) 세로가 1 cm만큼 커지면 넓이는 2 cm^2만큼 커집니다. (　　)

21 다섯째 직사각형의 넓이는 몇 cm^2일까요?

(　　　　　　)

22 오른쪽 직사각형의 넓이는 24 cm^2입니다. 이 직사각형의 세로는 몇 cm일까요?

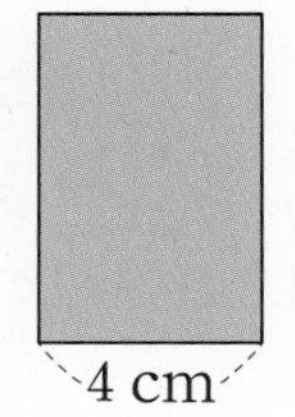

(　　　　　　)

23 정사각형의 넓이는 25 cm^2입니다. □ 안에 알맞은 수를 써넣으세요.

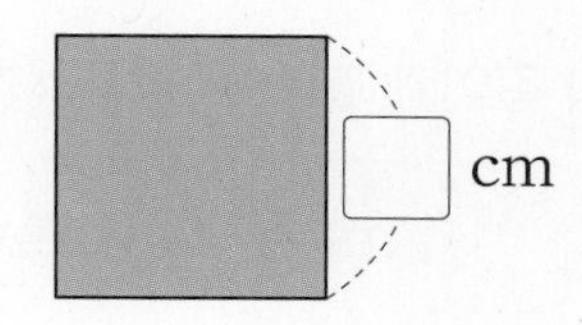

서술형

24 길이가 32 cm인 철사를 사용하여 가장 큰 정사각형을 만들었습니다. 정사각형의 넓이는 몇 cm^2인지 풀이 과정을 쓰고 답을 구해 보세요.

풀이 ……………………………………

……………………………………

……………………………………

답 ……………………

25 정사각형과 직사각형의 넓이가 같을 때, 직사각형의 가로는 몇 cm일까요?

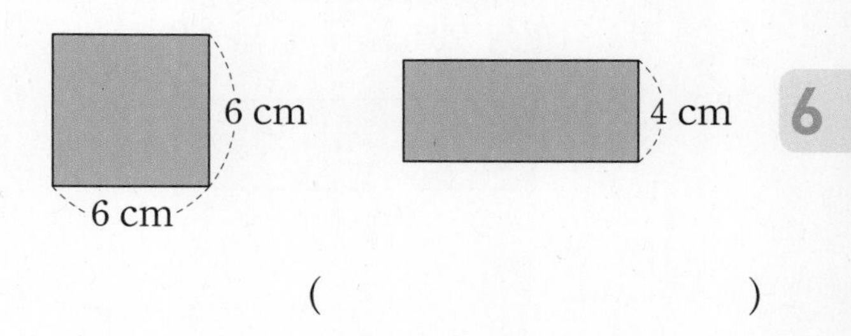

(　　　　　　)

26 다음 정사각형의 한 변의 길이를 2배씩 늘이면 넓이는 몇 배가 될까요?

2 cm

(　　　　　　)

5 $1\,m^2$와 $1\,km^2$

• $1\,m^2$(1 제곱미터)

: 한 변의 길이가 1 m인 정사각형의 넓이

$$1\,m^2 = 10000\,cm^2$$

• $1\,km^2$(1 제곱킬로미터)

: 한 변의 길이가 1 km인 정사각형의 넓이

$$1\,km^2 = 1000000\,m^2$$

27 마을의 넓이를 m^2와 km^2로 나타내어 보세요.

마을	넓이(m^2)	넓이(km^2)
가	2000000	
나		5
다	10000000	
라		37

28 직사각형의 넓이를 구해 보세요.

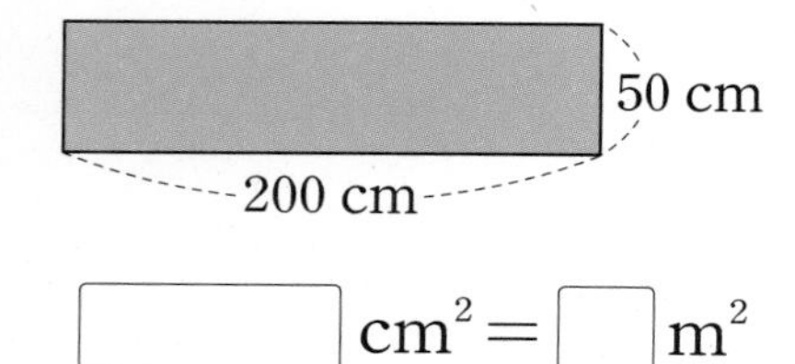

$\square\ cm^2 = \square\ m^2$

29 정사각형의 넓이를 구해 보세요.

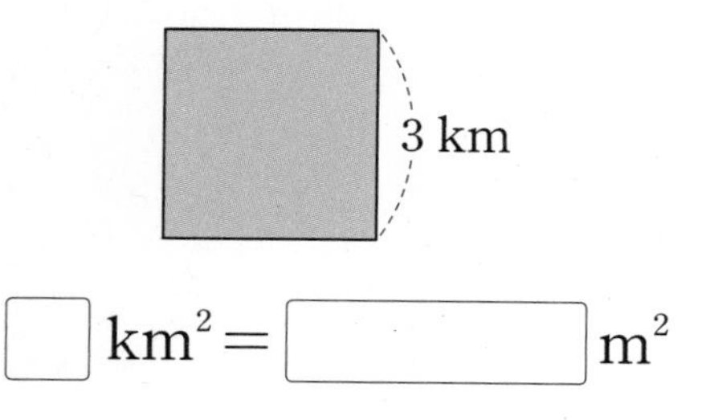

$\square\ km^2 = \square\ m^2$

30 넓이를 비교하여 ○ 안에 ＞, ＝, ＜를 알맞게 써넣으세요.

(1) $140000\,cm^2$ ○ $4\,m^2$

(2) $6\,km^2$ ○ $600000\,m^2$

31 보기 에서 알맞은 단위를 골라 □ 안에 써넣으세요.

보기

cm^2　　m^2　　km^2

(1) 공책의 넓이는 500 □입니다.

(2) 부산광역시 땅의 넓이는 770 □입니다.

(3) 운동장의 넓이는 6000 □입니다.

서술형

32 어느 공원은 가로가 5000 m, 세로가 600 m인 직사각형 모양입니다. 이 공원의 넓이는 몇 km^2인지 풀이 과정을 쓰고 답을 구해 보세요.

풀이 ....

....

....

답 ....

33 가로가 80 cm, 세로가 50 cm인 널빤지를 10개씩 2줄로 이어 붙였다면 전체 넓이는 몇 m^2일까요?

80 cm

50 cm

(　　　　　　　　)

6 직각으로 이루어진 도형의 둘레

직사각형의 둘레를 이용하여 도형의 둘레를 구합니다.

예 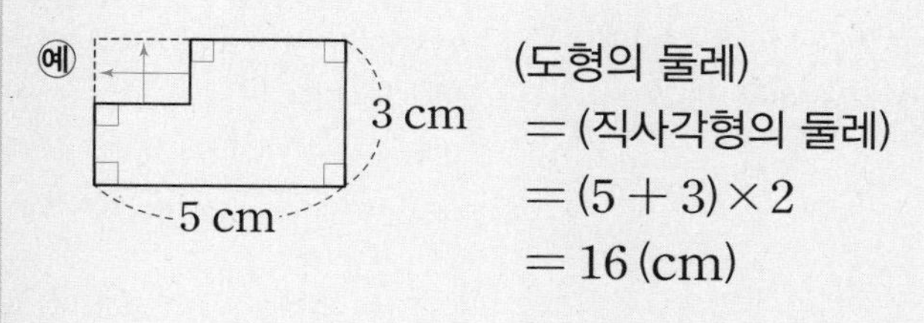

(도형의 둘레)
$=$(직사각형의 둘레)
$=(5+3)\times 2$
$=16$(cm)

34 도형의 둘레는 몇 cm일까요?

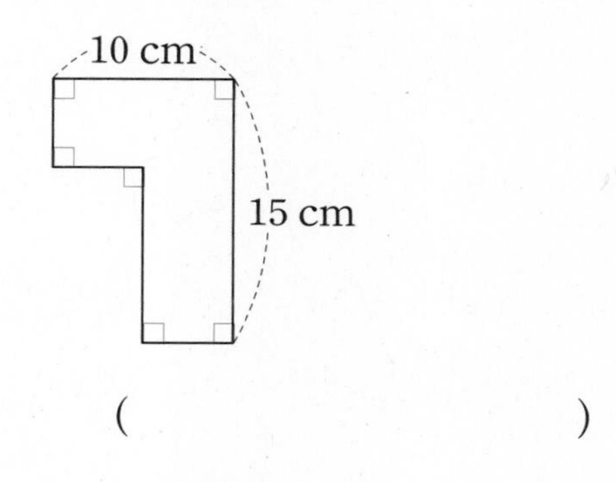

(　　　　　　　　　　)

35 정사각형과 직사각형을 붙여서 만든 도형입니다. 이 도형의 둘레는 몇 cm일까요?

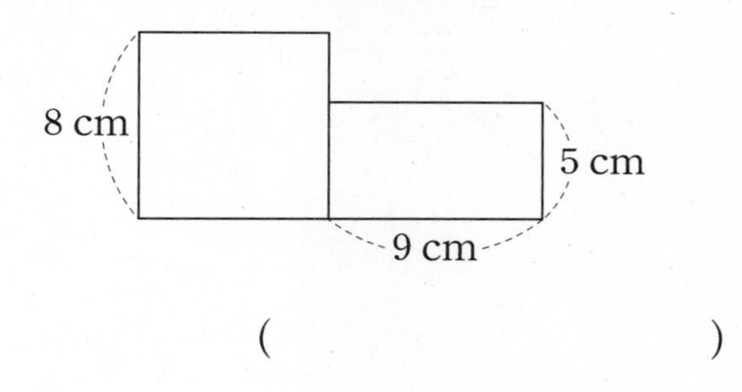

(　　　　　　　　　　)

36 도형의 둘레는 몇 cm일까요?

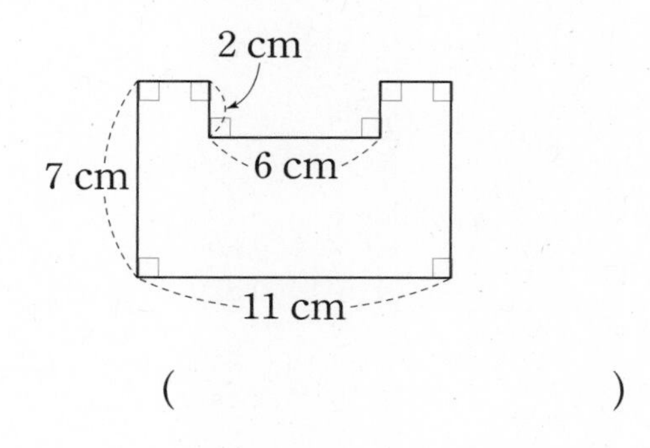

(　　　　　　　　　　)

7 직각으로 이루어진 도형의 넓이

직사각형 또는 정사각형으로 나누어 넓이를 구하거나 전체에서 부분을 빼서 넓이를 구합니다.

예 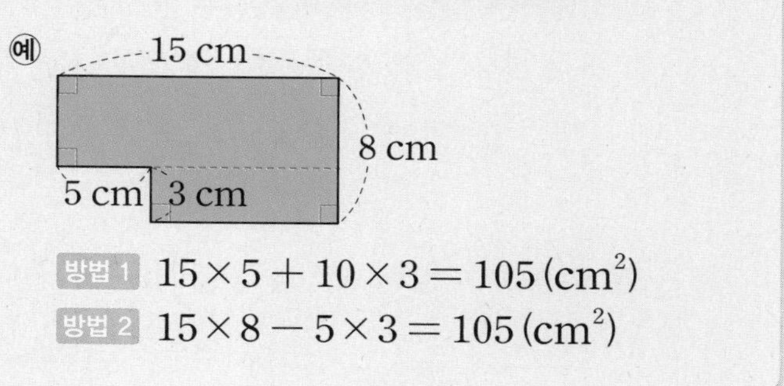

방법 1 $15\times 5+10\times 3=105\,(\text{cm}^2)$
방법 2 $15\times 8-5\times 3=105\,(\text{cm}^2)$

[37~38] 색칠한 부분의 넓이를 구해 보세요.

37

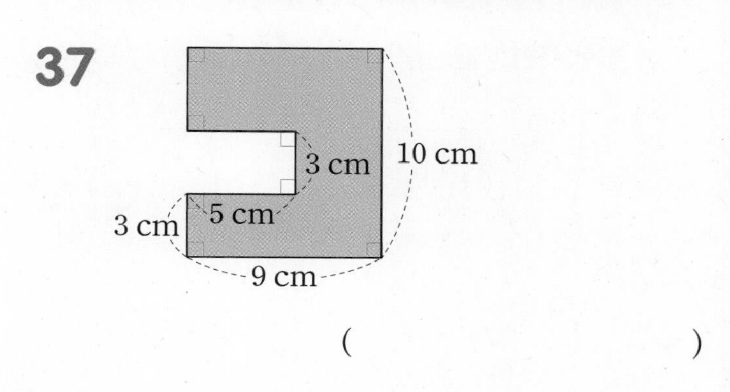

(　　　　　　　　　　)

38

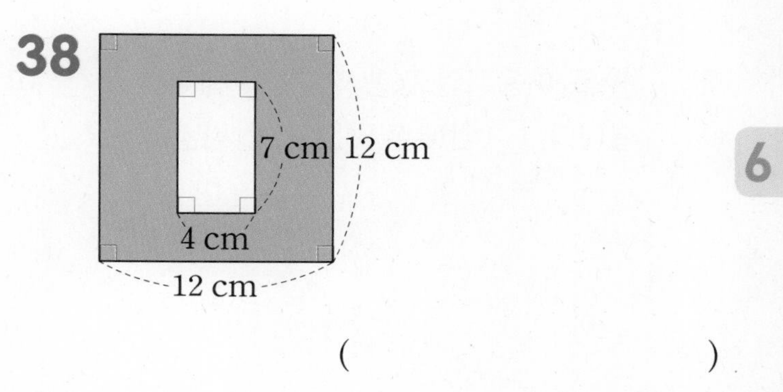

(　　　　　　　　　　)

39 색칠한 부분의 넓이는 몇 m^2일까요?

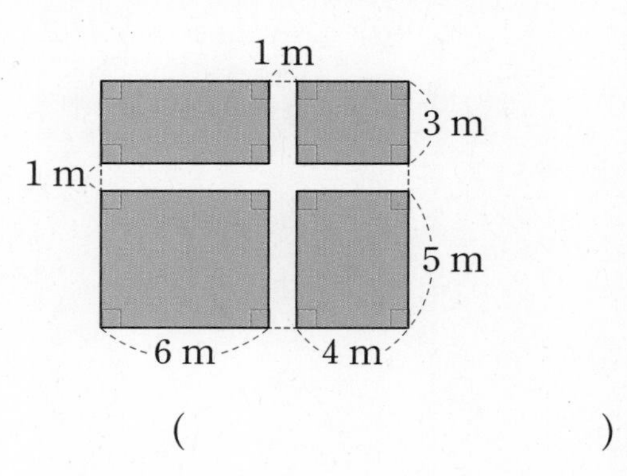

(　　　　　　　　　　)

5 평행사변형의 넓이를 구해 볼까요

● **평행사변형의 구성 요소**

- 밑변: 평행사변형에서 평행한 두 변
- 높이: 평행사변형에서 두 밑변 사이의 거리

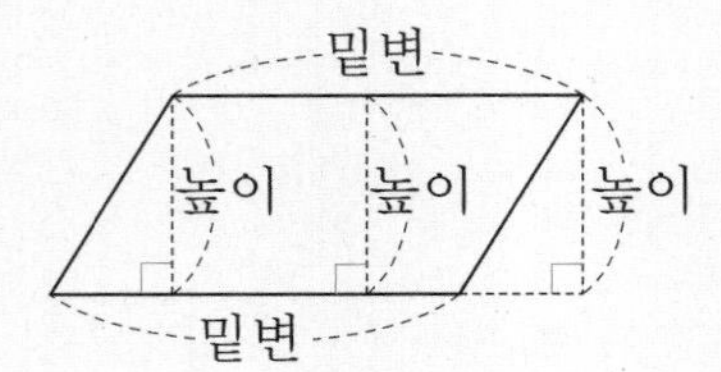

- 평행사변형에서 밑변과 높이

밑변: 고정된 변이 아닌 기준이 되는 변
높이: 밑변에 따라 정해지고 다양하게 표시할 수 있음

● **1 cm²를 이용하여 평행사변형의 넓이 구하기** — $1\ cm^2$를 하나씩 세어 보면 번거롭고 시간이 오래 걸립니다.

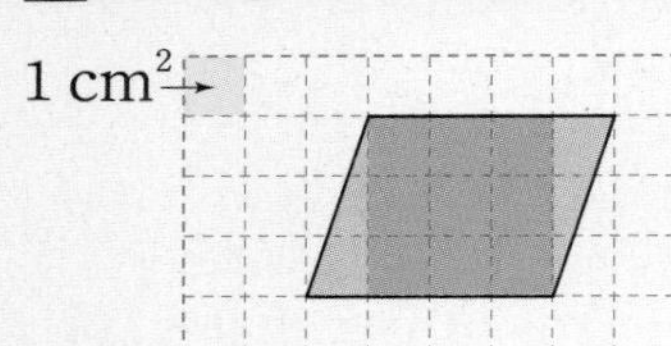

삼각형 ◺ 모양 2개를 합하면 1 cm² 3개의 넓이와 같습니다.

(평행사변형의 넓이) $= 9+3 = 12\ (cm^2)$

- 평행사변형은 밑변의 길이와 높이가 각각 같으면 모양이 달라도 넓이가 같습니다.

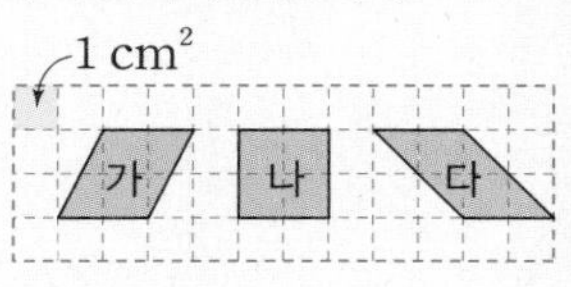

(가의 넓이)
= (나의 넓이)
= (다의 넓이)
$= 2 \times 2 = 4\ (cm^2)$

● **평행사변형을 잘라 넓이 구하기**

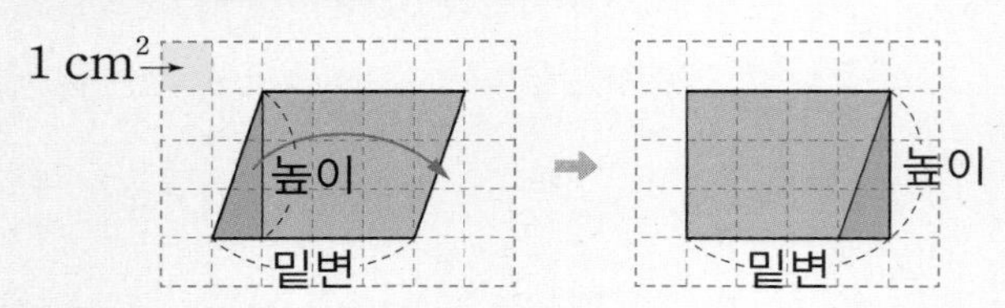

(평행사변형의 넓이)
= (직사각형의 넓이)
= (가로) × (세로)
= (밑변의 길이) × (높이)

1 1 cm²를 이용하여 평행사변형의 넓이를 구하려고 합니다. □ 안에 알맞은 수를 써넣으세요.

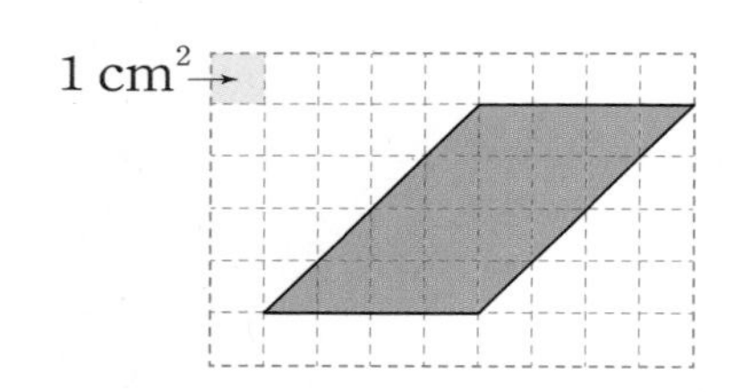

(1) 삼각형 ◿ 모양 2개를 합하면 1 cm² □개의 넓이와 같으므로 연두색으로 색칠한 부분의 넓이는 □ cm^2입니다.

(2) (평행사변형의 넓이)
$= \square + \square = \square\ (cm^2)$

2 평행사변형을 잘라서 넓이를 구하려고 합니다. 물음에 답하세요.

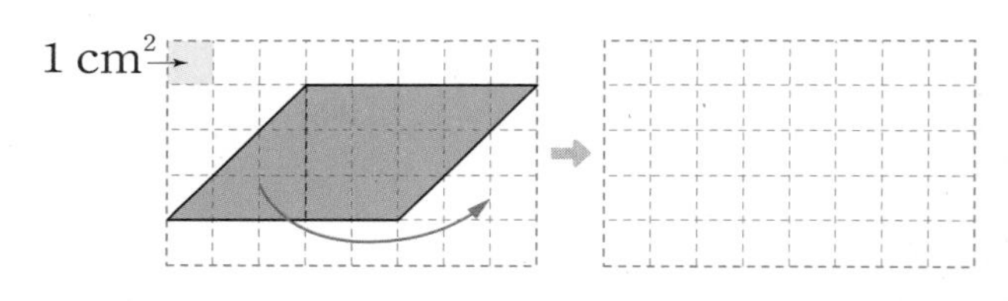

(1) 평행사변형을 점선을 따라 잘라서 직사각형으로 만들어 보세요.

(2) (1)에서 만든 도형의 넓이는
$\square \times \square = \square\ (cm^2)$입니다.

(3) (평행사변형의 넓이)
= (밑변의 길이) × (높이)
$= \square \times \square = \square\ (cm^2)$

3 평행사변형의 높이를 표시해 보세요.

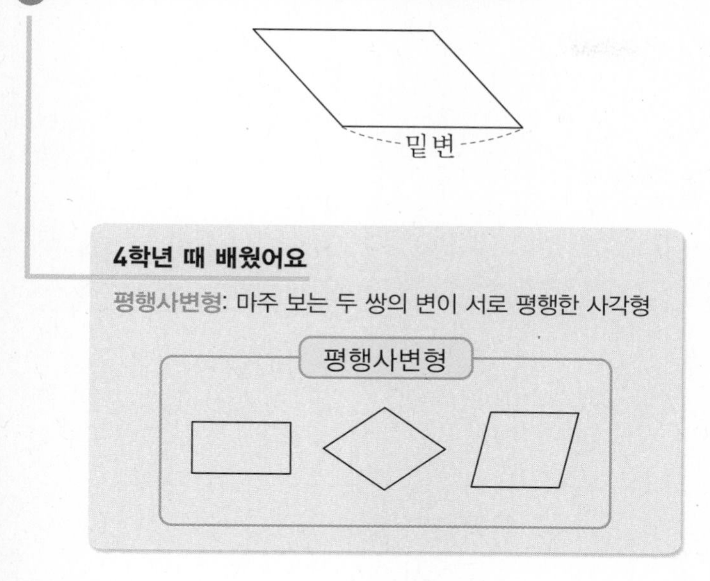

4 1 cm²를 이용하여 가와 나의 넓이를 각각 구해 보세요.

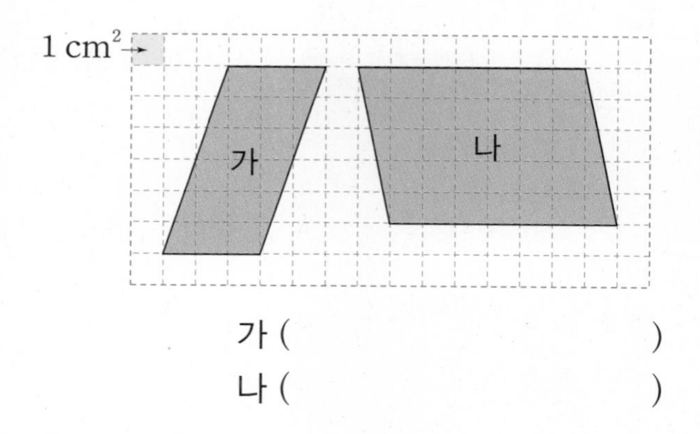

가 (   )

나 (   )

5 평행사변형의 넓이를 구해 보세요.

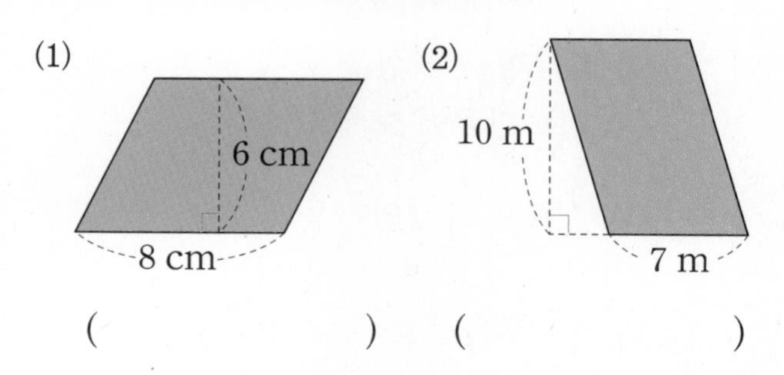

(   )   (   )

6 밑변의 길이가 4 cm인 평행사변형에서 높이에 따른 넓이의 변화를 알아보려고 합니다. 물음에 답하세요.

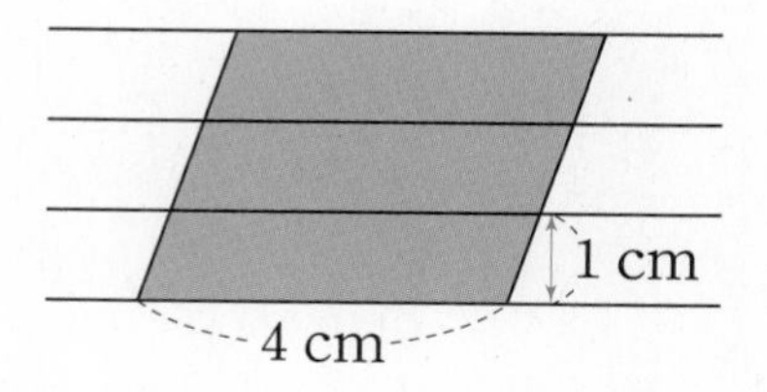

(1) 표의 빈칸에 알맞은 수를 써넣으세요.

높이(cm)	넓이(cm^2)
1	
2	
3	

(2) 높이가 6 cm일 때 평행사변형의 넓이를 구해 보세요.

(   )

7 넓이가 다른 평행사변형을 찾아 기호를 써 보세요.

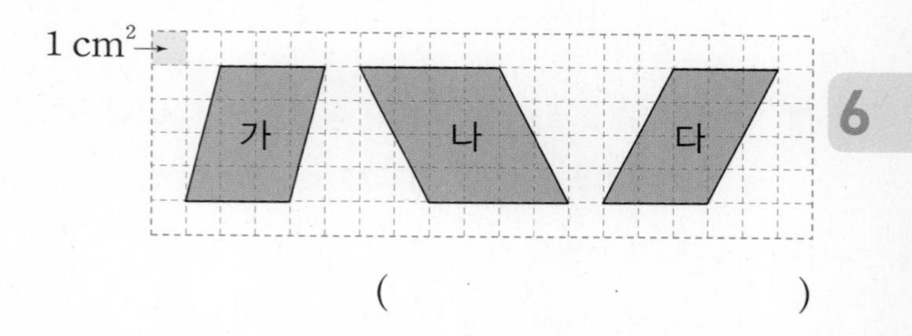

(   )

8 평행사변형에서 □ 안에 알맞은 수를 써넣으세요.

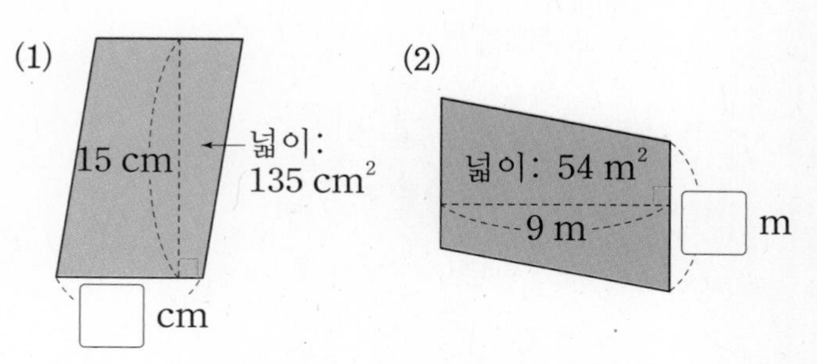

6 삼각형의 넓이를 구해 볼까요

● **삼각형의 구성 요소**

- **밑변**: 삼각형의 어느 한 변 ⋯• 고정된 변이 아닌 기준이 되는 변
- **높이**: 삼각형의 밑변과 마주 보는 꼭짓점에서 밑변에 수직으로 그은 선분의 길이
  └• 밑변에 따라 정해지고 다양하게 표시할 수 있음

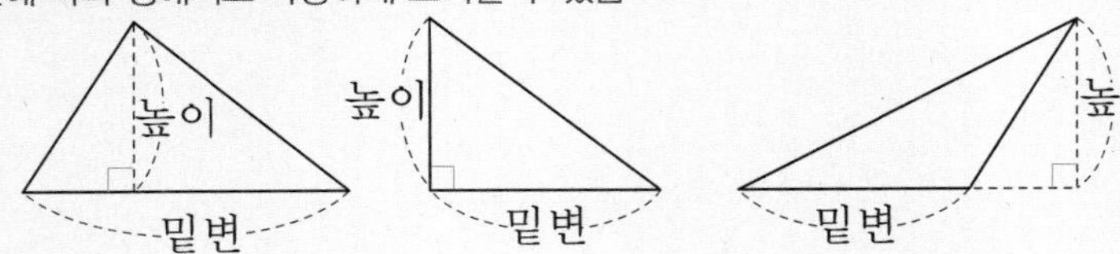

삼각형은 밑변의 길이와 높이가 각각 같으면 모양이 달라도 그 넓이가 같습니다.

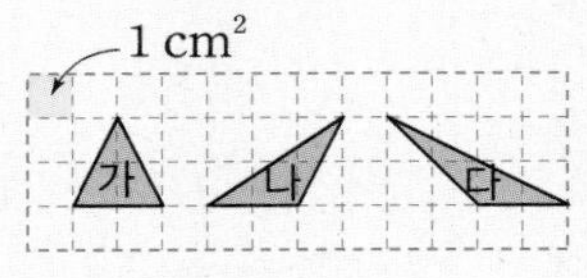

(가의 넓이)
= (나의 넓이) = (다의 넓이)
$= 2 \times 2 \div 2 = 2\,(cm^2)$

● **삼각형 2개를 이용하여 넓이 구하기**

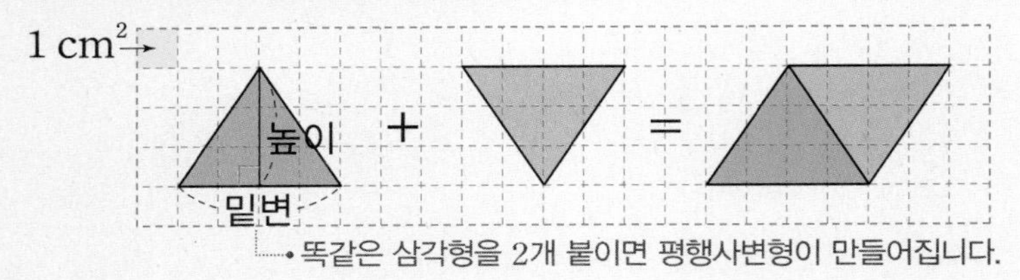

⋯• 똑같은 삼각형을 2개 붙이면 평행사변형이 만들어집니다.

(삼각형의 넓이)
= (평행사변형의 넓이) ÷ 2
= (밑변의 길이) × (높이) ÷ **2**

● **삼각형을 잘라 넓이 구하기**

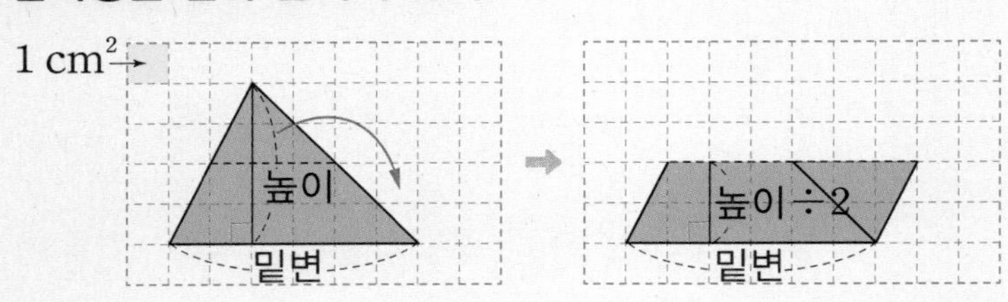

(삼각형의 넓이)
= (만들어진 평행사변형의 넓이)
= (밑변의 길이) × (높이) ÷ **2**

1 삼각형 2개를 이용하여 삼각형의 넓이를 구하려고 합니다. 물음에 답하세요.

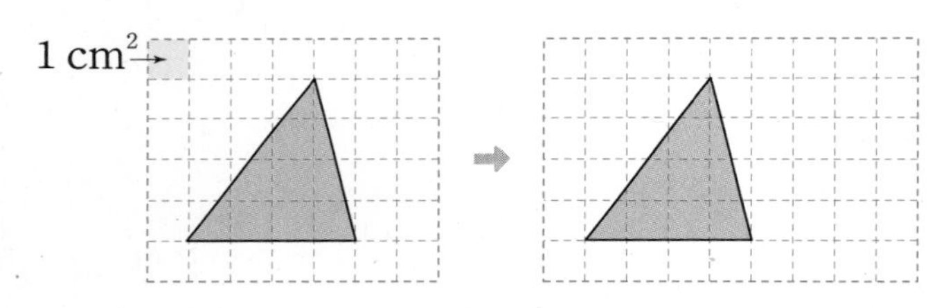

(1) 삼각형 2개를 붙여 평행사변형으로 만들어 보세요.

(2) (삼각형의 넓이)
= (평행사변형의 넓이) ÷ ☐
= (밑변의 길이) × (높이) ÷ ☐

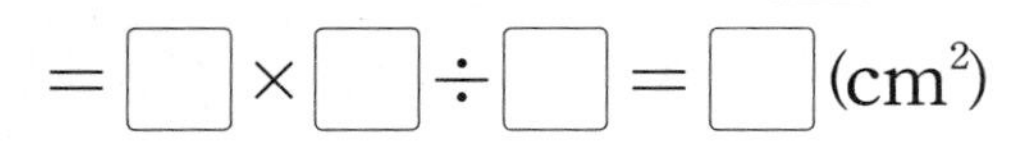

= ☐ × ☐ ÷ ☐ = ☐ (cm^2)

2 삼각형을 잘라서 넓이를 구하려고 합니다. 물음에 답하세요.

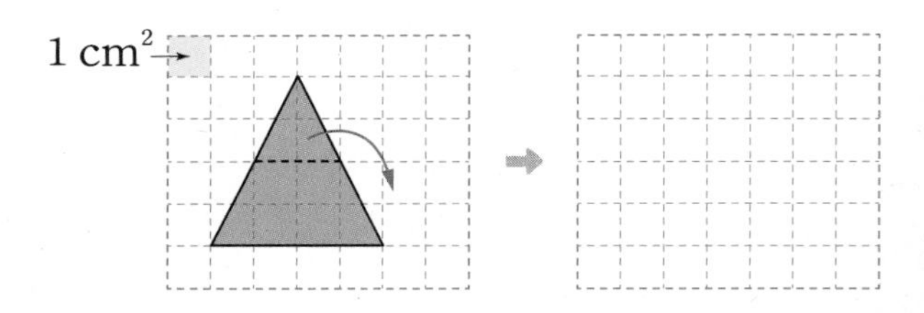

(1) 삼각형을 점선을 따라 잘라서 평행사변형으로 만들어 보세요.

(2) (삼각형의 넓이)
= (만들어진 평행사변형의 넓이)
= (밑변의 길이) × (삼각형의 높이의 반)
= ☐ × ☐ ÷ ☐ = ☐ (cm^2)

3 ☐ 안에 알맞은 말을 써넣으세요.

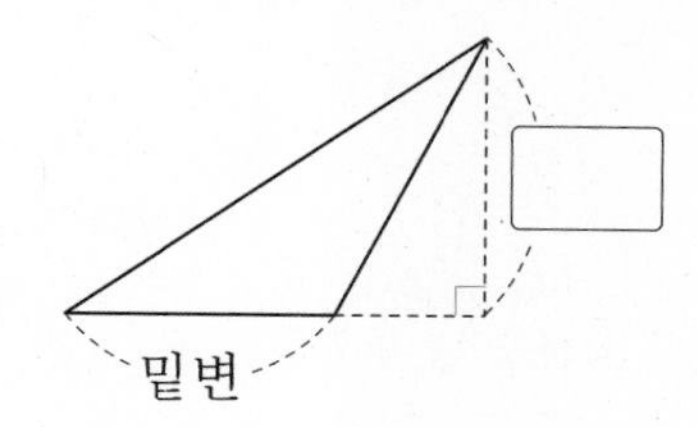

4 삼각형을 보고 ☐ 안에 알맞은 수를 써넣으세요.

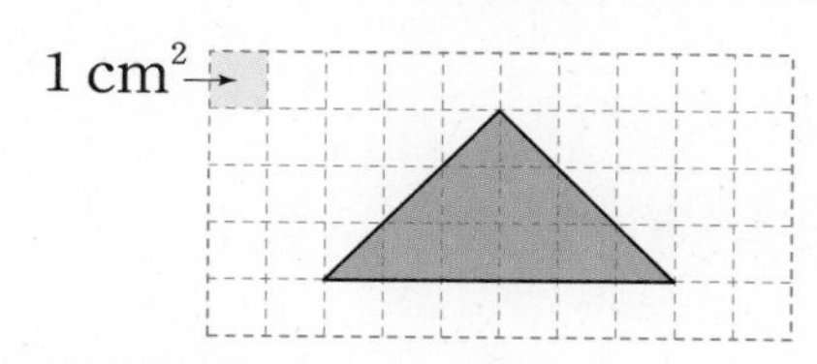

(1) 연두색으로 색칠한 부분의 넓이는 ☐ cm^2입니다.

(2) 보라색으로 색칠한 부분의 넓이는 ☐ cm^2입니다.

(3) 삼각형의 넓이는 ☐ cm^2입니다.

5 삼각형의 넓이를 구하려고 합니다. ☐ 안에 알맞은 수를 써넣으세요.

(1)

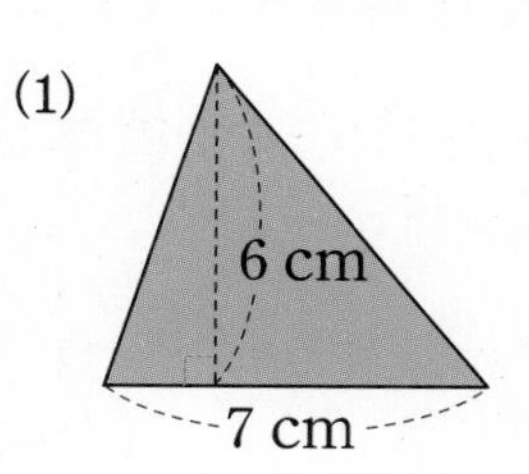

(삼각형의 넓이) $= 7 \times$ ☐ $\div$ ☐

$=$ ☐ (cm^2)

(2)

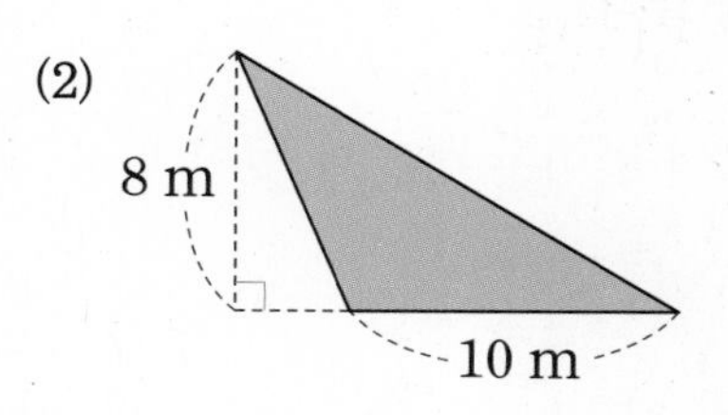

(삼각형의 넓이) $=$ ☐ $\times$ ☐ $\div$ ☐

$=$ ☐ (m^2)

6 높이를 자로 재어 삼각형의 넓이를 구해 보세요.

(1)

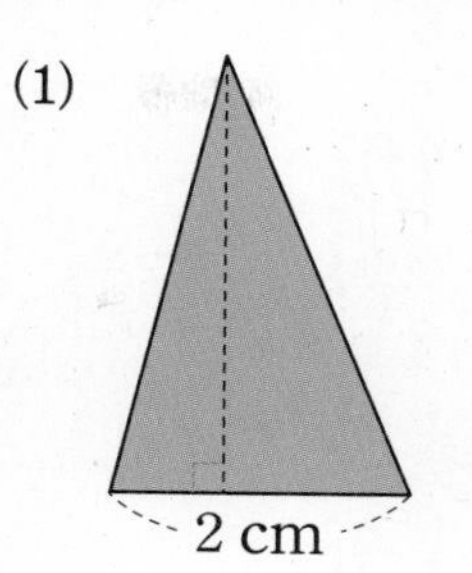

( )

(2)

( )

7 삼각형을 보고 물음에 답하세요.

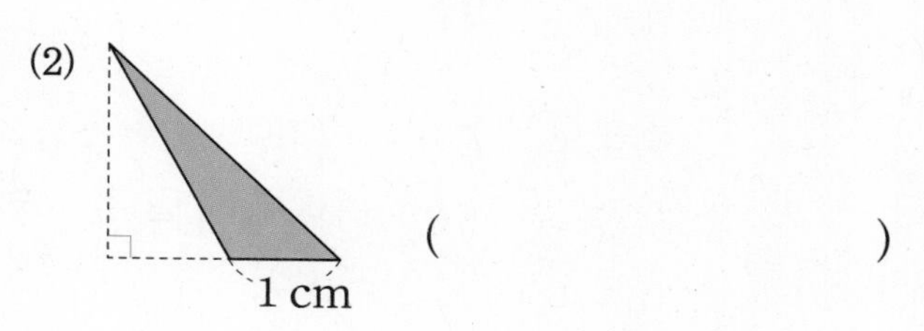

(1) 빈칸에 알맞은 수를 써넣으세요.

삼각형	가	나	다
밑변의 길이(cm)			
높이(cm)			
넓이(cm^2)			

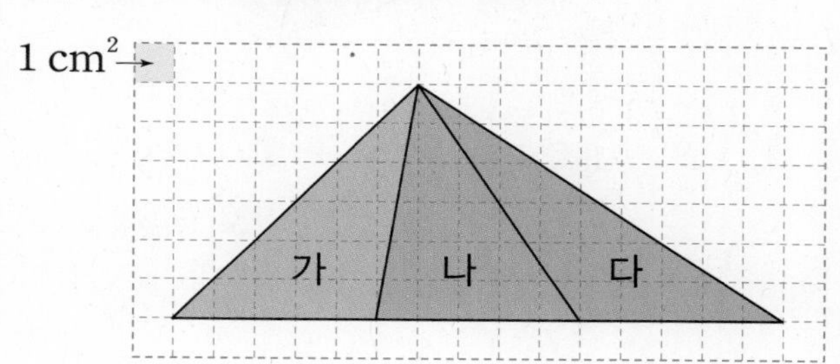

(2) (1)의 결과를 통해 알 수 있는 사실을 ☐ 안에 알맞은 말을 써넣어 완성해 보세요.

삼각형 가, 나, 다의 밑변의 길이와 ☐ 가(이) 각각 같으므로 ☐ 가(이) 모두 같습니다.

7 마름모의 넓이를 구해 볼까요

● **마름모를 잘라 넓이 구하기**

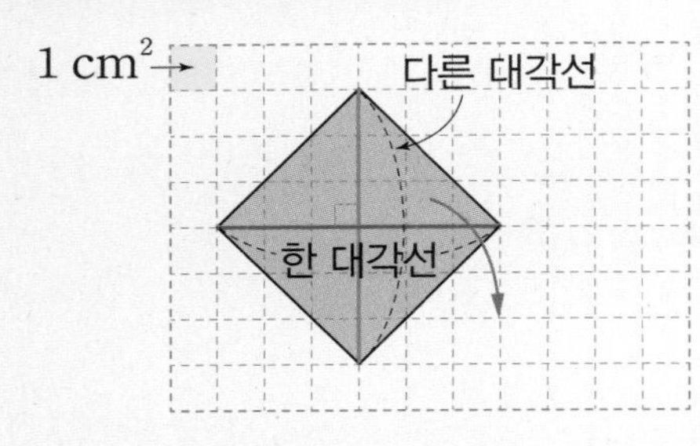

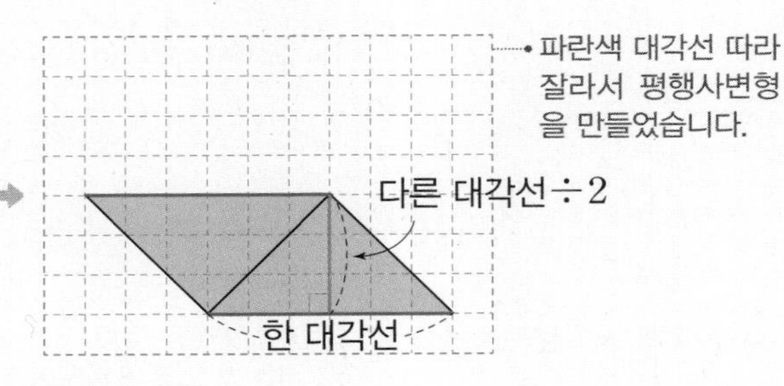

파란색 대각선 따라 잘라서 평행사변형을 만들었습니다.

(마름모의 넓이) = (평행사변형의 넓이)
= (밑변의 길이) × (높이)
= (한 대각선의 길이) × (다른 대각선의 길이) ÷ **2**

● **직사각형을 이용하여 마름모의 넓이 구하기**

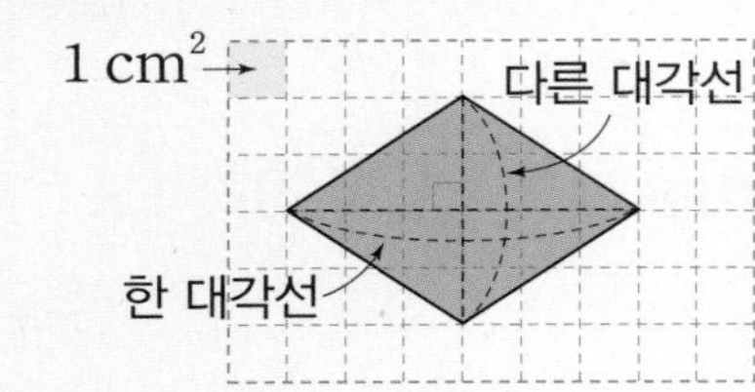

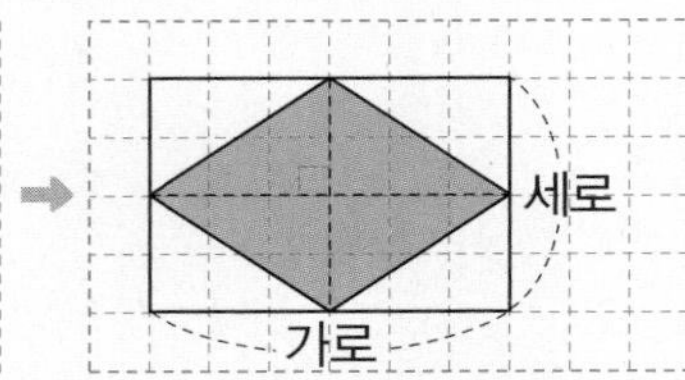

마름모를 둘러싸는 직사각형을 그립니다.

(마름모의 넓이) = (직사각형의 넓이)의 반
= (가로) × (세로) ÷ 2
= (한 대각선의 길이) × (다른 대각선의 길이) ÷ **2**

마름모의 대각선

다른 대각선
한 대각선

마름모의 일부를 옮겨 직사각형으로 만들어 넓이 구하기

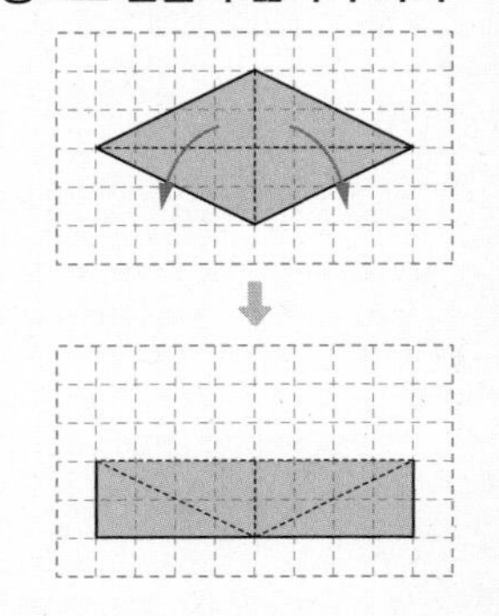

1 마름모를 잘라서 넓이를 구하려고 합니다. 물음에 답하세요.

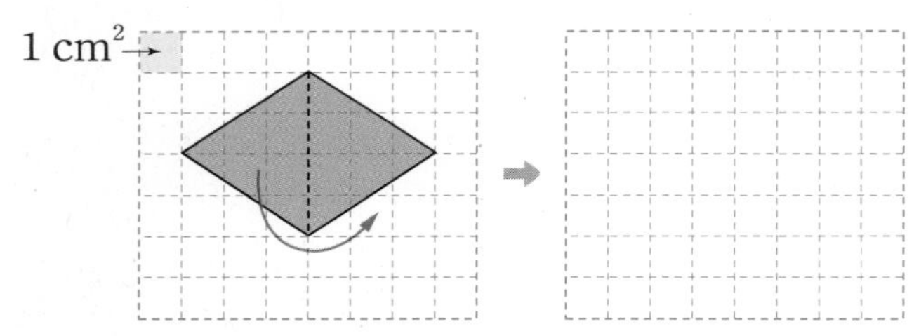

(1) 마름모를 점선을 따라 잘라서 평행사변형으로 만들어 보세요.

(2) (마름모의 넓이)
= (평행사변형의 넓이)
= □ × □ = □ (cm²)

2 직사각형을 이용하여 마름모의 넓이를 구하려고 합니다. 물음에 답하세요.

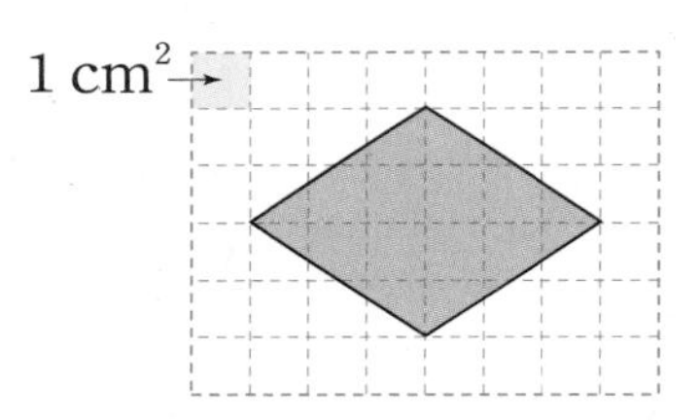

(1) 마름모를 둘러싸는 직사각형을 그려 보세요.

(2) 직사각형의 넓이는 마름모 넓이의 □배입니다.

(3) (마름모의 넓이)
= (직사각형의 넓이) ÷ 2
= □ × □ ÷ □ = □ (cm²)

3 마름모의 대각선을 모두 표시해 보세요.

(1)

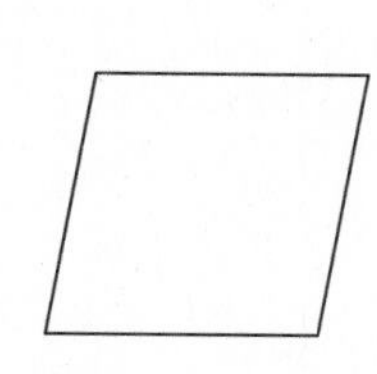

(2)

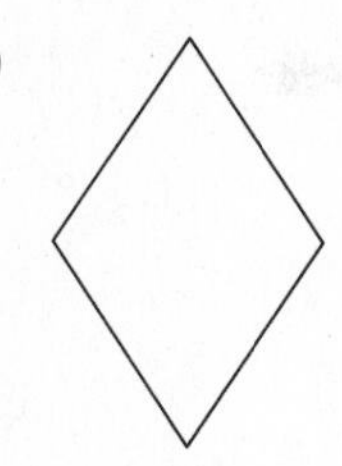

4 마름모의 넓이를 구하려고 합니다. □ 안에 알맞은 수를 써넣으세요.

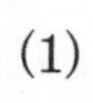

(1)

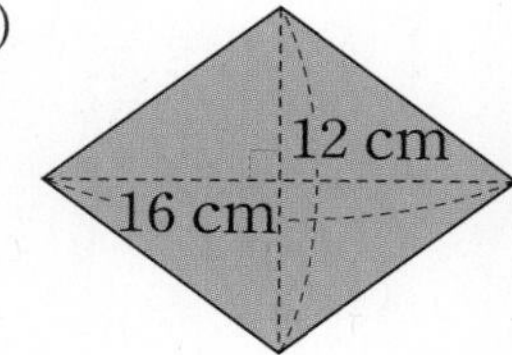

(마름모의 넓이) $= 16 \times \square \div \square$

$= \square \ (\text{cm}^2)$

(2)

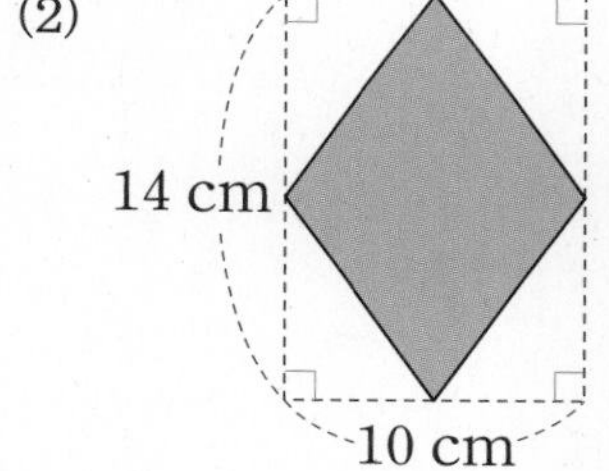

(마름모의 넓이) $= 10 \times \square \div \square$

$= \square \ (\text{cm}^2)$

5 마름모의 넓이를 구해 보세요.

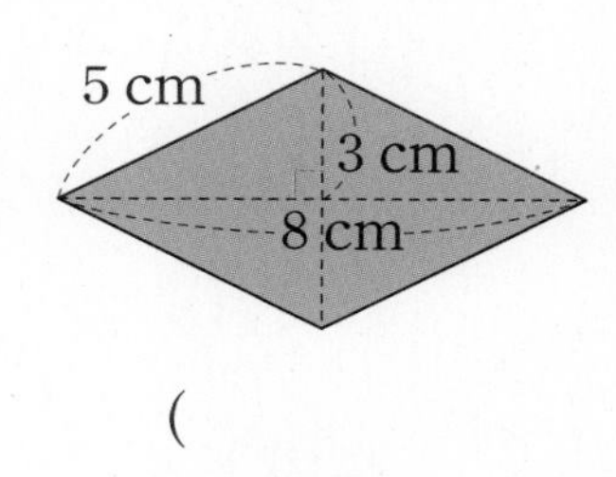

(　　　　　　　　)

6 마름모를 직사각형으로 만들어 보고 넓이를 구해 보세요.

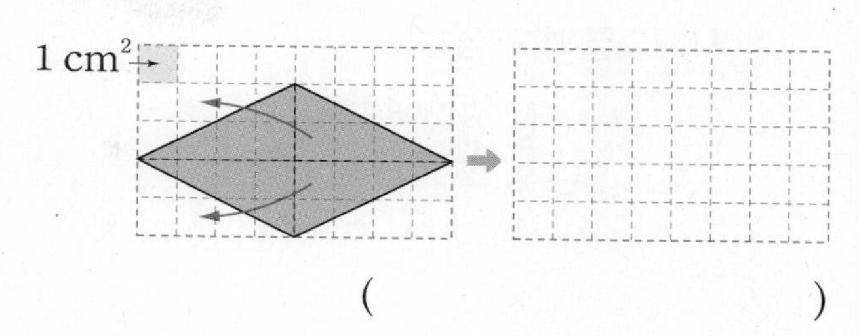

(　　　　　　　　)

7 대각선의 길이를 자로 재어 마름모의 넓이를 구해 보세요.

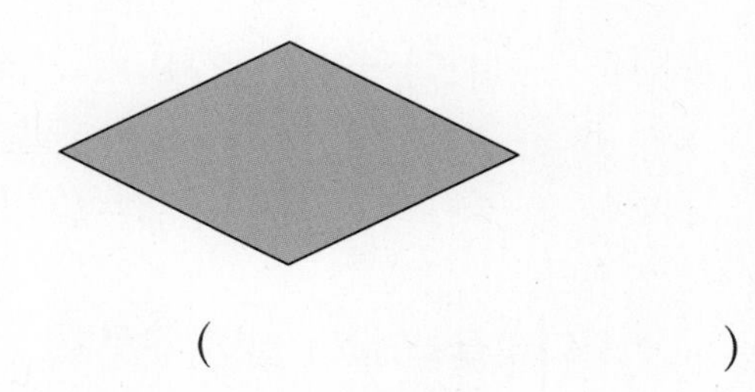

(　　　　　　　　)

8 마름모에서 □ 안에 알맞은 수를 써넣으세요.

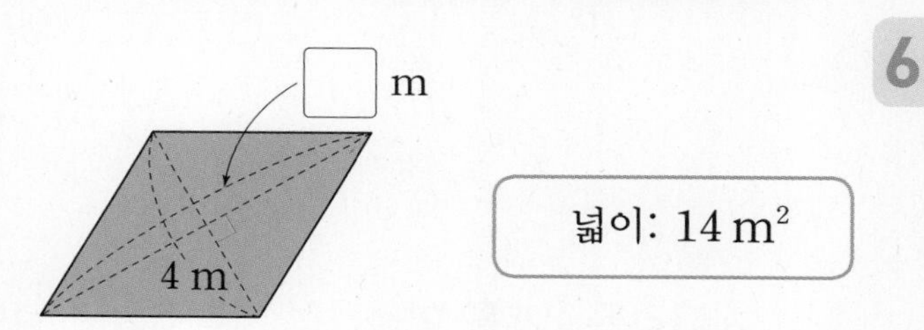

9 두 대각선의 길이가 각각 16 cm, 22 cm인 마름모의 넓이는 몇 cm^2일까요?

(　　　　　　　　)

8 사다리꼴의 넓이를 구해 볼까요

● 사다리꼴의 구성 요소

- 밑변: 사다리꼴에서 평행한 두 변
  (한 밑변 → 윗변, 다른 밑변 → 아랫변)
- 높이: 사다리꼴에서 두 밑변 사이의 거리

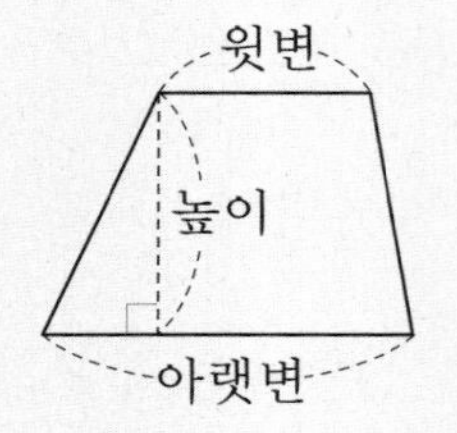

● 사다리꼴 2개를 이용하여 넓이 구하기

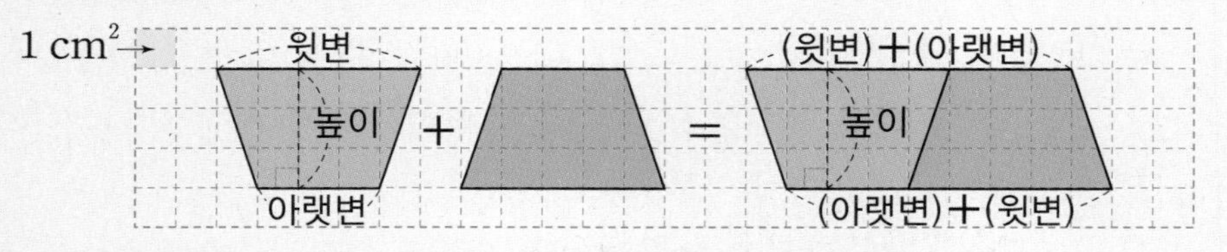

(사다리꼴의 넓이) = (만들어진 평행사변형의 넓이) ÷ 2
= (밑변의 길이) × (높이) ÷ 2
= ((윗변의 길이) + (아랫변의 길이)) × (높이) ÷ 2

● 사다리꼴을 잘라 넓이 구하기

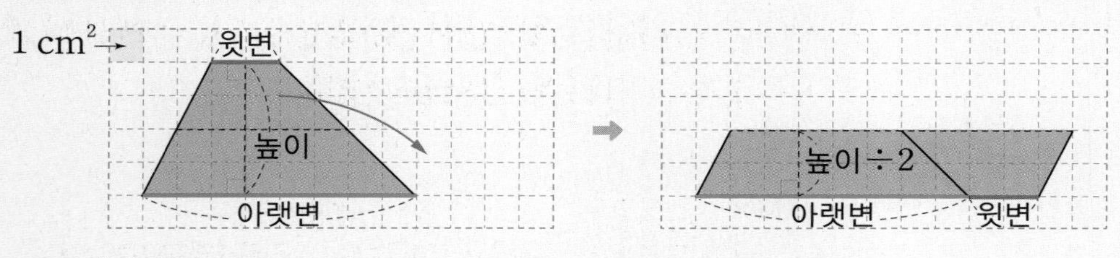

(사다리꼴의 넓이) = (만들어진 평행사변형의 넓이)
= ((윗변의 길이) + (아랫변의 길이)) × (높이) ÷ 2

사다리꼴은 윗변과 아랫변을 더한 길이와 높이가 같으면 모양이 다르더라도 그 넓이는 같습니다.

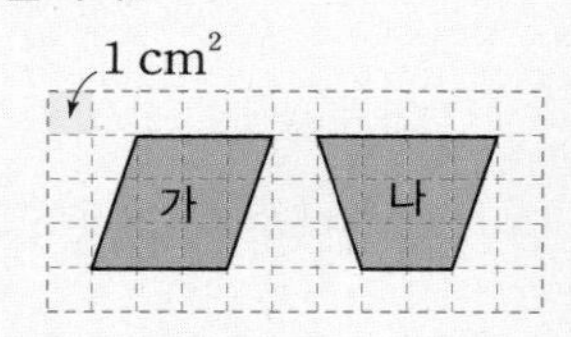

(가의 넓이) = $(3+3)\times3\div2$
= $9\,(\text{cm}^2)$
(나의 넓이) = $(4+2)\times3\div2$
= $9\,(\text{cm}^2)$

사다리꼴의 넓이를 2개의 삼각형으로 나누어 구할 수도 있습니다.

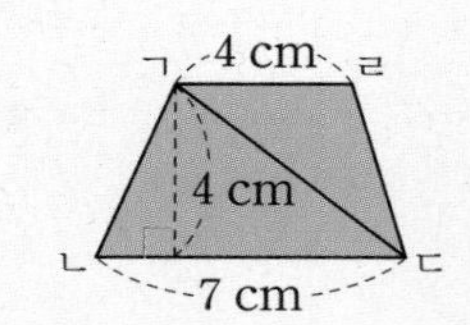

(삼각형 ㄱㄴㄷ의 넓이)
= $7\times4\div2=14\,(\text{cm}^2)$
(삼각형 ㄱㄷㄹ의 넓이)
= $4\times4\div2=8\,(\text{cm}^2)$
➡ (사다리꼴의 넓이)
= $14+8=22\,(\text{cm}^2)$

1 사다리꼴 2개를 이용하여 사다리꼴의 넓이를 구하려고 합니다. 물음에 답하세요.

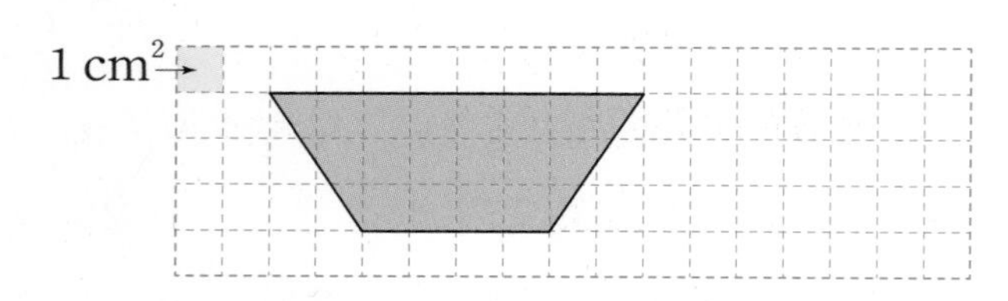

(1) 사다리꼴 2개를 붙여 평행사변형으로 만들어 보세요.

(2) (사다리꼴의 넓이)
= (평행사변형의 넓이) ÷ ☐
= (밑변의 길이) × (높이) ÷ ☐
= ((윗변의 길이) + (아랫변의 길이)) × (☐) ÷ ☐
= (☐ + ☐) × ☐ ÷ 2
= ☐ (cm²)

2 보기 와 같이 사다리꼴의 높이를 표시해 보세요.

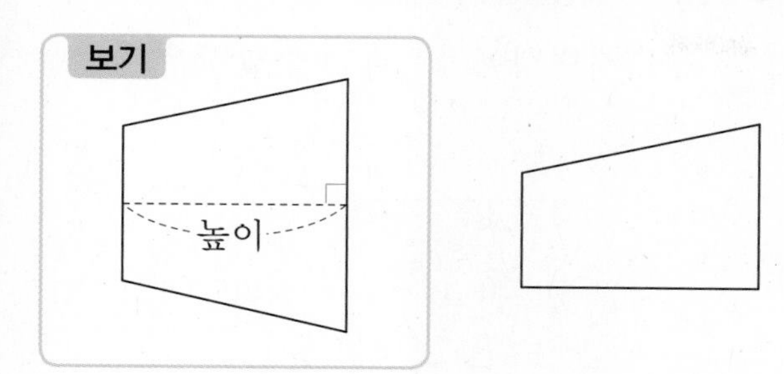

3 사다리꼴의 넓이를 구하려고 합니다. □ 안에 알맞은 수를 써넣으세요.

(1)
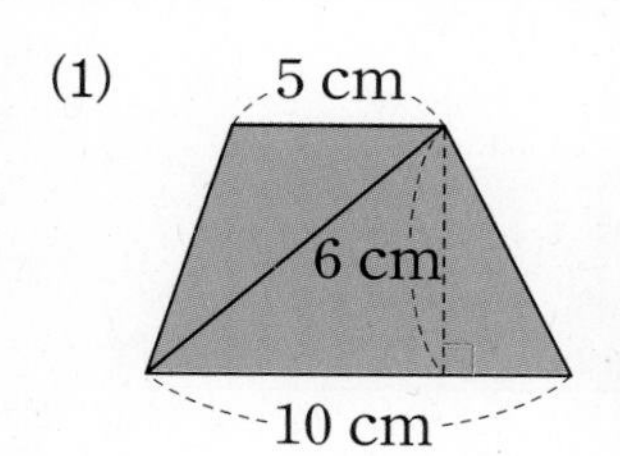

(사다리꼴의 넓이)
= (삼각형의 넓이) + (삼각형의 넓이)
= (5 × □ ÷ □) + (10 × □ ÷ □)
= □ + □
= □ (cm^2)

(2)
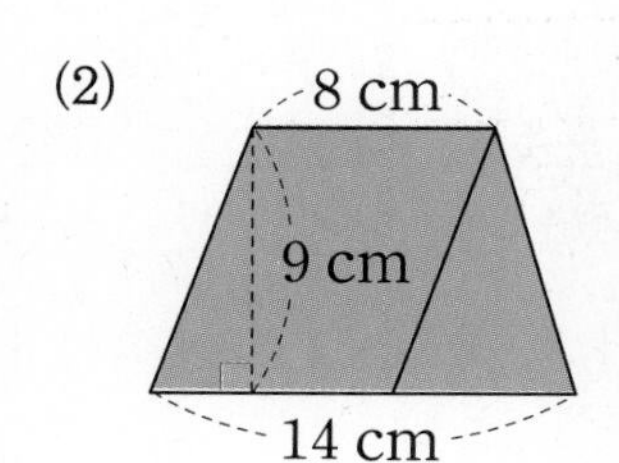

(사다리꼴의 넓이)
= (평행사변형의 넓이) + (삼각형의 넓이)
= (□ × □) + (□ × □ ÷ □)
= □ + □
= □ (cm^2)

4 사다리꼴의 넓이를 두 가지 방법으로 구해 보세요.

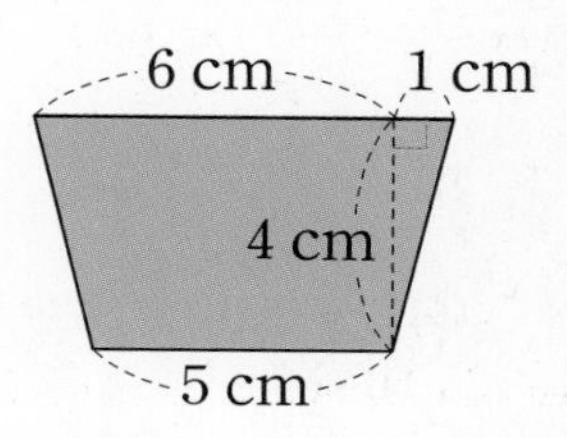

방법 1 사다리꼴을 직사각형으로 만들어 넓이를 구합니다.

방법 2 사다리꼴을 삼각형 2개로 나누어 넓이를 구합니다.

5 사다리꼴의 높이를 구하려고 합니다. □ 안에 알맞은 수를 구해 보세요.

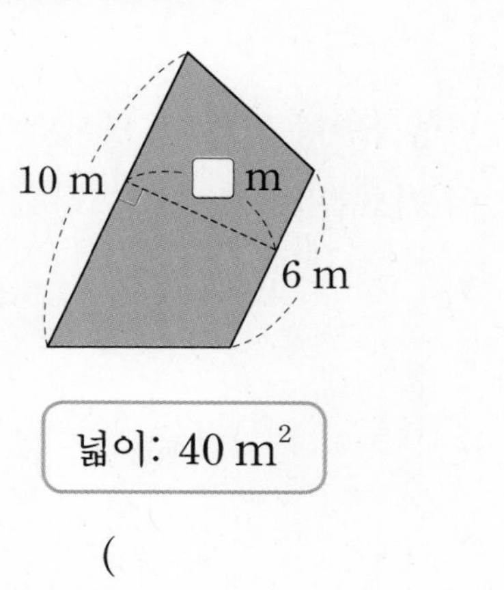

(　　　　　　)

기본기 다지기

8 평행사변형의 넓이

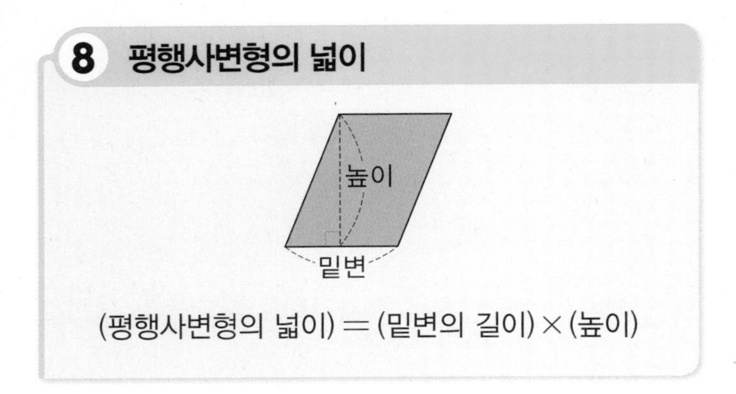

(평행사변형의 넓이) = (밑변의 길이) × (높이)

40 평행사변형에서 높이가 될 수 있는 선분을 모두 찾아 기호를 써 보세요.

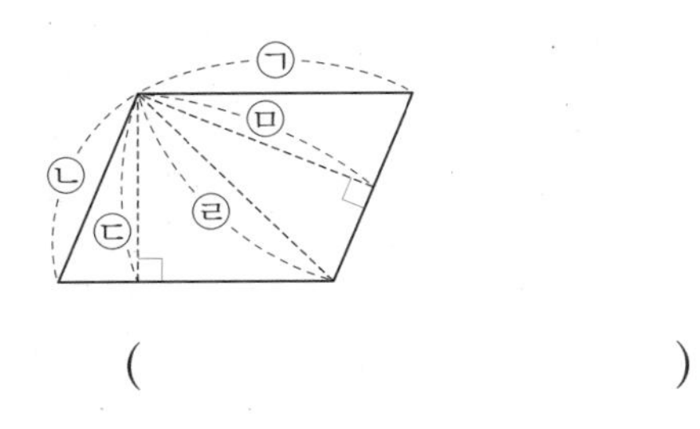

( )

41 평행사변형의 넓이를 구하는 데 필요한 길이에 모두 ○표 하고 넓이를 구해 보세요.

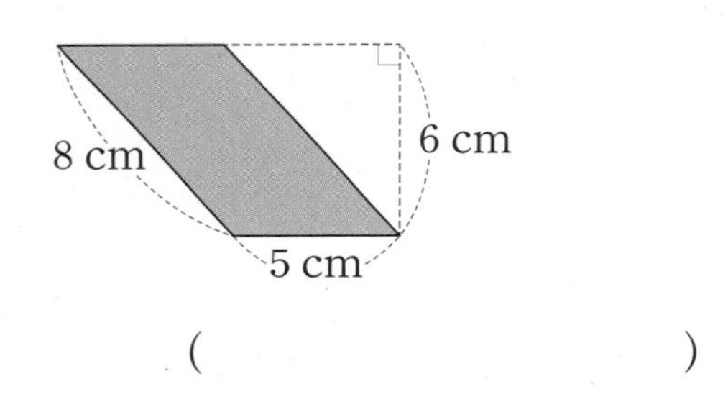

( )

42 평행사변형 가와 나 중에서 넓이가 더 넓은 것의 기호를 써 보세요.

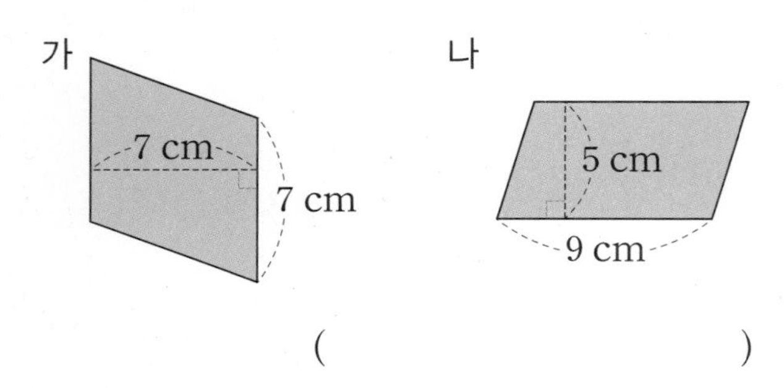

( )

43 평행사변형에서 □ 안에 알맞은 수를 써넣으세요.

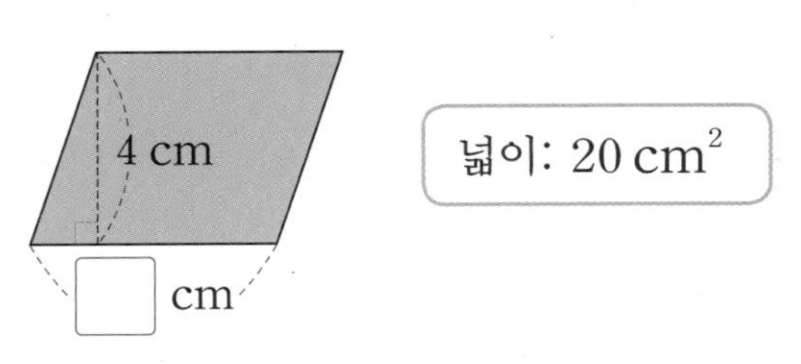

44 평행사변형 ㄱㄴㄷㄹ에서 변 ㄹㄷ이 밑변일 때 높이는 몇 cm일까요?

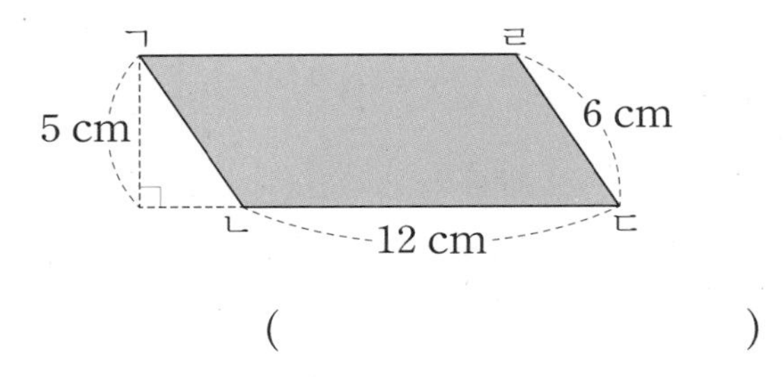

( )

45 직선 가와 나는 서로 평행합니다. 평행사변형의 넓이가 다른 하나를 찾아 기호를 써 보세요.

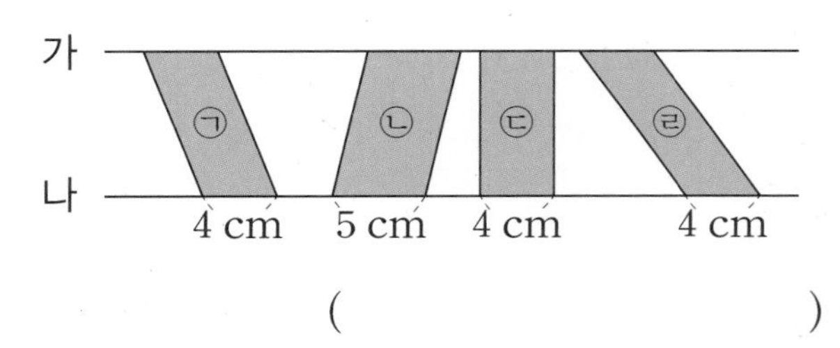

( )

46 주어진 평행사변형과 넓이가 같고 모양이 다른 평행사변형을 1개 그려 보세요.

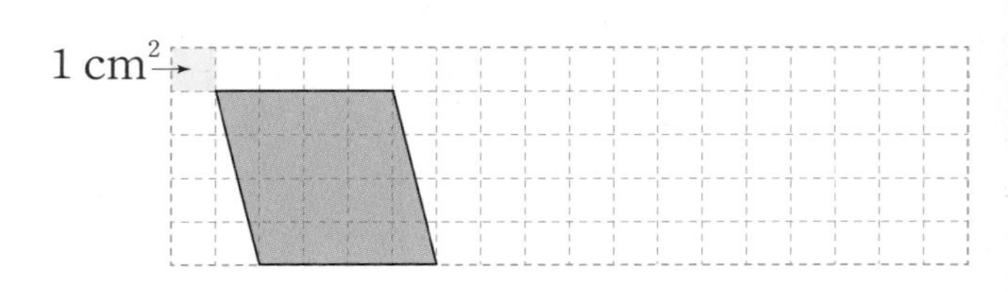

9 삼각형의 넓이

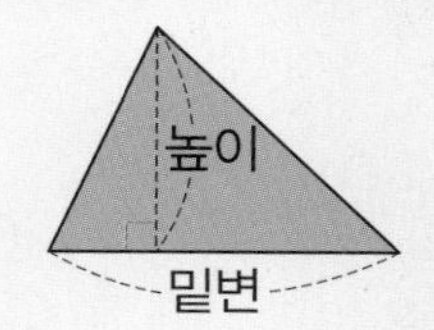

(삼각형의 넓이) = (밑변의 길이) × (높이) ÷ 2

47 오른쪽 삼각형의 밑변의 길이와 높이를 자로 재어 넓이를 구해 보세요.

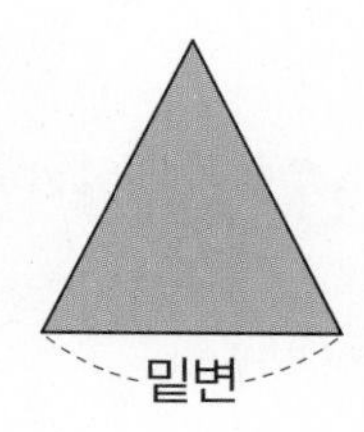

(　　　　　　　　　)

48 삼각형을 잘라서 평행사변형을 만들었습니다. 잘못 말한 사람을 찾아 이름을 써 보세요.

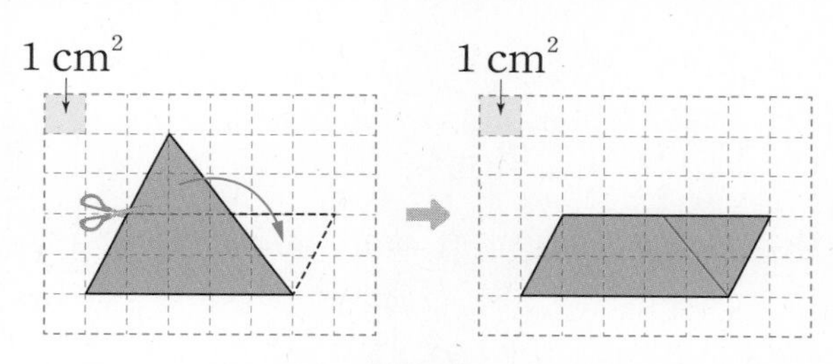

서영: 삼각형과 평행사변형의 높이는 같아.
도하: 삼각형과 평행사변형의 밑변의 길이는 같아.
윤석: 삼각형과 평행사변형의 넓이는 같아.

(　　　　　　　　　)

49 두 삼각형의 넓이의 차는 몇 cm^2일까요?

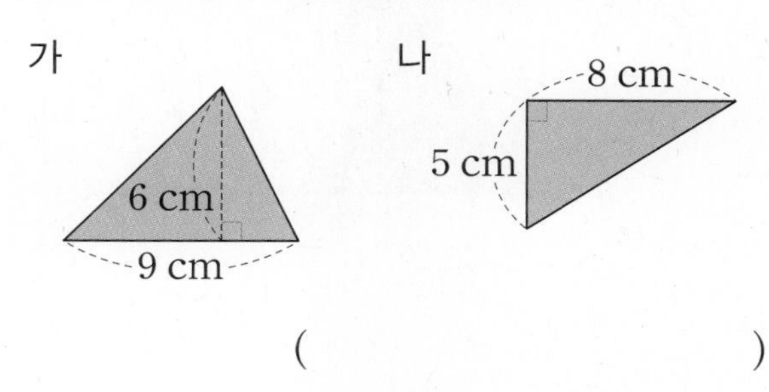

(　　　　　　　　　)

서술형

50 오른쪽 삼각형의 넓이는 $40\ cm^2$입니다. 높이는 몇 cm인지 풀이 과정을 쓰고 답을 구해 보세요.

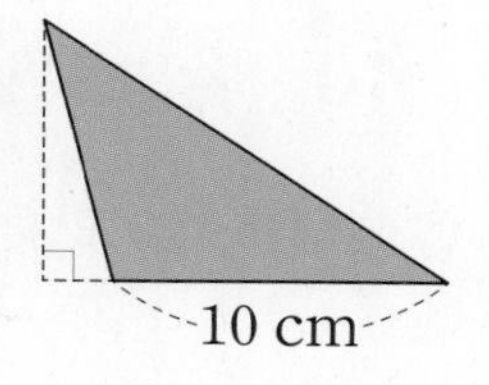

풀이 ....

답 ....

51 삼각형에서 □ 안에 알맞은 수를 써넣으세요.

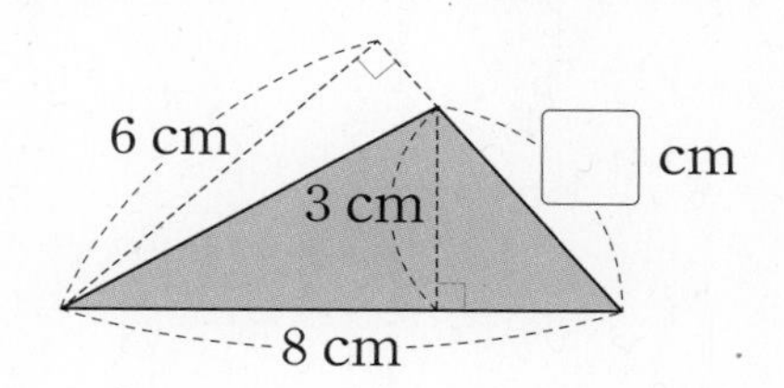

52 삼각형의 넓이가 다른 하나를 찾아 기호를 써 보세요.

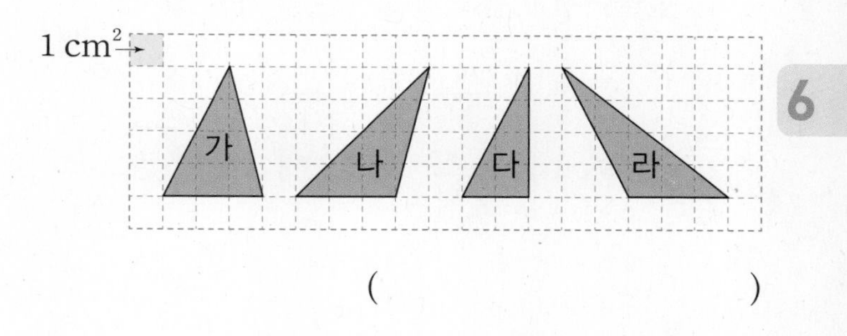

(　　　　　　　　　)

53 넓이가 $6\ cm^2$인 삼각형을 서로 다른 모양으로 2개 그려 보세요.

1 cm²

10 마름모의 넓이

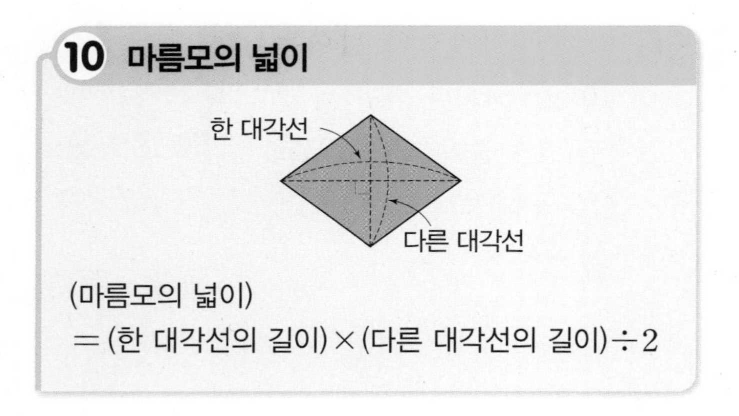

54 두 마름모의 넓이의 차는 몇 cm^2일까요?

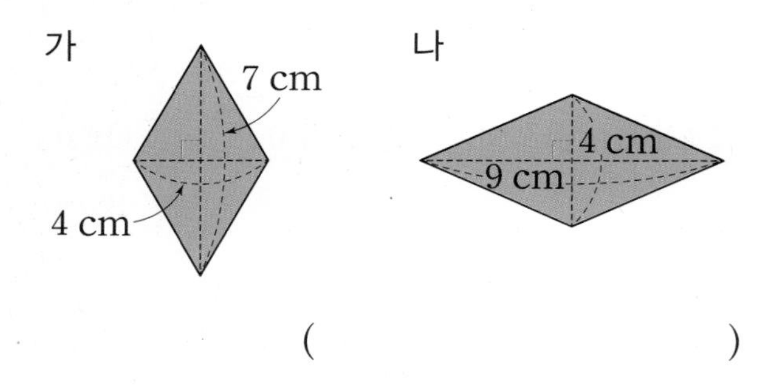

( )

55 그림과 같이 직사각형 모양의 종이를 접은 후 잘라서 펼쳤더니 마름모가 만들어졌습니다. 만들어진 마름모의 넓이는 몇 cm^2일까요?

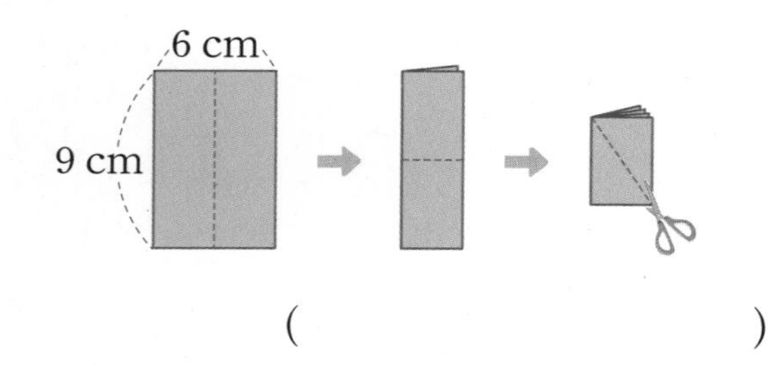

( )

56 마름모에서 □ 안에 알맞은 수를 써넣으세요.

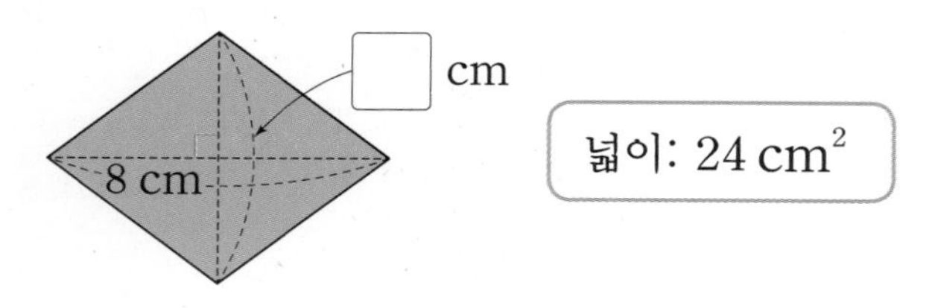

57 마름모 나의 넓이는 마름모 가의 넓이의 3배입니다. □ 안에 알맞은 수를 써넣으세요.

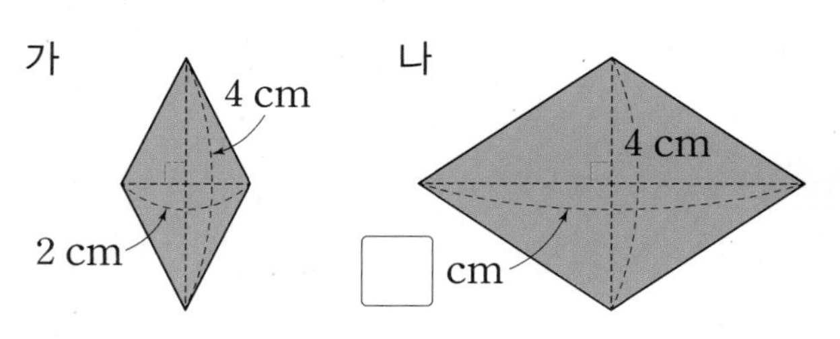

58 넓이가 8 cm^2인 마름모를 서로 다른 모양으로 2개 그려 보세요.

11 사다리꼴의 넓이

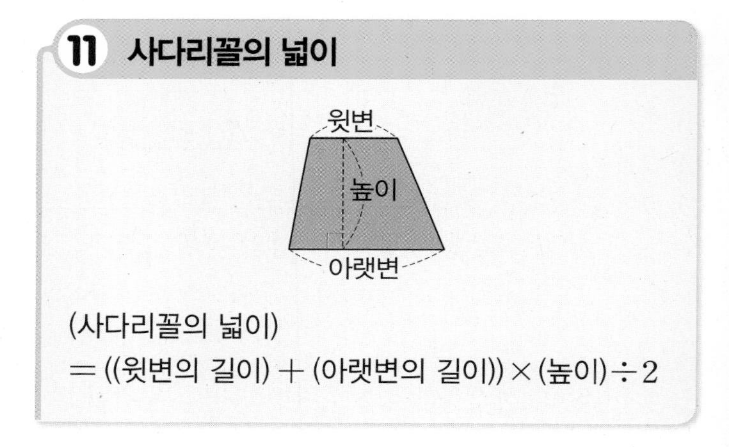

59 윗변의 길이, 아랫변의 길이, 높이를 자로 재어 사다리꼴의 넓이를 구해 보세요.

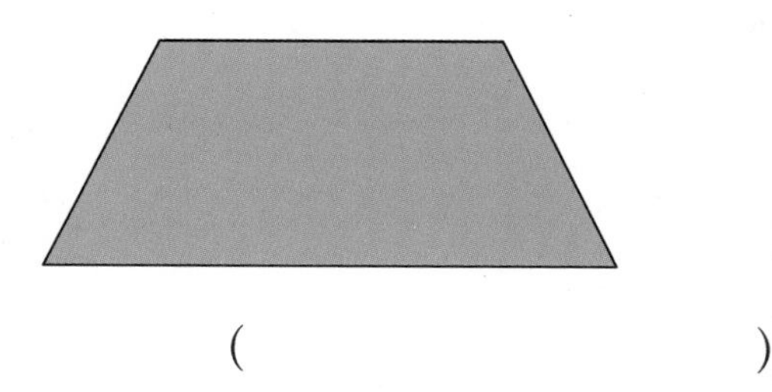

( )

60 윗변의 길이가 아랫변의 길이보다 4 cm 더 긴 사다리꼴이 있습니다. 이 사다리꼴의 아랫변의 길이가 2 cm, 높이가 5 cm라면 넓이는 몇 cm^2일까요?

( )

서술형

61 오른쪽 사다리꼴의 넓이를 여러 가지 도형의 넓이를 이용하여 구하려고 합니다. 두 가지 방법으로 설명해 보세요.

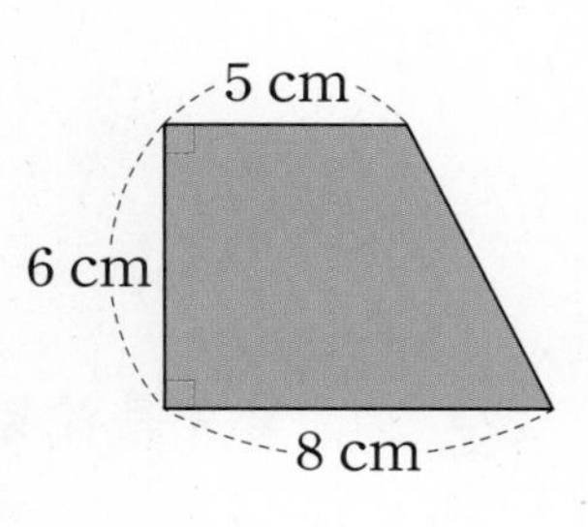

방법 1

방법 2

62 사다리꼴의 넓이는 몇 cm^2일까요?

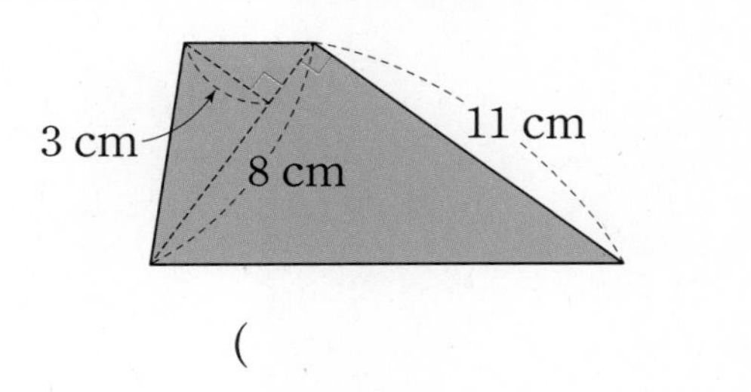

( )

63 사다리꼴의 둘레가 30 cm라면 넓이는 몇 cm^2일까요?

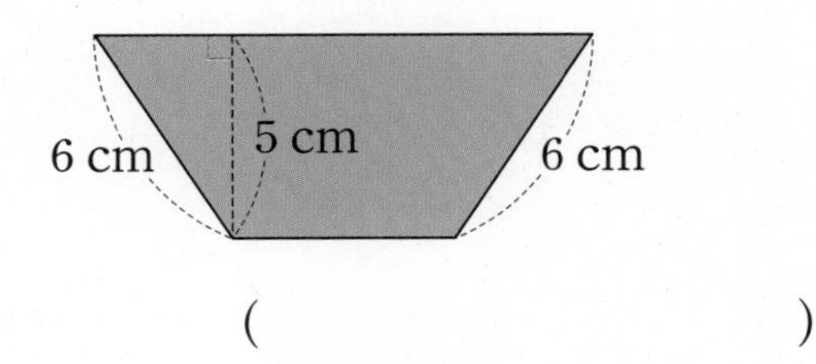

( )

64 넓이가 32 cm^2인 사다리꼴입니다. □ 안에 알맞은 수를 구해 보세요.

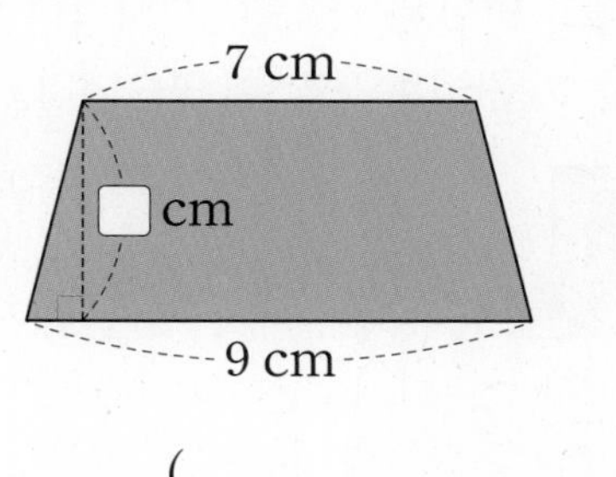

( )

65 평행사변형과 사다리꼴의 넓이가 같을 때 □ 안에 알맞은 수를 구해 보세요.

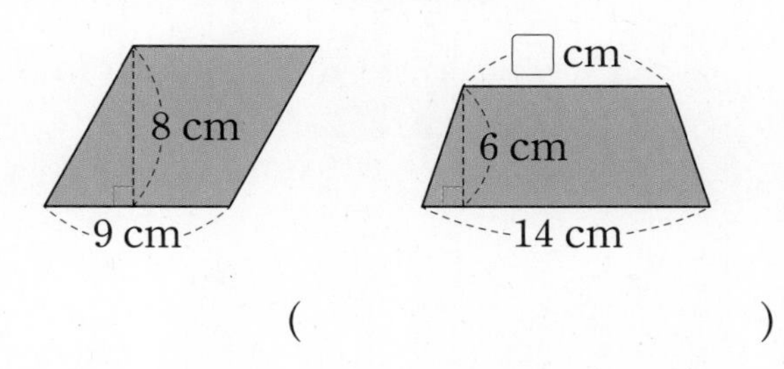

( )

66 사다리꼴 가, 나, 다는 넓이가 모두 같습니다. 사다리꼴 가, 나, 다의 다른 점을 모두 고르세요. ( )

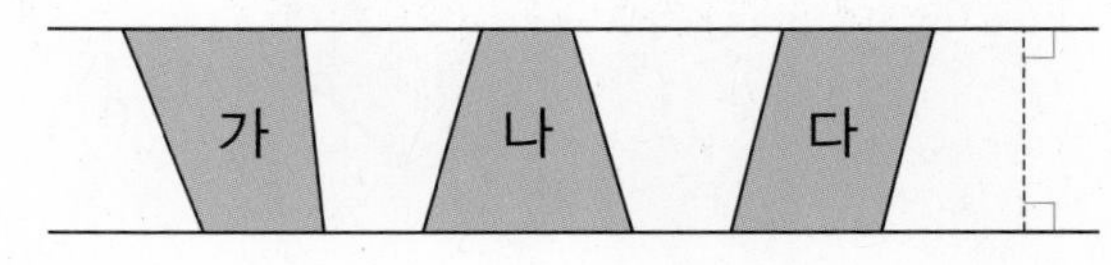

① 높이
② 윗변의 길이
③ 아랫변의 길이
④ (윗변의 길이) + (아랫변의 길이)
⑤ ((윗변의 길이) + (아랫변의 길이)) × (높이)

67 주어진 사다리꼴과 넓이가 같고 모양이 다른 사다리꼴을 1개 그려 보세요.

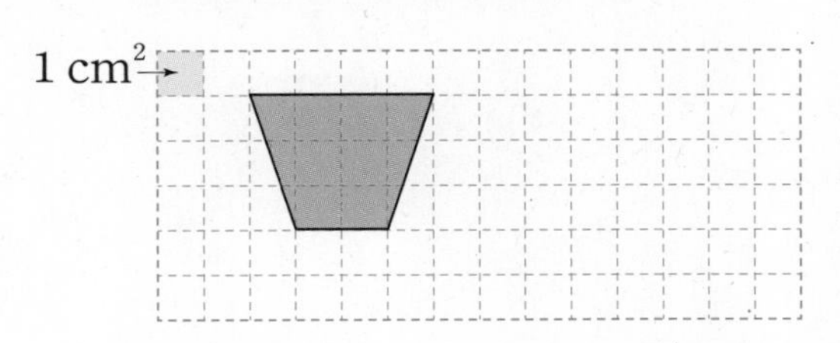

6

12 다각형의 넓이

다각형의 넓이는 삼각형, 직사각형, 사다리꼴 등의 넓이를 이용하여 구할 수 있습니다.

예 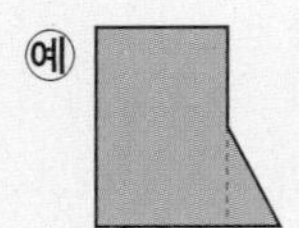 (직사각형) + (삼각형) 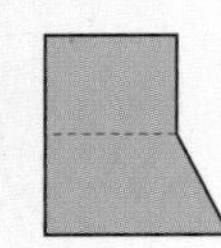 (직사각형) + (사다리꼴)

68 다각형의 넓이는 몇 cm^2일까요?

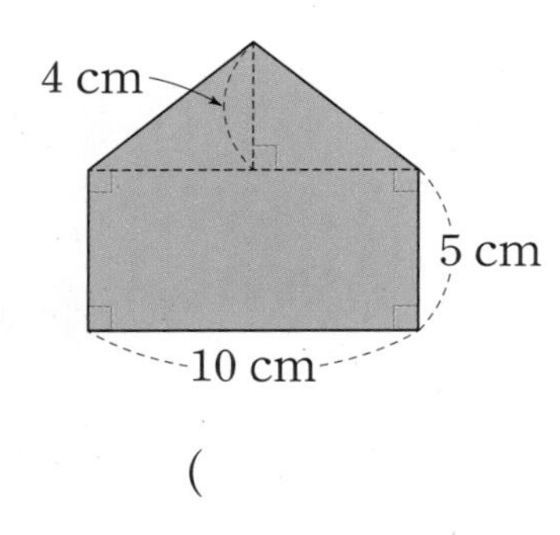

(   )

69 다각형의 넓이는 몇 cm^2일까요?

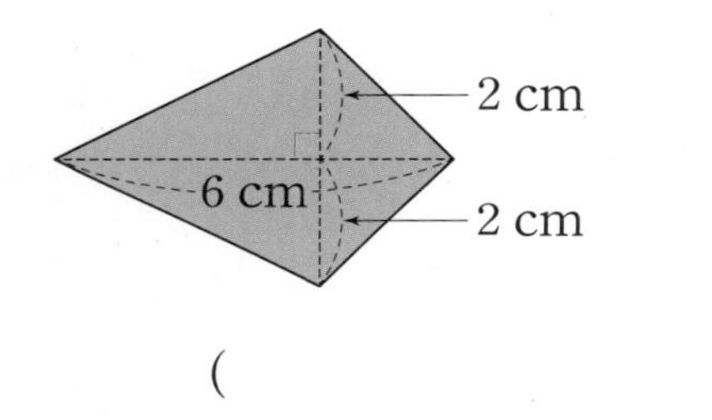

(   )

70 다각형의 넓이는 몇 cm^2일까요?

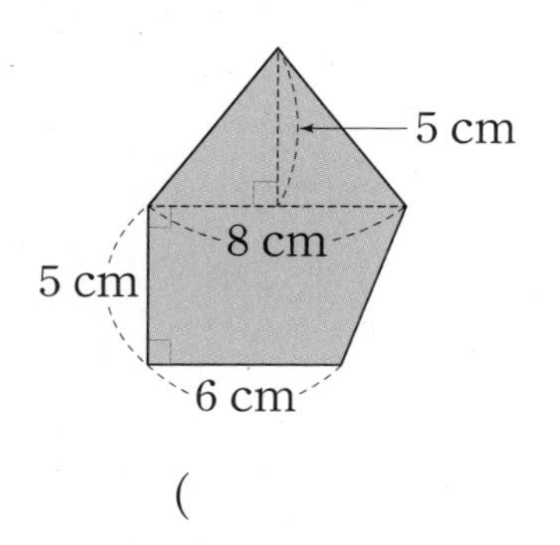

(   )

71 색칠한 부분의 넓이는 몇 cm^2일까요?

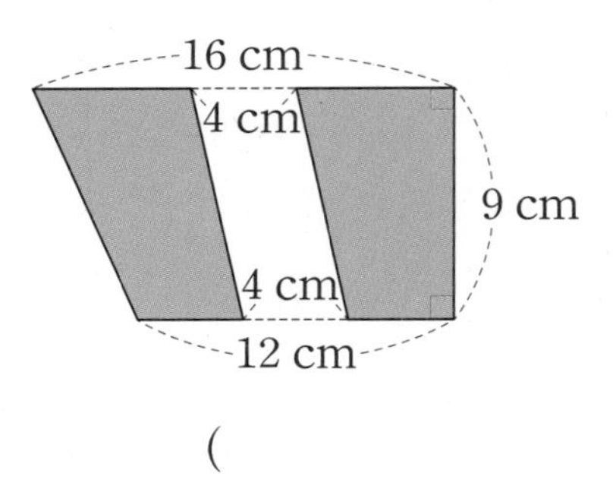

(   )

72 색칠한 부분의 넓이는 몇 cm^2일까요?

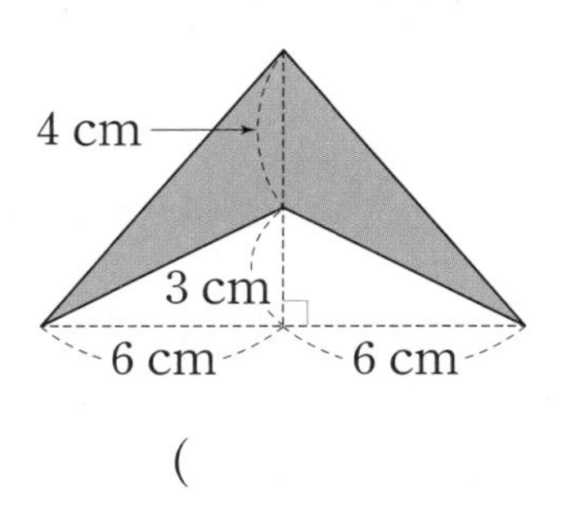

(   )

서술형

73 색칠한 부분의 넓이는 몇 cm^2인지 풀이 과정을 쓰고 답을 구해 보세요.

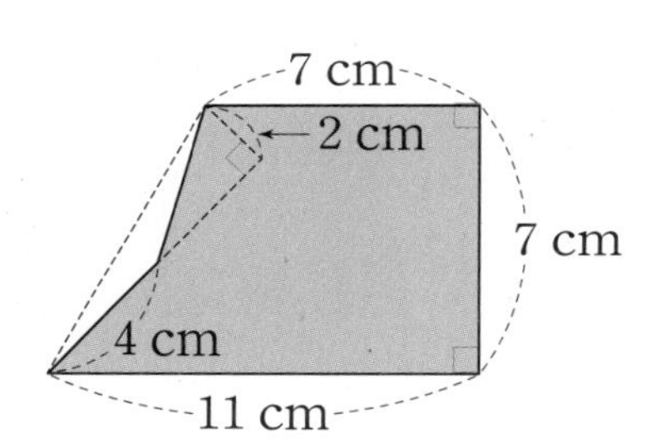

풀이

답

응용력 기르기

심화유형 1 변의 길이를 이용하여 넓이 구하기

사다리꼴에서 삼각형 ㉠의 넓이가 $65\ cm^2$라면 사다리꼴의 넓이는 몇 cm^2인지 구해 보세요.

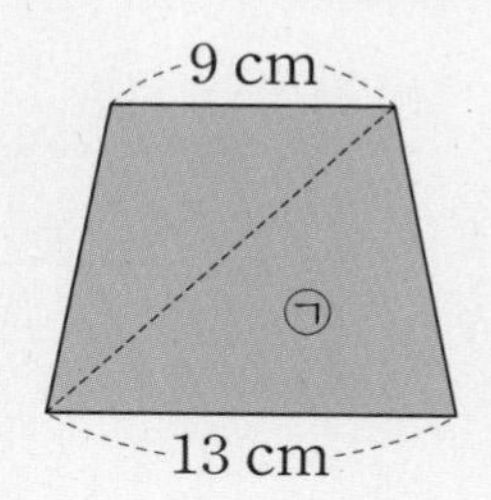

(　　　　　　　　)

● 핵심 NOTE　삼각형 ㉠에서 13 cm인 변을 밑변이라 하면 삼각형 ㉠의 높이와 사다리꼴의 높이는 같습니다.

1-1 평행사변형 ㄱㄴㄷㄹ에서 삼각형 ㄹㅁㄷ의 넓이가 $27\ cm^2$라면 사다리꼴 ㄱㄴㅁㄹ의 넓이는 몇 cm^2인지 구해 보세요.

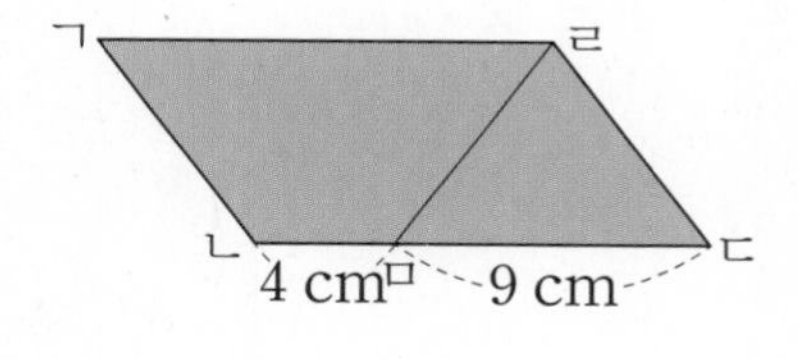

(　　　　　　　　)

1-2 삼각형 ㄱㅁㄹ의 넓이가 $35\ cm^2$라면 색칠한 부분의 넓이는 몇 cm^2인지 구해 보세요.

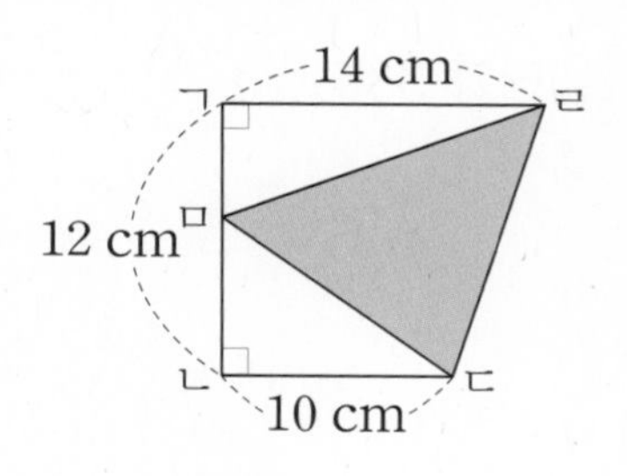

(　　　　　　　　)

사다리꼴 안의 삼각형을 이용하여 넓이 구하기

사다리꼴 ㄱㄴㄷㄹ의 넓이는 몇 cm^2인지 구해 보세요.

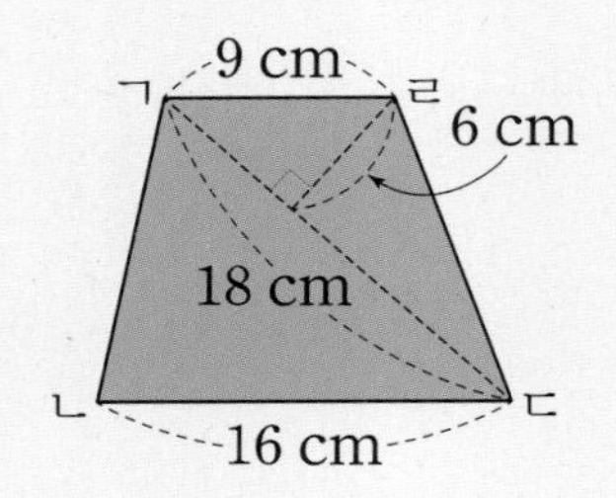

(　　　　　　　)

● 핵심 NOTE　삼각형의 밑변과 높이의 관계 이용하기
삼각형 ㄱㄷㄹ에서 변 ㄱㄷ이 밑변일 때 삼각형 ㄱㄷㄹ의 넓이를 구합니다. 삼각형 ㄱㄷㄹ의 넓이를 이용하여 변 ㄱㄹ이 밑변일 때 높이를 구할 수 있습니다.

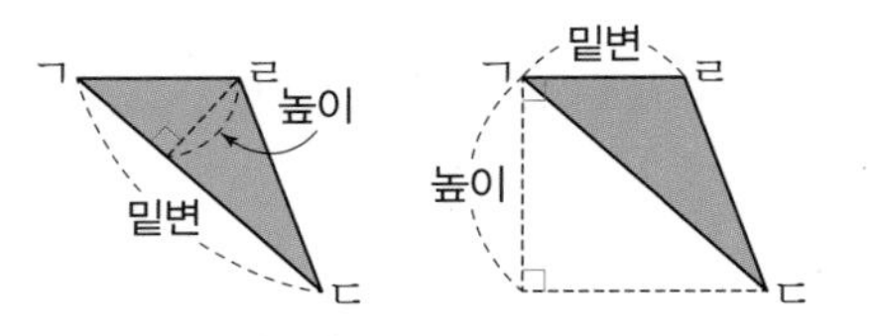

2-1

사다리꼴 ㄱㄴㄷㄹ의 넓이는 몇 cm^2인지 구해 보세요.

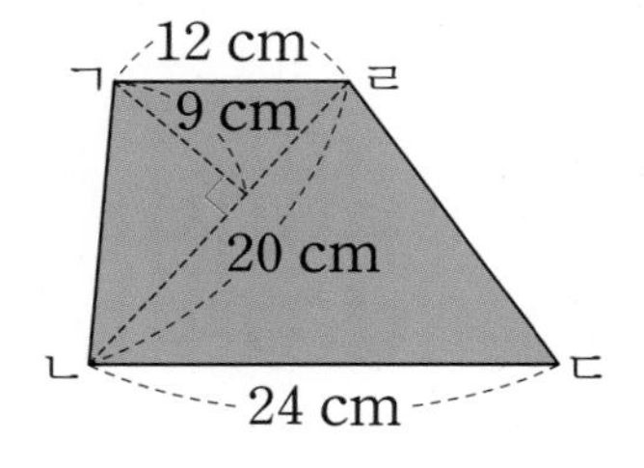

(　　　　　　　)

2-2

사다리꼴 ㄱㄴㄷㄹ의 넓이가 $336\ cm^2$라면 선분 ㄴㄹ의 길이는 몇 cm인지 구해 보세요.

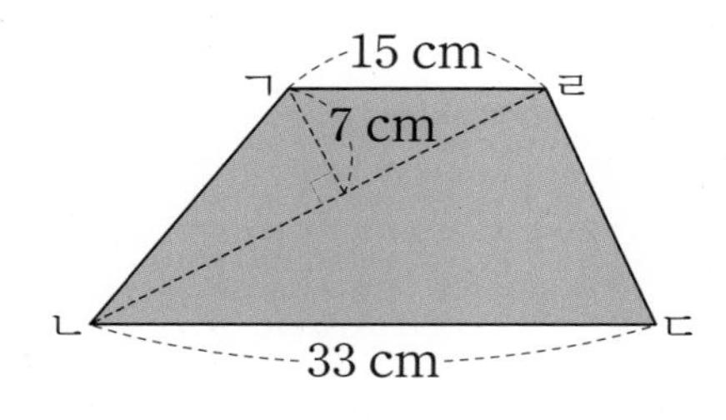

(　　　　　　　)

두 도형의 넓이를 비교하여 선분의 길이 구하기

도형에서 사다리꼴 ㉡의 넓이는 삼각형 ㉠의 넓이의 2배입니다. □ 안에 알맞은 수를 써넣으세요.

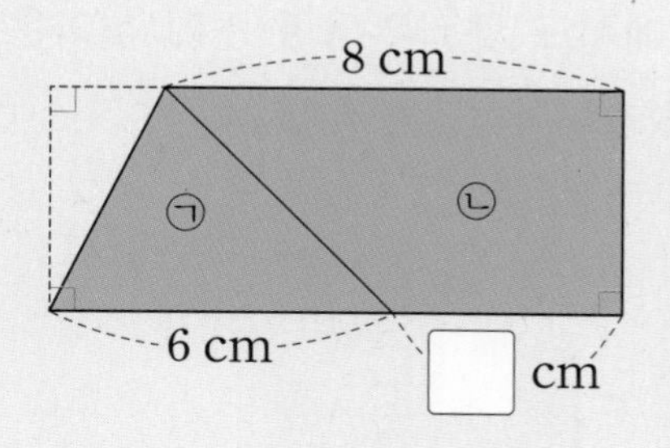

● 핵심 NOTE

- 도형 ㉠의 넓이와 도형 ㉡의 넓이의 관계를 이용합니다. ➡ (㉡의 넓이)=(㉠의 넓이)×2
- 두 도형 ㉠과 ㉡의 높이가 같으므로 넓이를 이용하여 □를 구할 수 있습니다.

3-1 도형에서 사다리꼴 ㉠의 넓이는 삼각형 ㉡의 넓이의 3배입니다. □ 안에 알맞은 수를 써넣으세요.

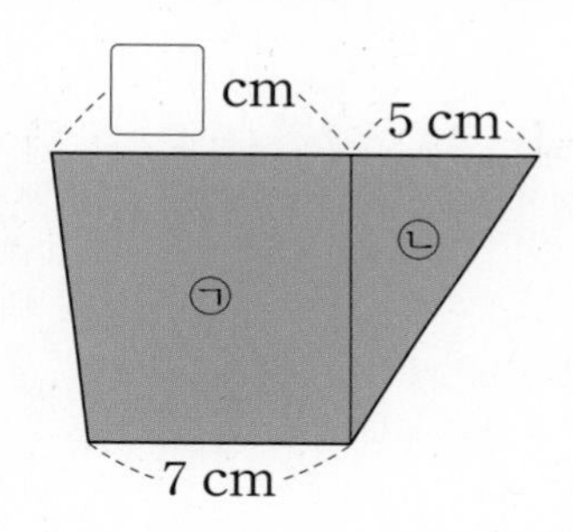

6

3-2 도형에서 사다리꼴 ㉠의 넓이는 평행사변형 ㉡의 넓이의 2배입니다. □ 안에 알맞은 수를 써넣으세요.

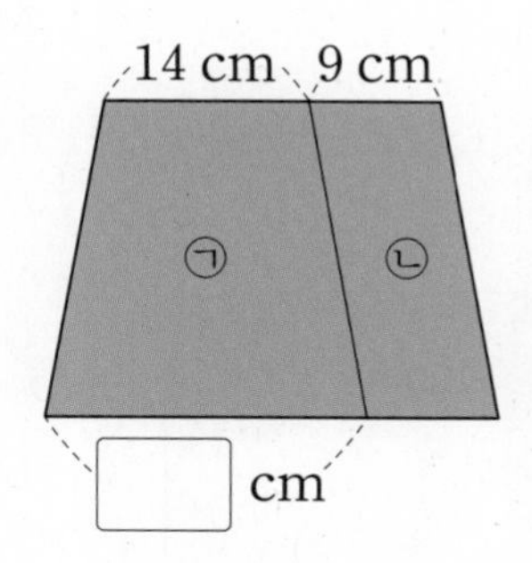

수학 + 미술

칠교판으로 만든 모양의 넓이 구하기

칠교놀이는 정사각형을 일곱 조각으로 나누어 동물, 식물 등 여러 가지 모양을 만드는 놀이입니다. 중국에서 처음 시작된 칠교놀이는 지혜판이라고 불렸으며 탱그램이란 이름으로 세계에 퍼졌습니다. 우리나라에서도 옛날부터 했는데 찾아온 손님을 기다리며 칠교판을 가지고 놀아서 유객판이라고도 불렸습니다. 한 변의 길이가 24 cm인 칠교판으로 만든 오른쪽 사다리꼴의 넓이는 몇 cm^2인지 구해 보세요.

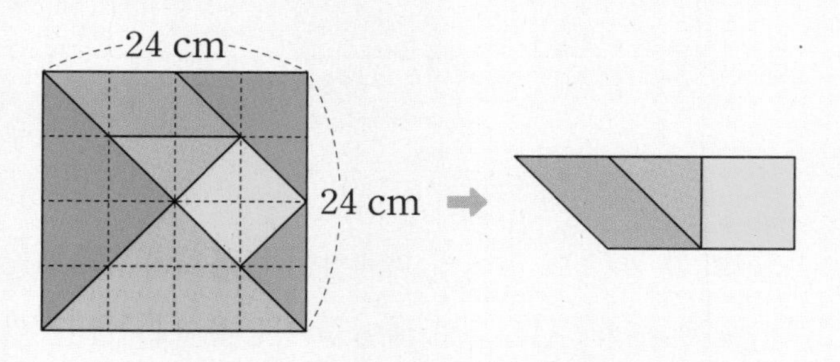

1단계 사다리꼴을 만든 세 조각의 변의 길이를 알아보고 넓이를 각각 구하기

2단계 사다리꼴의 넓이 구하기

(　　　　　　　　　)

● 핵심 NOTE

1단계 칠교판의 한 변을 똑같이 4로 나누어 세 조각의 변의 길이를 알아보고 넓이를 구합니다.

2단계 세 조각의 넓이의 합을 구합니다.

4-1

한 변의 길이가 16 cm인 칠교판으로 만든 오른쪽 집 모양의 넓이는 몇 cm^2인지 구해 보세요.

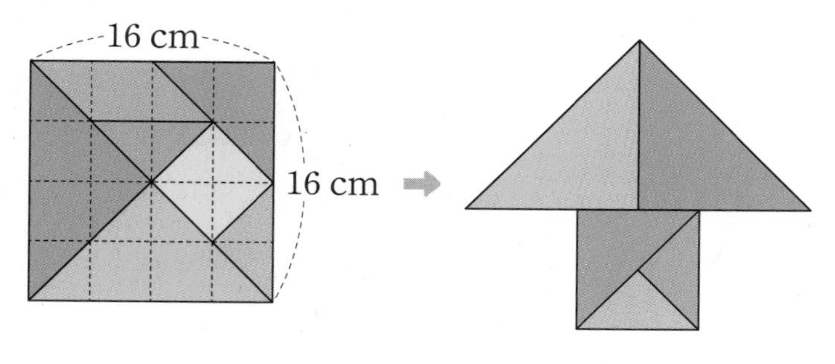

(　　　　　　　　　)

단원 평가 Level ❶

점수

확인

1 정오각형의 둘레를 구해 보세요.

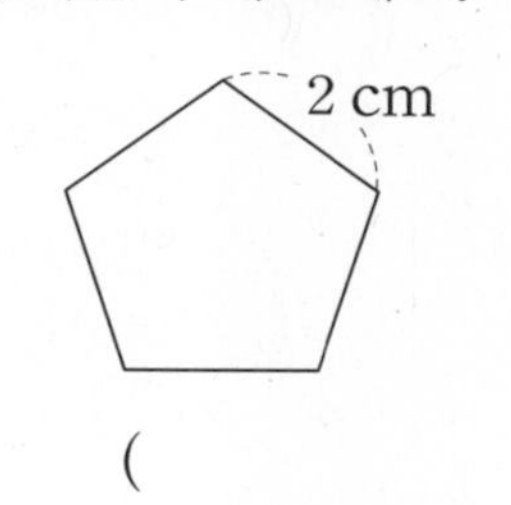

(　　　　　　　　　　)

2 직사각형의 둘레와 넓이를 각각 구해 보세요.

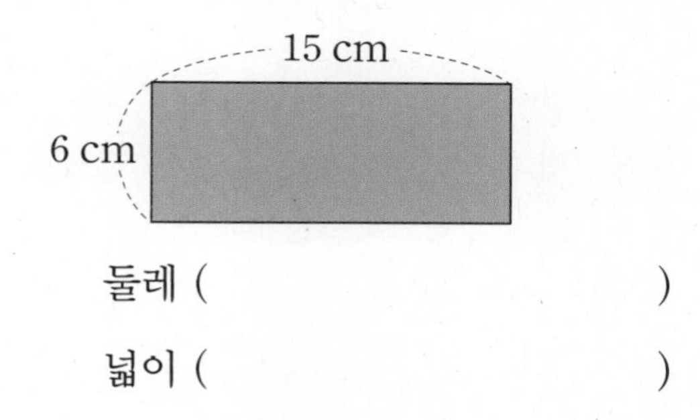

둘레 (　　　　　　　　　　)

넓이 (　　　　　　　　　　)

3 □ 안에 알맞은 수를 써넣으세요.

(1) $500000\,cm^2 = \square\,m^2$

(2) $800\,km^2 = \square\,m^2$

4 1 cm²를 이용하여 평행사변형의 넓이를 구해 보세요.

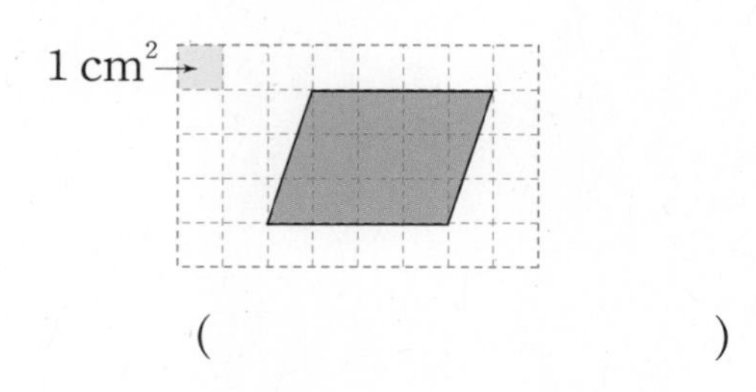

(　　　　　　　　　　)

5 삼각형의 높이를 나타내고, 삼각형의 넓이를 구해 보세요.

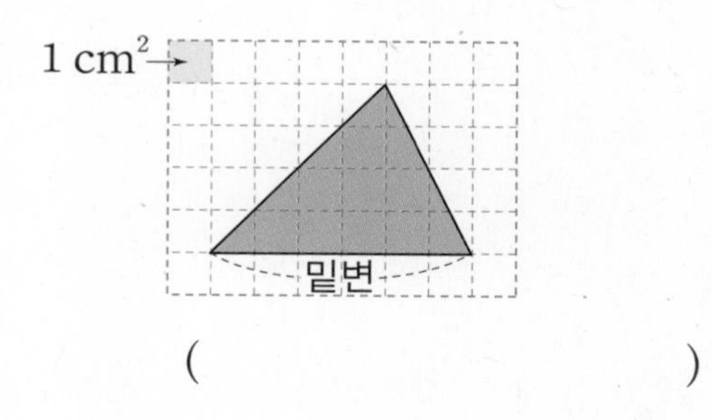

(　　　　　　　　　　)

6 민주네 아파트 화단은 한 변의 길이가 15 m인 정사각형 모양입니다. 화단의 둘레를 구해 보세요.

(　　　　　　　　　　)

7 도형을 보고 □ 안에 알맞은 수를 써넣으세요.

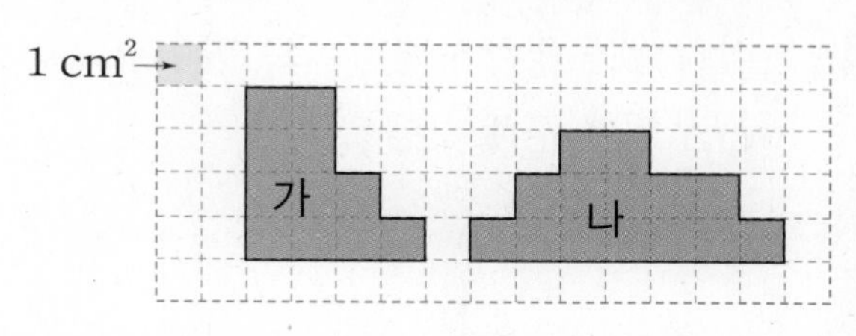

도형 나는 도형 가보다 넓이가 □ cm^2 더 넓습니다.

8 대각선의 길이를 자로 재어 마름모의 넓이를 구해 보세요.

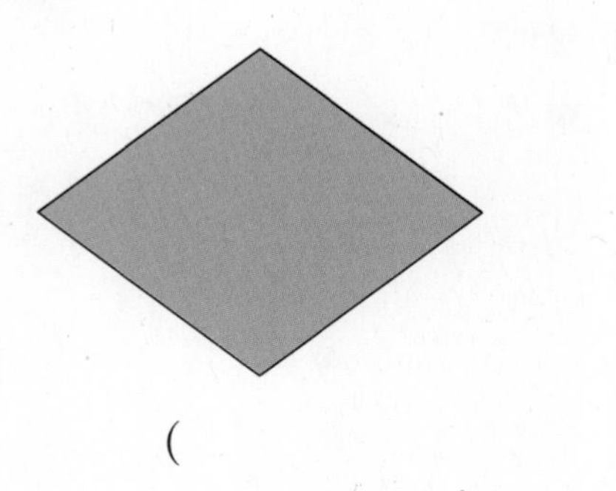

(　　　　　　　　　　)

6

9 윗변의 길이가 5 cm이고, 아랫변의 길이가 13 cm인 사다리꼴 모양의 포장지가 있습니다. 이 포장지의 높이가 7 cm이면 넓이는 몇 cm^2일까요?

( )

10 둘레가 각각 16 cm인 직사각형 2개를 그려 보세요.

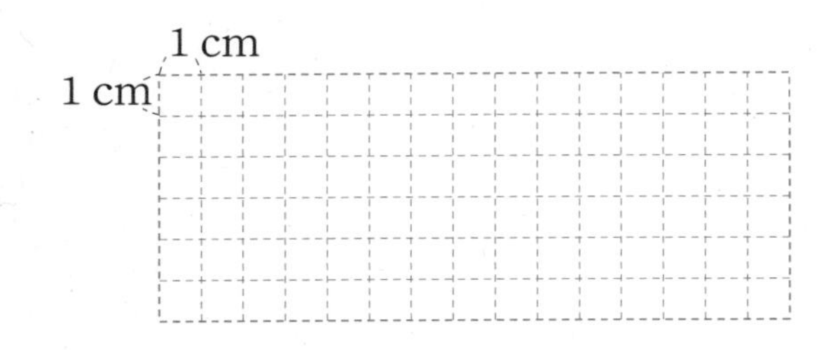

11 삼각형을 평행사변형으로 만들고, 넓이는 몇 cm^2인지 구해 보세요.

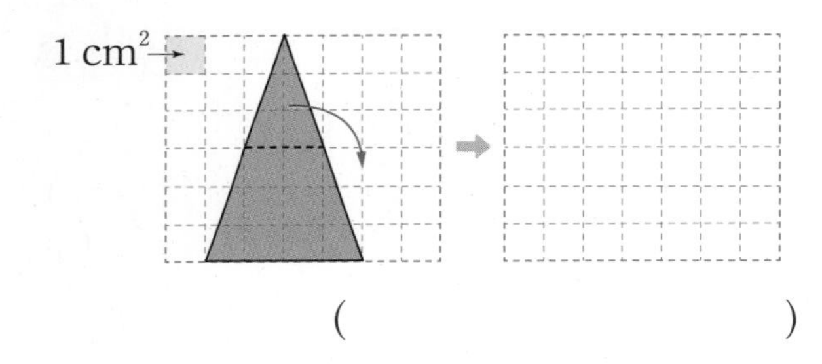

( )

12 둘레가 18 cm이고 넓이가 20 cm^2인 직사각형의 가로와 세로는 각각 몇 cm일까요?

(단, 가로가 세로보다 깁니다.)

가로 ( )

세로 ( )

13 사다리꼴의 넓이가 108 cm^2일 때, 높이는 몇 cm일까요?

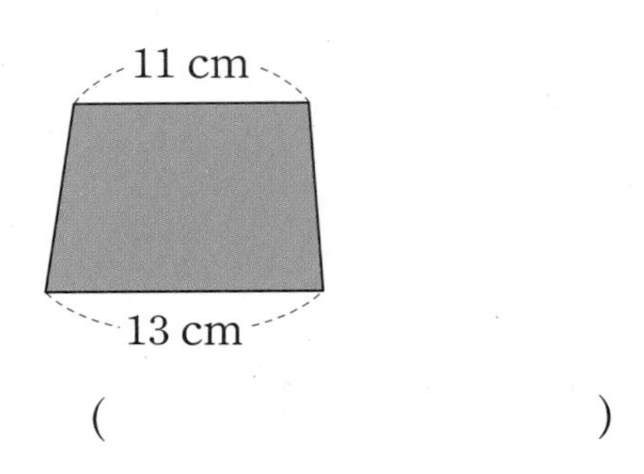

( )

14 평행사변형에서 □ 안에 알맞은 수를 써넣으세요.

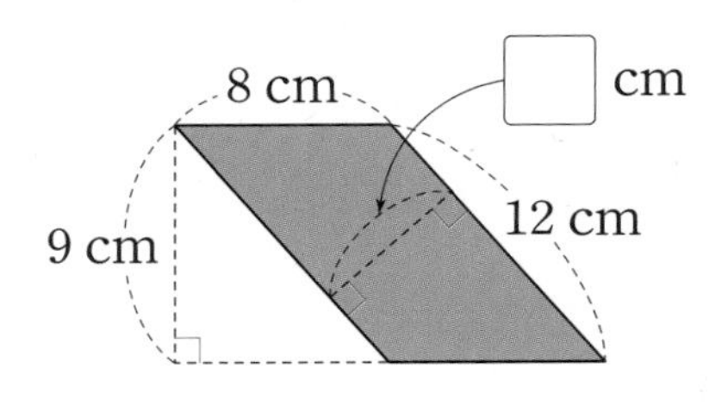

15 다각형의 넓이를 구해 보세요.

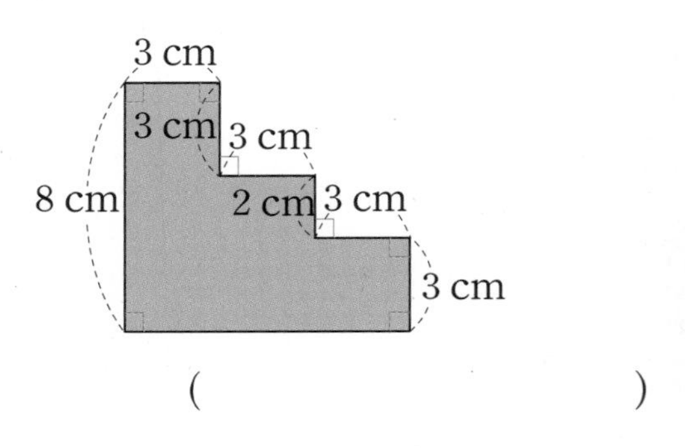

( )

16 색칠한 부분의 넓이를 구해 보세요.

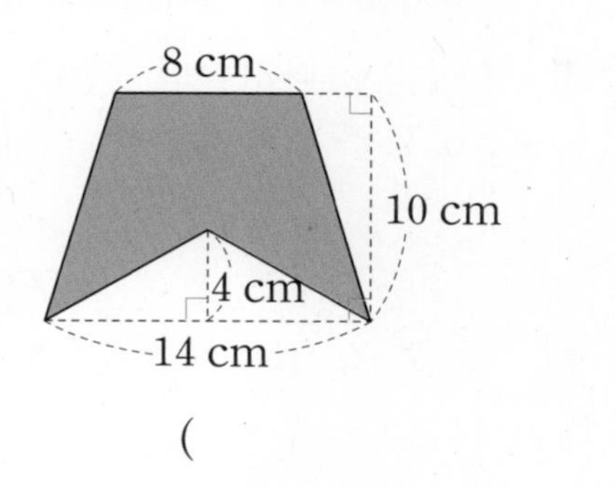

(　　　　　　　　　　)

17 사다리꼴의 넓이를 구해 보세요.

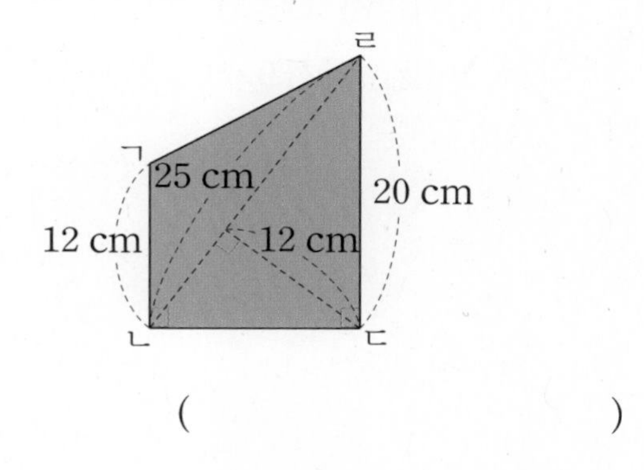

(　　　　　　　　　　)

18 평행사변형에서 사다리꼴 ㉡의 넓이는 삼각형 ㉠의 넓이의 3배입니다. □ 안에 알맞은 수를 구해 보세요.

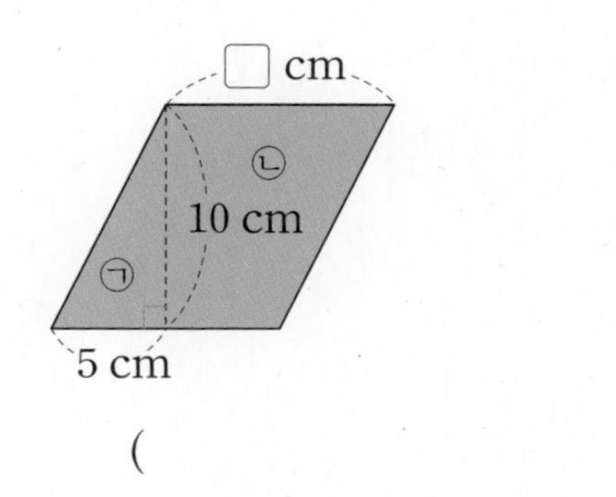

(　　　　　　　　　　)

19 넓이가 같은 삼각형을 찾아 기호를 쓰려고 합니다. 풀이 과정을 쓰고 답을 구해 보세요.

풀이

답

20 직사각형 모양의 한쪽 벽의 가로는 5 m이고 세로는 4 m입니다. 이 벽에 가로가 25 cm, 세로가 40 cm인 직사각형 모양의 타일을 빈틈없이 붙이려면 필요한 타일은 모두 몇 개인지 풀이 과정을 쓰고 답을 구해 보세요.

풀이

답

단원 평가 Level ❷

점수

확인

1 평행사변형의 넓이가 다른 하나를 찾아 기호를 써 보세요.

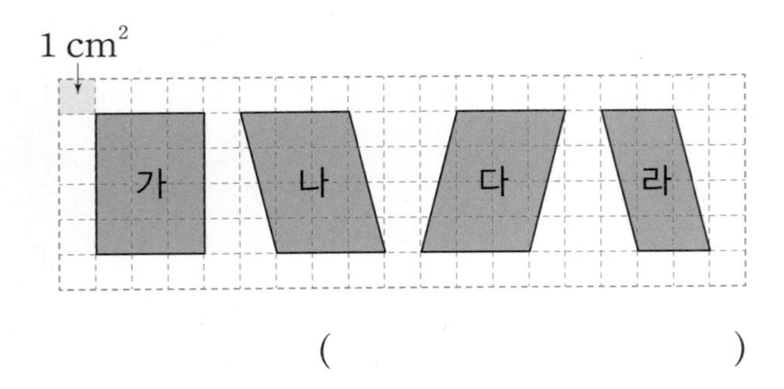

( )

2 직사각형의 넓이를 구해 보세요.

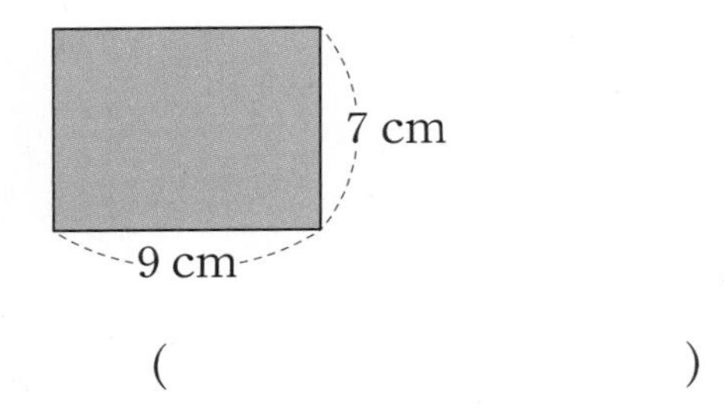

( )

3 삼각형의 넓이를 구해 보세요.

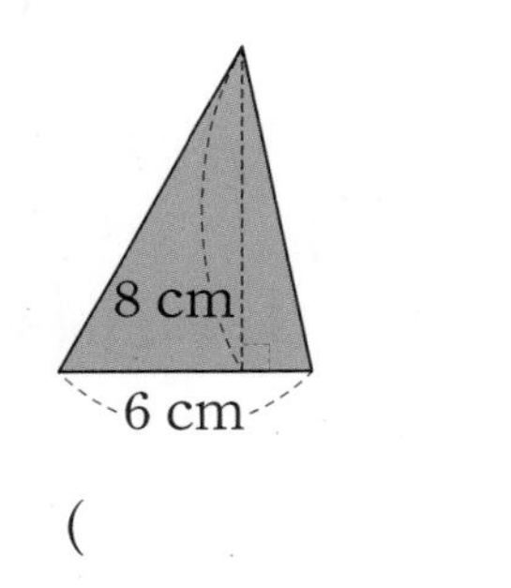

( )

4 정사각형과 정육각형의 둘레가 같습니다. 정육각형의 한 변의 길이는 몇 cm일까요?

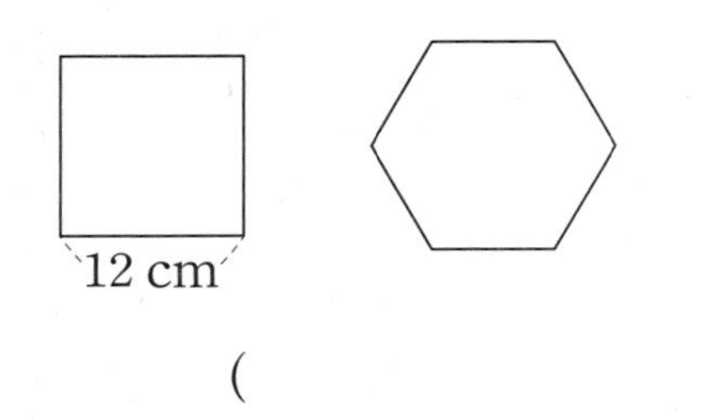

( )

5 정사각형과 사다리꼴의 넓이의 차는 몇 cm^2일까요?

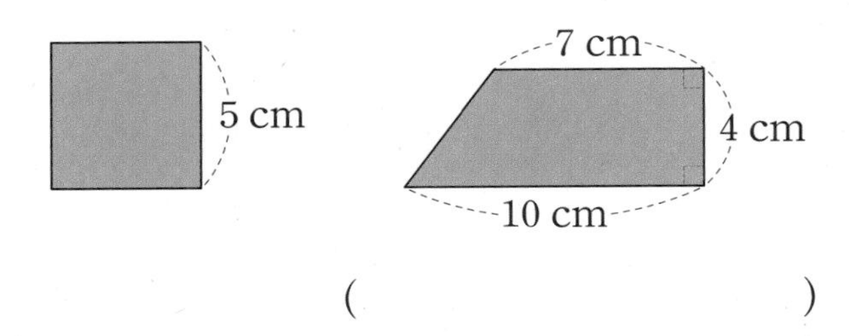

( )

6 진호네 마을은 가로가 800 m, 세로가 5000 m인 직사각형 모양입니다. 진호네 마을의 넓이는 몇 km^2일까요?

( )

7 도형의 둘레는 몇 cm일까요?

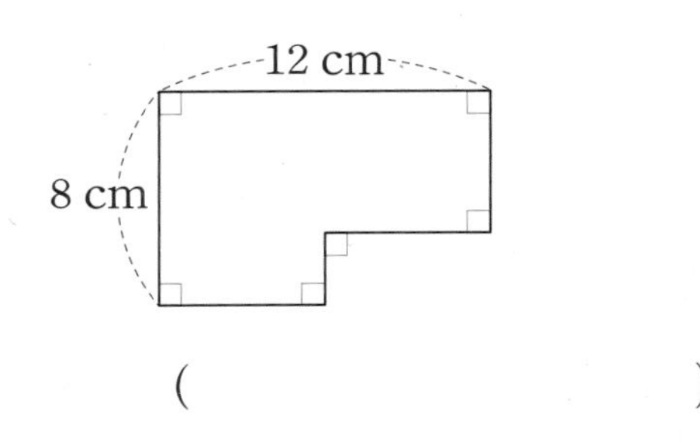

( )

8 반지름이 5 cm인 원 안에 가장 큰 마름모를 그렸습니다. 마름모의 넓이는 몇 cm^2일까요?

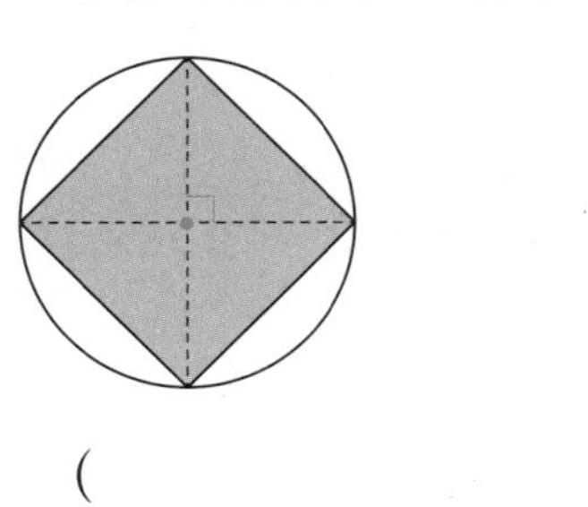

( )

9 둘레가 16 cm인 직사각형이 있습니다. 이 직사각형의 가로가 7 cm라면 세로는 몇 cm일까요?

(　　　　　　　　)

10 넓이가 90 cm^2인 평행사변형입니다. □ 안에 알맞은 수를 구해 보세요.

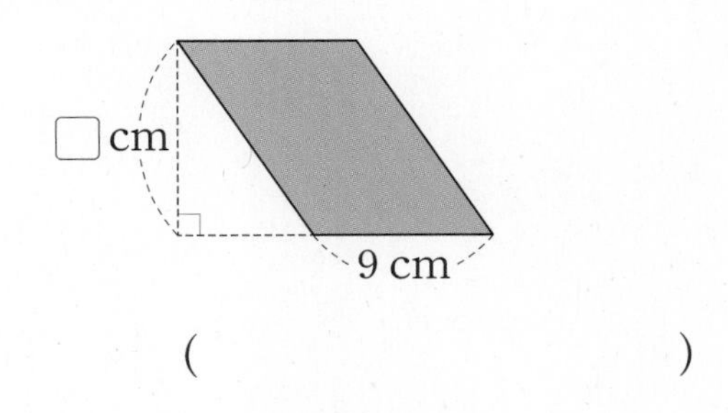

(　　　　　　　　)

11 마름모의 넓이가 14 cm^2일 때 □ 안에 알맞은 수를 써넣으세요.

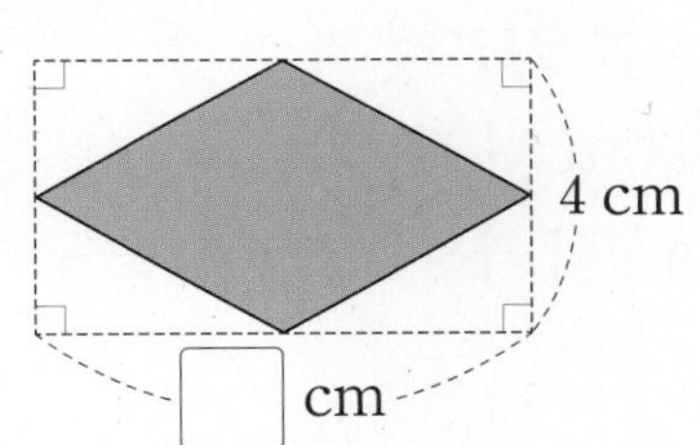

12 도형의 넓이를 구해 보세요.

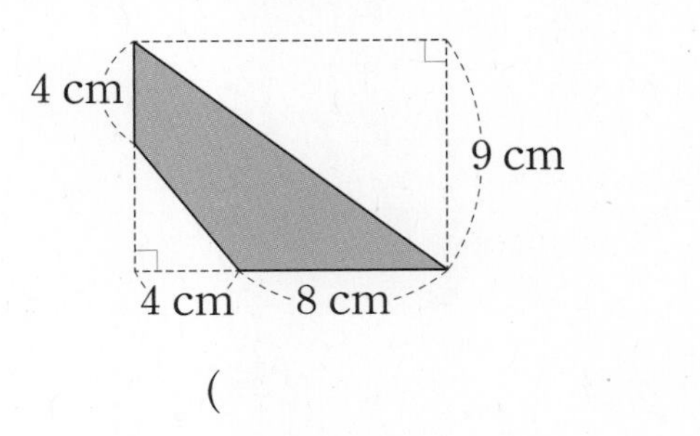

(　　　　　　　　)

13 색칠한 부분의 넓이를 구해 보세요.

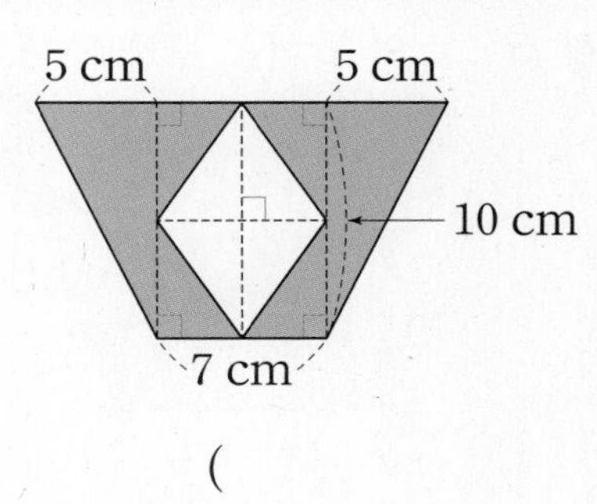

(　　　　　　　　)

[14~15] 둘레가 12 cm인 가장 넓은 직사각형을 만들려고 합니다. 물음에 답하세요. (단, 직사각형의 가로와 세로의 길이는 자연수입니다.)

14 둘레가 12 cm인 직사각형을 서로 다른 모양으로 3개 그려 보세요.

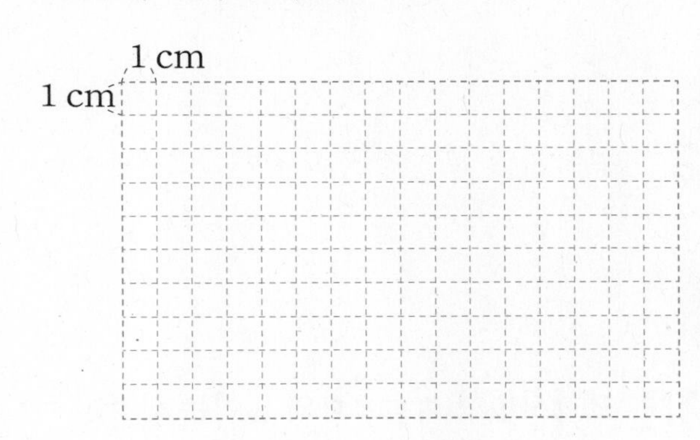

15 둘레가 12 cm인 직사각형 중에서 가장 넓은 직사각형의 넓이는 몇 cm^2일까요?

(　　　　　　　　)

6

16 직사각형 ㄱㄴㄷㄹ의 넓이가 96 cm^2일 때 삼각형 ㅁㄴㄷ의 넓이를 구해 보세요.

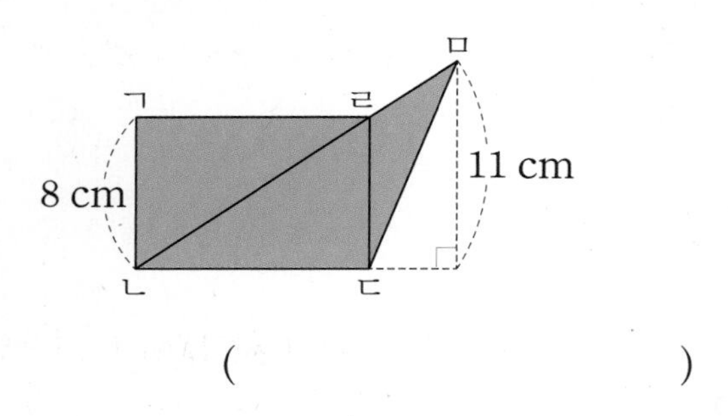

(　　　　　　　　　)

17 사다리꼴 ㄱㄴㄷㄹ의 넓이를 구해 보세요.

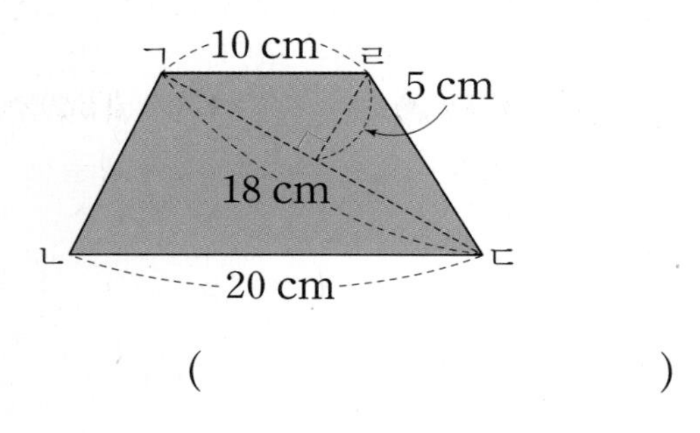

(　　　　　　　　　)

18 평행사변형 ㄱㄷㄹㅁ의 넓이는 삼각형 ㄱㄴㄷ의 넓이의 2배입니다. 선분 ㄱㅁ의 길이는 몇 cm일까요?

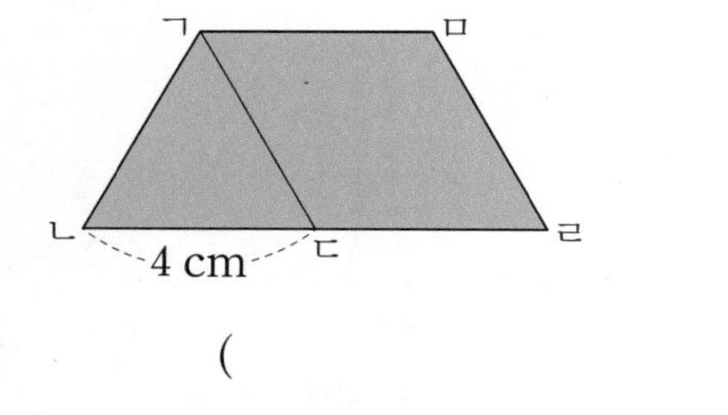

(　　　　　　　　　)

19 삼각형과 정사각형의 넓이가 같습니다. 정사각형의 한 변의 길이는 몇 cm인지 풀이 과정을 쓰고 답을 구해 보세요.

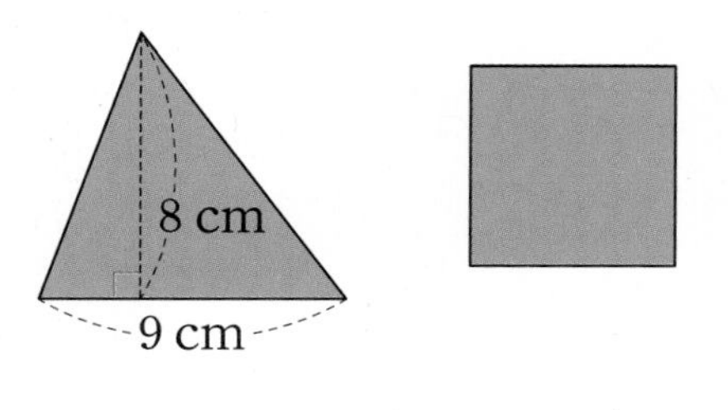

풀이 ....

....

....

....

답 ....

20 직사각형의 각 변의 한가운데 점을 이어서 그림과 같이 마름모와 직사각형을 번갈아가며 그렸습니다. 가장 큰 직사각형의 넓이가 200 cm^2일 때, 마름모 ㉠의 넓이는 몇 cm^2인지 풀이 과정을 쓰고 답을 구해 보세요.

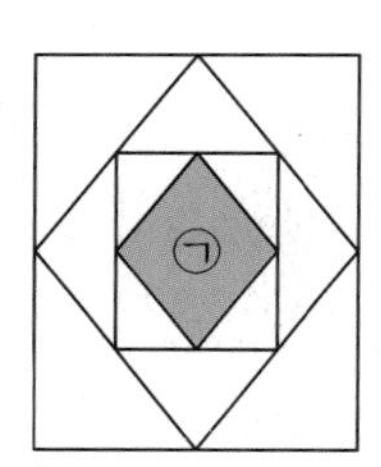

풀이 ....

....

....

....

답 ....

상위권의 기준

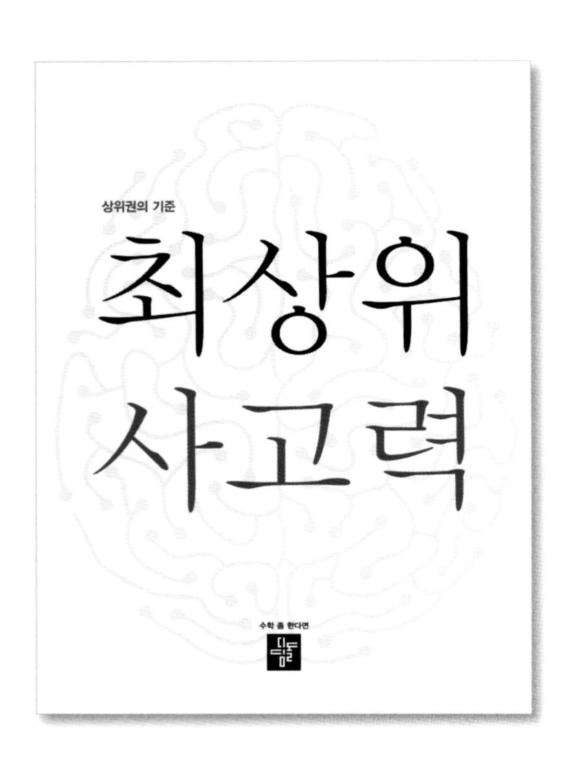

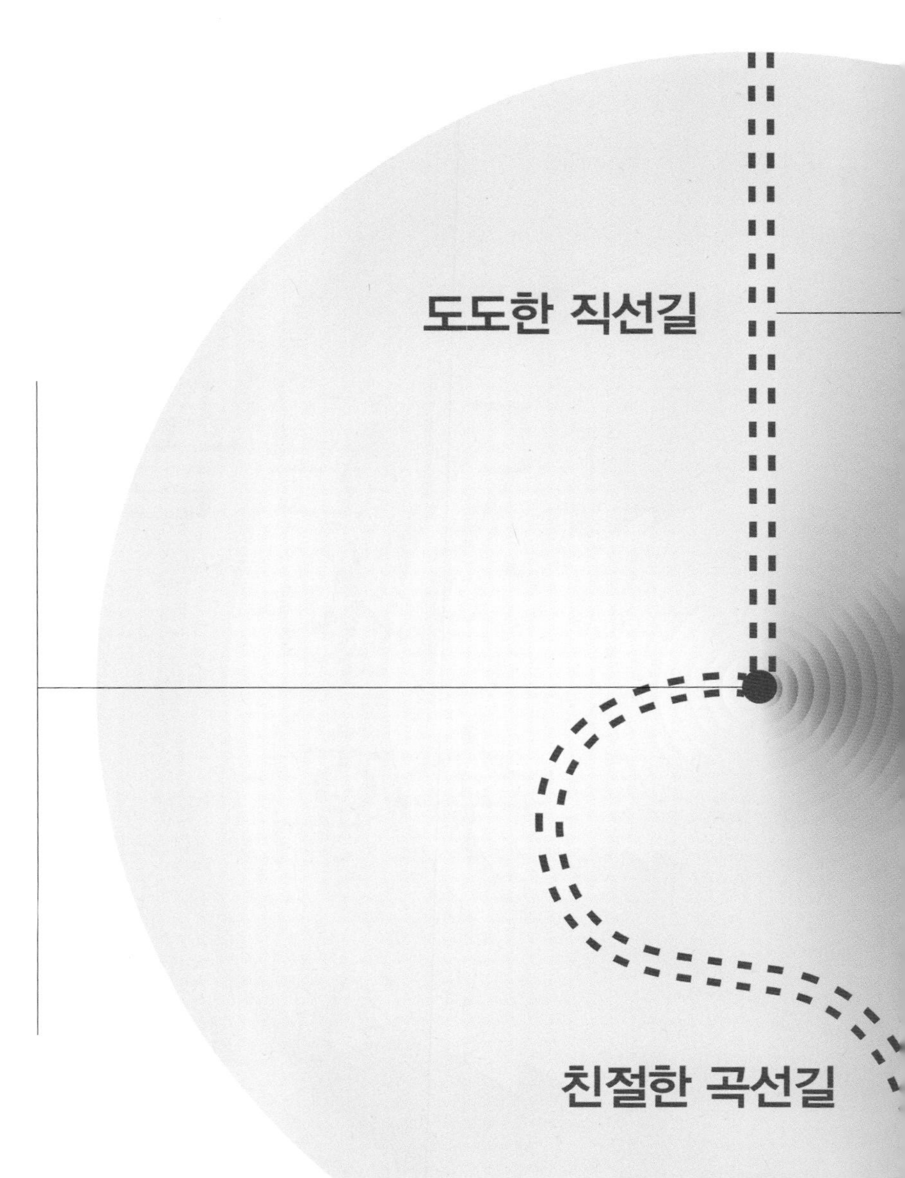

수학 좀 한다면 디딤돌

실력 보강 자료집

5-1

수학 좀 한다면

초등수학

실력 보강 자료집

5-1

• **서술형 문제** | 서술형 문제를 집중 연습해 보세요.

• **단원 평가** | 시험에 잘 나오는 문제를 한번 더 풀어 단원을 확실하게 마무리해요.

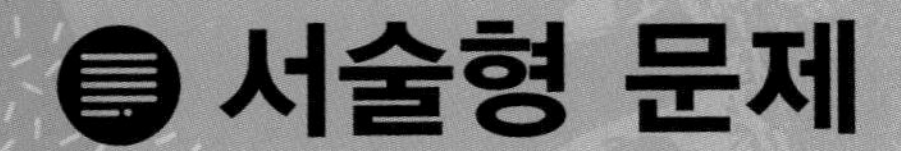

서술형 문제

1 계산이 잘못된 곳을 찾아 이유를 쓰고, 바르게 계산해 보세요.

$$\begin{aligned}23-8+10\times3&=15+10\times3\\&=25\times3\\&=75\end{aligned}$$

이유 예 덧셈, 뺄셈, 곱셈이 섞여 있는 식은 곱셈을 먼저 계산해야 하는데 앞에서부터 차례로 계산해서 틀렸습니다.

바른 계산 예 $23-8+10\times3=23-8+30$

$=15+30=45$

1+ 계산이 잘못된 곳을 찾아 이유를 쓰고, 바르게 계산해 보세요.

$$\begin{aligned}12+15\div3-6&=27\div3-6\\&=9-6\\&=3\end{aligned}$$

이유

바른 계산

2 계산 결과가 더 큰 것의 기호를 쓰려고 합니다. 풀이 과정을 쓰고 답을 구해 보세요.

㉠ $72\div(3\times6)$ ㉡ $24\times3\div8$

풀이 예 ㉠ $72\div(3\times6)=72\div18=4$

㉡ $24\times3\div8=72\div8=9$

$4<9$이므로 계산 결과가 더 큰 것은 ㉡입니다.

답 ㉡

2+ 계산 결과가 더 큰 것의 기호를 쓰려고 합니다. 풀이 과정을 쓰고 답을 구해 보세요.

㉠ $25-(8+9)$ ㉡ $3+12\div3$

풀이

답

3 (　)가 없어도 계산 결과가 같은 식을 찾아 기호를 쓰려고 합니다. 풀이 과정을 쓰고 답을 구해 보세요.

▶ (　)가 있는 경우와 없는 경우의 식을 각각 계산해 봅니다.

㉠ $27-(4+15)$　㉡ $5\times(6+7)$　㉢ $13+(28-15)$

풀이

답

4 수빈이네 반은 여학생이 14명, 남학생이 13명입니다. 이 중에서 안경을 쓰지 않은 학생이 18명이라면 안경을 쓴 학생은 몇 명인지 하나의 식으로 나타내어 구하려고 합니다. 풀이 과정을 쓰고 답을 구해 보세요.

▶ 덧셈과 뺄셈이 섞여 있는 식은 앞에서부터 차례로 계산합니다.

풀이

답

5 한 봉지에 귤이 20개씩 12봉지 있습니다. 이 귤을 다시 8봉지에 똑같이 나누어 담으려면 한 봉지에 몇 개씩 담아야 하는지 하나의 식으로 나타내어 구하려고 합니다. 풀이 과정을 쓰고 답을 구해 보세요.

▶ 곱셈과 나눗셈이 섞여 있는 식은 앞에서부터 차례로 계산합니다.

풀이

답

6 사과 1개의 값은 900원이고 귤 2개의 값은 1500원입니다. 사과 2개와 귤 2개의 값은 모두 얼마인지 하나의 식으로 나타내어 구하려고 합니다. 풀이 과정을 쓰고 답을 구해 보세요.

풀이

답

▶ 덧셈과 곱셈이 섞여 있는 식은 곱셈을 먼저 계산합니다.

7 혜수는 빨간 색종이 6장과 파란 색종이 4장을 가지고 있습니다. 정미는 혜수가 가지고 있는 색종이 수의 2배보다 3장 더 적게 가지고 있습니다. 정미가 가지고 있는 색종이는 몇 장인지 하나의 식으로 나타내어 구하려고 합니다. 풀이 과정을 쓰고 답을 구해 보세요.

풀이

답

▶ (   ) 있는 식은 (   ) 안을 먼저 계산합니다.

8 정우네 반 남학생 15명은 5명씩 모둠을 만들고, 여학생 16명은 4명씩 모둠을 만들었습니다. 만든 모둠은 모두 몇 모둠인지 하나의 식으로 나타내어 구하려고 합니다. 풀이 과정을 쓰고 답을 구해 보세요.

풀이

답

▶ 덧셈과 나눗셈이 섞여 있는 식은 나눗셈을 먼저 계산합니다.

9 기호 ★의 계산 방법을 다음과 같이 약속할 때, 16★8을 계산한 값은 얼마인지 풀이 과정을 쓰고 답을 구해 보세요.

가★나 = 가 × 나 − 가 ÷ 나

풀이

답

▶ 가 대신에 16을, 나 대신에 8을 넣어 계산합니다.

10 민지는 문구점에서 2000원짜리 필통 1개와 3개에 1200원 하는 지우개 1개를 사고 5000원을 냈습니다. 거스름돈으로 얼마를 받아야 하는지 하나의 식으로 나타내어 구하려고 합니다. 풀이 과정을 쓰고 답을 구해 보세요.

풀이

답

▶ (   ) 안에서 나눗셈을 덧셈보다 먼저 계산합니다.

11 가게에서 한 개에 1500원인 빵 3개와 초콜릿 5개를 사고 10000원을 냈더니 1500원을 거스름돈으로 받았습니다. 초콜릿 한 개의 값은 얼마인지 풀이 과정을 쓰고 답을 구해 보세요.

풀이

답

▶ 초콜릿 한 개의 값을 □원이라고 하여 식을 세워 봅니다.

단원 평가 Level 1

점수

확인

1 가장 먼저 계산해야 할 곳에 ○표 하세요.

$54-45\div9+3\times8$

2 계산 순서가 잘못된 것을 찾아 기호를 써 보세요.

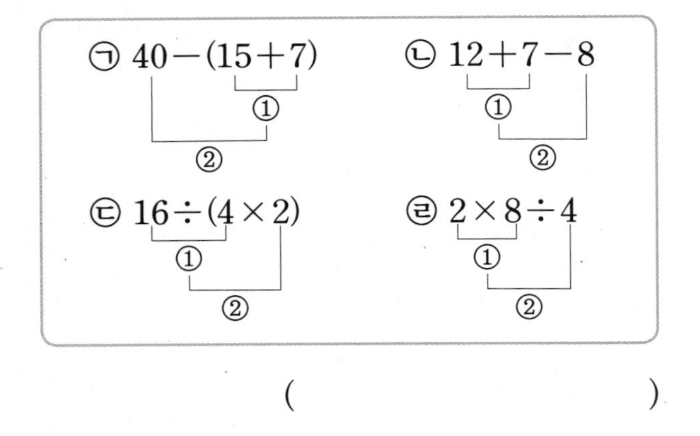

(　　　　　　　)

3 계산 순서를 나타내고 계산해 보세요.

$27\div9+7\times4-10$

4 ㉠+㉡의 값을 구해 보세요.

㉠ $33-21+15$
㉡ $16+(28-4)-7$

(　　　　　　　)

5 두 식을 하나의 식으로 나타내어 보세요.

$6\times5=30$
$30-2\times9=12$

식

6 계산 결과가 다른 하나를 찾아 기호를 써 보세요.

㉠ $34+30\div5-2$
㉡ $34+(30\div5)-2$
㉢ $34+30\div(5-2)$

(　　　　　　　)

7 계산해 보세요.

(1) $36\div6+3\times7$

(2) $57-42\div6-(8+2)$

8 계산 결과가 큰 것부터 차례로 기호를 써 보세요.

㉠ $(18-3)\div5\times4$
㉡ $7\times3-5\times2$
㉢ $3\times8-(5-2)$

(　　　　　　　)

9 윤주가 가게에서 산 과자와 음료수의 가격과 개수입니다. 5000원을 냈다면 거스름돈으로 얼마를 받았을까요?

	가격(원)	개수(개)
과자	800	3
음료수	1200	1

( )

10 현주네 반 학급 문고에는 과학책이 48권, 동화책이 37권 있습니다. 그중에서 26권을 친구들이 빌려 갔습니다. 학급 문고에 남은 책은 몇 권일까요?

( )

11 연필 30타를 40명에게 똑같이 나누어 주려고 합니다. 한 사람에게 몇 자루씩 나누어 줄 수 있을까요? (단, 연필 한 타는 12자루입니다.)

( )

12 □ 안에 알맞은 수를 써넣으세요.

$$(42-\square)\times 3+21=39$$

13 3, 5, 6을 □ 안에 한 번씩만 써넣어 계산 결과가 4가 되는 식을 만들어 보세요.

$$\square-\square+\square=4$$

14 가★나 = 가×나+(가－나)라고 약속할 때, 14★8을 계산해 보세요.

( )

15 길이가 72 cm인 색 테이프를 3등분 한 것 중의 한 도막과 60 cm인 색 테이프를 5등분 한 것 중의 한 도막을 3 cm가 겹쳐지도록 이어 붙였습니다. 이어 붙인 색 테이프의 전체 길이는 몇 cm일까요?

( )

1

정답과 풀이 61쪽

16 □ 안에 들어갈 수 있는 자연수는 모두 몇 개일까요?

$(12+20)\div8<\square<19-35\div7-4$

(　　　　　　　)

17 수 카드 2, 4, 6 을 □ 안에 한 번씩 써넣어 식을 만들려고 합니다. 계산 결과가 가장 클 때와 가장 작을 때는 각각 얼마인지 구해 보세요.

$\square+\square\times8-\square$

가장 클 때 (　　　　　　　)
가장 작을 때 (　　　　　　　)

18 식이 성립하도록 ○ 안에 +, −, ×, ÷를 한 번씩 알맞게 써넣으세요.

$50 \bigcirc 4 \bigcirc 10 \bigcirc 2 \bigcirc 3=33$

19 구슬을 정훈이는 34개, 윤아는 29개 가지고 있고 민호는 정훈이와 윤아가 가지고 있는 구슬 수의 2배보다 51개 더 적게 가지고 있습니다. 민호가 가지고 있는 구슬은 몇 개인지 풀이 과정을 쓰고 답을 구해 보세요.

풀이

답

20 수제비 4인분을 만들기 위해 10000원으로 다음 재료를 필요한 만큼만 사고 남은 돈은 얼마인지 풀이 과정을 쓰고 답을 구해 보세요.

밀가루(8인분): 3200원
감자(2인분): 1000원
조개(4인분): 3000원

풀이

답

단원 평가 Level 2

점수

확인

1 가장 먼저 계산해야 할 부분은 어느 것일까요? (　　　)

$2\times8\div4+(6-5)\times2$

① 2×8　② $8\div4$　③ $4+6$　④ $6-5$　⑤ 5×2

[2~3] 계산해 보세요.

2 $26+16\div(4\times2)-4$

3 $67-36\div6+(2+3)\times7$

4 (　)를 생략해도 계산 결과가 같은 식은 어느 것일까요? (　　　)

① $36-(27-9)$　② $5+(7-5)$　③ $6\times(8-4)$　④ $12\div(6\div2)$　⑤ $15\div(3\times5)$

5 계산 결과가 가장 큰 것을 찾아 기호를 써 보세요.

㉠ $(2+3)\times4-5$
㉡ $2+3\times4-5$
㉢ $4\div2+5\times3$

(　　　　　　)

6 (　)를 사용하여 두 식을 하나의 식으로 나타내어 보세요.

$45\div5+7=16$　　$9-4=5$

식

7 식을 세우고 계산해 보세요.

3과 4의 합을 6배 한 수에서 5를 뺀 수

식

8 두 식의 계산 결과의 차를 구해 보세요.

$45\div(8-3)+27$
$32-72\div(2+7)$

(　　　　　　)

1

9 버스에 42명이 타고 있었습니다. 이번 정거장에서 21명이 내리고 13명이 탔습니다. 버스에 타고 있는 사람은 몇 명인지 하나의 식으로 나타내어 구해 보세요.

식 ....

답 ....

10 사탕이 한 봉지에 8개씩 3봉지 있습니다. 이 사탕을 남학생 3명과 여학생 3명에게 똑같이 나누어 주려고 합니다. 한 사람에게 사탕을 몇 개씩 줄 수 있을까요?

(　　　　　　　　)

11 식이 성립하도록 (　)로 묶어 보세요.

$24+40\div8-3=5$

12 □ 안에 알맞은 수를 써넣으세요.

$64\div8\times\square=40$

13 식이 성립하도록 ○ 안에 +, −, ×, ÷를 알맞게 써넣으세요.

$5\times4\bigcirc5=(18-16)\times2$

14 기호 ▲의 계산 방법을 다음과 같이 약속할 때, 18▲12를 계산해 보세요.

가▲나＝(가－나)×2＋(가＋나)÷2

(　　　　　　　　)

15 어느 자동차 영업소에서 4월에는 25대의 자동차를 팔았고, 5월에는 4월보다 7대 더 적게 팔았습니다. 6월에는 5월에 판 자동차 수의 2배보다 4대 더 적게 팔았다면 6월에 판 자동차는 몇 대일까요?

(　　　　　　　　)

정답과 풀이 62쪽

16 어떤 수를 3으로 나눈 다음 34를 더해야 할 것을 잘못하여 어떤 수에 3을 곱한 다음 34를 뺐더니 11이 되었습니다. 바르게 계산하면 얼마일까요?

(   )

17 □ 안에 들어갈 수 있는 자연수는 모두 몇 개일까요?

$\square+5\times6<30+64\div8$

(   )

18 사과를 은형이는 하루에 52개, 소라는 3일 동안 144개, 미림이는 4일 동안 300개 땄습니다. 은형이와 소라가 하루에 딴 사과 수의 합은 미림이가 하루에 딴 사과보다 몇 개 더 많을까요? (단, 소라와 미림이는 각각 사과를 하루에 같은 개수씩 땄습니다.)

(   )

19 가게에 막대 사탕이 한 상자에 24개씩 5상자 있습니다. 이 막대 사탕을 일주일 동안 하루에 8개씩 팔았다면 남은 막대 사탕은 몇 개인지 풀이 과정을 쓰고 답을 구해 보세요.

풀이

답

20 기호 ◎의 계산 방법을 보기 와 같이 약속할 때, □ 안에 알맞은 수를 구하려고 합니다. 풀이 과정을 쓰고 답을 구해 보세요.

보기

가◎나＝가×3＋(가－나)×2

9◎□＝33

풀이

답

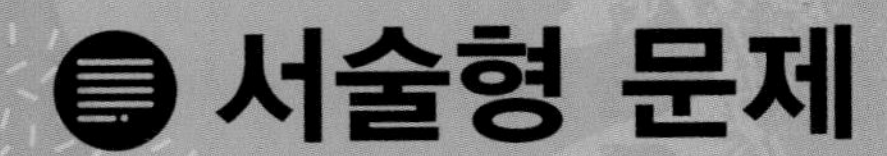

서술형 문제

1 3과 6의 최소공배수를 서로 다른 두 가지 방법으로 구해 보세요.

방법 1 예 3의 배수는 3, 6, 9, 12, 15, ..., 6의 배수는 6, 12, 18, ...이고 3과 6의 공배수가 6, 12, ...이므로 최소공배수는 6입니다.

방법 2 예
$$\begin{array}{r|rr} 3 & 3 & 6 \\ \hline & 1 & 2 \end{array}$$

3과 6의 최소공배수는 $3 \times 1 \times 2 = 6$입니다.

1+ 10과 15의 최소공배수를 서로 다른 두 가지 방법으로 구해 보세요.

방법 1

방법 2

2 어떤 두 수의 최대공약수가 10일 때, 두 수의 공약수를 모두 구하려고 합니다. 풀이 과정을 쓰고 답을 구해 보세요.

풀이 예 두 수의 공약수는 두 수의 최대공약수의 약수와 같습니다.

따라서 두 수의 공약수는 10의 약수인 1, 2, 5, 10입니다.

답 1, 2, 5, 10

2+ 어떤 두 수의 최대공약수가 18일 때, 두 수의 공약수를 모두 구하려고 합니다. 풀이 과정을 쓰고 답을 구해 보세요.

풀이

답

3 12와 30의 최대공약수를 두 가지 방법으로 구해 보세요.

방법 1

방법 2

▶ 공약수 중에서 가장 큰 수가 최대공약수입니다.

4 48의 약수는 모두 몇 개인지 풀이 과정을 쓰고 답을 구해 보세요.

풀이

답

▶ 어떤 수를 나누어떨어지게 하는 수를 그 수의 약수라고 합니다.

5 16의 배수 중에서 100에 가장 가까운 수는 얼마인지 풀이 과정을 쓰고 답을 구해 보세요.

풀이

답

▶ 100보다 작은 수와 100보다 큰 수 중에서 100에 가장 가까운 16의 배수를 각각 구해 봅니다.

6 어떤 두 수의 최소공배수가 12일 때, 두 수의 공배수를 가장 작은 수부터 3개 구하려고 합니다. 풀이 과정을 쓰고 답을 구해 보세요.

▶ 두 수의 공배수는 두 수의 최소공배수의 배수와 같습니다.

풀이

답

7 가로가 54 cm, 세로가 90 cm인 직사각형 모양의 종이를 가장 큰 정사각형 여러 개로 남김없이 자르려고 합니다. 정사각형의 한 변의 길이를 몇 cm로 해야 하는지 풀이 과정을 쓰고 답을 구해 보세요.

▶ 가로와 세로를 모두 나누어야 하므로 최대공약수를 이용합니다.

풀이

답

8 효진이와 윤희는 운동장에서 일정한 빠르기로 걷고 있습니다. 효진이는 3분마다, 윤희는 5분마다 운동장을 한 바퀴 돕니다. 두 사람이 출발점에서 같은 방향으로 동시에 출발할 때, 출발 후 50분 동안 출발점에서 몇 번 다시 만나는지 풀이 과정을 쓰고 답을 구해 보세요.

▶ 두 사람이 몇 분마다 출발점에서 만나는지 구해 봅니다.

풀이

답

9 버스 정류장에서 도서관으로 가는 버스는 15분마다, 학교로 가는 버스는 9분마다 출발한다고 합니다. 오전 9시에 도서관과 학교로 가는 버스가 동시에 출발하였다면 다음번에 처음으로 두 버스가 동시에 출발하는 시각은 오전 몇 시 몇 분인지 풀이 과정을 쓰고 답을 구해 보세요.

풀이

답

▶ 두 버스가 몇 분마다 동시에 출발하는지 구해 봅니다.

10 44를 어떤 수로 나누면 나머지가 2이고, 58을 어떤 수로 나누어도 나머지가 2입니다. 어떤 수가 될 수 있는 수를 모두 구하려고 합니다. 풀이 과정을 쓰고 답을 구해 보세요.

풀이

답

▶ 어떤 수는 나누는 수이므로 나머지보다 커야 합니다.

2

11 다음 조건을 모두 만족하는 수 중에서 가장 작은 수는 얼마인지 풀이 과정을 쓰고 답을 구해 보세요.

- 3의 배수입니다.
- 5의 배수입니다.
- 세 자리 수입니다.

풀이

답

▶ ■의 배수도 되고, ▲의 배수도 되는 수는 ■와 ▲의 공배수입니다.

단원 평가 Level ❶

점수

확인

1 약수를 구해 보세요.

(1) 28의 약수

(　　　　　　　　　　)

(2) 30의 약수

(　　　　　　　　　　)

2 6의 배수를 가장 작은 수부터 차례로 5개 써 보세요.

(　　　　　　　　　　)

3 왼쪽 수가 오른쪽 수의 약수인 것을 모두 찾아 ○표 하세요.

9	27

(　　)

6	46

(　　)

5	124

(　　)

12	144

(　　)

4 지우개 51개를 남김없이 똑같이 나누어 가질 수 있는 사람 수를 모두 찾아 써 보세요.

3명　　7명　　17명　　23명

(　　　　　　　　　　)

5 곱셈식을 보고 잘못 설명한 것은 어느 것일까요? (　　　)

$3 \times 13 = 39,\ 7 \times 12 = 84$

① 39는 3과 13의 배수입니다.
② 13은 39의 약수입니다.
③ 84는 7과 12의 배수입니다.
④ 7은 84의 약수입니다.
⑤ 39의 약수는 3과 13뿐입니다.

6 어떤 수의 약수를 모두 쓴 것입니다. 어떤 수를 구해 보세요.

1, 2, 3, 4, 6, 8, 12, 24

(　　　　　　　　　　)

7 48과 72의 최대공약수와 최소공배수를 각각 구해 보세요.

최대공약수 (　　　　　　　　　　)

최소공배수 (　　　　　　　　　　)

8 30과 42의 최대공약수를 구하고, 공약수를 모두 써 보세요.

) 30　42

최대공약수 (　　　　　　　　　　)

공약수 (　　　　　　　　　　)

9 두 수의 최대공약수가 가장 큰 것을 찾아 기호를 써 보세요.

㉠ (63, 90)　㉡ (77, 35)　㉢ (28, 42)

(　　　　　　　　)

10 두 수는 약수와 배수의 관계입니다. □ 안에 들어갈 수 있는 수를 모두 찾아 ○표 하세요.

(□, 18)

(5 , 9 , 16 , 36 , 50)

11 어떤 두 수의 최소공배수는 20입니다. 이 두 수의 공배수를 가장 작은 수부터 차례로 3개 구해 보세요.

(　　　　　　　　)

12 설명이 옳은 것의 기호를 써 보세요.

㉠ 12의 배수는 모두 8의 배수입니다. ㉡ 21의 배수는 모두 7의 배수입니다.

(　　　　　　　　)

13 1부터 200까지의 자연수 중에서 4의 배수이면서 7의 배수인 수는 모두 몇 개일까요?

(　　　　　　　　)

14 수 카드 3, 4, 5를 한 번씩 모두 사용하여 만들 수 있는 세 자리 수 중에서 6의 배수를 모두 구해 보세요.

(　　　　　　　　)

15 직사각형 모양의 종이를 가장 큰 정사각형 모양으로 남는 부분이 없도록 똑같이 나누어 자른다면 모두 몇 조각이 될까요?

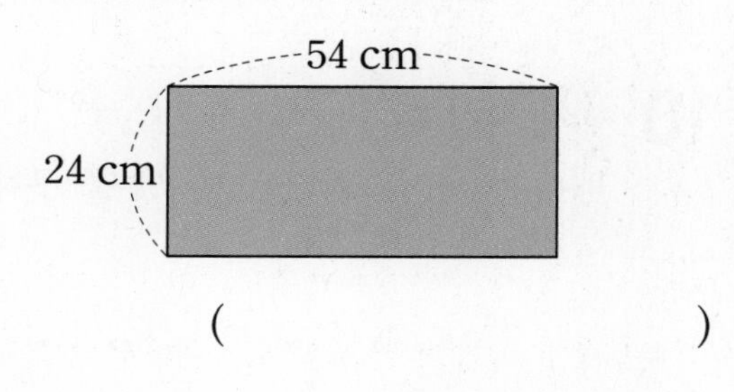

(　　　　　　　　)

2

16 다음을 모두 만족하는 수를 구해 보세요.

- 7의 배수입니다.
- 이 수의 약수를 모두 더하면 32입니다.

( )

17 ■는 얼마인지 구해 보세요.

30÷■=♥…6
46÷■=★…6

( )

18 39와 어떤 수의 최대공약수는 13이고 최소공배수는 156입니다. 어떤 수를 구해 보세요.

( )

19 어떤 수의 배수를 가장 작은 수부터 차례로 쓴 것입니다. 15번째 수는 얼마인지 풀이 과정을 쓰고 답을 구해 보세요.

9, 18, 27, 36, …

풀이

답

20 7로 나누어도 5가 남고, 9로 나누어도 5가 남는 수 중에서 가장 작은 수는 얼마인지 풀이 과정을 쓰고 답을 구해 보세요.

풀이

답

단원 평가 Level 2

점수

확인

1 약수가 가장 많은 수를 찾아 기호를 써 보세요.

㉠ 45　　㉡ 30　　㉢ 64

(　　　　　　)

2 어떤 수의 약수를 가장 작은 수부터 모두 쓴 것입니다. □ 안에 알맞은 수를 구해 보세요.

1, 2, 4, 5, 8, □, 20, 40

(　　　　　　)

3 4의 배수가 아닌 수를 모두 고르세요. (　　　　　　)

① 24　　② 34　　③ 40
④ 58　　⑤ 60

4 두 수가 약수와 배수의 관계일 때 □ 안에 들어갈 수 없는 수는 어느 것일까요? (　　　　　　)

(16, □)

① 1　　② 8　　③ 10
④ 32　　⑤ 64

5 9의 배수도 되고 15의 배수도 되는 수를 모두 고르세요. (　　　　　　)

① 27　　② 45　　③ 50
④ 60　　⑤ 90

6 ㉠과 ㉡의 공약수 중에서 가장 큰 수를 구해 보세요.

㉠ $2\times3\times5\times7$
㉡ $2\times3\times7\times13$

(　　　　　　)

7 두 수의 최대공약수와 최소공배수를 각각 구해 보세요.

27　　45

최대공약수 (　　　　　　)
최소공배수 (　　　　　　)

8 어떤 두 수의 최대공약수가 32일 때 두 수의 공약수는 모두 몇 개일까요?

(　　　　　　)

9 민지가 설명하는 수를 구해 보세요.

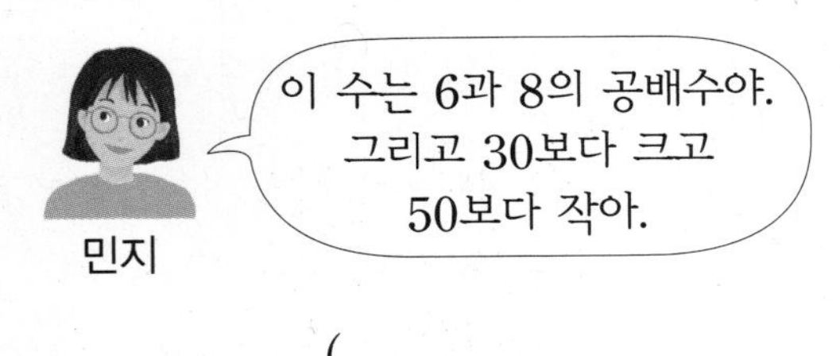

(　　　　　　　　　　)

10 3과 4의 공배수 중에서 두 자리 수는 모두 몇 개일까요?

(　　　　　　　　　　)

11 두 수의 공배수 중 200에 가장 가까운 수를 구해 보세요.

6	20

(　　　　　　　　　　)

12 사탕 60개와 초콜릿 45개를 최대한 많은 학생에게 남김없이 똑같이 나누어 주려고 합니다. 최대 몇 명에게 나누어 줄 수 있을까요?

(　　　　　　　　　　)

13 가로가 6 cm, 세로가 5 cm인 직사각형 모양의 종이를 겹치지 않게 빈틈없이 늘어놓아 정사각형을 만들려고 합니다. 가능한 작은 정사각형을 만들 때 종이는 모두 몇 장 필요할까요?

(　　　　　　　　　　)

14 현빈이와 소영이는 공원을 일정한 빠르기로 걷고 있습니다. 현빈이는 7분마다, 소영이는 5분마다 공원을 한 바퀴 돕니다. 두 사람이 출발점에서 같은 방향으로 동시에 출발할 때 출발 후 90분 동안 출발점에서 몇 번 다시 만날까요?

(　　　　　　　　　　)

15 연아와 주희가 다음과 같은 규칙에 따라 각각 바둑돌 100개를 놓았습니다. 같은 자리에 검은색 바둑돌이 놓이는 경우는 모두 몇 번일까요?

연아 ○○●○○●○○●○ …

주희 ○●○●○●○●○● …

(　　　　　　　　　　)

16 어떤 두 수의 최대공약수는 7이고 최소공배수는 105입니다. 한 수가 35일 때 다른 한 수는 얼마일까요?

( )

17 어떤 수로 26을 나누면 나머지가 2이고, 39를 나누면 나머지가 3입니다. 어떤 수 중에서 가장 큰 수는 얼마일까요?

( )

18 가로가 56 m, 세로가 72 m인 직사각형 모양의 목장이 있습니다. 목장의 가장자리를 따라 일정한 간격으로 말뚝을 설치하여 울타리를 만들려고 합니다. 네 모퉁이에는 반드시 말뚝을 설치해야 하고, 말뚝은 가장 적게 사용하려고 합니다. 울타리를 설치하는 데 필요한 말뚝은 모두 몇 개일까요?

( )

19 잘못 말한 사람을 찾아 이름을 쓰고, 그 이유를 써 보세요.

진헌: 24와 36의 공약수는 두 수를 모두 나누어떨어지게 할 수 있어.
혜진: 24와 36의 공약수 중에서 가장 큰 수는 8이야.
서연: 24와 36의 공약수 중에서 가장 작은 수는 1이야.

답 ....

이유 ....

....

....

20 어떤 두 수의 최소공배수가 32일 때 두 수의 공배수 중에서 가장 큰 두 자리 수를 구하려고 합니다. 풀이 과정을 쓰고 답을 구해 보세요.

풀이 ....

....

....

....

답 ....

2

서술형 문제

1 빵 한 개의 가격이 800원일 때 판매한 빵의 수와 판매 금액 사이의 대응 관계를 두 가지 식으로 나타내려고 합니다. 풀이 과정을 쓰고 식으로 나타내어 보세요.

풀이 예 빵의 수에 800을 곱하면 판매 금액과 같습니다. ➡ (빵의 수) $\times$ 800 $=$ (판매 금액)
판매 금액을 800으로 나누면 빵의 수와 같습니다.
➡ (판매 금액) $\div$ 800 $=$ (빵의 수)

식 (빵의 수) $\times$ 800 $=$ (판매 금액)
(판매 금액) $\div$ 800 $=$ (빵의 수)

1⁺ 사탕 한 개의 가격이 450원일 때 사탕의 수와 사탕값 사이의 대응 관계를 두 가지 식으로 나타내려고 합니다. 풀이 과정을 쓰고 식으로 나타내어 보세요.

풀이

식

2 과일 주스 가게에서 주스 1잔을 만드는 데 토마토 2개가 필요하다고 합니다. 주스 7잔을 만드는 데 토마토가 몇 개 필요한지 풀이 과정을 쓰고 답을 구해 보세요.

풀이 예 주스의 수와 토마토의 수 사이의 대응 관계를 식으로 나타내면 (주스의 수) $\times$ 2 $=$ (토마토의 수)입니다. 따라서 주스 7잔을 만드는 데 필요한 토마토는 $7 \times 2 = 14$(개)입니다.

답 14개

2⁺ 제과점에서 호두빵 1개를 만드는 데 호두 4개가 필요하다고 합니다. 호두빵 8개를 만드는 데 호두가 몇 개 필요한지 풀이 과정을 쓰고 답을 구해 보세요.

풀이

답

정답과 풀이 69쪽

3 찬주는 선물을 포장하기 위해 하나의 끈을 잘랐습니다. 자른 횟수와 도막의 수 사이의 대응 관계를 표를 이용하여 알아보고 식으로 나타내려고 합니다. 풀이 과정을 쓰고 식으로 나타내어 보세요.

자른 횟수(번)	1	2	3	4	⋯
도막의 수(도막)	2	3	4	5	⋯

풀이

식

▶ 자른 횟수가 1번, 2번, 3번, ... 일 때, 도막의 수는 몇 도막씩 늘어나는지 알아봅니다.

4 대응 관계를 나타낸 식을 보고, 식에 알맞은 상황을 써 보세요.

○×6=◇

답

▶ ◇가 ○의 6배인 관계가 있는 두 양을 찾아봅니다.

5 윤호가 말한 수와 나연이가 답한 수 사이의 대응 관계를 나타낸 표입니다. 윤호가 18이라고 말할 때 나연이는 어떤 수를 답해야 할지 풀이 과정을 쓰고 답을 구해 보세요.

윤호가 말한 수	3	6	9	12	⋯
나연이가 답한 수	7	10	13	16	⋯

풀이

답

▶ 나연이가 답한 수는 윤호가 말한 수보다 얼마나 더 큰 수인지 알아봅니다.

3

6 색종이가 한 묶음에 12장씩 들어 있습니다. 묶음의 수와 색종이의 수 사이의 대응 관계를 식으로 나타내려고 합니다. 풀이 과정을 쓰고 식으로 나타내어 보세요.

▶ 색종이 묶음의 수가 한 묶음씩 늘어날 때, 색종이의 수는 몇 장씩 늘어나는지 알아봅니다.

풀이

식

7 1월의 어느 날 서울의 시각과 런던의 시각 사이의 대응 관계를 나타낸 표입니다. 서울이 오후 7시일 때 런던은 오전 몇 시인지 풀이 과정을 쓰고 답을 구해 보세요.

▶ 서울의 시각이 런던의 시각보다 몇 시간 빠른지 알아봅니다.

서울의 시각	오전 10시	오전 11시	낮 12시	오후 1시
런던의 시각	오전 1시	오전 2시	오전 3시	오전 4시

풀이

답

8 우리 주변에서 볼 수 있는 대응 관계를 찾아 쓰고, ◎와 □를 사용하여 식으로 나타내어 보세요.

▶ 주변에서 볼 수 있는 대응 관계를 찾아봅니다.

대응 관계

9 성냥개비를 이용하여 다음과 같은 탑을 만들려고 합니다. 탑을 쌓은 층수를 △, 성냥개비의 수를 ○라고 할 때, △와 ○ 사이의 대응 관계를 식으로 나타내려고 합니다. 풀이 과정을 쓰고 식으로 나타내어 보세요.

▶ 탑을 쌓은 층수가 1층, 2층, 3층, ...일 때, 성냥개비의 수는 몇 개씩 늘어나는지 알아봅니다.

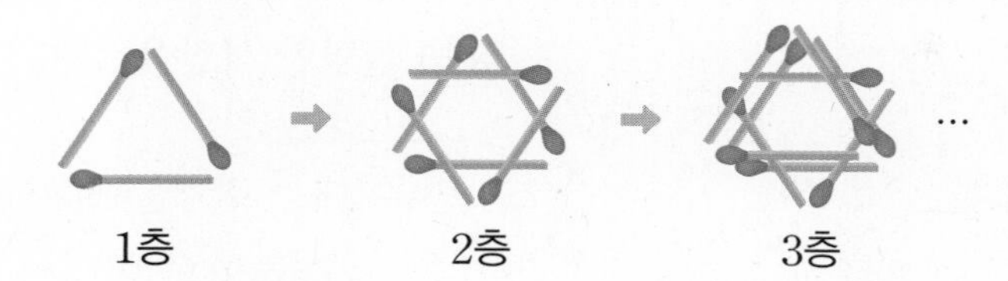

풀이 ....

....

....

식 ....

10 도형의 배열을 보고 사각형이 10개일 때 삼각형은 몇 개인지 풀이 과정을 쓰고 답을 구해 보세요.

▶ 사각형의 수가 1개, 2개, 3개, ...일 때, 삼각형의 수는 몇 개씩 늘어나는지 알아봅니다.

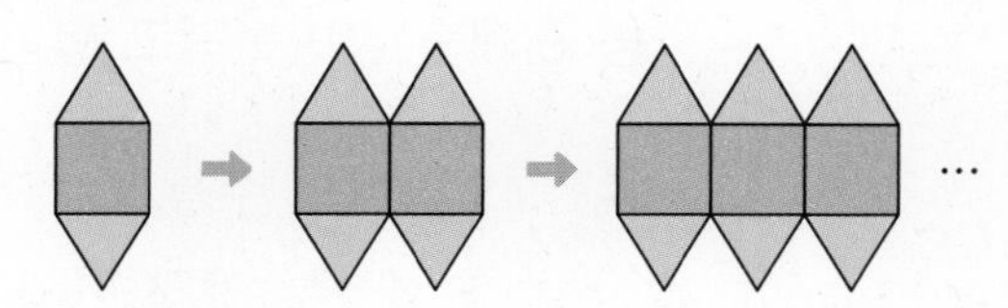

풀이 ....

....

....

답 ....

11 1개에 600원 하는 호떡이 있습니다. 9000원으로 호떡을 모두 몇 개 살 수 있는지 풀이 과정을 쓰고 답을 구해 보세요.

▶ 호떡의 수와 호떡값 사이의 대응 관계를 식으로 나타내어 봅니다.

풀이 ....

....

....

답 ....

단원 평가 Level 1

점수

확인

1 사각형의 수와 사각형 변의 수 사이의 대응 관계를 식으로 나타내려고 합니다. □ 안에 알맞은 수를 써넣으세요.

> 사각형의 수를 ◇, 사각형 변의 수를 ○라고 할 때, 두 양 사이의 대응 관계를 식으로 나타내면 ◇×□=○입니다.

[2～4] 정우의 나이와 동생의 나이 사이의 대응 관계를 알아보려고 합니다. 물음에 답하세요.

2 정우의 나이와 동생의 나이 사이의 대응 관계를 표를 이용하여 알아보세요.

정우의 나이(살)	9	10	11	12	…
동생의 나이(살)	6	7			…

3 정우의 나이와 동생의 나이 사이의 대응 관계를 써 보세요.

4 정우의 나이와 동생의 나이 사이의 대응 관계를 식으로 나타내어 보세요.

식

5 팔찌 한 개를 만드는 데 구슬이 8개 필요합니다. 팔찌의 수를 ○, 구슬의 수를 △라고 할 때, 잘못 설명한 사람을 찾아 이름을 써 보세요.

> 민유: 대응 관계를 팔찌의 수를 ☆, 구슬의 수를 ♡로 바꿔서 나타낼 수 있어.
> 시현: 팔찌의 수와 구슬의 수 사이의 대응 관계는 ○×8=△로 나타낼 수도 있고, △÷8=○로 나타낼 수도 있어.
> 지아: △는 ○와 관계없이 변할 수 있어.

(   )

[6～8] 오징어의 수와 오징어 다리의 수 사이의 대응 관계를 알아보려고 합니다. 물음에 답하세요.

(오징어 다리의 수: 10개)

6 오징어의 수를 ◇, 오징어 다리의 수를 △라고 할 때, 두 양 사이의 대응 관계를 식으로 나타내어 보세요.

식

7 오징어가 12마리일 때 오징어 다리는 몇 개일까요?

(   )

8 오징어 다리가 270개일 때 오징어는 몇 마리일까요?

(   )

[9 ~ 11] 파란색 사각판과 초록색 사각판으로 규칙적인 배열을 만들고 있습니다. 물음에 답하세요.

9 파란색 사각판의 수와 초록색 사각판의 수 사이의 대응 관계를 써 보세요.

10 파란색 사각판의 수를 △, 초록색 사각판의 수를 ○라고 할 때, 두 양 사이의 대응 관계를 식으로 나타내어 보세요.

식

11 파란색 사각판이 15개일 때 초록색 사각판은 몇 개 필요할까요?

( )

[12 ~ 14] 그림과 같이 식탁에 의자를 놓고 있습니다. 물음에 답하세요.

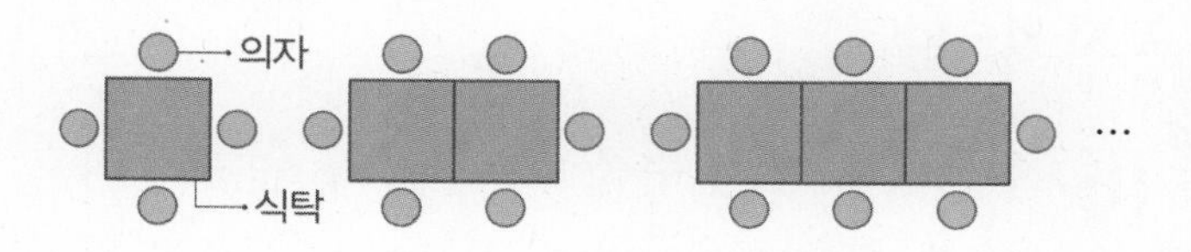

12 식탁의 수와 의자의 수 사이의 대응 관계를 표를 이용하여 알아보세요.

식탁의 수(개)	1	2	3	4	…
의자의 수(개)					…

13 식탁의 수를 □, 의자의 수를 ○라고 할 때, 두 양 사이의 대응 관계를 식으로 나타내어 보세요.

식

14 식탁이 8개일 때 의자는 몇 개일까요?

( )

15 똑같은 크기의 화병의 수와 무게 사이의 대응 관계를 나타낸 표입니다. 표를 완성하고, 화병 10개의 무게는 몇 g인지 구해 보세요.

화병의 수(개)	1	2	3	4	…
무게(g)		240	360		…

( )

3

정답과 풀이 70쪽

[16~17] 철근 한 개를 잘라 여러 도막으로 나누려고 합니다. 물음에 답하세요. (단, 철근을 겹쳐서 자르지 않습니다.)

16 철근을 자른 횟수를 ○, 도막의 수를 ▽라고 할 때, 두 양 사이의 대응 관계를 식으로 나타내어 보세요.

식 ....

17 철근을 한 번 자르는 데 2분이 걸립니다. 철근 도막이 10도막이 되게 하려면 몇 분이 걸릴까요?

( )

18 흰색 바둑돌과 검은색 바둑돌을 놓고 있습니다. 열째에는 검은색 바둑돌이 몇 개 필요할까요?

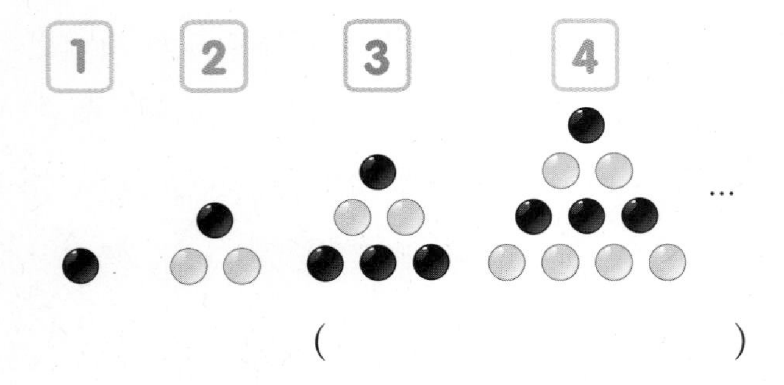

( )

19 대응 관계를 나타낸 식을 보고, 식에 알맞은 상황을 써 보세요.

$\triangle + 4 = \diamond$

....

....

....

20 성훈이는 매일 윗몸 말아 올리기를 오전에 25개, 오후에 30개씩 합니다. 성훈이가 4월 한 달 동안 매일 윗몸 말아 올리기를 했다면 모두 몇 개 했는지 풀이 과정을 쓰고 답을 구해 보세요.

풀이 ....

....

....

....

답 ....

단원 평가 Level 2

점수

확인

[1~2] 만화 영화가 1초 동안 상영되려면 그림이 30장 필요합니다. 물음에 답하세요.

1 만화 영화의 상영 시간과 필요한 그림의 수 사이의 대응 관계를 표를 이용하여 알아보세요.

상영 시간(초)	1	2	3	4	5	…
그림의 수(장)	30	60				…

2 상영 시간과 필요한 그림의 수 사이의 대응 관계를 써 보세요.

[3~4] 게시판에 그림을 전시하기 위해 도화지에 누름 못을 꽂아서 벽에 붙이고 있습니다. 물음에 답하세요.

3 도화지의 수와 누름 못의 수가 어떻게 변하는지 표를 이용하여 알아보세요.

도화지의 수(장)	1	2	3	5	8	…
누름 못의 수(개)	2	3				…

4 도화지의 수와 누름 못의 수 사이의 대응 관계를 써 보세요.

[5~7] 어느 뮤지컬의 공연 시간이 2시간이라고 합니다. 물음에 답하세요.

5 시작 시각과 끝나는 시각 사이의 대응 관계를 표를 이용하여 알아보세요.

시작 시각	오전 9시	낮 12시	오후 3시	오후 6시
끝나는 시각	오전 11시	오후 2시		

6 뮤지컬의 시작 시각과 끝나는 시각 사이의 대응 관계를 써 보세요.

7 뮤지컬의 시작 시각을 ○, 끝나는 시각을 ◇라고 할 때, ○과 ◇ 사이의 대응 관계를 식으로 나타내어 보세요.

식

8 진구네 샤워기에서는 1분에 13 L의 물이 나옵니다. 샤워기를 사용한 시간을 ○, 나온 물의 양을 ☆이라고 할 때, ○와 ☆ 사이의 대응 관계를 식으로 나타내어 보세요.

식

3

[9～11] 솜사탕이 900원일 때 팔린 솜사탕의 수와 판매 금액 사이의 대응 관계를 알아보려고 합니다. 물음에 답하세요.

9 팔린 솜사탕의 수와 판매 금액 사이의 대응 관계를 표를 이용하여 알아보세요.

팔린 솜사탕의 수(개)	1	2	3	4	5	…
판매 금액 (원)	900	1800				…

10 팔린 솜사탕의 수를 □, 판매 금액을 ○라고 할 때, □와 ○ 사이의 대응 관계를 식으로 나타내어 보세요.

식 ....

11 솜사탕이 90개 팔렸다면 판매 금액은 얼마일까요?

(　　　　　　　　)

[12～13] 바둑돌을 규칙적으로 놓았습니다. 물음에 답하세요.

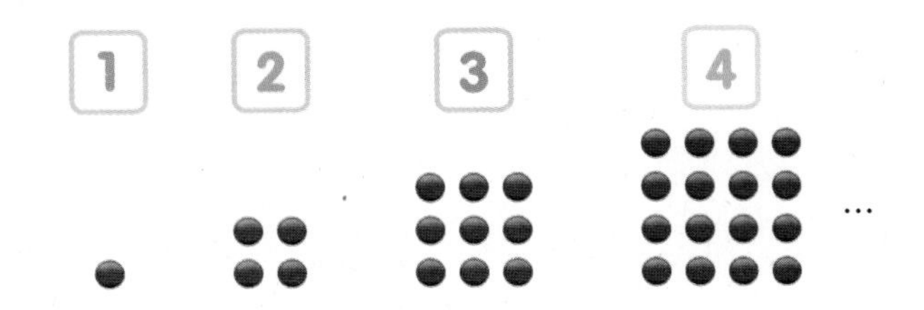

12 배열 순서와 바둑돌의 수 사이의 대응 관계를 식으로 나타내어 보세요.

식 ....

13 아홉째에 놓을 바둑돌은 몇 개일까요?

(　　　　　　　　)

[14～15] 성냥개비로 다음과 같은 모양을 만들었습니다. 물음에 답하세요.

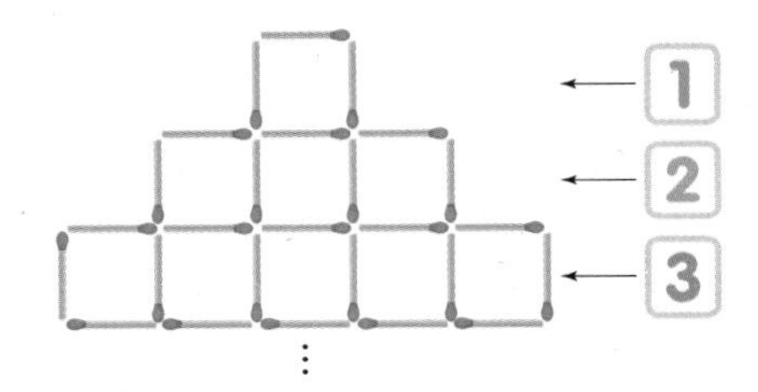

14 줄의 순서를 ☆, 그 줄에 있는 정사각형의 수를 ○라고 할 때, ☆과 ○ 사이의 대응 관계를 식으로 나타내어 보세요.

식 ....

15 여덟째 줄에 만들어지는 정사각형은 몇 개일까요?

(　　　　　　　　)

[16～17] 재우가 수를 말하면 노을이가 답을 하고 있습니다. 물음에 답하세요.

16 표를 완성해 보세요.

재우가 말한 수	9	5	10	2
노을이가 답한 수	19		21	

17 재우가 말한 수를 △, 노을이가 답한 수를 ○라고 할 때, △와 ○ 사이의 대응 관계를 식으로 나타내어 보세요.

식 ....

18 9월의 어느 날 서울의 시각과 캐나다의 수도 오타와의 시각 사이의 대응 관계를 나타낸 표입니다. 서울이 9월 15일 오전 2시일 때 오타와는 몇 월 며칠 몇 시일까요?

서울의 시각	오후 6시	오후 7시	오후 8시	오후 9시
오타와의 시각	오전 5시	오전 6시	오전 7시	오전 8시

( )

19 2022년에 혜교 동생의 나이는 4살입니다. 혜교 동생이 80살일 때는 몇 년일지 풀이 과정을 쓰고 답을 구해 보세요.

풀이 ....

답 ....

20 다각형의 모든 각의 크기의 합은 다음과 같이 다각형을 삼각형으로 나누어 삼각형의 세 각의 크기의 합을 이용하여 구할 수 있습니다. 다각형의 변의 수를 △, 다각형의 모든 각의 크기의 합을 □라고 할 때, △와 □ 사이의 대응 관계를 식으로 나타내려고 합니다. 풀이 과정을 쓰고 식으로 나타내어 보세요.

삼각형으로 나누어 봐!

풀이 ....

식 ....

3

서술형 문제

1 윤정이는 집에 있는 초콜릿 15개 중에서 6개를 먹었습니다. 윤정이가 먹은 초콜릿은 전체의 몇 분의 몇인지 기약분수로 나타내려고 합니다. 풀이 과정을 쓰고 답을 구해 보세요.

풀이 예 윤정이가 먹은 초콜릿은 전체의 $\frac{6}{15}$입니다.

따라서 기약분수로 나타내면

$\frac{6}{15}=\frac{6\div3}{15\div3}=\frac{2}{5}$입니다.

답 $\frac{2}{5}$

1+ 상훈이는 집에 있는 사탕 20개 중에서 4개를 먹었습니다. 상훈이가 먹은 사탕은 전체의 몇 분의 몇인지 기약분수로 나타내려고 합니다. 풀이 과정을 쓰고 답을 구해 보세요.

풀이

답

2 $\frac{4}{5}$는 $\frac{3}{4}$보다 큽니다. 그 이유를 써 보세요.

이유 예 $\frac{4}{5}=\frac{4\times4}{5\times4}=\frac{16}{20}$

$\frac{3}{4}=\frac{3\times5}{4\times5}=\frac{15}{20}$

$\frac{16}{20}>\frac{15}{20}$이므로 $\frac{4}{5}>\frac{3}{4}$입니다.

2+ $\frac{5}{6}$는 $\frac{7}{10}$보다 큽니다. 그 이유를 써 보세요.

이유

3 두 분수를 분모의 최소공배수를 공통분모로 하여 통분하려고 합니다. 풀이 과정을 쓰고 답을 구해 보세요.

$3\frac{5}{9}$ $4\frac{2}{15}$

풀이

답

▶ 두 수의 최소공배수는 두 수의 공배수 중에서 가장 작은 수입니다.

4 $\frac{3}{7}$과 크기가 같은 분수 중에서 분모가 30보다 크고 40보다 작은 분수를 구하려고 합니다. 풀이 과정을 쓰고 답을 구해 보세요.

풀이

답

▶ 분모와 분자에 0이 아닌 같은 수를 곱하면 크기가 같은 분수가 됩니다.

5 $\frac{3}{4}$과 크기가 같은 분수 중에서 분모와 분자의 차가 5인 분수를 구하려고 합니다. 풀이 과정을 쓰고 답을 구해 보세요.

풀이

답

▶ $\frac{3}{4}$과 크기가 같은 분수를 분모의 크기가 작은 것부터 차례로 써 봅니다.

6 분수와 소수의 크기를 비교하여 작은 수부터 차례로 쓰려고 합니다. 풀이 과정을 쓰고 답을 구해 보세요.

$\frac{17}{25}$ 0.6 $1\frac{1}{2}$

풀이

답

▶ 분수를 소수로 나타내어 세 수의 크기를 비교합니다.

7 $\frac{3}{10}$보다 크고 $\frac{5}{6}$보다 작은 분수 중에서 분모가 30인 기약분수는 모두 몇 개인지 풀이 과정을 쓰고 답을 구해 보세요.

풀이

답

▶ $\frac{3}{10}$과 $\frac{5}{6}$를 분모가 30인 분수로 나타내어 봅니다.

8 혜주는 케이크를 똑같이 4조각으로 나누어 한 조각을 먹었습니다. 진영이는 같은 크기의 케이크를 똑같이 12조각으로 나누었습니다. 혜주와 같은 양을 먹으려면 진영이는 몇 조각을 먹어야 하는지 풀이 과정을 쓰고 답을 구해 보세요.

풀이

답

▶ 혜주가 먹은 케이크의 양을 분수로 나타내어 봅니다.

9 어떤 두 기약분수를 통분하였더니 $\frac{20}{24}$과 $\frac{9}{24}$가 되었습니다. 통분하기 전의 두 기약분수는 무엇인지 풀이 과정을 쓰고 답을 구해 보세요.

풀이

답

▶ 분모와 분자의 공약수가 1뿐인 분수를 기약분수라고 합니다.

10 1부터 9까지의 자연수 중에서 □ 안에 들어갈 수 있는 수는 모두 몇 개인지 풀이 과정을 쓰고 답을 구해 보세요.

$$\frac{9}{20} < 0.\square$$

풀이

답

▶ 분수와 소수의 크기 비교는 분수를 소수로 나타내거나 소수를 분수로 나타내어 비교합니다.

11 성원이네 과수원 전체의 $\frac{1}{6}$에는 포도나무를, 전체의 $\frac{4}{9}$에는 매실나무를, 전체의 $\frac{5}{18}$에는 감나무를 심었습니다. 가장 넓은 부분에 심은 나무는 무엇인지 풀이 과정을 쓰고 답을 구해 보세요.

풀이

답

▶ 세 분수를 통분하여 크기를 비교해 봅니다.

단원 평가 Level 1

점수

확인

1 분수만큼 색칠하고, 크기가 같은 분수를 찾아 □ 안에 써넣으세요.

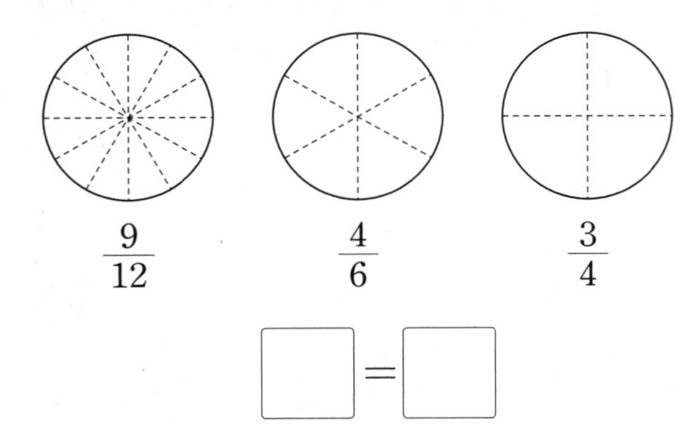

$\frac{9}{12}$　　$\frac{4}{6}$　　$\frac{3}{4}$

□ = □

2 □ 안에 알맞은 수를 써넣으세요.

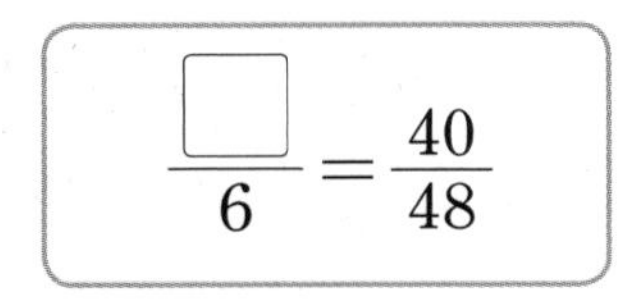

$\frac{\square}{6}=\frac{40}{48}$

3 $\frac{30}{36}$과 크기가 같은 분수를 모두 찾아 써 보세요.

$\frac{15}{18}$　$\frac{10}{15}$　$\frac{5}{6}$　$\frac{60}{72}$　$\frac{5}{9}$

(　　　　　　　　)

4 기약분수로 나타내어 보세요.

(1) $\frac{6}{16}$　　(2) $\frac{12}{30}$

5 $\frac{60}{72}$을 약분하려고 합니다. 1을 제외하고 분모와 분자를 나눌 수 있는 수를 모두 써 보세요.

(　　　　　　　　)

6 $2\frac{5}{6}$와 $3\frac{7}{8}$을 통분하려고 합니다. 공통분모가 될 수 <u>없는</u> 수는 어느 것일까요? (　　　)

① 24　② 48　③ 72
④ 80　⑤ 120

7 분모의 곱을 공통분모로 하여 통분해 보세요.

(1) $\left(\frac{7}{8}, \frac{5}{12}\right)$ ➡ (　　　,　　　)

(2) $\left(\frac{2}{3}, \frac{8}{15}\right)$ ➡ (　　　,　　　)

8 수직선에서 ㉠과 ㉡이 나타내는 분수를 기약분수로 나타내어 보세요.

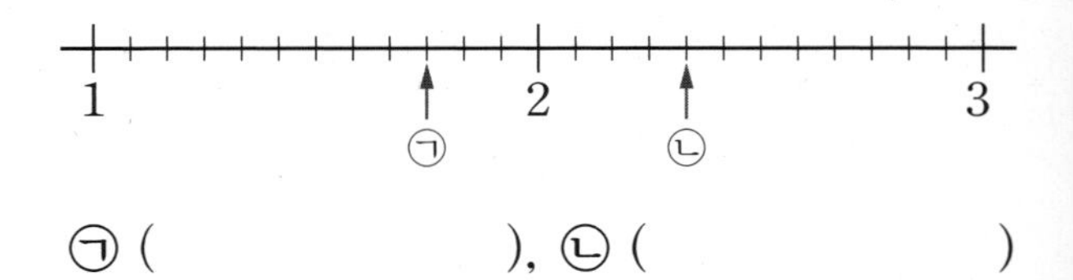

㉠ (　　　　), ㉡ (　　　　)

9 두 분수를 100에 가장 가까운 수를 공통분모로 하여 통분해 보세요.

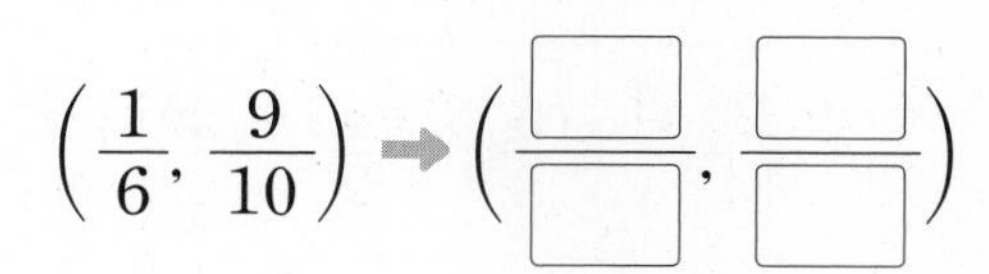

10 두 분수를 약분하여 크기를 비교해 보세요.

$\left(\frac{28}{40}, \frac{36}{60}\right) \rightarrow \left(\frac{\square}{10}, \frac{\square}{10}\right)$

$\rightarrow \frac{28}{40} \bigcirc \frac{36}{60}$

11 두 수의 크기를 비교하여 ○ 안에 >, =, < 를 알맞게 써넣으세요.

(1) $1.36 \bigcirc 1\frac{3}{5}$

(2) $2\frac{27}{50} \bigcirc 2.285$

12 윤아네 반 학생 33명 중에서 15명이 남학생입니다. 윤아네 반 여학생은 전체의 몇 분의 몇인지 기약분수로 나타내어 보세요.

(　　　　　　　　　)

13 크기가 같은 컵으로 설탕 $\frac{5}{9}$컵은 과자를 만드는 데 사용하고, 설탕 $\frac{3}{7}$컵은 빵을 만드는 데 사용하였습니다. 과자와 빵 중에서 설탕을 더 많이 사용한 것은 무엇일까요?

(　　　　　　　　　)

14 세 분수의 크기를 비교하여 작은 수부터 차례로 써 보세요.

$\frac{4}{9}$	$\frac{5}{6}$	$\frac{7}{12}$

(　　　　　　　　　)

15 $\frac{3}{10}$과 $\frac{11}{25}$ 사이의 분수 중에서 분모가 50인 기약분수는 모두 몇 개일까요?

(　　　　　　　　　)

4

16 다음 분수가 기약분수가 아닐 때, □ 안에 들어갈 수 있는 두 자리 수는 모두 몇 개일까요?

$$\frac{5}{\square}$$

(　　　　　　　　)

17 4장의 수 카드 중 2장을 골라 진분수를 만들려고 합니다. 만들 수 있는 진분수 중에서 가장 작은 수를 소수로 나타내어 보세요.

2　3　7　8

(　　　　　　　　)

18 $\frac{19}{34}$의 분모와 분자에 같은 수를 더하여 $\frac{5}{8}$와 크기가 같은 분수를 만들려고 합니다. 분모와 분자에 얼마를 더해야 할까요?

(　　　　　　　　)

19 기약분수가 아닌 것을 모두 찾아 쓰고 그 이유를 써 보세요.

$\frac{2}{14}$　$\frac{15}{28}$　$\frac{4}{9}$　$\frac{36}{52}$　$\frac{7}{18}$

답 ....

이유 ....

20 □ 안에 들어갈 수 있는 자연수를 모두 구하려고 합니다. 풀이 과정을 쓰고 답을 구해 보세요.

$$\frac{4}{7} < \frac{8}{\square} < \frac{10}{13}$$

풀이 ....

답 ....

단원 평가 Level 2

점수

확인

1 $\frac{12}{42}$와 크기가 같은 분수를 모두 찾아 써 보세요.

$\frac{4}{14}$ $\frac{2}{6}$ $\frac{24}{84}$ $\frac{2}{7}$ $\frac{6}{20}$

( )

2 $\frac{24}{40}$를 약분한 분수를 모두 써 보세요.

( )

3 $\frac{2}{9}$와 $\frac{1}{6}$을 통분할 때 공통분모가 될 수 없는 수는 어느 것일까요? ( )

① 18 ② 24 ③ 36
④ 54 ⑤ 90

4 $\frac{5}{6}$와 $\frac{4}{15}$를 가장 작은 공통분모로 통분해 보세요.

( )

5 분모가 16인 진분수 중에서 기약분수는 모두 몇 개일까요?

( )

6 $\frac{42}{70}$를 기약분수로 나타내려고 합니다. 분모와 분자를 어떤 수로 나누어야 하는지 쓰고, 기약분수로 나타내어 보세요.

( ), ( )

7 크기를 비교하여 큰 수부터 차례로 써 보세요.

$\frac{5}{6}$ $\frac{5}{8}$ $\frac{3}{4}$

( )

8 선영이의 몸무게는 $43\frac{2}{5}$ kg이고, 종하의 몸무게는 $43\frac{3}{10}$ kg입니다. 몸무게가 더 무거운 사람의 이름을 써 보세요.

( )

9 $\frac{2}{9}$와 $\frac{5}{12}$ 사이의 분수 중에서 분모가 36인 기약분수를 모두 구해 보세요.

( )

10 어떤 두 기약분수를 통분하였더니 $\frac{16}{36}$과 $\frac{15}{36}$가 되었습니다. 통분하기 전의 두 기약분수를 구해 보세요.

( )

11 빨간색 끈이 $\frac{27}{50}$ m, 파란색 끈이 0.5 m 있습니다. 빨간색 끈과 파란색 끈 중에서 길이가 더 짧은 것은 무슨 색일까요?

( )

12 분수와 소수의 크기를 비교하여 큰 수부터 차례로 써 보세요.

$\frac{3}{5}$ 1.3 $\frac{1}{2}$ 0.9

( )

13 어떤 분수를 6으로 약분하였더니 $\frac{4}{5}$가 되었습니다. 어떤 분수를 구해 보세요.

( )

14 $\frac{5}{12}$와 크기가 같은 분수 중에서 분모와 분자의 차가 10보다 크고 25보다 작은 분수를 모두 구해 보세요.

( )

15 □ 안에 들어갈 수 있는 자연수는 모두 몇 개일까요?

$$\frac{3}{8} < \frac{\square}{32} < \frac{9}{16}$$

( )

16 어떤 분수의 분자에서 2를 빼고 분모에 3을 더한 후 6으로 약분하였더니 $\frac{3}{4}$이 되었습니다. 어떤 분수를 구해 보세요.

(　　　　　　　　)

17 다음을 모두 만족하는 분수를 찾아 써 보세요.

- $\frac{1}{2}$보다 작습니다.
- $\frac{7}{18}$보다 큽니다.

$\frac{5}{6}$　$\frac{1}{12}$　$\frac{11}{18}$　$\frac{1}{3}$　$\frac{4}{9}$

(　　　　　　　　)

18 4장의 수 카드 중 2장을 골라 진분수를 만들려고 합니다. 만들 수 있는 진분수 중에서 가장 큰 수를 소수로 나타내어 보세요.

1　3　5　9

(　　　　　　　　)

19 분모의 최소공배수를 공통분모로 하여 통분한 것입니다. 계산이 잘못된 이유를 쓰고, 바르게 통분해 보세요.

$$\left(\frac{3}{8}, \frac{7}{20}\right) \rightarrow \left(\frac{3\times20}{8\times20}, \frac{7\times8}{20\times8}\right) \rightarrow \left(\frac{60}{160}, \frac{56}{160}\right)$$

이유

답

20 □ 안에 들어갈 수 있는 자연수는 모두 몇 개인지 풀이 과정을 쓰고 답을 구해 보세요.

$$\frac{\square}{6} < \frac{17}{24}$$

풀이

답

서술형 문제

1 $\frac{11}{15}-\frac{4}{9}=\frac{13}{45}$을 두 가지 방법으로 설명해 보세요.

방법 1 예 분모의 곱을 공통분모로 하여 통분한 후 계산합니다.

$\frac{11}{15}-\frac{4}{9}=\frac{99}{135}-\frac{60}{135}=\frac{39}{135}=\frac{13}{45}$

방법 2 예 분모의 최소공배수를 공통분모로 하여 통분한 후 계산합니다.

$\frac{11}{15}-\frac{4}{9}=\frac{33}{45}-\frac{20}{45}=\frac{13}{45}$

1⁺ $\frac{7}{8}-\frac{1}{6}=\frac{17}{24}$을 두 가지 방법으로 설명해 보세요.

방법 1

방법 2

2 민호는 오늘 오전에 $\frac{5}{6}$시간 동안 운동을 하고, 오후에 $\frac{2}{3}$시간 동안 운동을 하였습니다. 민호가 오늘 운동한 시간은 모두 몇 시간인지 풀이 과정을 쓰고 답을 구해 보세요.

풀이 예 (민호가 오늘 운동한 시간)

=(오전에 운동한 시간)+(오후에 운동한 시간)

$=\frac{5}{6}+\frac{2}{3}=\frac{5}{6}+\frac{4}{6}$

$=\frac{9}{6}=1\frac{3}{6}=1\frac{1}{2}$(시간)

답 $1\frac{1}{2}$시간

2⁺ 인정이는 오늘 $\frac{3}{5}$시간 동안 영어 공부를 하고, $\frac{7}{12}$시간 동안 수학 공부를 하였습니다. 인정이가 오늘 공부한 시간은 모두 몇 시간인지 풀이 과정을 쓰고 답을 구해 보세요.

풀이

답

3 계산이 잘못된 곳을 찾아 이유를 쓰고, 바르게 계산해 보세요.

$$\frac{17}{45}+\frac{2}{15}=\frac{17}{45}+\frac{2\times1}{15\times3}=\frac{17}{45}+\frac{2}{45}=\frac{19}{45}$$

이유

바른 계산

▶ 분모의 최소공배수인 45를 공통분모로 하여 통분한 후 계산한 것입니다.

4 세영이는 회색 페인트를 만들기 위해 흰색 페인트 $2\frac{1}{6}$ L와 검은색 페인트 $1\frac{8}{9}$ L를 섞었습니다. 세영이가 만든 회색 페인트는 몇 L인지 풀이 과정을 쓰고 답을 구해 보세요.

풀이

답

▶ (회색 페인트의 양)
=(흰색 페인트의 양)
+(검은색 페인트의 양)

5 승훈이의 몸무게는 $42\frac{4}{5}$ kg이고, 지수의 몸무게는 $39\frac{1}{4}$ kg입니다. 두 사람의 몸무게의 차는 몇 kg인지 풀이 과정을 쓰고 답을 구해 보세요.

풀이

답

▶ 분모가 다른 대분수의 뺄셈은 통분하여 자연수는 자연수끼리, 분수는 분수끼리 뺍니다.

6 피자가 한 판 있습니다. 민지는 전체의 $\frac{5}{14}$만큼, 지후는 전체의 $\frac{2}{7}$만큼 먹었습니다. 나머지를 모두 혜련이가 먹었다면 혜련이가 먹은 피자는 전체의 얼마인지 풀이 과정을 쓰고 답을 구해 보세요.

▶ 전체를 1로 놓고 식을 세웁니다.

풀이

답

7 □ 안에 알맞은 분수는 얼마인지 풀이 과정을 쓰고 답을 구해 보세요.

$$\square - 2\frac{4}{5} = 4\frac{1}{2}$$

▶ 뺄셈과 덧셈의 관계를 이용합니다.
■−▲=●
⇔ ■=●+▲

풀이

답

8 □ 안에 들어갈 수 있는 자연수는 모두 몇 개인지 풀이 과정을 쓰고 답을 구해 보세요.

$$4\frac{9}{10} - 1\frac{7}{15} < \square < 4\frac{8}{9} + 2\frac{5}{6}$$

▶ ■$\frac{▲}{●}$보다 작은 자연수는 1, 2, ..., ■입니다.

풀이

답

9 $2\frac{2}{3}$에 어떤 수를 더했더니 $5\frac{7}{12}$이 되었습니다. 어떤 수는 얼마인지 풀이 과정을 쓰고 답을 구해 보세요.

▶ 어떤 수를 □라고 하여 식을 세웁니다.

풀이

답

10 삼각형의 세 변의 길이의 합은 몇 m인지 풀이 과정을 쓰고 답을 구해 보세요.

▶ 세 분수의 덧셈은 자연수와 같이 앞에서부터 차례로 계산합니다.

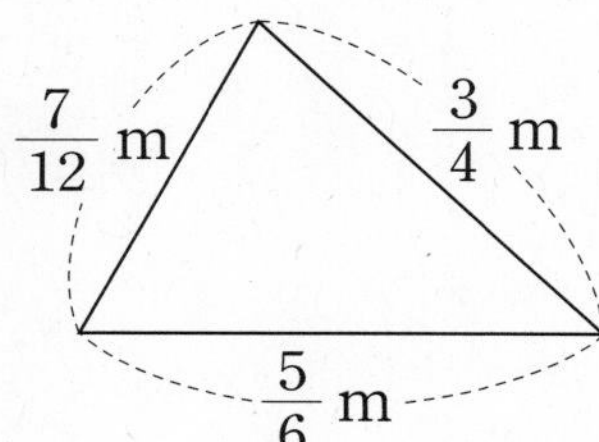

풀이

답

11 냉장고에 우유가 $\frac{11}{12}$ L 있었습니다. 그중에서 혜정이가 $\frac{2}{5}$ L를 마시고, 진호가 $\frac{4}{15}$ L를 마셨습니다. 남은 우유는 몇 L인지 풀이 과정을 쓰고 답을 구해 보세요.

▶ 분모가 다른 진분수끼리의 뺄셈은 통분하여 계산합니다.

풀이

답

5

단원 평가 Level 1

점수

확인

1 □ 안에 알맞은 수를 써넣으세요.

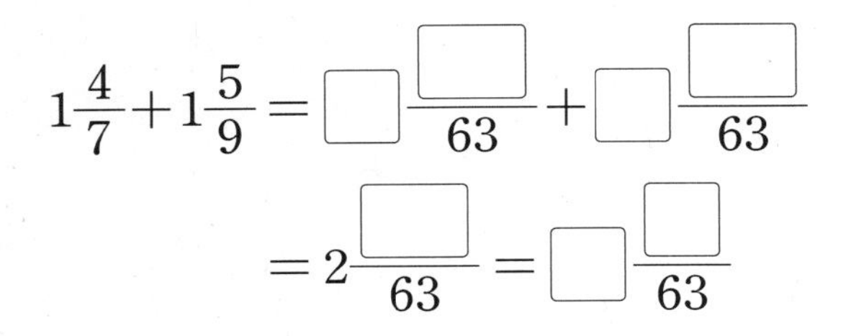

$$1\frac{4}{7}+1\frac{5}{9}=\square\frac{\square}{63}+\square\frac{\square}{63}$$
$$=2\frac{\square}{63}=\square\frac{\square}{63}$$

2 두 수의 차를 구해 보세요.

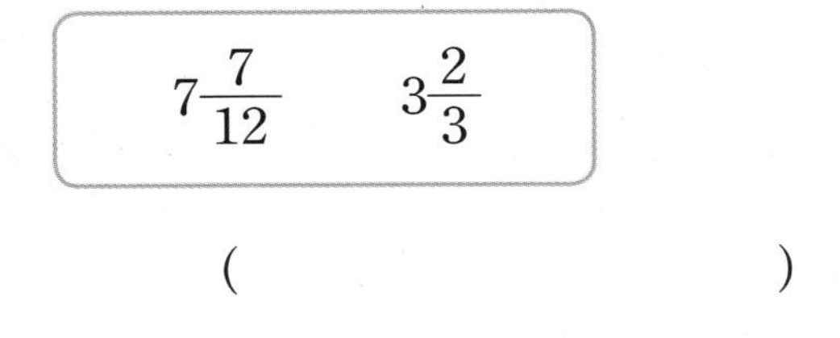

$7\frac{7}{12}$ $3\frac{2}{3}$

(　　　　　　　　)

3 분수의 합이 1보다 큰 것을 모두 찾아 기호를 써 보세요.

㉠ $\frac{1}{4}+\frac{3}{5}$	㉡ $\frac{2}{3}+\frac{7}{15}$
㉢ $\frac{5}{8}+\frac{5}{6}$	㉣ $\frac{2}{5}+\frac{3}{7}$

(　　　　　　　　)

4 보기 와 같은 방법으로 계산해 보세요.

보기

$$\frac{7}{8}-\frac{1}{4}=\frac{7\times4}{8\times4}-\frac{1\times8}{4\times8}$$
$$=\frac{28}{32}-\frac{8}{32}=\frac{20}{32}=\frac{5}{8}$$

$\frac{4}{5}-\frac{3}{10}=$ ……………………

……………………

5 계산 결과를 비교하여 ○ 안에 >, =, <를 알맞게 써넣으세요.

$$1\frac{3}{5}+1\frac{1}{6} \bigcirc 3\frac{1}{2}-1\frac{7}{15}$$

6 가 끈의 길이가 $1\frac{2}{5}$ m일 때 나 끈의 길이는 몇 m일까요?

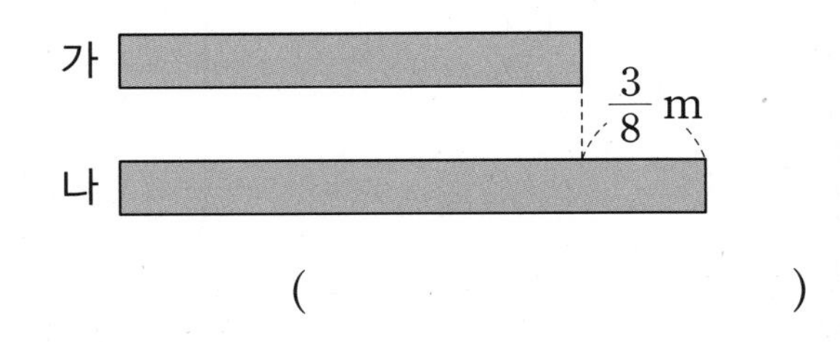

(　　　　　　　　)

7 다음 수보다 $\frac{5}{12}$ 더 큰 수를 구해 보세요.

$\frac{1}{9}$이 4개인 수

(　　　　　　　　)

8 하윤이는 책을 오늘 오전에 $\frac{5}{12}$시간, 오후에 $\frac{5}{6}$시간 읽었습니다. 오늘 하윤이가 책을 읽은 시간은 모두 몇 시간일까요?

(　　　　　　　　)

9 계산 결과가 큰 것부터 차례로 기호를 써 보세요.

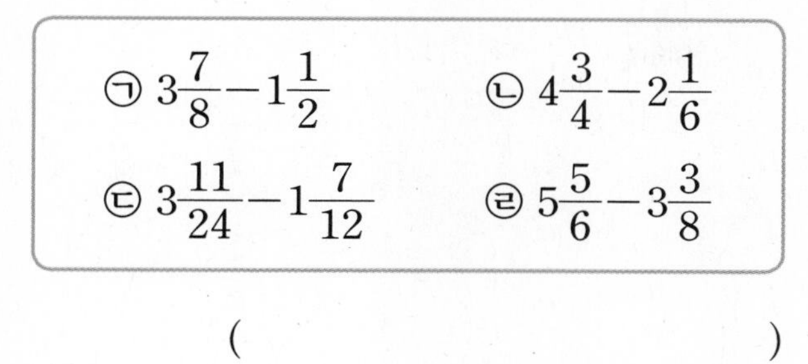

(　　　　　　　　　　)

10 삼각형의 세 변의 길이의 합은 몇 m일까요?

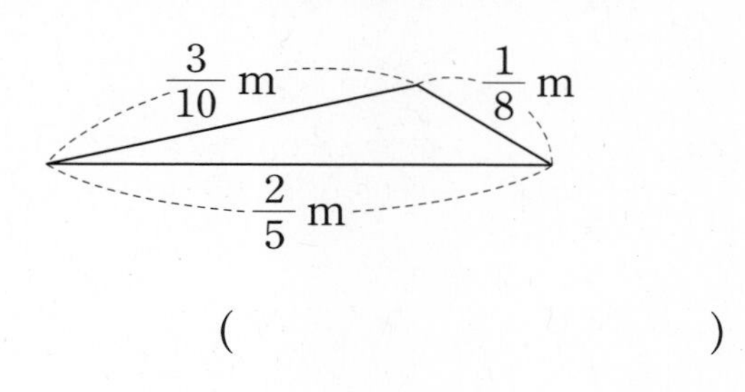

(　　　　　　　　　　)

11 □ 안에 알맞은 수를 써넣으세요.

$$\square+\frac{5}{6}=1\frac{2}{9}$$

12 우유를 여진이는 $\frac{1}{4}$ L, 언니는 $\frac{2}{3}$ L, 동생은 $\frac{1}{6}$ L 마셨습니다. 세 사람이 마신 우유는 모두 몇 L일까요?

(　　　　　　　　　　)

13 ㉠에 알맞은 수를 구해 보세요.

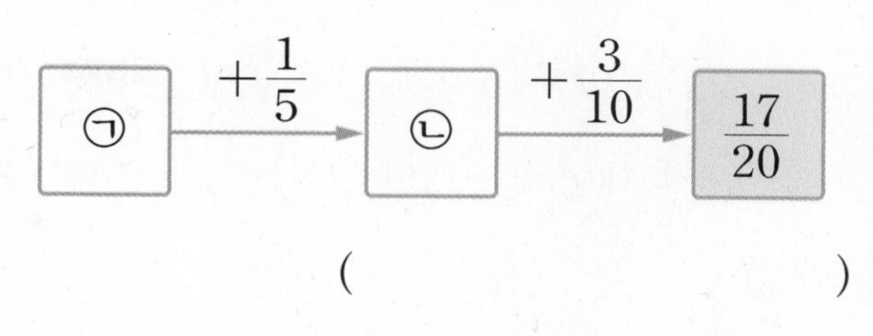

(　　　　　　　　　　)

14 우재와 민하는 각자 가지고 있는 수 카드를 한 번씩만 사용하여 대분수를 만들려고 합니다. 두 사람이 만들 수 있는 가장 큰 대분수의 차를 구해 보세요.

(　　　　　　　　　　)

15 어떤 수에서 $1\frac{1}{6}$을 빼야 할 것을 잘못하여 어떤 수에 $1\frac{1}{6}$을 더했더니 $5\frac{3}{8}$이 되었습니다. 바르게 계산한 값은 얼마일까요?

(　　　　　　　　　　)

5

16 길이가 $1\frac{1}{3}$ m인 색 테이프 2장을 그림과 같이 $\frac{1}{10}$ m만큼 겹치게 이어 붙였습니다. 이어 붙인 색 테이프 전체의 길이는 몇 m일까요?

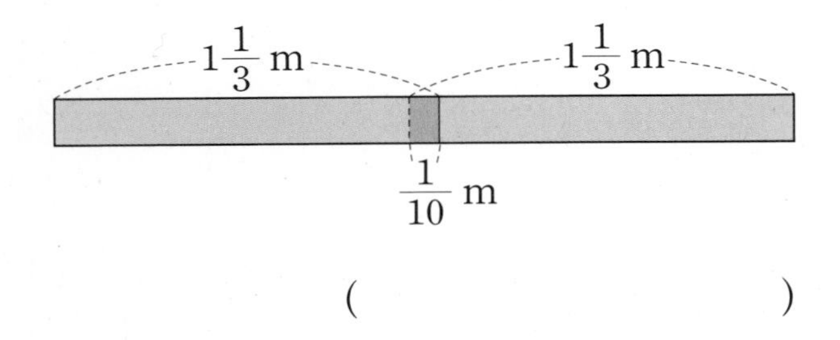

(　　　　　　　　)

17 □ 안에 들어갈 수 있는 자연수는 모두 몇 개일까요?

$$1\frac{4}{5}+\frac{4}{9}<\square<7\frac{7}{15}-1\frac{9}{10}$$

(　　　　　　　　)

18 $\frac{5}{7}$를 분모가 서로 다른 세 단위분수의 합으로 나타내어 보세요.

$$\frac{5}{7}=\square+\square+\square$$

19 계산이 잘못된 이유를 쓰고 바르게 계산해 보세요.

$$3\frac{5}{9}-1\frac{4}{15}=3\frac{25}{45}-1\frac{4}{45}$$
$$=2\frac{21}{45}=2\frac{7}{15}$$

이유 ....

....

....

바른 계산 ....

....

20 가장 큰 수와 가장 작은 수의 합은 얼마인지 풀이 과정을 쓰고 답을 구해 보세요.

$1\frac{1}{2}$　　$1\frac{5}{6}$　　$1\frac{7}{9}$　　$1\frac{2}{3}$

풀이 ....

....

....

....

답 ....

단원 평가 Level ❷

점수

확인

1 □ 안에 알맞은 수를 써넣으세요.

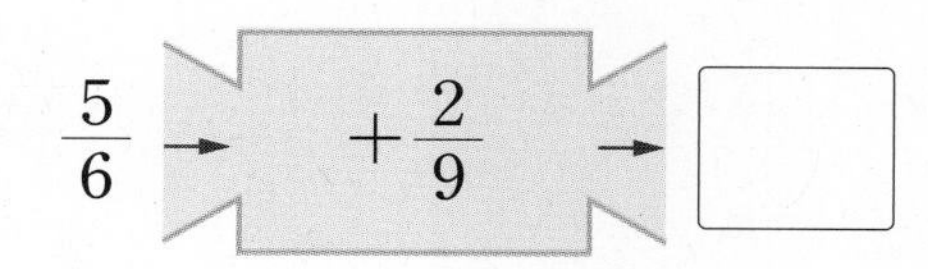

2 빈 곳에 알맞은 수를 써넣으세요.

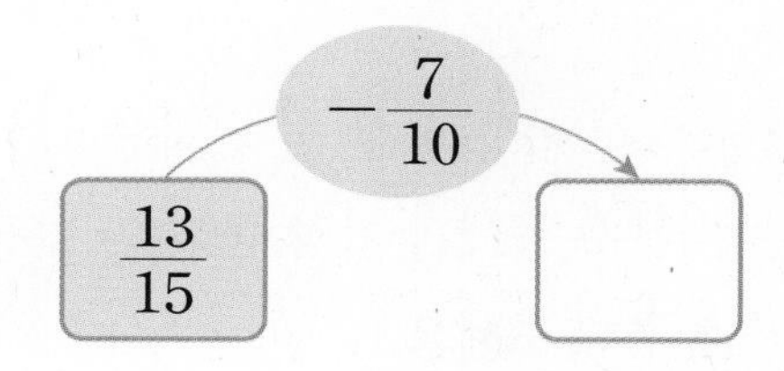

3 다음이 나타내는 수를 구해 보세요.

$3\frac{5}{12}$보다 $1\frac{7}{9}$ 더 큰 수

(　　　　　　　　)

4 □ 안에 알맞은 수를 써넣으세요.

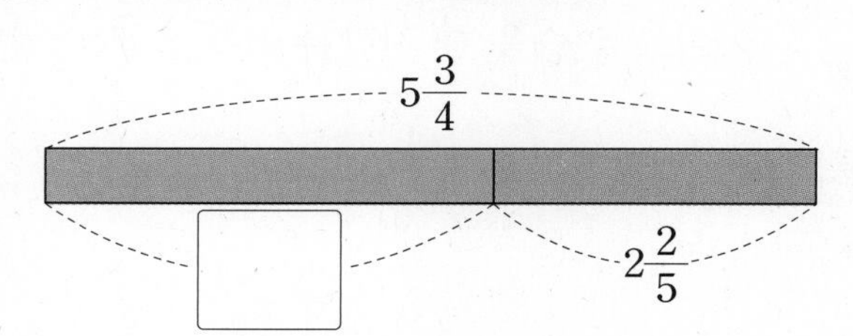

5 두 분수의 차를 구해 보세요.

$2\frac{11}{12}$　　$4\frac{5}{16}$

(　　　　　　　　)

6 계산 결과를 비교하여 ○ 안에 >, =, <를 알맞게 써넣으세요.

$2\frac{3}{4}+2\frac{2}{3}$ ○ $9\frac{5}{6}-4\frac{1}{4}$

7 가장 큰 수와 가장 작은 수의 합을 구해 보세요.

$2\frac{5}{6}$　　$\frac{7}{8}$　　$3\frac{2}{9}$　　$4\frac{13}{20}$

(　　　　　　　　)

8 어느 날 비가 온 양을 재었더니 오전에 $1\frac{2}{5}$ cm, 오후에 $2\frac{3}{4}$ cm였습니다. 이날 내린 비의 양은 모두 몇 cm일까요?

(　　　　　　　　)

5

9 설현이는 $\frac{5}{6}$시간 동안 수학 공부를 하였고, 병미는 $\frac{7}{10}$시간 동안 수학 공부를 하였습니다. 설현이는 병미보다 수학 공부를 몇 시간 더 오래 했을까요?

( )

10 □ 안에 알맞은 수를 써넣으세요.

$$1\frac{5}{8}+\square=5\frac{13}{24}$$

11 삼각형의 세 변의 길이의 합을 구해 보세요.

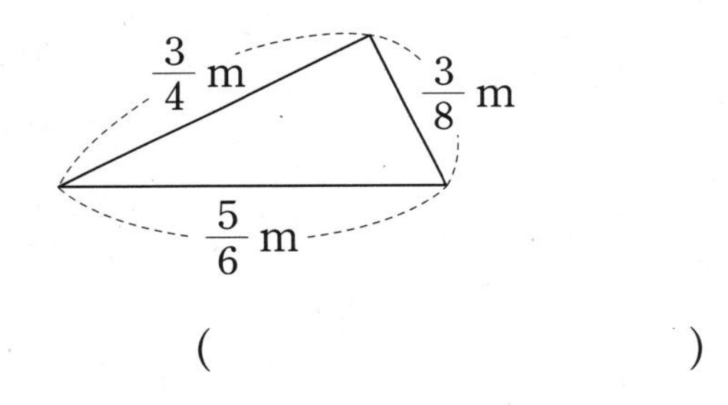

( )

12 ㉠★㉡=㉠+㉡+㉡일 때 $\frac{5}{6}$★$\frac{3}{10}$을 계산해 보세요.

( )

13 ㉠에 알맞은 수를 구해 보세요.

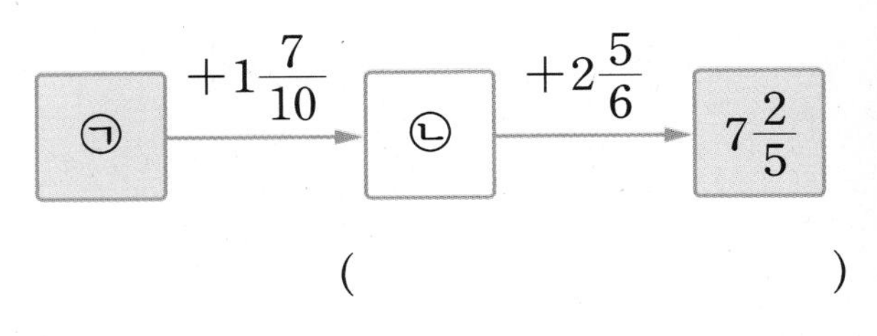

( )

14 3장의 수 카드를 한 번씩 사용하여 만들 수 있는 대분수 중에서 가장 큰 수와 가장 작은 수의 차를 구해 보세요.

3 5 7

( )

15 수연이는 3일 동안 피아노 연습을 했습니다. 월요일에 $1\frac{2}{3}$시간, 수요일에 1시간 15분, 금요일에 $1\frac{1}{2}$시간 동안 연습을 했다면 수연이가 피아노 연습을 한 시간은 모두 몇 시간일까요?

( )

16 길이가 $1\frac{3}{4}$ m인 종이테이프 3개를 그림과 같이 $\frac{1}{5}$ m씩 겹치게 이어 붙였습니다. 이어 붙인 종이테이프의 전체 길이는 몇 m일까요?

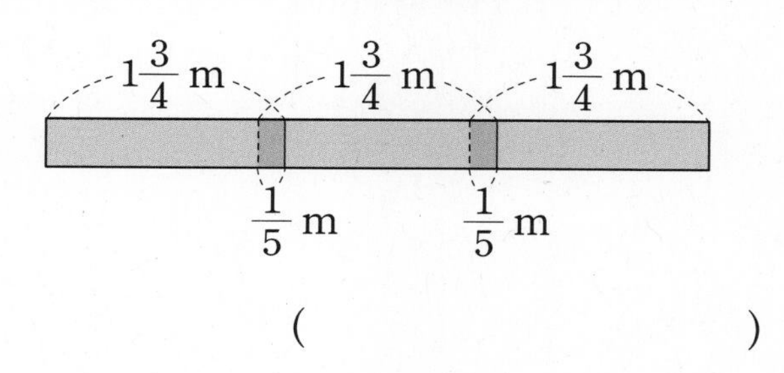

(　　　　　　　　　)

17 어떤 수에서 $1\frac{5}{6}$를 빼야 할 것을 잘못하여 어떤 수에 $1\frac{5}{6}$를 더했더니 $5\frac{5}{18}$가 되었습니다. 바르게 계산한 값은 얼마일까요?

(　　　　　　　　　)

18 진우는 오전 10시에 책을 읽기 시작하여 $\frac{1}{2}$시간 동안 읽고 20분 동안 쉬었습니다. 다시 책을 읽기 시작하여 $\frac{5}{6}$시간 후에 책 읽기를 마쳤습니다. 진우가 책 읽기를 마친 시각은 오전 몇 시 몇 분일까요?

(　　　　　　　　　)

19 게시판을 꾸미는 데 색종이를 도하는 $4\frac{9}{16}$장 사용했고, 민교는 $6\frac{3}{8}$장 사용했습니다. 누가 색종이를 얼마나 더 많이 사용했는지 풀이 과정을 쓰고 답을 구해 보세요.

풀이

답 　　　　　,

20 지수네 반 학급 문고에는 위인전, 동화책, 시집이 있습니다. 위인전은 전체의 $\frac{11}{25}$, 동화책은 전체의 $\frac{1}{5}$입니다. 나머지가 모두 시집이라면 시집은 전체의 얼마인지 풀이 과정을 쓰고 답을 구해 보세요.

풀이

답

서술형 문제

1 직사각형의 둘레가 30 cm일 때 세로는 몇 cm인지 풀이 과정을 쓰고 답을 구해 보세요.

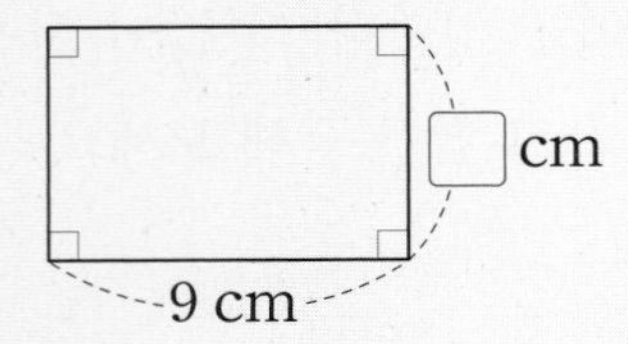

풀이 예 (직사각형의 둘레) = ((가로) + (세로)) × 2 이므로 (9 + □) × 2 = 30입니다.

9 + □ = 30 ÷ 2 = 15, □ = 15 − 9 = 6

따라서 직사각형의 세로는 6 cm입니다.

답 6 cm

1+ 정사각형의 둘레가 52 cm일 때 한 변의 길이는 몇 cm인지 풀이 과정을 쓰고 답을 구해 보세요.

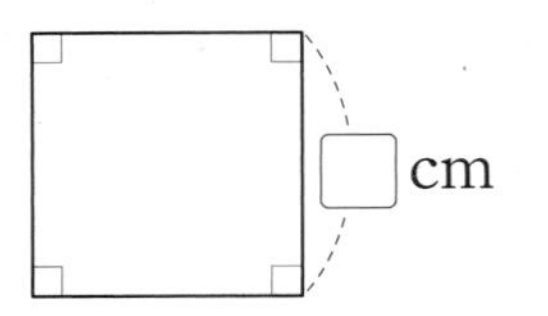

풀이

답

2 사다리꼴의 넓이가 25 cm^2일 때 높이는 몇 cm인지 풀이 과정을 쓰고 답을 구해 보세요.

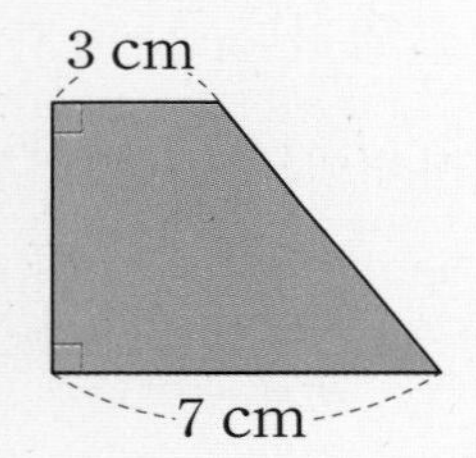

풀이 예 사다리꼴의 높이를 □ cm라고 하면 (3 + 7) × □ ÷ 2 = 25입니다.

10 × □ ÷ 2 = 25, 10 × □ = 25 × 2,

10 × □ = 50, □ = 50 ÷ 10 = 5

따라서 사다리꼴의 높이는 5 cm입니다.

답 5 cm

2+ 사다리꼴의 넓이가 51 cm^2일 때 높이는 몇 cm인지 풀이 과정을 쓰고 답을 구해 보세요.

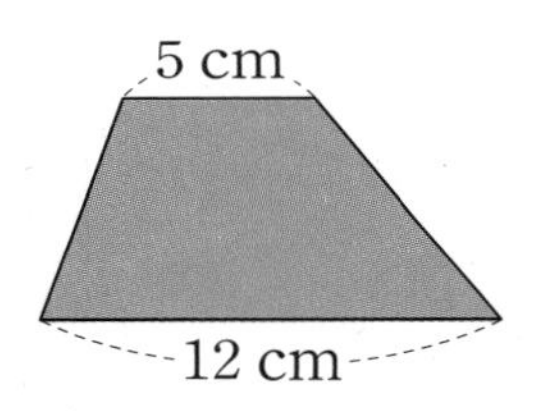

풀이

답

3 둘레가 64 cm인 정팔각형의 한 변의 길이는 몇 cm인지 풀이 과정을 쓰고 답을 구해 보세요.

풀이

답

▶ 정팔각형은 8개의 변의 길이가 모두 같습니다.

4 넓이가 36 cm^2인 정사각형의 한 변의 길이는 몇 cm인지 풀이 과정을 쓰고 답을 구해 보세요.

풀이

답

▶ 정사각형의 한 변의 길이를 □ cm라고 하여 식을 세웁니다.

5 삼각형의 넓이를 평행사변형의 넓이를 이용하여 구하려고 합니다. 풀이 과정을 쓰고 답을 구해 보세요.

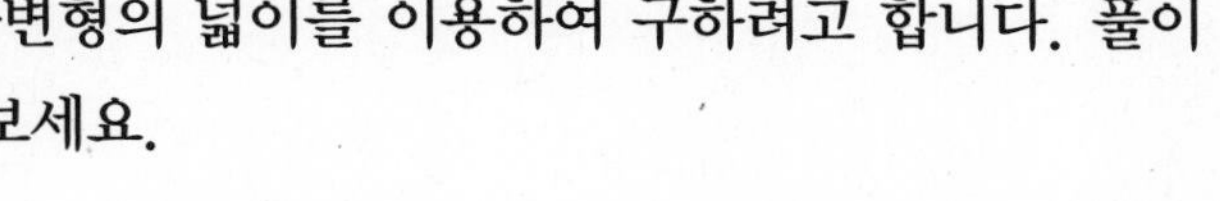

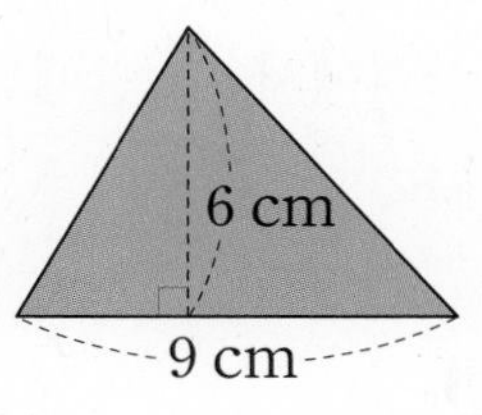

풀이

답

▶ 밑변의 길이와 높이가 각각 같은 평행사변형의 넓이와 삼각형의 넓이의 관계를 알아봅니다.

6 평행사변형의 넓이가 $42\ cm^2$일 때 밑변의 길이는 몇 cm인지 풀이 과정을 쓰고 답을 구해 보세요.

6 cm

풀이

답

▶ (평행사변형의 넓이)
= (밑변의 길이) × (높이)

7 두 도형의 둘레가 같을 때, 정육각형의 한 변의 길이는 몇 cm인지 풀이 과정을 쓰고 답을 구해 보세요.

12 cm

풀이

답

▶ 정다각형은 변의 길이가 모두 같습니다.

8 정사각형과 직사각형의 넓이가 같습니다. 직사각형에서 □ 안에 알맞은 수는 얼마인지 풀이 과정을 쓰고 답을 구해 보세요.

8 cm
8 cm
□ cm
4 cm

풀이

답

▶ 정사각형의 넓이를 먼저 구합니다.

9 다음 직사각형의 둘레는 26 cm입니다. 이 직사각형의 넓이는 몇 cm^2인지 풀이 과정을 쓰고 답을 구해 보세요.

5 cm

풀이

답

▶ 직사각형의 가로를 먼저 구합니다.

10 색칠한 부분의 넓이는 몇 cm^2인지 풀이 과정을 쓰고 답을 구해 보세요.

9 cm
11 cm
14 cm
16 cm

풀이

답

▶ 큰 직사각형의 넓이에서 작은 직사각형의 넓이를 뺍니다.

11 오른쪽 도형에서 색칠한 부분의 넓이는 몇 cm^2인지 풀이 과정을 쓰고 답을 구해 보세요.

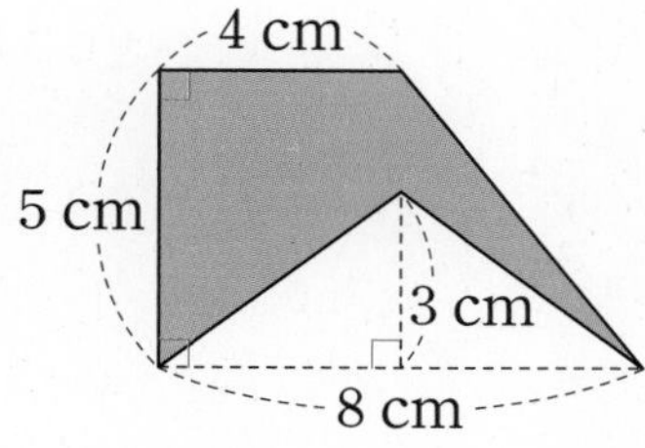

풀이

답

▶ 사다리꼴의 넓이에서 삼각형의 넓이를 뺍니다.

단원 평가 Level ❶

점수

확인

1 정다각형의 둘레는 몇 cm일까요?

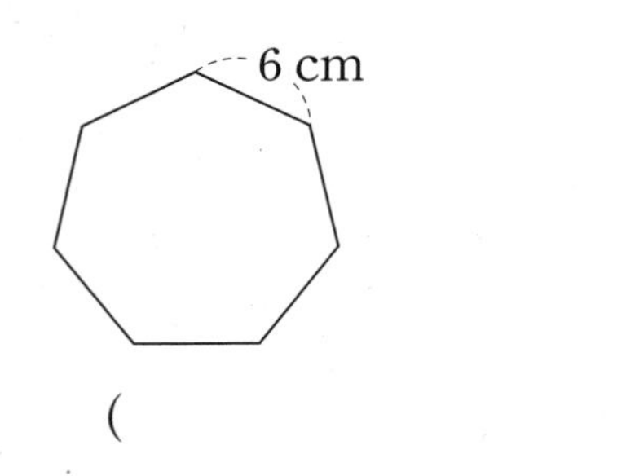

(　　　　　　　　)

2 평행사변형의 둘레는 몇 cm일까요?

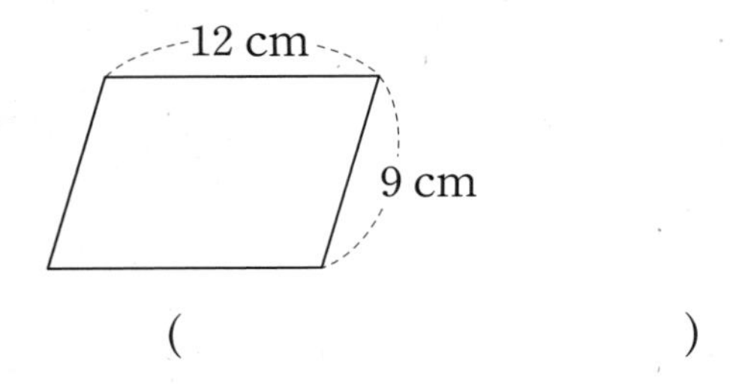

(　　　　　　　　)

3 보기 에서 알맞은 단위를 골라 □ 안에 써넣으세요.

보기

cm^2　　m^2　　km^2

(1) 서울특별시 땅의 넓이는 약 605 □ 입니다.

(2) 교실의 넓이는 약 80 □ 입니다.

4 넓이가 $7\ cm^2$인 도형을 2개 그려 보세요.

5 넓이가 다른 삼각형을 찾아 기호를 써 보세요.

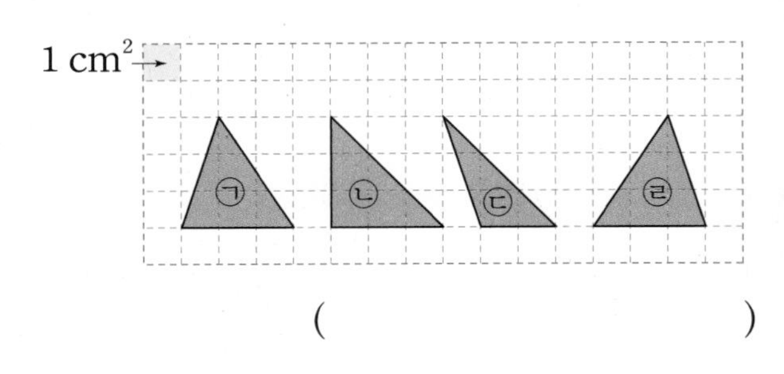

(　　　　　　　　)

6 어느 도형의 넓이가 몇 cm^2 더 넓은지 구해 보세요.

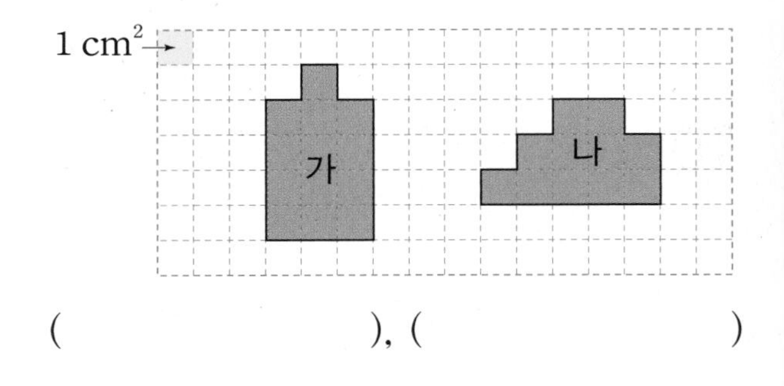

(　　　　　　), (　　　　　　)

7 평행사변형의 넓이는 몇 cm^2일까요?

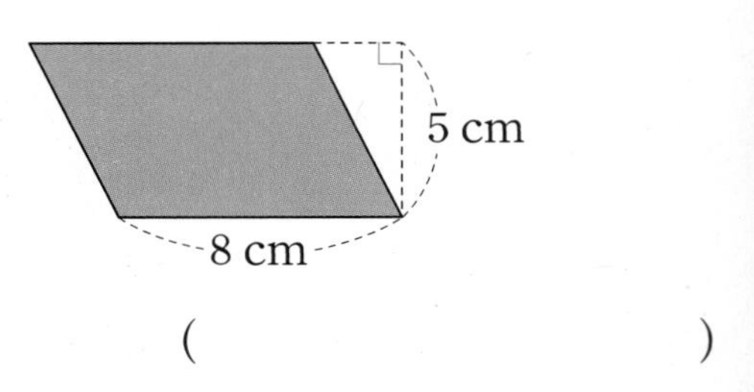

(　　　　　　　　)

8 직사각형의 넓이는 몇 m^2일까요?

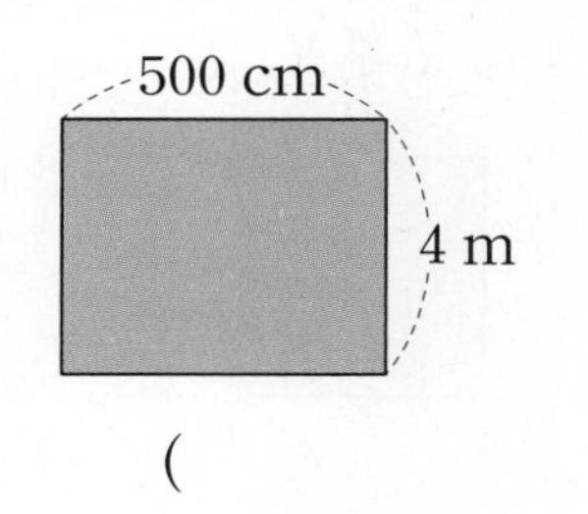

(   )

9 둘레가 56 cm인 정팔각형의 한 변의 길이는 몇 cm일까요?

(   )

10 마름모의 넓이는 몇 cm^2일까요?

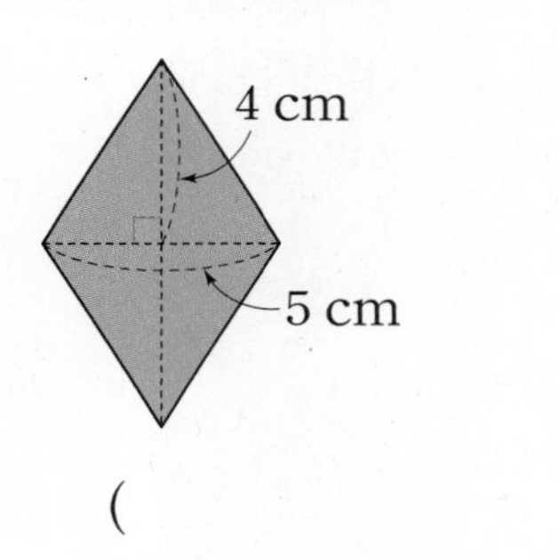

(   )

11 윗변의 길이가 5 cm이고, 아랫변의 길이가 10 cm인 사다리꼴 모양의 종이가 있습니다. 이 종이의 윗변과 아랫변 사이의 수직인 거리가 6 cm일 때 넓이는 몇 cm^2일까요?

(   )

12 직사각형의 둘레가 38 cm일 때 □ 안에 알맞은 수를 써넣으세요.

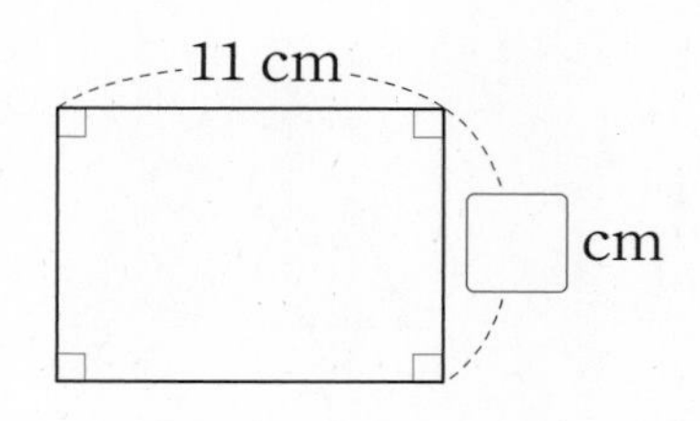

13 둘레가 20 cm인 정사각형의 넓이는 몇 cm^2일까요?

(   )

14 가로가 9 cm, 세로가 5 cm인 직사각형이 있습니다. 세로가 2 cm 더 길어지면 넓이는 몇 cm^2 더 넓어질까요?

(   )

15 두 평행사변형의 넓이가 같을 때 □ 안에 알맞은 수를 써넣으세요.

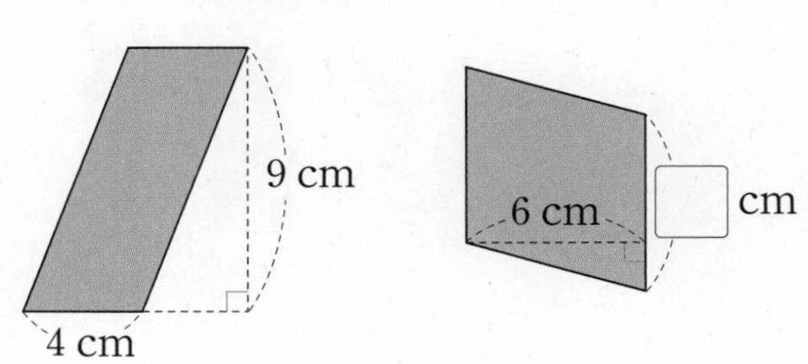

6

16 높이가 6 cm인 삼각형의 넓이가 24 cm^2일 때 밑변의 길이는 몇 cm일까요?

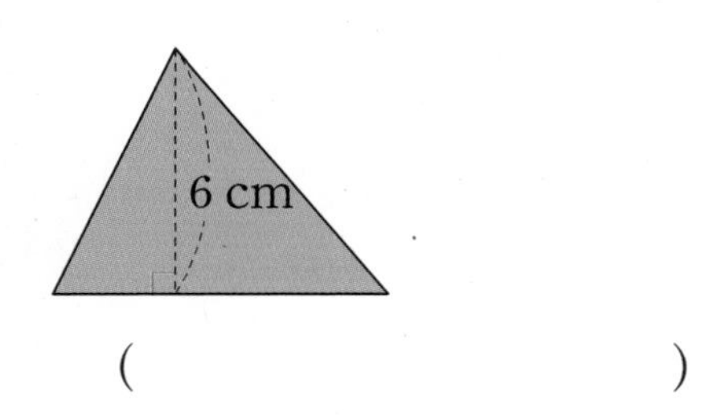

(　　　　　　　　　)

17 삼각형 ㄱㄴㄷ의 넓이가 30 cm^2일 때, 사다리꼴 ㄱㄴㄷㄹ의 넓이는 몇 cm^2일까요?

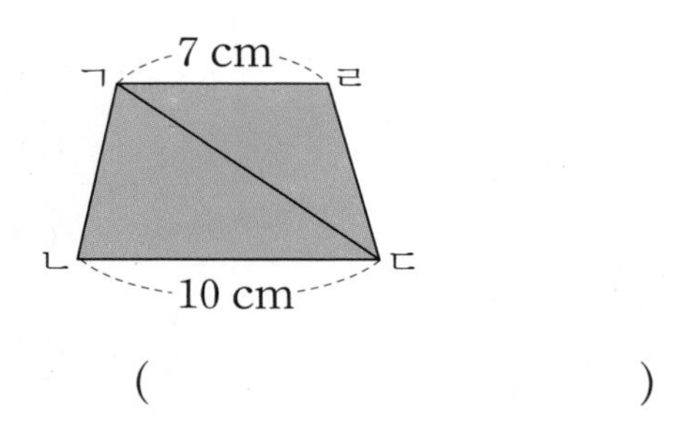

(　　　　　　　　　)

18 다각형의 넓이는 몇 cm^2일까요?

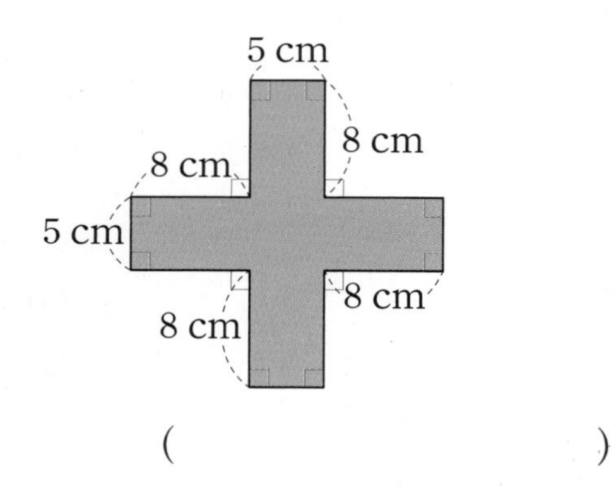

(　　　　　　　　　)

19 색칠한 부분의 넓이는 몇 m^2인지 풀이 과정을 쓰고 답을 구해 보세요.

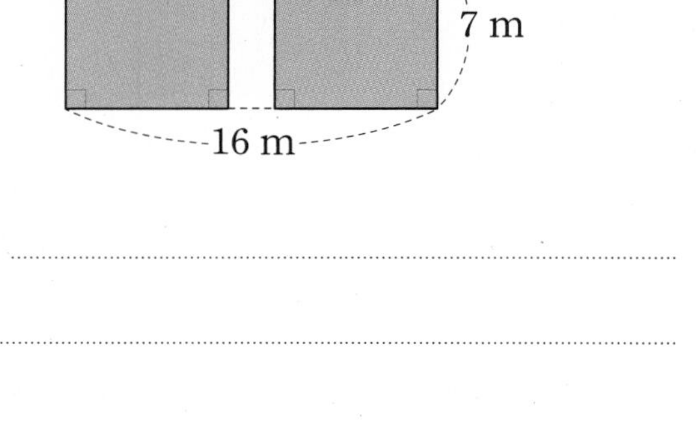

풀이

답

20 다각형의 넓이는 몇 cm^2인지 풀이 과정을 쓰고 답을 구해 보세요.

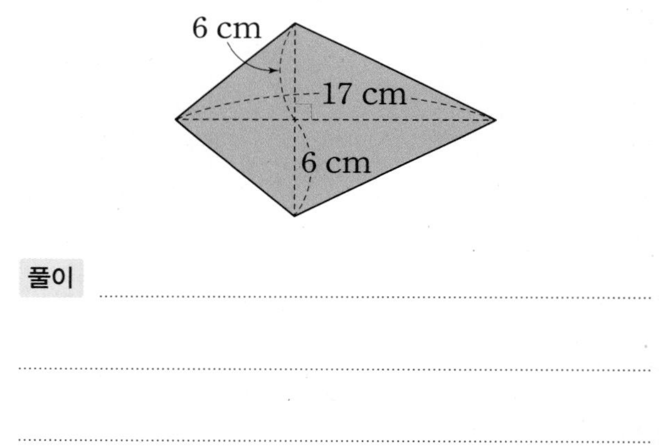

풀이

답

단원 평가 Level 2

점수

확인

1 평행사변형의 둘레는 몇 cm일까요?

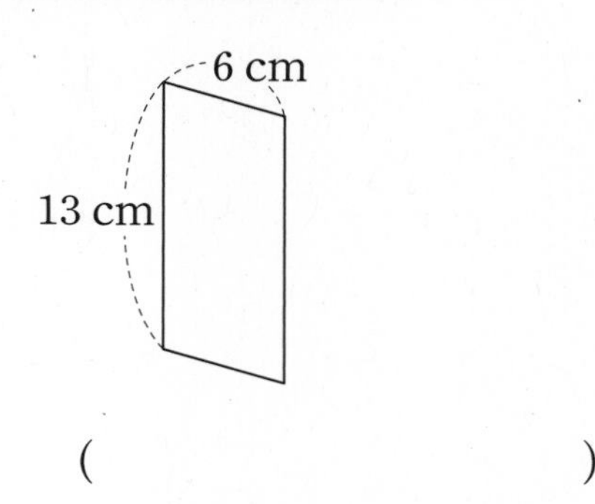

(   )

2 □ 안에 알맞은 수를 써넣으세요.

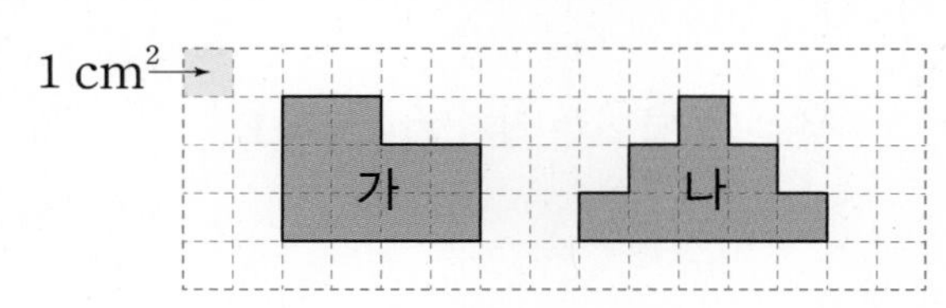

도형 가는 도형 나보다 넓이가 □ cm^2 더 넓습니다.

3 직사각형의 둘레가 20 cm일 때 가로는 몇 cm일까요?

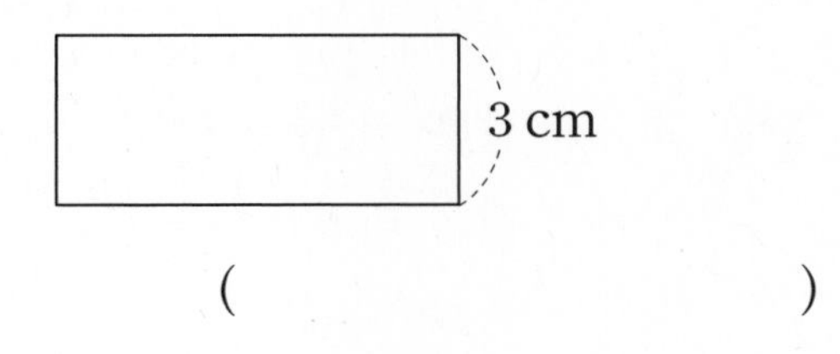

(   )

4 직선 가와 나는 서로 평행합니다. 삼각형의 넓이가 다른 하나를 찾아 기호를 써 보세요.

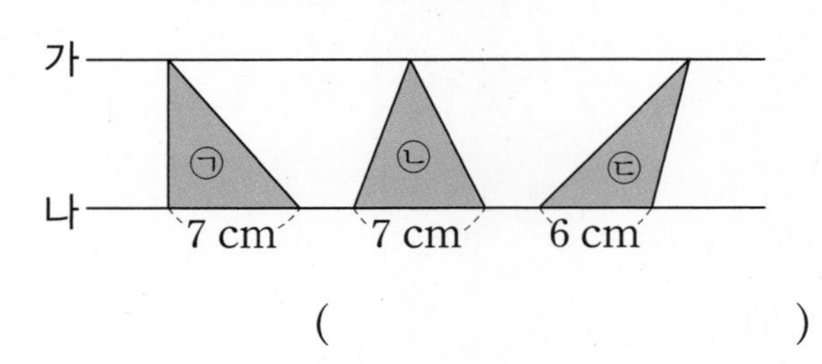

(   )

5 직사각형의 넓이는 몇 m^2일까요?

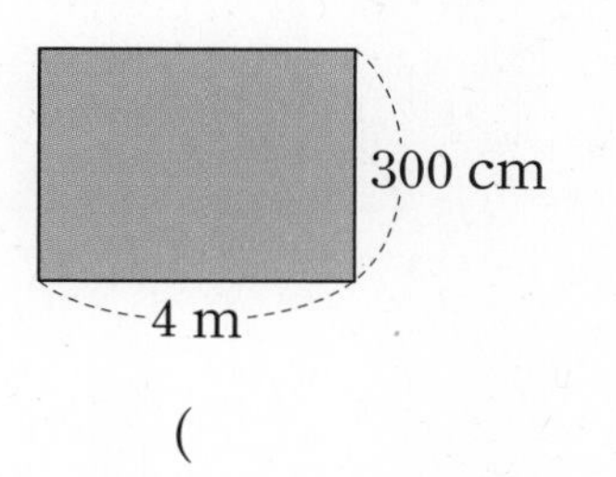

(   )

6 평행사변형의 넓이가 96 cm^2일 때 □ 안에 알맞은 수를 써넣으세요.

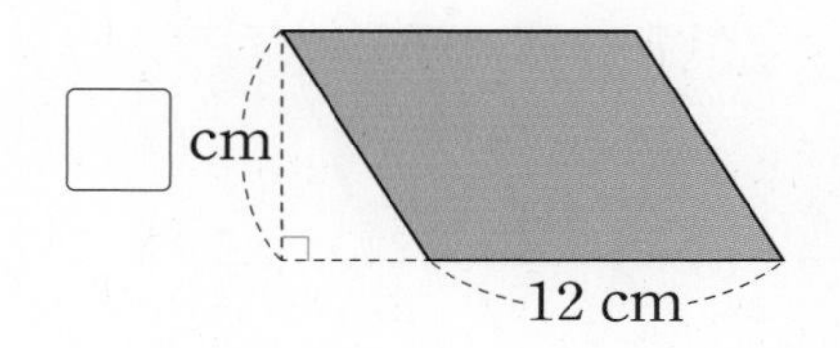

7 사다리꼴의 넓이가 64 cm^2이고 윗변의 길이가 5 cm일 때 아랫변의 길이는 몇 cm일까요?

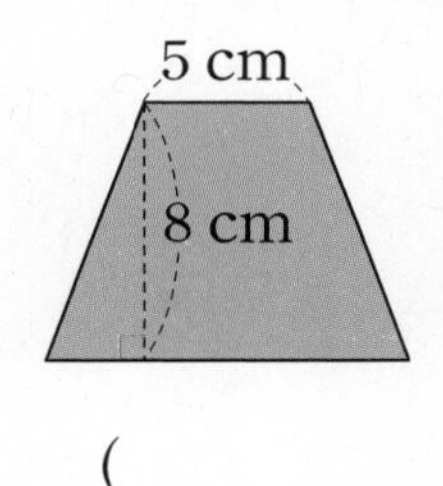

(   )

8 넓이가 12 cm^2인 마름모를 그려 보세요.

9 평행사변형 ㄱㄴㄷㄹ에서 변 ㄱㄴ을 밑변으로 했을 때의 높이는 몇 cm일까요?

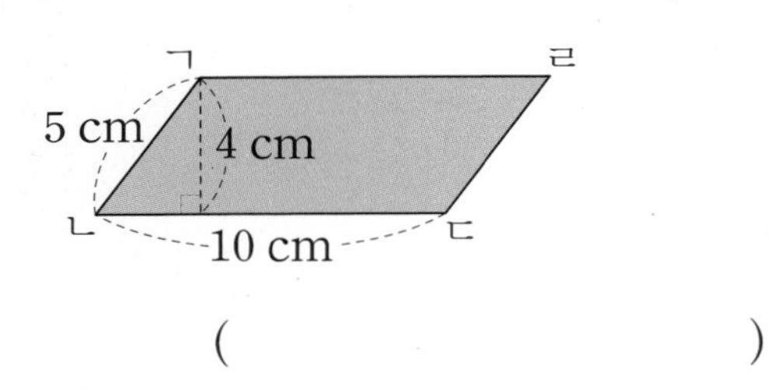

( )

10 직선 가와 나는 서로 평행합니다. 평행사변형 ㉠과 사다리꼴 ㉡의 넓이가 같을 때 □ 안에 알맞은 수는 얼마일까요?

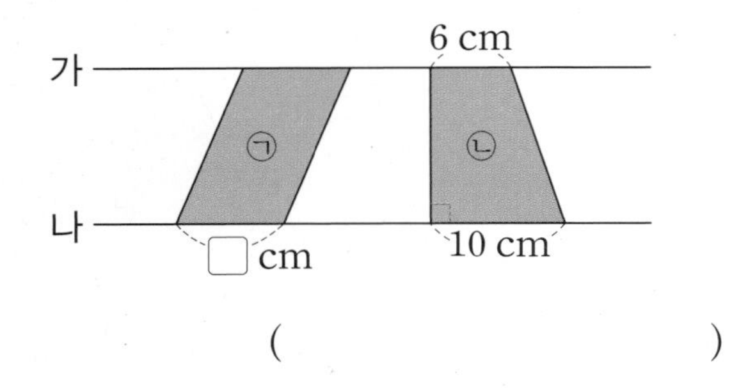

( )

11 직사각형과 정사각형의 둘레가 같을 때 정사각형의 한 변의 길이는 몇 m일까요?

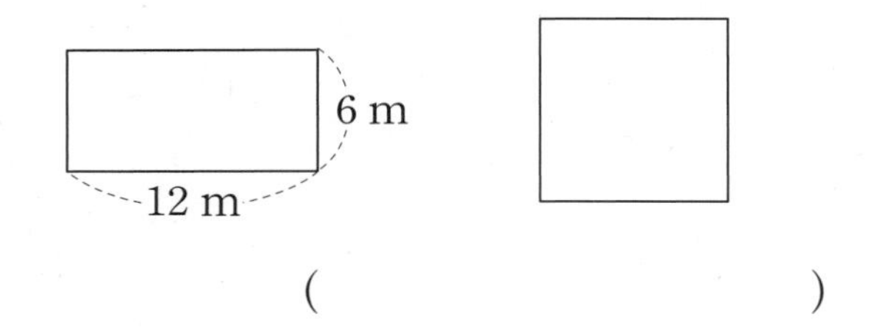

( )

12 평행사변형과 사다리꼴 두 도형의 넓이의 차는 몇 cm^2일까요?

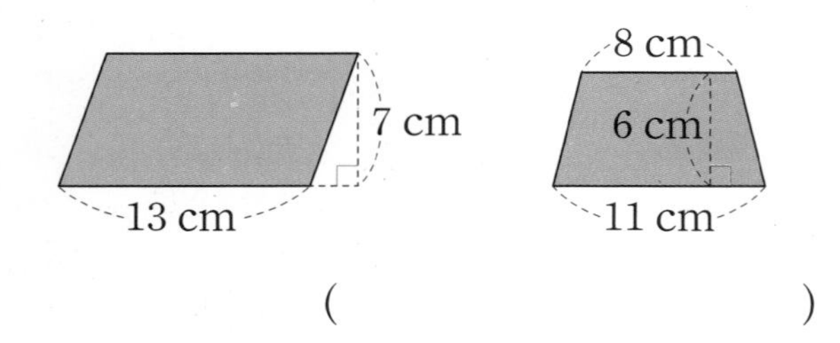

( )

13 색칠한 부분의 넓이는 몇 cm^2일까요?

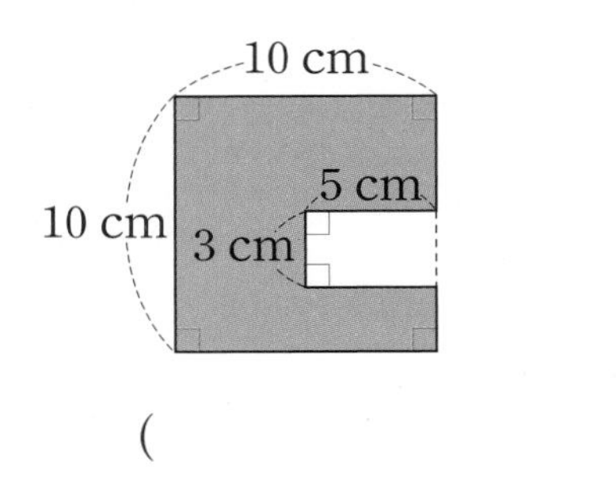

( )

14 큰 마름모의 대각선 길이의 반을 대각선의 길이로 하는 작은 마름모를 그렸습니다. 색칠한 부분의 넓이는 몇 cm^2일까요?

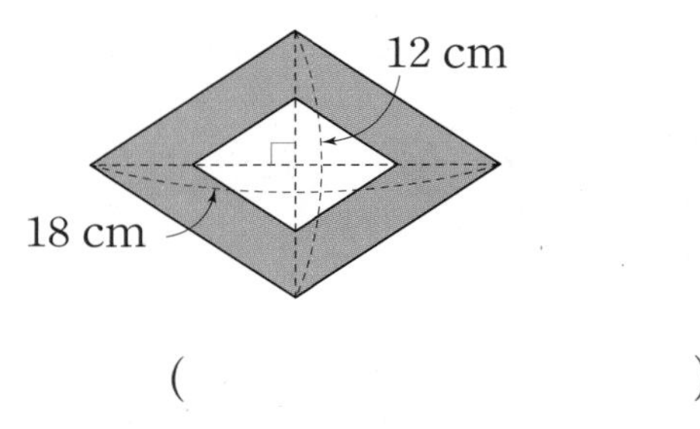

( )

15 그림과 같은 직사각형 모양의 텃밭에 너비가 2 m인 길을 내었습니다. 길을 제외한 텃밭의 넓이는 몇 m^2일까요?

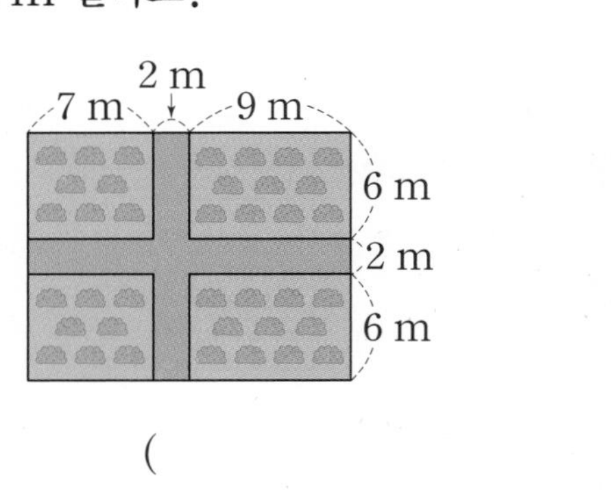

( )

16 □ 안에 알맞은 수를 써넣으세요.

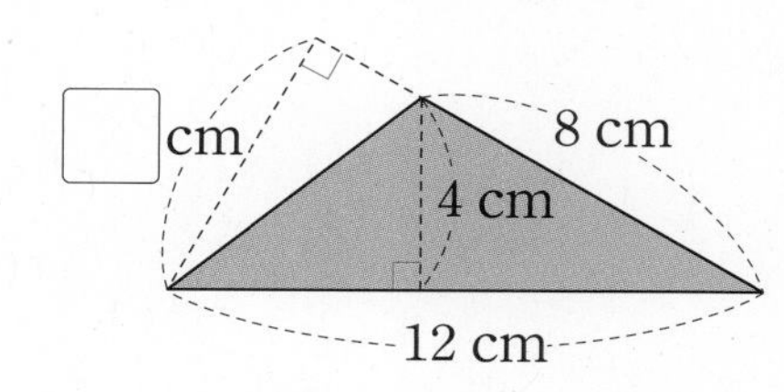

17 삼각형 ㄹㄴㄷ의 넓이가 60 cm^2일 때 사다리꼴 ㄱㄴㄷㄹ의 넓이는 몇 cm^2일까요?

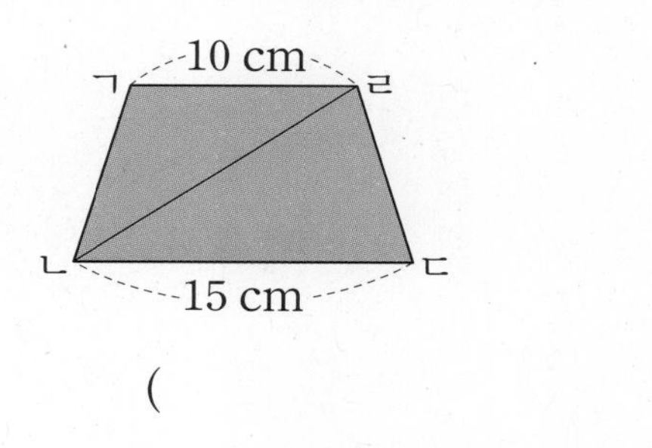

(   )

18 사다리꼴 ㄱㄴㄷㄹ의 넓이는 몇 cm^2일까요?

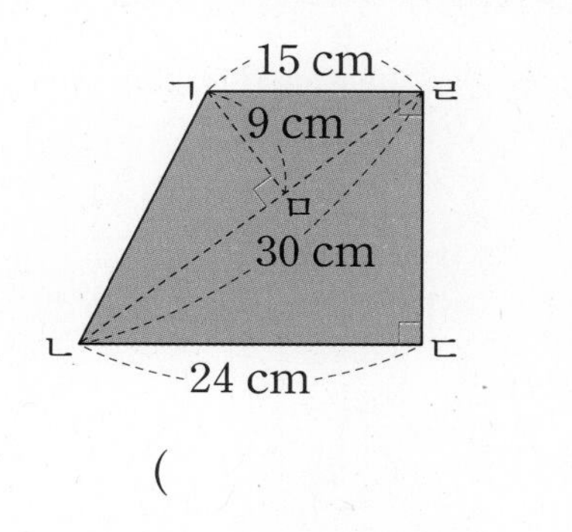

(   )

19 마름모의 넓이를 두 가지 방법으로 구해 보세요.

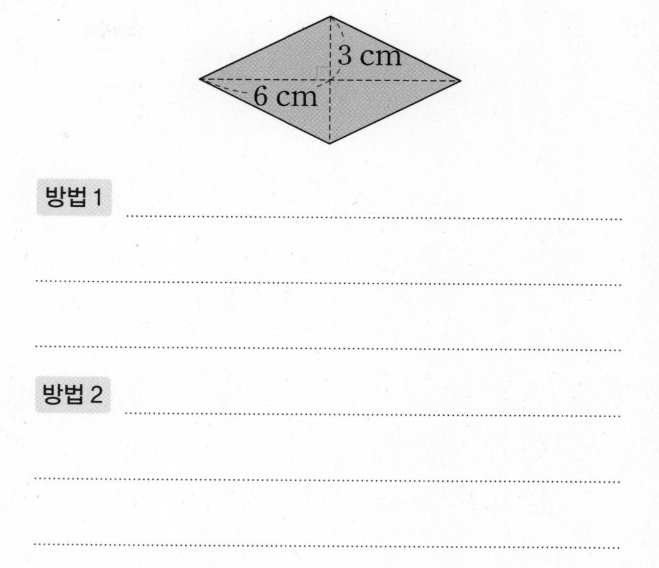

방법 1 ....

방법 2 ....

20 색칠한 부분의 넓이는 몇 cm^2인지 풀이 과정을 쓰고 답을 구해 보세요.

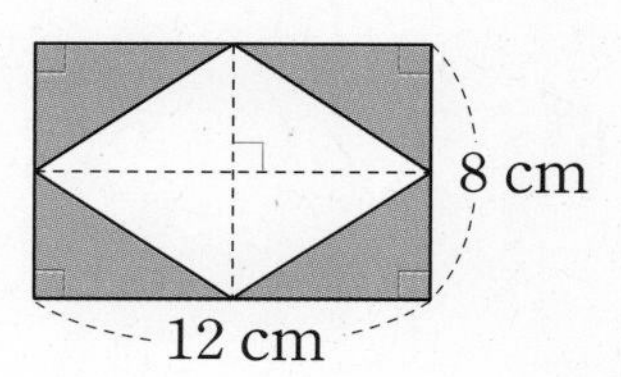

풀이 ....

답 ....

한걸음 한걸음 디딤돌을 걷다 보면 수학이 완성됩니다.

학습 능력과 목표에 따라
맞춤형이 가능한 디딤돌 초등 수학

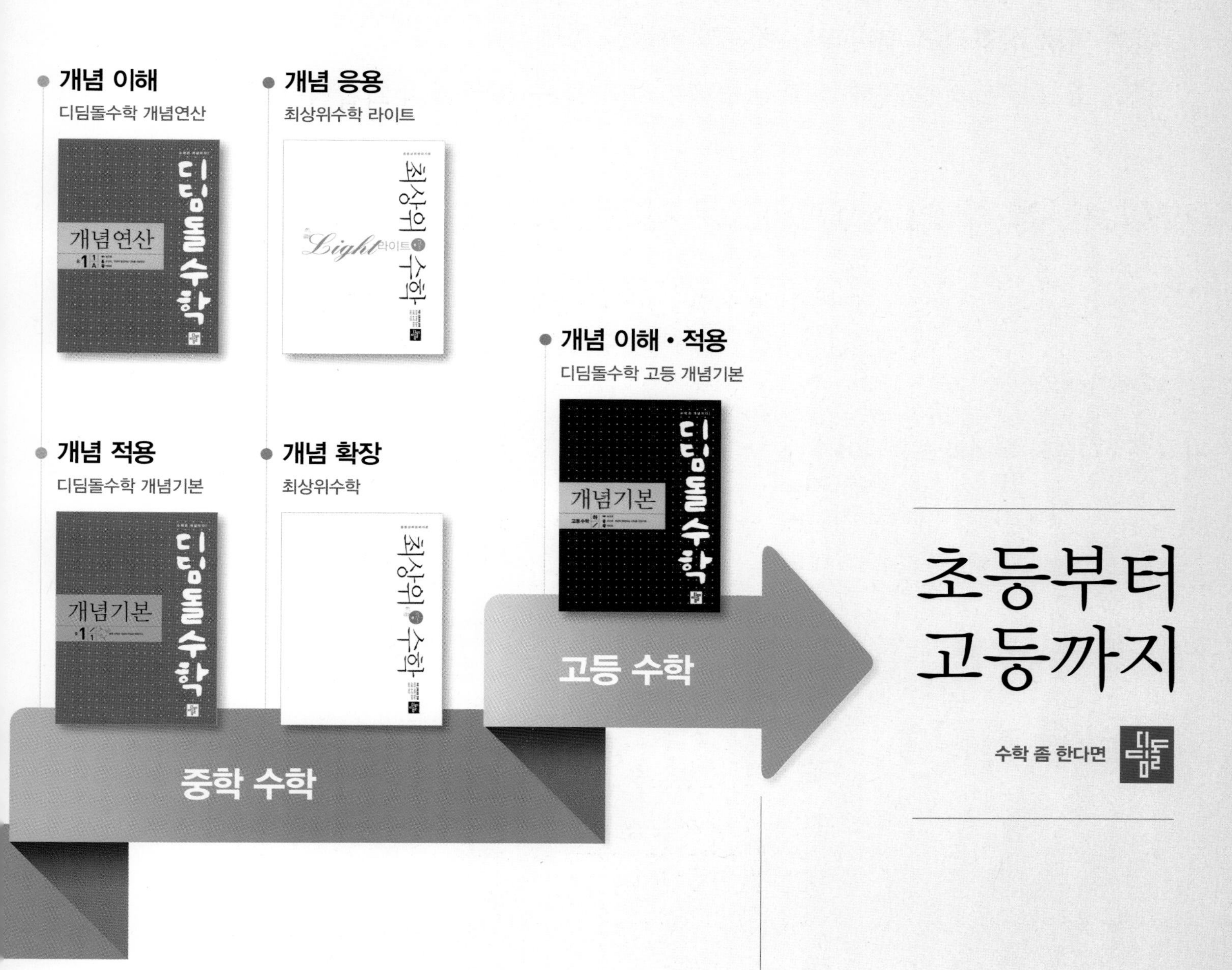

개념 이해
디딤돌수학 개념연산
개념 응용
최상위수학 라이트
개념 적용
디딤돌수학 개념기본
개념 확장
최상위수학
개념 이해 • 적용
디딤돌수학 고등 개념기본
중학 수학
고등 수학

수능까지 연결되는 독해 로드맵

디딤돌 독해력은 수능까지 연결되는 체계적인 라인업을 통하여
수능에서 요구하는 핵심 독해 원리에 대한 이해는 물론,
단계 별로 심화되며 연결되는 학습의 과정을 통해
깊이 있고 종합적인 독해 사고의 능력까지 기를 수 있도록 도와줍니다.

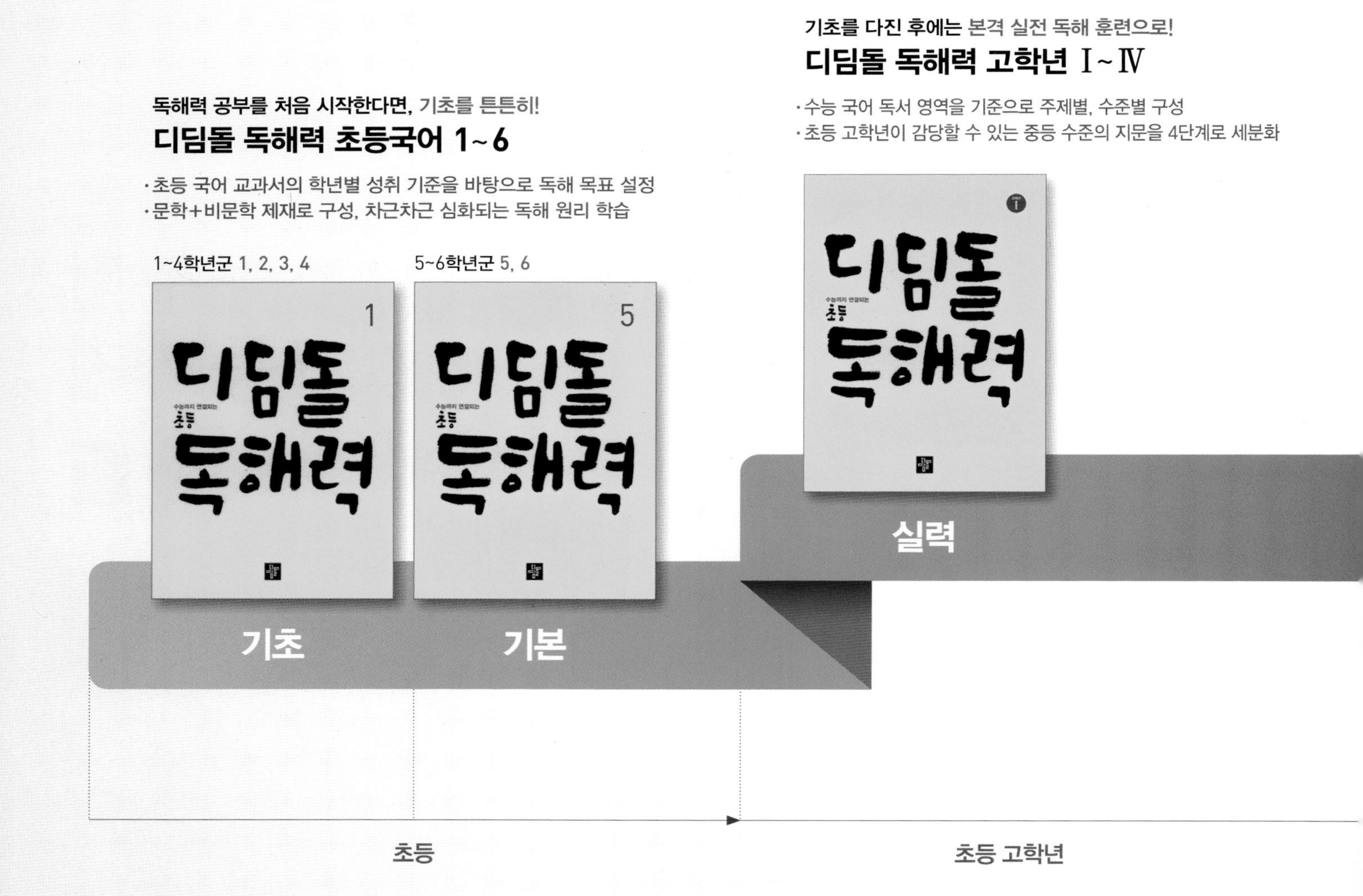

기본+응용 | 정답과 풀이

5-1

수학 좀 한다면

디딤돌

정답과 풀이

1 자연수의 혼합 계산

혼합 계산은 물건을 여러 개 사고 난 후에 물건 값을 지불하고 거스름돈을 받아야 하는 상황이나, 물건을 여러 모둠에 똑같은 개수로 나누어 주고 남은 개수를 구하는 상황 등에서 이용됩니다. 따라서 학생들은 혼합 계산이 실생활 상황에서 활용된다는 것을 알고, 문제 상황을 혼합 계산식으로 표현할 수 있어야 합니다. 또 혼합 계산에서는 계산의 순서가 중요하다는 것과 계산 순서를 달리 하면 결과가 달라진다는 것을 알아야 합니다. 이 단원에서 학습한 혼합 계산은 중등 과정에서 정수와 유리수의 사칙 계산과 혼합 계산으로 이어지므로 계산이 이루어지는 순서에 대한 규약을 알고 이를 적절히 적용하여 문제를 해결할 수 있는 능력을 기르는 데 초점을 두도록 합니다. 또 계산 순서가 정해진 이유를 알고 계산하도록 지도하고, 기계적인 계산이 되지 않도록 유의합니다.

교과서 개념 이해 1 덧셈과 뺄셈 / 곱셈과 나눗셈이 섞여 있는 식을 계산해 볼까요 8~9쪽

❗ • 앞에서부터에 ○표, 괄호 안을 먼저에 ○표

1 (1) 18, 6, 24 / 24, 8, 16 (2) 6, 8, 16

2 (1) 24, 8, 3 / 3, 2, 6 (2) 8, 2, 6

3 (계산 순서대로) (1) 26, 42, 42 (2) 9, 27, 27

4 민호

5 (1) $53-6+22=69$ (① $53-6$, ② $+22$)

(2) $90-(23+27)=40$ (① $23+27$, ② $90-$)

(3) $24\times5\div4=30$ (① 24×5, ② $\div4$)

(4) $56\div(4\times2)\times9=63$ (① 4×2, ② $56\div$, ③ $\times9$)

6 (계산 순서대로) 17, 17, 31 / 31

7 48, 3 / 다릅니다에 ○표

8 (1) 7, 63 (2) 25, 4

9 (1) 2 / 467, 2, 465 (2) 2 / 1400, 2, 700

1 (2) $18+6=24$
$24-8=16$ ➡ $18+6-8=16$

2 (2) $24\div8=3$
$3\times2=6$ ➡ $24\div8\times2=6$

4 (　)가 있는 식은 (　) 안을 먼저 계산합니다.

6 $25-8+14=31$
17
31

7 왼쪽 식은 괄호가 없고 오른쪽 식은 괄호가 있습니다. 오른쪽 식은 괄호 안을 먼저 계산했기 때문에 두 식의 계산 결과는 다릅니다.

8 (1) $35+27-55=62-55=7$
$35-27+55=8+55=63$
(2) $10\times5\div2=50\div2=25$
$10\div5\times2=2\times2=4$

9 (1) $298=300-2$로 계산합니다.
(2) $25=50\div2$로 계산합니다.

교과서 개념 이해 2 덧셈, 뺄셈, 곱셈(나눗셈)이 섞여 있는 식을 계산해 볼까요 10~11쪽

1 12, 8, 20 / 20, 2, 40 / 50, 40, 10 / 8, 2, 10

2 10, 6, 16 / 16, 4, 4 / 4, 3, 1 / 6, 4, 3, 1

3 ㉡, ㉠, ㉢

4 (1) $40-3+6\times4=61$
37　24
61

(2) $40-(3+6)\times4=4$
9
36
4

5 (1) $70-6\times9+29=45$

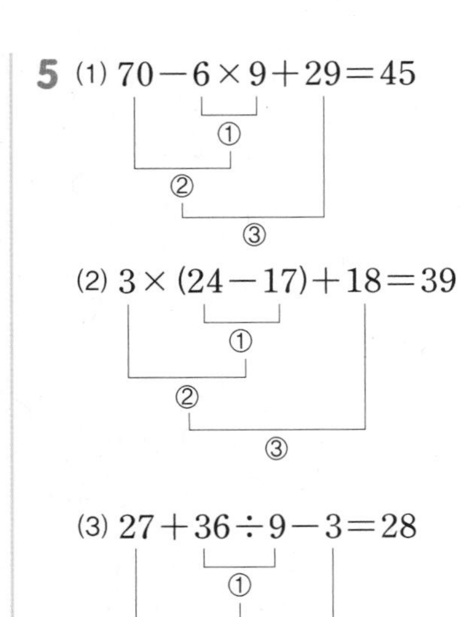

(2) $3\times(24-17)+18=39$

(3) $27+36\div9-3=28$

(4) $(36-27)\div3+15=18$

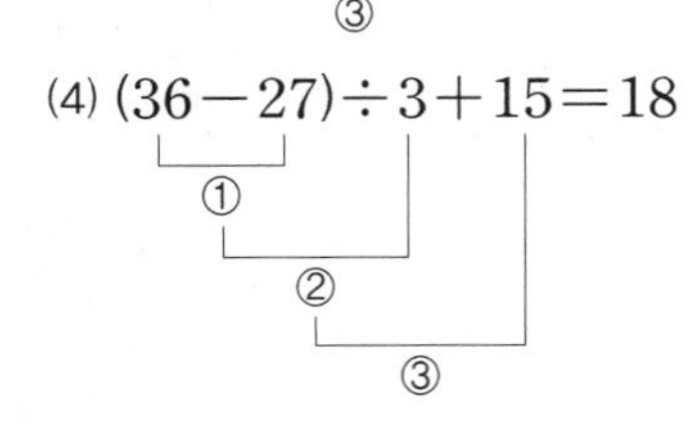

6 ③ **7** 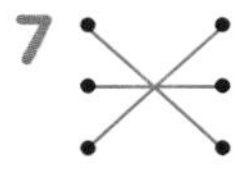

8 12, 12, 17, 8

3 곱셈을 먼저 계산한 다음 덧셈과 뺄셈을 계산합니다.

6 덧셈, 뺄셈, 곱셈 또는 나눗셈이 섞여 있는 식은 곱셈이나 나눗셈을 먼저 계산하므로 ③과 같은 경우에는 ( ) 를 생략해도 계산 결과가 같습니다.

7 $80\div(10-2)+5=15$ $80\div10-2+5=11$

$80\div10-(2+5)=1$

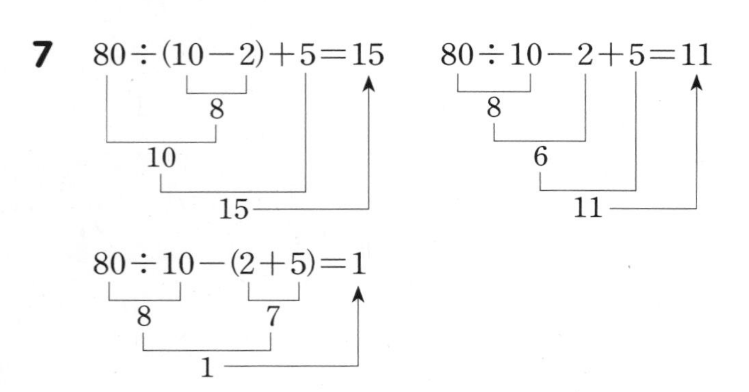

교과서 개념 이해 3 덧셈, 뺄셈, 곱셈, 나눗셈이 섞여 있는 식을 계산해 볼까요 12~13쪽

1 ㉠

2 (1) 18 / 18, 9 / 35, 9 / 26, 58
(2) 72 / 77 / 11, 89

3 (1) 3, 2, 2000 (2) 2000, 3000 (3) 3, 2, 3000

4 (1) $12\times3-96\div6+9=29$

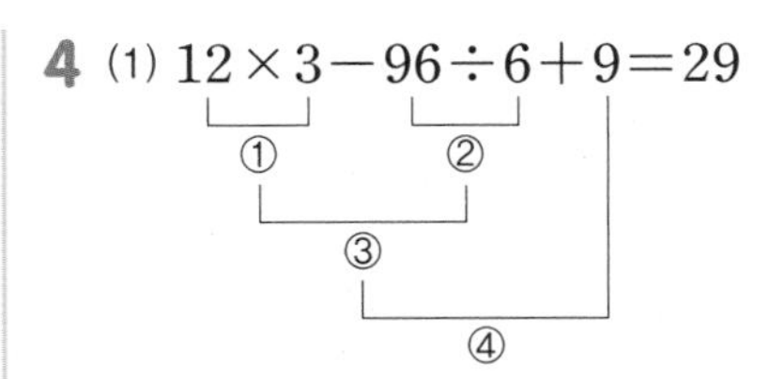

(2) $64-14\times3+48\div4=34$

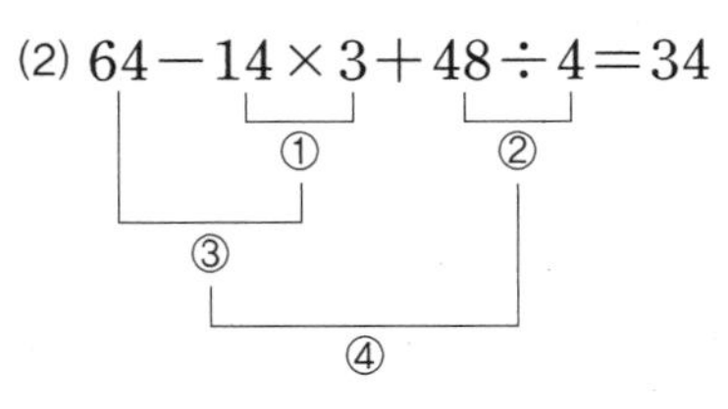

(3) $26\div(2+11)\times3-5=1$

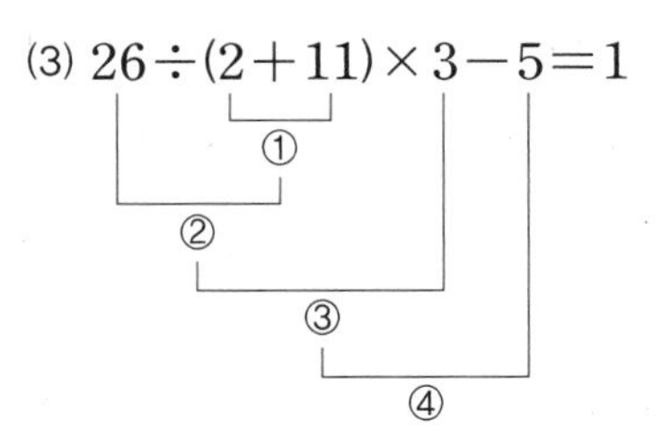

5 (1) 84 (2) 24 (3) 56 **6** ㉠

7 $13+(17-3)\div7\times9=13+14\div7\times9$
$=13+2\times9$
$=15\times9=135$

[바른 계산]
$13+(17-3)\div7\times9=13+14\div7\times9$
$=13+2\times9$
$=13+18=31$

4 (1) $12\times3-96\div6+9=36-96\div6+9$
$=36-16+9$
$=20+9=29$

(2) $64-14\times3+48\div4=64-42+48\div4$
$=64-42+12$
$=22+12=34$

(3) $26\div(2+11)\times3-5=26\div13\times3-5$
$=2\times3-5$
$=6-5=1$

5 (1) $14\times5-84\div7+26=70-84\div7+26$
$=70-12+26$
$=58+26=84$

(2) $30-(9+3)\times5\div10=30-12\times5\div10$
$=30-60\div10$
$=30-6=24$

(3) $29+16\times4-42+45\div9$
$=29+64-42+45\div9$
$=29+64-42+5$
$=93-42+5=51+5=56$

6 ㉠ $50+3\times20-12\div4$
$=50+60-12\div4$
$=50+60-3=110-3=107$
㉡ $50+3\times(20-12)\div4$
$=50+3\times8\div4$
$=50+24\div4=50+6=56$

7 덧셈과 곱셈이 섞여 있는 식에서는 곱셈을 먼저 계산합니다.

개념 적용

기본기 다지기

14~18쪽

1 (1) 5 (2) 5

2 45, 11 / 예 ( )가 있는 식은 ( ) 안을 먼저 계산하기 때문에 두 식의 계산 결과가 다릅니다.

3 재우 **4** $38-29+14=23$ / 23명

5 $16+15-22=9$ / 9명 **6** 200원

7 (1) 12 (2) 3 **8** > **9** (1) ㉠ (2) ㉡

10 ㉡ **11** $12\times2\div8=3$ / 3자루

12 $60\div(4\times3)=5$ / 5시간

13 예 한 봉지에 16개씩 들어 있는 구슬 4봉지를 2명에게 똑같이 나누어 주려고 합니다. 한 사람에게 구슬을 몇 개씩 줄 수 있을까요? / 예 32개

14 (1) 23 (2) 57

15 예 곱셈을 먼저 계산해야 하는데 앞에서부터 계산하여 잘못되었습니다. /
$30-8\times3+11=30-24+11=6+11=17$

16 $(9+7)\times2=32$

17 $58-(4+6)\times5=8$ / 8장

18 (1) 23 (2) 31 **19** ㉡

20 $2000+3600\div4-2500=400$ / 400원

21 14살 **22** ㉡, ㉢, ㉠, ㉣ **23** 18

24 $31-(18+2)\times4\div8=31-20\times4\div8$
$=31-80\div8$
$=31-10=21$

25 ③ **26** 176개 **27** 7

28 9 **29** $20-2\times(5+3)=4$

30 $18\div(3\times2)+4-1=6$

31 25 **32** 8 **33** 120

1 (1) $24+8-27=32-27=5$
(2) $30-(16+9)=30-25=5$

서술형
2 $51-23+17=28+17=45$
$51-(23+17)=51-40=11$

단계	문제 해결 과정
①	두 식을 계산 순서에 맞게 계산했나요?
②	그 결과를 비교했나요?

3 $25-(7+12)=25-19=6$
따라서 바르게 계산한 사람은 재우입니다.

4 (처음에 타고 있던 사람 수)−(내린 사람 수)+(탄 사람 수)
$=38-29+14=9+14=23$(명)

5 (남학생 수)+(여학생 수)−(축구를 하고 있는 학생 수)
$=16+15-22=31-22=9$(명)

6 세나는 1400원을 내야 하고, 동훈이는 (400+800)원을 내야 합니다.
➡ $1400-(400+800)=1400-1200=200$(원)

7 (1) $4\times9\div3=36\div3=12$
(2) $18\div(3\times2)=18\div6=3$

8 $45\div5\times3=9\times3=27$
$45\div(5\times3)=45\div15=3$

9 (1) 귤 48개를 (6×4)명에게 똑같이 나누어 주면 한 사람에게 $48\div(6\times4)$개씩 줄 수 있습니다.
(2) $(48\div6)$모둠에게 구슬을 4개씩 나누어 주면 나누어 준 구슬은 $(48\div6\times4)$개입니다.

10 ㉠ $2\times(15\div3)=2\times5=10$
$2\times15\div3=30\div3=10$
㉡ $42\div(7\times2)=42\div14=3$
$42\div7\times2=6\times2=12$
따라서 ( )가 없으면 계산 결과가 달라지는 것은 ㉡입니다.

11 연필 (12×2)자루를 8명에게 똑같이 나누어 주면 한 사람에게 $12\times2\div8=24\div8=3$(자루)씩 줄 수 있습니다.

12 기계 3대가 한 시간에 의자 (4×3)개를 만들 수 있으므로 의자 60개를 만들려면
$60\div(4\times3)=60\div12=5$(시간)이 걸립니다.

서술형
13

단계	문제 해결 과정
①	식에 알맞은 문제를 만들었나요?
②	문제를 풀어 답을 구했나요?

14 (1) $15-10+2\times9=15-10+18$
$=5+18=23$
(2) $22+7\times(13-8)=22+7\times5$
$=22+35=57$

서술형
15

단계	문제 해결 과정
①	계산이 잘못된 곳을 찾아 이유를 썼나요?
②	바르게 계산했나요?

16 두 식에서 공통인 수는 16이므로 왼쪽 식의 16 대신 $9+7$을 넣어 하나의 식으로 만듭니다.
➡ $(9+7)\times2=32$

17 색종이 58장을 학생 $(4+6)$명에게 5장씩 나누어 주었으므로 남은 색종이는
$58-(4+6)\times5=58-10\times5=58-50=8$(장)입니다.

18 (1) $19+81\div9-5=19+9-5$
$=28-5=23$
(2) $35-(22+6)\div7=35-28\div7$
$=35-4=31$

19 ㉠ $11+20-15\div5=11+20-3=31-3=28$
㉡ $11+(20-15)\div5=11+5\div5=11+1=12$
따라서 계산 결과가 더 작은 것은 ㉡입니다.

20 배 한 개는 2000원, 토마토 한 개는 $(3600\div4)$원, 한라봉 한 개는 2500원입니다.
➡ $2000+3600\div4-2500=2000+900-2500$
$=2900-2500$
$=400$(원)

21 아버지와 어머니 나이의 합은 $(49+47)$살이므로 동훈이는 $(49+47)\div6-2=96\div6-2=16-2=14$(살)입니다.

22 덧셈, 뺄셈, 곱셈, 나눗셈이 섞여 있는 식은 곱셈과 나눗셈을 먼저 계산합니다.

23 $20+49\div7-3\times3=20+7-3\times3$
$=20+7-9$
$=27-9=18$

24 ( )가 있는 식에서는 ( ) 안을 먼저 계산합니다.

25 ③ ( )를 생략해도 $18\div6$을 가장 먼저 계산해야 하므로 계산 결과가 같습니다.

26 하루에 나누어 줄 수 있는 쿠키는 $(900\div3)$개이고, 첫날 오전에 $(13+18)$명에게 쿠키를 4개씩 나누어 주었습니다.
(첫날 오후에 나누어 줄 수 있는 쿠키 수)
$=900\div3-(13+18)\times4=900\div3-31\times4$
$=300-31\times4=300-124=176$(개)

27 $30-(\square+15)=8$
$\square+15=30-8=22$
$\square=22-15=7$

28 $9\times3+72\div\square=35$
$27+72\div\square=35$
$72\div\square=35-27=8$
$\square=72\div8=9$

29 $20-2\times5+3=20-10+3=13$
2×5를 괄호로 묶으면 계산 순서가 바뀌지 않으므로 $20-2$와 $5+3$을 괄호로 묶어서 계산 결과를 비교해 봅니다.
$(20-2)\times5+3=18\times5+3=90+3=93$ (×)
$20-2\times(5+3)=20-2\times8=20-16=4$ (○)

30 $18\div3\times2+4-1=6\times2+4-1$
$=12+4-1=15$
$18\div3$을 괄호로 묶으면 계산 순서가 바뀌지 않으므로 3×2, $2+4$, $4-1$을 괄호로 묶어서 계산 결과를 비교해 봅니다.
$18\div(3\times2)+4-1=6$ (○)
$18\div3\times(2+4)-1=35$ (×)
$18\div3\times2+(4-1)=15$ (×)

31 어떤 수를 □라고 하여 식을 세우면
$\square\div5\times4-12=8$
$\square\div5\times4=8+12=20$
$\square\div5=20\div4=5$
$\square=5\times5=25$

32 어떤 수를 □라고 하여 식을 세우면

$(\square+7)\times 6\div 9=10$

$(\square+7)\times 6=10\times 9=90$

$\square+7=90\div 6=15$

$\square=15-7=8$

서술형

33 예 어떤 수를 □라고 하여 잘못 계산한 식을 세우면 $(\square-3)\div 4=6$, $\square-3=6\times 4=24$, $\square=24+3=27$입니다.
따라서 바르게 계산하면 $(27+3)\times 4=30\times 4=120$ 입니다.

단계	문제 해결 과정
①	어떤 수를 구했나요?
②	바르게 계산한 값을 구했나요?

개념 완성 응용력 기르기 19~22쪽

1 $6\bigstar 2=6\times 2\div(6-2)=3$

1-1 $20♥4=2\times(20-4)+20\div 4=37$

1-2 51

2 6개

2-1 5개

2-2 45, 50

3 +

3-1 −, ÷

3-2 예 +, ÷, + / ÷, +, ÷ / +, +, ÷ / +, +, ÷ / +, −, ÷ / ×, ÷, + / +, +, ÷

4 1단계 예 (남은 거리)$=3800-400\times 6-500\times 2$

2단계 예 (더 가야 하는 시간)

$=(3800-400\times 6-500\times 2)\div 80$

$=(3800-2400-1000)\div 80$

$=400\div 80=5$(분)

/ 5분

4-1 $(410-90-85\times 2)\div 75=2$ / 2시간

1 $6\bigstar 2=6\times 2\div(6-2)$

$=6\times 2\div 4$

$=12\div 4=3$

1-1 $20♥4=2\times(20-4)+20\div 4$

$=2\times 16+20\div 4$

$=32+5=37$

1-2 ( )가 있는 식은 ( ) 안을 먼저 계산합니다.

$3●6=6\times 6-3\times(3+6)$

$=6\times 6-3\times 9$

$=36-27=9$

➡ $1●9=9\times 9-3\times(1+9)$

$=9\times 9-3\times 10$

$=81-30=51$

2 $7\times 5-\square>15+78\div 6$

$35-\square>15+13$

$35-\square>28$

$35-7=28$이므로 □는 7보다 작아야 합니다.
따라서 □ 안에 들어갈 수 있는 자연수는 1, 2, 3, 4, 5, 6으로 모두 6개입니다.

2-1 $9+\square\times 4<50-51\div 3$

$9+\square\times 4<50-17$

$9+\square\times 4<33$

$\square\times 4<24$

$5\times 4=20$, $6\times 4=24$이므로 □ 안에 들어갈 수 있는 자연수는 1, 2, 3, 4, 5로 모두 5개입니다.

2-2 $2\times 32\div(4+4)=2\times 32\div 8=64\div 8=8$

$9+72\div 9\times 3-22=9+8\times 3-22$

$=9+24-22$

$=33-22=11$

$8<\square\div 5<11$에서 $\square\div 5$는 9 또는 10이므로 □ 안에는 45, 50이 들어갈 수 있습니다.

3 ○ 안에 ÷를 넣으면 계산이 되지 않으므로 +, −, ×를 넣어서 계산 결과를 비교해 봅니다.

$3\times 5-6+4\div 2=15-6+2=9+2=11$ (○)

$3\times 5-6-4\div 2=15-6-2=9-2=7$ (×)

$3\times 5-6\times 4\div 2=15-24\div 2=15-12=3$ (×)

3-1 $12○4+24○8=11$이므로 $24○8$의 ○ 안에 +, ×는 들어갈 수 없습니다.

$12\div 4+24-8=3+24-8=19$ (×)

$12-4+24\div 8=12-4+3=11$ (○)

3-2 4개의 5와 +, −, ×, ÷, ( )를 사용하여 여러 가지 수를 만들 수 있습니다.

4-1 $(410-90-85\times 2)\div 75$

$=(410-90-170)\div 75$

$=150\div 75$

$=2$(시간)

1단원 단원 평가 Level ❶

23~25쪽

1 (계산 순서대로) 4, 79, 70, 70

2 ④

3 (계산 순서대로) 17, 17, 68 / 68

4 ㉡

5 $80-35\div5\times7+16=47$

①: $35\div5$, ②: $\times7$, ③: $80-$, ④: $+16$

6 (1) 13 (2) 66

7 $8\times3-11=13$

8 <

9 ㉠, ㉢

10 $9600-(2700+1200)=5700$ / 5700원

11 ㉠

12 예 사탕, 캐러멜에 ∨표 / 예 3500원

13 예 $29+6\times(4+16)\div4$ / 예 59

14 35℃

15 18★$6=(18-6)\times6+18\div6=75$

16 $8\times(6-4\div2)+10=42$

17 (1) +, + (2) +, ×, +

18 6개

19 $(2+8\times6)\div5=(2+48)\div5=50\div5=10$ /
예 ( ) 안에서 곱셈을 먼저 계산해야 하는데 앞에서부터 계산하여 잘못되었습니다.

20 예 $2\times3-1\times4=2$

1 덧셈, 뺄셈, 나눗셈이 섞여 있는 식은 나눗셈을 먼저 계산합니다.

2 ( )가 있는 식은 ( ) 안을 먼저 계산합니다.

3 $(32-15)\times4=68$

17

68

4 ㉠ $42-(25+7)=42-32=10$
㉡ $81\div9\times5=9\times5=45$

5 덧셈, 뺄셈, 곱셈, 나눗셈이 섞여 있는 식은 곱셈과 나눗셈을 먼저 계산합니다.

$80-35\div5\times7+16=80-7\times7+16$
$=80-49+16$
$=31+16=47$

6 (1) $60\div(8+2)+7=60\div10+7$
$=6+7=13$

(2) $81-13\times(6\div3)+11=81-13\times2+11$
$=81-26+11$
$=55+11=66$

7 $8\times3=24$
$24-11=13$
⬇
$8\times3-11=13$

8 • $13\times7+5-45=91+5-45$
$=96-45=51$

• $13\times(7+5)-45=13\times12-45$
$=156-45=111$

9 ㉠ $7+6\times3-2=7+18-2=25-2=23$
㉡ $(7+6)\times3-2=13\times3-2=39-2=37$
㉢ $7+(6\times3-2)=7+(18-2)=7+16=23$
㉣ $7+6\times(3-2)=7+6\times1=7+6=13$

10 은정이는 물감을 샀으므로 9600원을 내야 하고, 미영이는 스케치북과 붓을 샀으므로 (2700+1200)원을 내야 합니다.
따라서 은정이는 미영이보다
$9600-(2700+1200)=9600-3900=5700$(원)
을 더 내야 합니다.

11 ㉠ $70-9\times4\div6+18$
$=70-36\div6+18$
$=70-6+18=64+18=82$

㉡ $56-48\div(10-7)\times2+32$
$=56-48\div3\times2+32$
$=56-16\times2+32$
$=56-32+32=24+32=56$

㉢ $25+17\times(4+8\div2)-80$
$=25+17\times(4+4)-80$
$=25+17\times8-80$
$=25+136-80=161-80=81$

12 자신이 고른 간식의 가격을 먼저 더한 후 5000원에서 뺍니다.

13 예 $29+6\times(4+16)\div4=29+6\times20\div4$
$=29+120\div4$
$=29+30=59$

주의 | 나눗셈에 주의하여 괄호를 써서 여러 가지 방법으로 계산해 봅니다.

14 $(95-32)\times10\div18=63\times10\div18$
$=630\div18=35$(℃)

15 $18★6=(18-6)\times6+18\div6$
$=12\times6+18\div6$
$=72+18\div6=72+3=75$

16 여러 가지 방법으로 ( )를 넣어 계산해 봅니다.
$8\times(6-4)\div2+10=8\times2\div2+10$
$=16\div2+10$
$=8+10=18$ (×)
$8\times6-(4\div2+10)=8\times6-(2+10)$
$=8\times6-12$
$=48-12=36$ (×)
$8\times(6-4\div2)+10=8\times(6-2)+10$
$=8\times4+10$
$=32+10=42$ (○)

17 (1) $2\times8-3=16-3=13$
➡ $2+8+3=13$
(2) $1\times3+2\times4=3+8=11$
➡ $1+3\times2+4=1+6+4=11$

18 $(15+21)\times(18-6)\div8=36\times12\div8$
$=432\div8=54$
$10\times(7-□)<54$이므로 $10\times(7-□)$는 0, 10, 20, 30, 40, 50이 될 수 있습니다.
$10\times(7-□)=0$ ➡ $□=7$
$10\times(7-□)=10$ ➡ $□=6$
$10\times(7-□)=20$ ➡ $□=5$
$10\times(7-□)=30$ ➡ $□=4$
$10\times(7-□)=40$ ➡ $□=3$
$10\times(7-□)=50$ ➡ $□=2$
따라서 □ 안에 들어갈 수 있는 자연수는 모두 6개입니다.

서술형
19

평가 기준	배점(5점)
계산이 잘못된 곳을 찾아 이유를 썼나요?	2점
바르게 계산했나요?	3점

서술형
20 예 $\underset{①}{□\times□}-\underset{②}{□\times□}=2$
①이 ②보다 2 큰 수이므로 두 수의 곱의 차가 2인 경우를 찾아봅니다.
따라서 ①은 $2\times3=6$, ②는 $1\times4=4$입니다.
➡ $2\times3-1\times4=2$

평가 기준	배점(5점)
두 수의 곱의 차가 2인 경우를 찾았나요?	2점
식을 바르게 만들었나요?	3점

1 단원 단원 평가 Level ❷ 26~28쪽

1 4, 2, 1, 3 **2** 10
3 (1) 22 (2) 34 **4** ㉢
5 ③ **6** 10
7 ② **8** $45\div(8+7)=3$
9 6명 **10** 2700원
11 96마리 **12** 3000원
13 6 **14** 27 cm
15 15
16 $40-30\div(5+10)=38$
17 5개 **18** 12, 4
19 예 3개에 1200원인 사탕 한 개를 사고 1000원을 냈습니다. 거스름돈은 얼마를 받아야 할까요? / 예 600원
20 5개

1 덧셈, 뺄셈, 곱셈, 나눗셈이 섞여 있는 식은 곱셈과 나눗셈을 먼저 계산하고, ( )가 있으면 ( ) 안을 먼저 계산합니다.

2 $9\div3\times8-14=3\times8-14=24-14=10$

3 (1) $4\times(6+7)-30=4\times13-30=52-30=22$
(2) $5+23\times2-51\div3=5+46-17$
$=51-17=34$

4 ㉠ $18-8-4+2=10-4+2=6+2=8$
㉡ $18-(8-4)+2=18-4+2=14+2=16$
㉢ $18-8-(4+2)=18-8-6=10-6=4$

5 ( )가 있는 식에서는 ( ) 안을 먼저 계산해야 하므로 ①, ②, ④, ⑤는 ( )가 없으면 계산 결과가 달라집니다. ③은 ( )가 없어도 앞에서부터 차례로 계산해야 하므로 계산 결과가 같습니다.

6 ㉠ $5+18\div6-4=5+3-4$
$=8-4=4$
㉡ $5+18\div(6-4)=5+18\div2$
$=5+9=14$
➡ ㉡ $-$ ㉠ $=14-4=10$

7 나누어 준 풍선은 (17×2)개이므로 남은 풍선은 $(40-17\times2)$개입니다.

8 두 식에서 공통인 수는 15이므로 오른쪽 식의 15 대신 $8+7$을 넣어 하나의 식으로 나타냅니다.
➡ $45\div(8+7)=3$

9 시하네 반 학생은 (4×9)명이므로 똑같이 6팀으로 나누면 한 팀은 $4\times9\div6=36\div6=6$(명)입니다.

10 (남은 금액)$=$(처음 금액)$+$(맡긴 금액)$-$(찾은 금액)
$=2500+1100-900$
$=3600-900$
$=2700$(원)

11 조기는 (20×4)마리, 고등어는 (2×8)마리이므로 모두 $20\times4+2\times8=80+16=96$(마리)입니다.

12 음식값 $(3500\times4+2000\times2)$원을 6명이 똑같이 나누어 내야 합니다.
(한 사람이 내야 할 돈)$=(3500\times4+2000\times2)\div6$
$=(14000+4000)\div6$
$=18000\div6$
$=3000$(원)

13 약속된 규칙에 따라 식을 세우면
㉠♥$4=$㉠$\times$㉠$+4\times4=52$이므로
㉠$\times$㉠$+16=52$, ㉠$\times$㉠$=52-16=36$입니다.
$6\times6=36$이므로 ㉠$=6$입니다.

14 $(52\div4)$ cm와 $(96\div6)$ cm인 종이테이프를 2 cm가 겹쳐지도록 이어 붙였습니다.
(이어 붙인 종이테이프의 전체 길이)
$=52\div4+96\div6-2$
$=13+16-2$
$=29-2=27$ (cm)

15 어떤 수를 □라고 하면 잘못 계산한 식은 $\square\times4-13=19$이므로 $\square\times4=19+13=32$, $\square=32\div4=8$입니다.
따라서 바르게 계산하면 $8\div4+13=2+13=15$입니다.

16 $40-30\div5+10=40-6+10=44$
$30\div5$를 ( )로 묶으면 계산 순서가 바뀌지 않으므로 $40-30$과 $5+10$을 ( )로 묶어서 계산 결과를 비교해 봅니다.
$(40-30)\div5+10=10\div5+10=2+10=12$ (×)
$40-30\div(5+10)=40-30\div15=40-2=38$ (○)

17 $\square-2\div2<28\div7+1$
$\square-1<4+1$
$\square-1<5$
따라서 □ 안에 들어갈 수 있는 자연수는 1, 2, 3, 4, 5로 모두 5개입니다.

18 계산 결과가 가장 클 때는 48을 나누는 수 $\square\times\square$가 가장 작을 때이므로
$48\div(2\times4)+6=48\div8+6=6+6=12$입니다.
계산 결과가 가장 작을 때는 48을 나누는 수 $\square\times\square$가 가장 클 때이므로
$48\div(4\times6)+2=48\div24+2=2+2=4$입니다.

서술형
19

평가 기준	배점(5점)
식에 알맞은 문제를 만들었나요?	3점
문제를 풀어 답을 구했나요?	2점

서술형
20 예 (8×15)개의 지우개를 (12×2)명의 사람들에게 똑같이 나누어 줍니다. 한 사람에게 줄 수 있는 지우개는 $8\times15\div(12\times2)=8\times15\div24=120\div24=5$(개)입니다.

평가 기준	배점(5점)
한 사람에게 줄 수 있는 지우개 수를 구하는 식을 세웠나요?	3점
한 사람에게 줄 수 있는 지우개 수를 구했나요?	2점

2 약수와 배수

수는 수학의 여러 영역에서 가장 기본이 되고, 수에 대한 정확한 이해와 수를 이용한 연산 능력은 수학 학습을 하는 데 기초가 됩니다. 이에 본 단원에서는 수의 연산에서 중요한 요소인 약수와 배수를 자연수의 범위에서 알아봅니다. 약수와 배수는 학생들이 이미 학습한 곱셈과 나눗셈의 연산 개념을 바탕으로 정의됩니다. 약수와 배수, 최대공약수와 최소공배수를 학습한 뒤에는 일상 생활에서 약수, 배수와 관련된 문제를 해결하고 그 해결 과정을 설명하게 하며 주어진 수가 어떤 수의 배수인지 쉽게 판별하는 방법을 알아봅니다. 약수와 배수는 5학년의 약분과 통분, 분모가 다른 분수의 덧셈과 뺄셈으로 연결되며, 중등 과정에서 다항식의 약수와 배수 학습의 기초가 되므로 학생들이 정확하게 이해하고 문제를 해결하도록 지도합니다.

교과서 개념 이해 1 약수와 배수를 찾아볼까요 32~33쪽

1 0 1 2 3 4 5 6 7 8 9 10 11 12 13 14 15 16 17 18 19 20 21 22 23 24 25
0 1 2 3 4 5 6 7 8 9 10 11 12 13 14 15 16 17 18 19 20 21 22 23 24 25
0 1 2 3 4 5 6 7 8 9 10 11 12 13 14 15 16 17 18 19 20 21 22 23 24 25

2 1, 2, 3, 4, 6, 12 **3** 1, 2, 5, 10 / 1, 2, 5, 10

4 3, 6, 9, 12, 15, 18, 21, 24, 27, 30, 33, 36, 39에 ○표

5 1, 3, 9, 27

6 (1) 6, 12, 18, 24, 30 (2) 9, 18, 27, 36, 45

7 (1) 1, 3, 5, 15 (2) 1, 2, 4, 5, 10, 20

8 22, 77 **9** (1) ○ (2) ×

2 $12 \div ① = ⑫$ $12 \div ② = ⑥$ $12 \div ③ = ④$
○표 한 두 수를 바꾸어도 나누어떨어지므로 나누는 수, 몫 모두 약수가 됩니다.

4 3을 1배, 2배, 3배, ... 한 수는 3, 6, 9, 12, 15, 18, 21, 24, 27, 30, 33, 36, 39입니다.

5 $27 \div 1 = 27$, $27 \div 3 = 9$, $27 \div 9 = 3$, $27 \div 27 = 1$
➡ 27의 약수: 1, 3, 9, 27

6 (1) $6 \times 1 = 6$, $6 \times 2 = 12$, $6 \times 3 = 18$, $6 \times 4 = 24$, $6 \times 5 = 30$
(2) $9 \times 1 = 9$, $9 \times 2 = 18$, $9 \times 3 = 27$, $9 \times 4 = 36$, $9 \times 5 = 45$

8 11을 1배, 2배, 3배, ... 한 수를 구합니다.
➡ $11 \times 2 = 22$, $11 \times 7 = 77$
참고 | 11의 배수 중 두 자리 수는 십의 자리 숫자와 일의 자리 숫자가 같습니다.

9 (1) $15 \div 5 = 3$이므로 5는 15의 약수입니다.
(2) $24 \div 9 = 2 \cdots 6$이므로 9는 24의 약수가 아닙니다.
다른 풀이 |
(1) 5단 곱셈구구에 15가 있으므로 5는 15의 약수입니다.
(2) 9단 곱셈구구에 24가 없으므로 9는 24의 약수가 아닙니다.

교과서 개념 이해 2 곱을 이용하여 약수와 배수의 관계를 알아볼까요 34~35쪽

1 (1) 약수, 배수 (2) 10, 10 (3) 약수, 배수 (4) 10, 10

2 (1) 6, 2, 3 (2) 2, 3, 6 (3) 1, 2, 3, 6

3 (1) 1, 2, 4 (2) 1, 2, 4 **4** (1) 배수 (2) 약수

5 2, 5 / 2, 2 / 1, 2, 4, 5, 10, 20 / 1, 2, 4, 5, 10, 20

6 ④ **7** (1) ○ (2) ×

8 (1) 예 4 (2) 예 15 **9** ③

1 큰 수는 작은 수들의 배수, 작은 수들은 큰 수의 약수입니다.

2 곱셈식에서 계산 결과는 각각 두 수의 배수이고 곱하는 두 수는 계산 결과의 약수입니다.

5 $20 = 2 \times 10$ $20 = 5 \times 4$
$= 2 \times 2 \times 5$ $= 5 \times 2 \times 2$

6 $1 \times 36 = 36$, $2 \times 18 = 36$, $3 \times 12 = 36$, $4 \times 9 = 36$, $6 \times 6 = 36$
따라서 ④ 24는 36과 약수와 배수의 관계가 아닙니다.

7 큰 수를 작은 수로 나누었을 때 나누어떨어지면 두 수는 약수와 배수의 관계입니다.
(1) $12 \div 4 = 3$ ➡ 4와 12는 약수와 배수의 관계입니다.
(2) $16 \div 6 = 2 \cdots 4$ ➡ 6과 16은 약수와 배수의 관계가 아닙니다.

8 (1) 빈 곳에는 16의 약수 또는 16의 배수가 들어갈 수 있습니다. ➡ 예 $16 \div 4 = 4$
(2) 빈 곳에는 5의 배수 또는 5의 약수가 들어갈 수 있습니다. ➡ 예 $5 \times 3 = 15$

9 • 42는 6과 7의 배수입니다.
• 6과 7은 42의 약수입니다.

교과서 개념 이해 3 공약수와 최대공약수를 구해 볼까요 36~37쪽

1 (1) 1, 2, 3, 1, 3 (2) 1, 3 (3) 3

2 (1) 1, 2, 5, 10에 ○표
1, 2, 3, 5, 6, 10, 15, 30에 △표
(2) 1, 2, 5, 10 (3) 공약수 (4) 10 (5) 최대공약수

3 1, 3, 9 / 9

4 1, 3 / 3

5 (1)

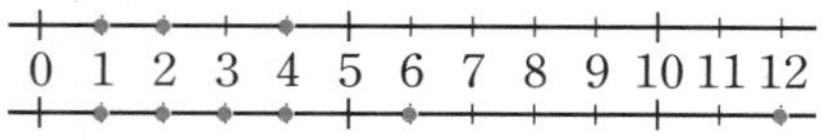

(2) 1, 2, 4 / 4

6 2개

7 (1)

12의 약수	①	②	3	④	6	12
28의 약수	①	②	④	7	14	28

(2) 4 (3) 1, 2, 4 (4) 같습니다에 ○표

8 1, 2, 4, 8

9 3

3 • 공약수는 그림에서 가운데 겹쳐지는 부분의 수입니다.
• 최대공약수는 가운데 겹쳐지는 부분의 수 중에서 가장 큰 수입니다.

4 공약수는 공통인 약수이므로 1, 3입니다.
(3 → 가장 큰 수 → 최대공약수)

5 (2) 공약수: 위와 아래의 수직선에 공통으로 ●표 한 수
➡ 1, 2, 4
최대공약수: 1, 2, 4 중 가장 큰 수 ➡ 4

6 15의 약수: 1, 3, 5, 15
20의 약수: 1, 2, 4, 5, 10, 20
➡ 15와 20의 공약수: 1, 5 ➡ 2개

7 (2) 공약수 1, 2, 4 중 가장 큰 수는 4입니다.
(4) 12와 28의 공약수: 1, 2, 4
12와 28의 최대공약수: 4 ➡ 4의 약수: 1, 2, 4

8 최대공약수의 약수가 공약수입니다.
8의 약수: 1, 2, 4, 8

9 15와 21을 어떤 수로 나누면 두 수 모두 나누어떨어집니다.
어떤 수 ➡ 15와 21의 공약수: 1, 3
어떤 수 중에서 가장 큰 수 ➡ 15와 21의 최대공약수: 3

교과서 개념 이해 4 최대공약수 구하는 방법을 알아볼까요 38~39쪽

1 (1) 3, 5 / 5, 8 (2) 5

2 (1) 2, 3, 2, 3 / 2, 2, 2, 11 (2) 2×2, 4

3 2, 2, 2, 8

4 3, 3 / 3, 5 / 6

5 예 2) 36 42 / $2\times3=6$
3) 18 21
6 7

6 (1) 9 (2) 13

7

수	최대공약수	공약수
(15, 21)	3	1, 3
(16, 48)	16	1, 2, 4, 8, 16

8 방법 1 예 $2\times3\times3$ / 예 $2\times3\times2\times5$ / $2\times3=6$
방법 2 예 2) 18 60 / $2\times3=6$
3) 9 30
3 10

1 (1) 공통으로 들어 있는 수 중 가장 큰 수는 5이므로 5가 들어 있는 곱셈식을 찾습니다.

2 (2) 공통으로 들어 있는 곱셈식을 찾습니다.
참고 | $36=4\times9$, $88=4\times22$에서 최대공약수 4를 구할 수도 있습니다.

4 여러 수의 곱으로 나타낸 곱셈식에서 최대공약수는 공통으로 들어 있는 곱셈식입니다.
$36=4\times9$ → $36=2\times2\times3\times3$
$30=6\times5$ → $30=2\times3\times5$
➡ 36과 30의 최대공약수: $2\times3=6$

5 36과 42의 공약수가 1뿐일 때까지 공약수로 나누고, 나눈 공약수들의 곱으로 최대공약수를 구합니다.
➡ 최대공약수: $2\times3=6$
주의 | 36과 42를 모두 나누어떨어지게 하는 수로 나눕니다.

6 (1) 3) 27　45
　　3) 9　15
　　　3　5 ➡ 최대공약수: $3\times3=9$

(2) 13) 26　65
　　　2　5 ➡ 최대공약수: 13

다른 풀이 |

(1) $27=3\times3\times3$
　$45=5\times3\times3$ ➡ 최대공약수: $3\times3=9$

7 최대공약수의 약수가 공약수입니다.

3) 15　21
　　5　7 ➡ 최대공약수: 3

4) 16　48
4) 4　12
　　1　3 ➡ 최대공약수: $4\times4=16$

8 방법 1 $18=2\times3\times3$
　$60=2\times3\times2\times5$ ➡ 최대공약수: $2\times3=6$

교과서 개념 이해 5 공배수와 최소공배수를 구해 볼까요 40~41쪽

1 (1) 흰색, 검은색　(2) 흰색, 흰색, 흰색, 검은색
(3) 4, 8, 12, 16　(4) 4

2 (1) 3, 6, 9, 12, 15, 18, 21, 24, 27, 30에 ○표
4, 8, 12, 16, 20, 24, 28에 △표
(2) 12, 24　(3) 공배수　(4) 12　(5) 최소공배수

3 18, 36, ... / 18　　**4** 20, 40, ... / 20

5 (1) 0 1 2 3 4 5 6 7 8 9 10 11 12 13 14 15 16 17 18 19 20 21 22 23 24 25 26 27 28 29 30 31 32 33 34 35 36 37 38 39 40

(2) 12, 24, 36, ... / 12

6 (1)

12의 배수	12	(24)	36	(48)	60	(72)	···
8의 배수	8	16	(24)	32	40	(48)	···

(2) 24　(3) 24, 48, 72　(4) 같습니다에 ○표

7 16, 32, 48　　**8** 15, 30

3 • 공배수는 그림에서 가운데 겹쳐지는 부분의 수입니다.
• 최소공배수는 가운데 겹쳐지는 부분의 수 중에서 가장 작은 수입니다.

4 공배수는 공통인 배수이므로 20, 40, ...입니다.
　20 → 가장 작은 수 → 최소공배수

6 (2) 공배수 24, 48, ... 중 가장 작은 수는 24입니다.
(4) 12와 8의 공배수: 24, 48, ...
　12와 8의 최소공배수: 24
　➡ 24의 배수: 24, 48, ...

7 최소공배수의 배수가 공배수입니다.
16의 배수: 16, 32, 48, ...

8 3의 배수이면서 5의 배수인 수
➡ 3과 5의 공배수: 15, 30, 45, ...
이 중에서 11부터 40까지의 수는 15, 30입니다.

교과서 개념 이해 6 최소공배수 구하는 방법을 알아볼까요 42~43쪽

1 (1) 4, 4 / 4, 5　(2) 4, 4, 5, 80

2 (1) 5×2 / $3\times5\times2$　(2) 5, 2, 3, 30

3 3, 3, 3, 7, 189　　**4** 2, 5 / 2, 7 / 140

5 2) 12　16 / $2\times2\times3\times4=48$
2) 6　8
　　3　4

6 (1) 45　(2) 100

7

수	최소공배수	공배수
(6, 9)	18	18, 36, 54
(10, 18)	90	90, 180, 270

8 방법 1 예 3×5 / 예 3×9 / $3\times5\times9=135$
방법 2 예 3) 15　27 / $3\times5\times9=135$
　　　　5　9

1 (1) 공통으로 들어 있는 수 중 가장 큰 수는 4이므로 4가 들어 있는 곱셈식을 찾습니다.
(2) 공통으로 들어 있는 수 4는 한 번만 곱합니다.

2 (2) 공통으로 들어 있는 곱셈식과 남은 수를 곱합니다.

4 여러 수의 곱으로 나타낸 곱셈식에서 최소공배수는 공통으로 들어 있는 곱셈식에 남은 수를 곱한 수입니다.
$20=4\times5$　　$28=4\times7$
$20=2\times2\times5$　　$28=2\times2\times7$
➡ 20과 28의 최소공배수: $2\times2\times5\times7=140$

5 12와 16의 공약수가 1뿐일 때까지 공약수로 나누고, 그 공약수와 밑에 남은 몫을 모두 곱하여 최소공배수를 구합니다.
➡ 최소공배수: $2\times2\times3\times4=48$

6 (1) 3) 9　15
　　　 3　 5 ➡ 최소공배수: $3\times3\times5=45$

(2) 5) 20　25
　　　 4　 5 ➡ 최소공배수: $5\times4\times5=100$

7 최소공배수의 배수가 공배수입니다.
• 3) 6　9
　　 2　3 ➡ 최소공배수: $3\times2\times3=18$
• 2) 10　18
　　 5　 9 ➡ 최소공배수: $2\times5\times9=90$

기본기 다지기 (개념 적용) 44~49쪽

1 (○) (　)
(　) (○)

2 6은 96의 약수입니다. /
예 96을 6으로 나누면 $96\div6=16$으로 나누어떨어지기 때문입니다.

3 6개

4

1	2	3	4○	5	6	7	8○	9△	10
11	12○	13	14	15	16○	17	18△	19	20○
21	22	23	24○	25	26	27△	28○	29	30
31	32○	33	34	35	36○△	37	38	39	40○
41	42	43	44○	45△	46	47	48○	49	50

5 (1) 36 (2) 6, 18　　**6** 15, 30
7 12　　**8** 84
9 9의 배수는 모두 3의 배수입니다. /
예 9는 3의 배수이므로 9의 배수는 모두 3의 배수입니다.
10 72　　**11** 124, 300　　**12** ④
13 5가지　　**14** 4월 22일　　**15** 8번
16 (×) (○)
(○) (×)
17 예 $8\times8=64$　　**18** ③, ⑤
19 3, 45 / 4, 40 / 15, 45　　**20** 4, 8, 32
21 1, 2, 3, 5, 6, 10, 15, 30　　**22** 12
23 2개　　**24** 8　　**25** 1, 3, 9
26 방법 1 예 $8=2\times2\times2$, $12=2\times2\times3$이므로 8과 12의 최대공약수는 $2\times2=4$입니다.
방법 2 예 2) 8　12
　　　　2) 4　 6
　　　　　 2　 3 ➡ 최대공약수: $2\times2=4$
27 ㉡　　**28** 28, 42　　**29** ④
30 30, 45, 60　　**31** 14, 28, 42
32 방법 1 예 $18=2\times3\times3$, $30=2\times3\times5$이므로 18과 30의 최소공배수는 $2\times3\times3\times5=90$입니다.
방법 2 예 2) 18　30
　　　　3) 9　15
　　　　　 3　 5
➡ 최소공배수: $2\times3\times3\times5=90$
33 ㉠　　**34** 30, 45　　**35** 4명
36 16 cm　　**37** 2개, 5개
38 오후 1시 30분　　**39** 4번
40 12장

1 오른쪽 수를 왼쪽 수로 나누었을 때 나누어떨어지는 것을 찾습니다.
$15\div3=5$, $42\div5=8\cdots2$,
$54\div7=7\cdots5$, $36\div9=4$

서술형
2

단계	문제 해결 과정
①	6이 96의 약수인지 아닌지 답했나요?
②	그렇게 생각한 이유를 썼나요?

3 $18\div1=18$, $18\div2=9$, $18\div3=6$,
$18\div6=3$, $18\div9=2$, $18\div18=1$
따라서 18의 약수는 1, 2, 3, 6, 9, 18로 모두 6개입니다.

4 4의 배수: 4, 8, 12, 16, 20, 24, 28, 32, 36, 40, 44, 48, ...
9의 배수: 9, 18, 27, 36, 45, ...

5 (1) 약수 중에서 가장 큰 수가 36이므로 어떤 수는 36입니다.

(2) $36 \div 1 = 36$, $36 \div 2 = 18$, $36 \div 3 = 12$, $36 \div 4 = 9$, $36 \div \boxed{6} = 6$, $36 \div 9 = 4$, $36 \div 12 = 3$, $36 \div \boxed{18} = 2$, $36 \div 36 = 1$

6 5를 1배, 2배, 3배, ... 한 수이므로 5의 배수입니다. 5의 배수를 가장 작은 수부터 차례로 쓰면 5, 10, 15, 20, 25, 30, 35, ...입니다.

7 5의 약수: 1, 5 ➡ 2개
9의 약수: 1, 3, 9 ➡ 3개
12의 약수: 1, 2, 3, 4, 6, 12 ➡ 6개
16의 약수: 1, 2, 4, 8, 16 ➡ 5개
35의 약수: 1, 5, 7, 35 ➡ 4개

8 7을 1배, 2배, 3배, ... 한 수이므로 7의 배수입니다. 따라서 12번째 수는 $7 \times 12 = 84$입니다.

서술형
9

단계	문제 해결 과정
①	9의 배수는 모두 3의 배수인지 아닌지 답했나요?
②	그렇게 생각한 이유를 썼나요?

10 6의 배수는 6, 12, 18, ..., 60, 66, 72, ...이고, 이 중에서 70에 가장 가까운 수는 72입니다.

11 1<u>24</u> ➡ 24는 4의 배수 ➡ 4의 배수
2<u>50</u> ➡ 50은 4의 배수가 아닙니다.
3<u>00</u> ➡ 00 ➡ 4의 배수
6<u>62</u> ➡ 62는 4의 배수가 아닙니다.

12 24의 약수는 1, 2, 3, 4, 6, 8, 12, 24입니다. 5는 24의 약수가 아니므로 나누어 줄 수 있는 친구 수가 아닙니다.

다른 풀이 |
젤리 24개를 각 친구 수로 나누어 봅니다.
① $24 \div 2 = 12$(개) ② $24 \div 3 = 8$(개)
③ $24 \div 4 = 6$(개) ④ $24 \div 5 = 4 \cdots 4$
⑤ $24 \div 6 = 4$(개)

참고 | 나누어 줄 수 있는 친구 수는 24의 약수와 같습니다.

13 45의 약수는 1, 3, 5, 9, 15, 45이고 이 중에서 1보다 큰 수는 3, 5, 9, 15, 45로 모두 5개입니다. 따라서 호두를 접시에 나누어 담는 방법은 모두 5가지입니다.

14 은빈이가 여섯 번째로 피아노를 배우는 날은 4월 2일에서 $4 \times 5 = 20$(일) 후이므로 4월 22일입니다.

15 8시부터 8분 간격으로 출발하므로 8의 배수가 출발 시각이 됩니다. 따라서 출발 시각은 8시, 8시 8분, 8시 16분, 8시 24분, 8시 32분, 8시 40분, 8시 48분, 8시 56분이므로 9시까지 고속버스는 8번 출발합니다.

16 $9 \times 11 = 99$, $4 \times 16 = 64$이므로 9와 99, 4와 64는 약수와 배수의 관계입니다.

17 ●는 ■의 약수이고 ■는 ●의 배수입니다.
➡ ● × ▲ = ■

18 ① 42는 3의 배수입니다.
② 7은 42의 약수입니다.
④ 42의 약수는 1, 2, 3, $2 \times 3 = 6$, 7, $2 \times 7 = 14$, $3 \times 7 = 21$, $2 \times 3 \times 7 = 42$입니다.

19 $3 \times 5 = 15$, $3 \times 15 = 45$, $4 \times 10 = 40$, $15 \times 3 = 45$

20 $4 \times 4 = 16$이므로 4는 16의 약수입니다.
$8 \times 2 = 16$이므로 8은 16의 약수입니다.
$16 \times 2 = 32$이므로 32는 16의 배수입니다.

21 30이 □의 배수이므로 □는 30의 약수입니다. 따라서 □ 안에 들어갈 수 있는 수는 1, 2, 3, 5, 6, 10, 15, 30입니다.

22 4의 배수는 4, 8, 12, 16, ...입니다.
4의 약수: 1, 2, 4 ➡ $1+2+4=7$ (×)
8의 약수: 1, 2, 4, 8 ➡ $1+2+4+8=15$ (×)
12의 약수: 1, 2, 3, 4, 6, 12
➡ $1+2+3+4+6+12=28$ (○)

23 10의 약수: 1, 2, 5, 10
15의 약수: 1, 3, 5, 15
따라서 10과 15의 공약수는 1, 5로 모두 2개입니다.

24 두 수를 모두 나누어떨어지게 하는 수 중에서 가장 큰 수이므로 최대공약수를 구합니다.
16의 약수: 1, 2, 4, 8, 16
40의 약수: 1, 2, 4, 5, 8, 10, 20, 40
따라서 16과 40의 공약수는 1, 2, 4, 8이고 최대공약수는 8입니다.

서술형
25 예 두 수의 최대공약수의 약수는 두 수의 공약수와 같습니다.
따라서 두 수의 공약수는 9의 약수인 1, 3, 9입니다.

단계	문제 해결 과정
①	공약수와 최대공약수의 관계를 설명했나요?
②	두 수의 공약수를 모두 구했나요?

서술형
26

단계	문제 해결 과정
①	한 가지 방법으로 두 수의 최대공약수를 구했나요?
②	다른 한 가지 방법으로 두 수의 최대공약수를 구했나요?

27 ㉠ 2) 8　24
2) 4　12
2) 2　6
　1　3
➡ 최대공약수: $2\times2\times2=8$

㉡ 3) 18　27
3) 6　9
　2　3
➡ 최대공약수: $3\times3=9$

28 ㉠과 ㉡의 최대공약수가 14이므로 $\square\times7=14$, $\square=2$입니다.
㉠$\div2=14$이므로 ㉠$=14\times2=28$
㉡$\div2=21$이므로 ㉡$=21\times2=42$

29 4의 배수이면서 6의 배수인 수는 4와 6의 공배수입니다.
4의 배수: 4, 8, (12), 16, 20, (24), 28, 32, (36), ...
6의 배수: 6, (12), 18, (24), 30, (36), 42, ...
➡ 4와 6의 공배수: 12, 24, 36, ...

30 3의 배수: 3, 6, 9, 12, 15, 18, 21, 24, 27, 30, ...
5의 배수: 5, 10, 15, 20, 25, 30, 35, 40, ...
3과 5의 최소공배수가 15이므로 공배수는 15의 배수인 15, 30, 45, 60, ...입니다.
그중 30부터 60까지의 수는 30, 45, 60입니다.

서술형
31 예 두 수의 최소공배수의 배수는 두 수의 공배수와 같습니다. 따라서 두 수의 공배수는 14의 배수인 14, 28, 42, ...입니다.

단계	문제 해결 과정
①	공배수와 최소공배수의 관계를 설명했나요?
②	두 수의 공배수를 가장 작은 수부터 3개 구했나요?

서술형
32

단계	문제 해결 과정
①	한 가지 방법으로 두 수의 최소공배수를 구했나요?
②	다른 한 가지 방법으로 두 수의 최소공배수를 구했나요?

33 ㉠ 3) 6　15
　2　5
➡ 최소공배수: $3\times2\times5=30$

㉡ 2) 10　20
5) 5　10
　1　2
➡ 최소공배수: $2\times5\times1\times2=20$

34 ㉠과 ㉡의 최소공배수가 90이므로
$\square\times5\times2\times3=90$, $\square\times30=90$,
$\square=90\div30=3$입니다.
㉠$\div3=10$이므로 ㉠$=10\times3=30$
㉡$\div3=15$이므로 ㉡$=15\times3=45$

35 2) 12　20
2) 6　10
　3　5 ➡ 최대공약수: $2\times2=4$
따라서 최대 4명에게 나누어 줄 수 있습니다.

36 2) 64　48
2) 32　24
2) 16　12
2) 8　6
　4　3 ➡ 최대공약수: $2\times2\times2\times2=16$
따라서 가장 큰 정사각형 모양으로 자르려면 한 변의 길이를 16 cm로 하면 됩니다.

37 2) 16　40
2) 8　20
2) 4　10
　2　5 ➡ 최대공약수: $2\times2\times2=8$
16과 40의 최대공약수가 8이므로 8개의 주머니에 똑같이 나누어 담을 수 있습니다.
따라서 한 주머니에 검은색 바둑돌은 $16\div8=2$(개), 흰색 바둑돌은 $40\div8=5$(개)씩 담아야 합니다.

38 5) 10　15
　2　3 ➡ 최소공배수: $5\times2\times3=30$
따라서 두 버스는 30분마다 동시에 출발하므로 다음번에 동시에 출발하는 시각은 오후 1시 30분입니다.

39 5와 2의 최소공배수가 10이므로 10분에 한 번씩 출발점에서 만나게 됩니다.
출발 후 다시 만나는 시각은 10분, 20분, 30분, 40분, ... 후이므로 40분 동안 출발점에서 4번 다시 만납니다.

40 2) 6　8
　3　4 ➡ 최소공배수: $2\times3\times4=24$
6과 8의 최소공배수가 24이므로 한 변이 24 cm인 정사각형을 만들어야 합니다.
따라서 종이를 가로에 $24\div6=4$(장), 세로에 $24\div8=3$(장) 놓아야 하므로 모두 $4\times3=12$(장) 필요합니다.

응용력 기르기 50~53쪽

1 8	**1-1** 14	**1-2** 75, 85, 95
2 8	**2-1** 7	**2-2** 22
2-3 27	**3** 12	**3-1** 36
3-2 27, 63	**3-3** 32, 40	

4 1단계 예 2와 3의 최소공배수가 6이므로 물과 깃발은 6 km마다 동시에 놓입니다.
2단계 예 20까지의 수 중에서 6의 배수는 6, 12, 18입니다.
따라서 물과 깃발이 동시에 놓여 있는 곳은 6 km, 12 km, 18 km로 모두 3군데입니다.
/ 3군데

4-1 5군데

1 • 16의 약수: 1, 2, 4, 8, 16
• 20의 약수: 1, 2, 4, 5, 10, 20
16의 약수 중에서 20의 약수가 아닌 수는 8, 16입니다.
(8의 약수의 합)$=1+2+4+8=15$ (○)
(16의 약수의 합)$=1+2+4+8+16=31$ (×)

1-1 • 28의 약수: 1, 2, 4, 7, 14, 28
• 12의 약수: 1, 2, 3, 4, 6, 12
28의 약수 중에서 12의 약수가 아닌 수는 7, 14, 28입니다.
(7의 약수의 합)$=1+7=8$ (×)
(14의 약수의 합)$=1+2+7+14=24$ (○)
(28의 약수의 합)$=1+2+4+7+14+28=56$ (×)

1-2 5의 배수 중 두 자리 수는 10, 15, 20, 25, ..., 60, 65, 70, 75, 80, 85, 90, 95이고, 이 중에서 10의 배수는 10, 20, 30, 40, 50, 60, 70, 80, 90입니다.
5의 배수 중에서 10의 배수가 아닌 두 자리 수는 15, 25, ..., 65, 75, 85, 95이고 이 중에서 70보다 큰 수는 75, 85, 95입니다.

2 $25\div$(어떤 수)$=\square\cdots1$, $34\div$(어떤 수)$=\triangle\cdots2$이므로 $25-1=24$와 $34-2=32$는 어떤 수로 나누어떨어집니다.
따라서 어떤 수는 24의 약수이면서 32의 약수인 수이므로 24와 32의 공약수이고, 어떤 수 중에서 가장 큰 수는 24와 32의 최대공약수입니다.

2) 24 32
2) 12 16
2) 6 8
3 4 ➡ 최대공약수: $2\times2\times2=8$

2-1 $39\div$(어떤 수)$=\square\cdots4$, $45\div$(어떤 수)$=\triangle\cdots3$이므로 $39-4=35$와 $45-3=42$는 어떤 수로 나누어떨어집니다.
따라서 어떤 수는 35의 약수이면서 42의 약수인 수이므로 35와 42의 공약수이고, 어떤 수 중에서 가장 큰 수는 35와 42의 최대공약수입니다.

7) 35 42
5 6 ➡ 최대공약수: 7

2-2 (어떤 수)$\div3=\square\cdots1$, (어떤 수)$\div7=\triangle\cdots1$이므로 어떤 수는 3과 7의 공배수보다 1 큰 수이고, 어떤 수 중에서 가장 작은 수는 3과 7의 최소공배수보다 1 큰 수입니다.
3과 7의 최소공배수가 21이므로 어떤 수 중에서 가장 작은 수는 $21+1=22$입니다.

2-3 (어떤 수)$\div6=\square\cdots3$, (어떤 수)$\div8=\triangle\cdots3$이므로 어떤 수는 6과 8의 공배수보다 3 큰 수이고, 어떤 수 중에서 가장 작은 수는 6과 8의 최소공배수보다 3 큰 수입니다.

2) 6 8
3 4

6과 8의 최소공배수가 $2\times3\times4=24$이므로 어떤 수 중에서 가장 작은 수는 $24+3=27$입니다.

3 다른 한 수를 □라 할 때 두 수의 최대공약수가 4이므로 오른쪽과 같습니다.

4) 20 □
5 ▲

두 수의 최소공배수가 60이므로 $4\times5\times▲=60$, $20\times▲=60$, $▲=60\div20=3$입니다.
따라서 다른 한 수 □는 $4\times▲=4\times3=12$입니다.

3-1 다른 한 수를 □라 할 때 두 수의 최대공약수가 12이므로 오른쪽과 같습니다.

12) 24 □
2 ▲

두 수의 최소공배수가 72이므로 $12\times2\times▲=72$, $24\times▲=72$, $▲=72\div24=3$입니다.
따라서 다른 한 수 □는 $12\times▲=12\times3=36$입니다.

3-2 두 수를 ㉠과 ㉡이라 할 때 두 수의 최대공약수가 9이므로 오른쪽과 같습니다.

9) ㉠ ㉡
■ ▲

두 수의 최소공배수가 189이므로 $9\times■\times▲=189$, $■\times▲=189\div9=21$입니다.

■×▲=21인 두 자연수는 (1, 21) 또는 (3, 7)입니다. 두 수는 9×1=9와 9×21=189 또는 9×3=27과 9×7=63이 될 수 있는데 두 수는 모두 두 자리 수이므로 27과 63입니다.

3-3 두 수를 ㉠과 ㉡이라 할 때 두 수의 최대공약수가 8이므로 오른쪽과 같습니다.

8) ㉠ ㉡
　 ■ ▲

두 수의 최소공배수가 160이므로 8×■×▲=160, ■×▲=160÷8=20입니다.
두 수의 차가 8이므로 ■와 ▲의 차는 1이고, ■×▲=20인 두 자연수는 (4, 5)입니다.
따라서 두 수는 8×4=32, 8×5=40입니다.

4-1 8과 4의 최소공배수가 8이므로 스펀지와 물은 8 km마다 동시에 놓입니다.
42.195까지의 수 중에서 8의 배수는 8, 16, 24, 32, 40입니다.
따라서 스펀지와 물이 동시에 놓여 있는 곳은 8 km, 16 km, 24 km, 32 km, 40 km로 모두 5군데입니다.

2단원 단원 평가 Level ❶　54~56쪽

1 1, 5, 7, 35 / 1, 5, 7, 35
2 (1) × (2) ○
3 5개
4 1, 2
5 14
6 25 26 27 28 29 30 31 32 33 34 35 36 37 38 39 40 (30, 36에 •표)
7 3, 3, 3, 4 / 108
8 18, 72에 ○표
9 3, 3 / 3, 3 / 18
10

수	최대공약수	공약수
(12, 30)	6	1, 2, 3, 6

11 4개
12 32, 64, 96
13 9송이, 7송이
14 40
15 6월 17일
16 15장
17 8
18 21
19 104
20 1, 2, 5, 10

1 35를 1, 5, 7, 35로 나누면 나누어떨어지므로 35의 약수는 1, 5, 7, 35입니다.

2 곱셈식에서 계산 결과는 각각 두 수의 배수이고 곱하는 두 수는 계산 결과의 약수입니다.
(1) 7은 56의 약수입니다.

3 4의 배수는 12, 40, 24, 16, 44로 모두 5개입니다.

4 겹쳐진 부분은 6과 8의 공약수입니다.

5 공약수 중 가장 큰 수는 최대공약수입니다.

2) 14　42
7) 　7　21
　　1　 3 ➡ 최대공약수: 2×7=14

참고 | 한 수가 다른 수의 배수일 때, 최대공약수는 두 수 중 작은 수입니다.

6 6×5=30, 6×6=36이므로 30, 36에 •표 합니다.

7 3×3×3×4=108

8 36=18×2이므로 36은 18의 배수이고, 18은 36의 약수입니다. 또한 72=36×2이므로 72는 36의 배수이고, 36은 72의 약수입니다.

9 54= 6 × 9　　72= 8 × 9
54=2×3×3×3　　72=2×4×3×3
➡ 최대공약수: 2×3×3=18

10
6) 12　30
　　2　 5 ➡ 최대공약수: 6
12와 30의 공약수 ➡ 6의 약수: 1, 2, 3, 6

11 최대공약수의 약수가 공약수입니다.
따라서 8의 약수를 구하면 1, 2, 4, 8로 4개입니다.

12
2) 32　16
2) 16　 8
2) 　8　 4
2) 　4　 2 ➡ 최소공배수:
　　2　 1　2×2×2×2×2×1=32
따라서 32와 16의 공배수는 32의 배수이므로 100보다 작은 수는 32, 64, 96입니다.

13
7) 63　49
　　9　 7
따라서 학생 7명에게 각각 장미를 9송이씩, 백합을 7송이씩 나누어 줄 수 있습니다.

14 10부터 50까지의 수 중에서 손뼉을 치는 5의 배수는 10, 15, 20, 25, 30, 35, 40, 45, 50이고, 한 발을 드는 8의 배수는 16, 24, 32, 40, 48입니다.
이 중 공통으로 들어 있는 수는 40입니다.
따라서 손뼉을 치면서 한 발을 들게 하는 수는 40입니다.

15 $2\,)\underline{4\quad 6}$
$\quad 2\quad 3$ ➡ 최소공배수: $2\times2\times3=12$
보라와 슬기는 12일마다 만나므로 6월 5일 이후에 처음으로 만나는 날은 12일 뒤인 6월 17일입니다.

16 $2\,)\underline{54\quad 90}$
$3\,)\underline{27\quad 45}$
$3\,)\underline{\ 9\quad 15}$
$\quad 3\quad\ 5$ ➡ 최소공배수: $2\times3\times3\times3\times5=270$
54와 90의 최소공배수는 270이므로 만든 정사각형의 한 변의 길이는 270 cm입니다.
$270\div54=5$, $270\div90=3$이므로 종이는 모두 $5\times3=15$(장) 필요합니다.

17 $66-2=64$와 $43-3=40$을 어떤 수로 나누면 나누어떨어집니다. 즉, 어떤 수는 64와 40의 공약수 1, 2, 4, 8 중 나머지 3보다 큰 수인 4, 8입니다.
따라서 어떤 수 중 가장 큰 수는 8입니다.
참고 | 나누는 수는 나머지보다 커야 하므로 어떤 수는 나머지 3보다 커야 합니다.
다른 풀이 |
$66-2=64$와 $43-3=40$을 어떤 수로 나누면 나누어떨어지고, 어떤 수 중 가장 큰 수를 구해야 하므로 어떤 수는 64와 40의 최대공약수인 8입니다.

18 어떤 수를 □라 하면
$7\,)\underline{14\quad □}$
$\quad\ 2\quad ○$
➡ 최소공배수: $7\times2\times○=42$, $○=42\div14=3$
따라서 □는 $7\times○=7\times3=21$입니다.

서술형
19 예 $100\div8=12\cdots4$이므로
$8\times12=96$, $8\times13=104$입니다.
따라서 8의 배수 중 가장 작은 세 자리 수는 104입니다.

평가 기준	배점(5점)
100에 가까운 8의 배수를 구했나요?	3점
8의 배수 중 가장 작은 세 자리 수를 구했나요?	2점

서술형
20 예 ㉠$=2\times3\times5$
㉡$=2\times5\times7$
➡ 최대공약수: $2\times5=10$
따라서 공약수는 10의 약수인 1, 2, 5, 10입니다.

평가 기준	배점(5점)
㉠과 ㉡의 최대공약수를 구했나요?	2점
㉠과 ㉡의 공약수를 모두 구했나요?	3점

2단원 단원 평가 Level ❷

57~59쪽

1 6개	**2** ⑤	**3** 42
4 28, 49	**5** ①, ④	**6** 1, 2, 3, 6
7 ④	**8** 5, 10, 40	**9** 180
10 8	**11** 동욱	**12** 34, 68
13 10개	**14** 9명	**15** 8번
16 22	**17** 20개	**18** 48
19 7번	**20** 6개	

1 28의 약수: 1, 2, 4, 7, 14, 28 ➡ 6개

2 ⑤ 15의 약수는 1, 3, 5, 15입니다.

3 어떤 수의 약수 중에서 가장 큰 수는 자기 자신입니다.
따라서 42의 약수입니다.

4 7을 1배, 2배, 3배, ... 한 수이므로 7의 배수입니다.
7의 배수를 가장 작은 수부터 차례로 쓰면 7, 14, 21, 28, 35, 42, 49, 56, ...입니다.

5 ① 123 ➡ $1+2+3=6$ ➡ 3의 배수
② 209 ➡ $2+0+9=11$
③ 370 ➡ $3+7+0=10$
④ 474 ➡ $4+7+4=15$ ➡ 3의 배수
⑤ 583 ➡ $5+8+3=16$

6 색칠한 부분은 12의 약수와 18의 약수 중 공통인 부분이므로 12와 18의 공약수를 나타냅니다.
12의 약수: ①, ②, ③, 4, ⑥, 12
18의 약수: ①, ②, ③, ⑥, 9, 18
따라서 12와 18의 공약수는 1, 2, 3, 6입니다.

7 4와 8의 공배수는 4와 8의 최소공배수의 배수와 같습니다. 4와 8의 최소공배수는 8이므로 8의 배수가 아닌 수를 찾습니다.
① $8\times2=16$ ② $8\times3=24$
③ $8\times4=32$ ⑤ $8\times6=48$

8 $5\times4=20$이므로 5는 20의 약수입니다.
$10\times2=20$이므로 10은 20의 약수입니다.
$20\times2=40$이므로 40은 20의 배수입니다.

9 ㉠과 ㉡에서 공통으로 들어 있는 곱셈식에 남은 수를 곱하면 ㉠과 ㉡의 최소공배수는
$2\times3\times3\times2\times5=180$입니다.

10
2) 32 40
2) 16 20
2) 8 10
 4 5 ➡ 최대공약수: $2\times2\times2=8$

11
5) 20 25
 4 5 ➡ 최대공약수: 5
최소공배수: $5\times4\times5=100$
두 수의 공약수 중 가장 작은 수는 항상 1이고,
두 수의 공배수 중 가장 큰 수는 구할 수 없습니다.

12 두 수의 공배수는 최소공배수인 34의 배수와 같으므로 34, 68, 102, ...입니다.
이 중에서 100보다 작은 수는 34, 68입니다.

13
3) 45 30
5) 15 10
 3 2 ➡ 최소공배수: $3\times5\times3\times2=90$
두 수의 공배수는 최소공배수인 90의 배수와 같으므로 90, 180, 270, 360, 450, 540, 630, 720, 810, 900, 990, ...입니다.
이 중에서 세 자리 수는 모두 10개입니다.

14
3) 27 18
3) 9 6
 3 2 ➡ 최대공약수: $3\times3=9$
따라서 최대 9명에게 나누어 줄 수 있습니다.

15 검은색 바둑돌을 동주는 3개마다 놓고 채서는 2개마다 놓으므로 3과 2의 공배수마다 같은 자리에 검은색 바둑돌이 놓입니다. 3과 2의 최소공배수는 6이고 50까지의 수 중에서 6의 배수는 6, 12, 18, 24, 30, 36, 42, 48이므로 같은 자리에 검은색 바둑돌이 놓이는 경우는 모두 8번입니다.

16 (어떤 수)$\div6=\square\cdots4$, (어떤 수)$\div9=\triangle\cdots4$이므로 어떤 수는 6과 9의 공배수보다 4 큰 수이고 어떤 수 중에서 가장 작은 수는 6과 9의 최소공배수보다 4 큰 수입니다.
3) 6 9
 2 3
6과 9의 최소공배수는 $3\times2\times3=18$입니다.
따라서 어떤 수 중에서 가장 작은 수는 $18+4=22$입니다.

17
2) 56 70
7) 28 35
 4 5
56과 70의 최대공약수가 $2\times7=14$이므로 가장 큰 정사각형 모양의 한 변의 길이는 14 cm입니다.
$56\div14=4$, $70\div14=5$이므로 정사각형 모양을 모두 $4\times5=20$(개) 만들 수 있습니다.

18 다른 한 수를 □라 할 때 두 수의 최대공약수가 16이므로 오른쪽과 같습니다.
16) 64 □
 4 ▲
두 수의 최소공배수가 192이므로 $16\times4\times▲=192$, $64\times▲=192$, $▲=192\div64=3$입니다.
따라서 다른 한 수 □는 $16\times▲=16\times3=48$입니다.

서술형
19 예 7시에 첫차가 출발하고 9분 간격으로 출발하므로 9의 배수가 출발 시각이 됩니다.
버스의 출발 시각은 7시, 7시 9분, 7시 18분, 7시 27분, 7시 36분, 7시 45분, 7시 54분이므로 8시까지 모두 7번 출발합니다.

평가 기준	배점(5점)
버스의 출발 시각을 구했나요?	3점
오전 8시까지 버스는 몇 번 출발하는지 구했나요?	2점

서술형
20 예 두 수의 공약수는 두 수의 최대공약수의 약수와 같습니다.
32의 약수가 1, 2, 4, 8, 16, 32이므로 두 수의 공약수는 모두 6개입니다.

평가 기준	배점(5점)
공약수와 최대공약수의 관계를 알고 있나요?	2점
두 수의 공약수의 개수를 구했나요?	3점

3 규칙과 대응

규칙과 대응은 함수 개념의 기초가 되는 중요한 아이디어이며, 주변의 다양한 현상을 탐구하고 관련 문제를 해결하는 데 유용합니다. 이에 본 단원에서는 학생들에게 친숙한 일상 생활 및 주변 현상을 통하여 대응 관계를 탐구해 볼 수 있도록 합니다. [수학 4－1]에서는 수 배열과 계산식의 배열 등을 중심으로 한 양의 규칙적인 변화를 알아본 반면, 이 단원에서는 두 양 사이의 대응 관계를 탐구하고 이를 기호를 사용하여 표현해 보는 데 초점을 둡니다. 이러한 대응 관계의 개념은 이후 중등 과정의 함수 학습과 직접적으로 연계되므로 학생들이 대응 관계에 대한 정확한 이해를 바탕으로 두 양 사이의 대응 관계를 파악하고 표현할 수 있도록 지도합니다.

교과서 개념 이해 1 두 양 사이의 관계를 알아볼까요 62~63쪽

1 (1) (그림) (2) 2, 4, 20 (3) 2

2 1 / 1

3 (1) 3, 4, 5 (2) 11개 (3) 51개 (4) 1

4 (1) 6, 9, 12 (2) 30개
(3) 예 바퀴의 수는 세발자전거의 수의 3배입니다.
또는 바퀴의 수를 3으로 나누면 세발자전거의 수와 같습니다.

5 (1) 8, 12, 16
(2) 예 의자의 수는 식탁의 수의 4배입니다.
또는 의자의 수를 4로 나누면 식탁의 수와 같습니다.

3 (2) 배열 순서보다 조각의 수가 1개 더 많습니다. 따라서 열째에는 조각의 수가 $10+1=11$(개)입니다.
(3) 오른쪽 사각형 1개는 항상 그대로 있고, 왼쪽 사각형은 (배열 순서)만큼 길어지므로 50째에는 오른쪽에 1개, 왼쪽에 50개의 사각형을 놓습니다.

4 (1) 세발자전거의 수가 1대씩 늘어날 때마다 바퀴의 수는 3개씩 늘어납니다.
(2) (세발자전거의 수)$\times 3=$(바퀴의 수)이므로 세발자전거의 수가 10대라면 바퀴는 모두 $10\times 3=30$(개)입니다.
(3) 세발자전거 1대의 바퀴의 수가 3개이므로 세발자전거의 수에 3을 곱하면 바퀴의 수를 알 수 있습니다.

5 (1) 식탁의 수가 한 개씩 늘어날 때마다 의자의 수는 4개씩 늘어납니다.

교과서 개념 이해 2 대응 관계를 식으로 나타내는 방법을 알아볼까요 64~65쪽

! • ○, ◇

1 8, 12, 16, 20

2 나비의 수, 4, 나비 날개의 수

3 (위에서부터) 3000, 2000 / 3500, 2500 / 4000, 3000

4 (언니가 모은 돈)$-1000=$(동생이 모은 돈)
또는 (동생이 모은 돈)$+1000=$(언니가 모은 돈)

5 예 ☆, ○, ☆$-1000=$○(또는 ○$+1000=$☆)

6 10, 15, 20, 25

7 ○$\times 5=$□(또는 □$\div 5=$○)

8 ㉢

1 나비의 수가 1마리씩 늘어날수록 나비 날개의 수는 4장씩 늘어납니다.

2 (나비 날개의 수)$\div 4=$(나비의 수)로 나타낼 수도 있습니다.

3 언니는 2000원에서 시작하고, 동생은 1000원에서 시작합니다.
언니와 동생 모두 1주일에 500원씩 저금하므로 언니는 항상 동생보다 1000원이 많습니다.

4 언니가 모은 돈은 동생이 모은 돈보다 항상 1000원이 많기 때문에 언니가 모은 돈과 동생이 모은 돈은 1000원 차이가 납니다.

5 언니가 모은 돈과 동생이 모은 돈을 나타낼 수 있는 기호를 각각 정하고, 그 기호를 이용하여 만든 식을 표현합니다. 기호는 ○, □, △, ☆ 등 다양하게 나타낼 수 있습니다.

6 무궁화 꽃 한 송이의 꽃잎의 수는 5장이므로 꽃잎의 수는 꽃의 수의 5배입니다.

7 • 무궁화 꽃의 수에 5를 곱하면 꽃잎의 수와 같습니다.
• 무궁화 꽃잎의 수를 5로 나누면 꽃의 수와 같습니다.

8 ㉢ □의 값은 항상 꽃의 수인 ○의 값에 따라 변합니다.

3 생활 속에서 대응 관계를 찾아 식으로 나타내어 볼까요 66~67쪽

1 예 등산로의 입장료 / ◎ / 1200, ◎

2 (1) 16, 24, 32, 40 (2) 8, ◇ / 8, ○

3 (1) 14, 28, 70
(2) 예 ○ / □×7=○(또는 ○÷7=□)

4 (1) △×3=◎(또는 ◎÷3=△)
(2) △×4=◎(또는 ◎÷4=△)

5 (위에서부터) 2022 / 5, 10, 19

6 ◇−2008=○(또는 ○+2008=◇)

7 예 △, ○, △+2=○(또는 ○−2=△)

8 56

1 등산객 수가 1명씩 늘어날수록 입장료는 1200원씩 늘어납니다. 입장료에 알맞은 기호를 정해 곱셈식으로 나타냅니다.

2 (1) 1 → 8, 2 → 16, 3 → 24, ...로 도화지의 수는 도화지 묶음의 수의 8배입니다.
(2) ◇의 값은 도화지 묶음의 수인 ○의 값에 따라 변합니다.

3 (1) 열량은 윗몸일으키기를 한 시간의 7배로 항상 일정합니다.
(2) 시간에 따라 열량이 변하므로 두 양 사이가 +, −, ×, ÷ 중 무엇으로 표현될 수 있는지 찾아봅니다.

4 (1)

△	1	2	3	4	…
◎	3	6	9	12	…

×3

과자의 수에 3을 곱하면 아몬드의 수와 같습니다.
(2) 과자에 넣는 아몬드의 수가 1개 늘어났기 때문에 3배였던 대응 관계가 4배로 바뀝니다.

6 인영이의 나이는 연도보다 2008 작은 수이므로 각 연도에서 2008을 뺀 만큼이 인영이의 나이입니다.

7 대응 관계에 있는 두 양을 나타낼 수 있는 기호를 정하고 찾은 대응 관계를 식으로 나타냅니다.

8 건호는 수현이가 말한 수보다 2만큼 더 큰 수를 답하므로 54+2=56이라고 답해야 합니다.

기본기 다지기 68~70쪽

1 (그림) **2** 15개

3 예 삼각형의 수를 2배 하면 사각형의 수와 같습니다. /
예 사각형의 수를 2로 나누면 삼각형의 수와 같습니다.

4 7, 14, 21, 28 /
예 팔찌의 수에 7을 곱하면 구슬의 수와 같습니다.

5 84개

6 4, 5, 6, 7 /
예 배열 순서에 3을 더하면 사각형 조각의 수와 같습니다

7 12개

8 (위에서부터) 2020, 12, 13, 2024

9 예 세호의 나이에 2010을 더하면 연도와 같습니다.

10 △+2010=○(또는 ○−2010=△)

11 예 □, △, □×8=△

12 영하 / 예 거미의 수를 ◇, 다리의 수를 ○라고 하면 두 양 사이의 대응 관계는 ◇=○÷8이야.

13 예 삼각형 조각의 수를 □, 수 카드의 수를 ○라고 하면 두 양 사이의 대응 관계는 □÷3=○(또는 ○×3=□)입니다.

14 예 (왼쪽에서부터) 바구니의 수, △, 귤의 수, □ /
△×5=□(또는 □÷5=△)

15 (1) (위에서부터) 16, 9
(2) 예 민우가 말한 수를 ○, 선빈이가 답한 수를 ◇라고 하면 두 양 사이의 대응 관계는 ○−4=◇
(또는 ◇+4=○)입니다.

16 (1) 예 출발 시각을 ○, 도착 시각을 △라고 하면 두 양 사이의 대응 관계는 ○+4=△(또는 △−4=○)입니다.
(2) 오후 5시

17 27살

18 예 세발자전거의 수를 3배 하면 세발자전거 다리의 수와 같습니다.

1 삼각형이 1개 늘어날 때마다 사각형은 2개씩 늘어나므로 다음에 이어질 모양은 삼각형 4개에 사각형 8개입니다.

2 사각형 2개에 삼각형이 1개 필요하므로 사각형이 30개이면 삼각형은 15개 필요합니다.

3 예 사각형의 수는 삼각형의 수의 2배입니다.
삼각형의 수는 사각형의 수의 반과 같습니다.

4 예 구슬의 수를 7로 나누면 팔찌의 수와 같습니다.

5 팔찌의 수에 7을 곱하면 구슬의 수와 같으므로
팔찌가 12개이면 구슬은 $12\times7=84$(개)입니다.

6 예 사각형 조각의 수에서 3을 빼면 배열 순서와 같습니다.

7 배열 순서에 3을 더하면 사각형 조각의 수와 같으므로
아홉째에는 사각형 조각이 $9+3=12$(개) 필요합니다.

9 예 연도에서 2010을 빼면 세호의 나이와 같습니다.

10 세호의 나이에 2010을 더하면 연도와 같습니다.
➡ △+2010=○
연도에서 2010을 빼면 세호의 나이와 같습니다.
➡ ○−2010=△

11 (거미의 수)×8=(다리의 수) ➡ □×8=△
(다리의 수)÷8=(거미의 수) ➡ △÷8=□

서술형
12

단계	문제 해결 과정
①	잘못 이야기한 친구를 찾았나요?
②	바르게 고쳤나요?

13 (삼각형 조각의 수)÷3=(수 카드의 수) ➡ □÷3=○
(수 카드의 수)×3=(삼각형 조각의 수) ➡ ○×3=□

14 (바구니의 수)×5=(귤의 수) ➡ △×5=□
(귤의 수)÷5=(바구니의 수) ➡ □÷5=△

15 (2) (민우가 말한 수)−4=(선빈이가 답한 수)
➡ ○−4=◇
(선빈이가 답한 수)+4=(민우가 말한 수)
➡ ◇+4=○

16 (2) 도착 시각에서 4를 빼면 출발 시각과 같으므로 경주에 오후 9시에 도착하려면 서울에서 오후 5시에 출발하는 고속버스를 타야 합니다.

서술형
17 예 형의 나이는 성재의 나이보다 7살 더 많습니다.
따라서 성재가 20살이 되면 형은 27살이 됩니다.

단계	문제 해결 과정
①	성재의 나이와 형의 나이 사이의 대응 관계를 구했나요?
②	성재가 20살일 때 형의 나이를 구했나요?

18 예 한 봉지에 빵이 3개씩 들어 있을 때, 빵의 수는 봉지의 수의 3배입니다.

개념 완성

응용력 기르기

71~74쪽

1 예 ○×2+1=□

1-1 예 △×5−1=○

1-2 13, 16, 19 / 예 ▽×3+1=◇

2 (배열 순서)×4=(바둑돌의 수)
또는 (바둑돌의 수)÷4=(배열 순서) / 32개

2-1 (배열 순서)×3=(바둑돌의 수)
또는 (바둑돌의 수)÷3=(배열 순서) / 아홉째

2-2 열한째

3 예 △×2+1=○ / 19개

3-1 예 □×3+1=○ / 37개

3-2 예 ◇×6+2=○ / 7개

4 1단계 예 (뉴욕의 시각)+14=(서울의 시각)이므로 ○+14=△입니다.
2단계 예 ○+14=△이고 $9+14=23$, $23=12+11$이므로 뉴욕이 2월 2일 오후 9시일 때 서울은 2월 2일의 다음 날인 2월 3일 오전 11시입니다.
/ 2월 3일 오전 11시

4-1 12월 6일 오전 7시

1 $1\times2+1=3$, $2\times2+1=5$, $3\times2+1=7$, $4\times2+1=9$, $5\times2+1=11$이므로 ○와 □ 사이의 대응 관계를 식으로 나타내면 ○×2+1=□입니다.
주의 | ○가 1씩 커질수록 □가 2씩 커지므로 ○×2=□라고 생각할 수 있습니다.
그러나 ○가 1일 때 □가 3이므로 ○×2+1=□입니다.

1-1 $1\times5-1=4$, $2\times5-1=9$, $3\times5-1=14$, $4\times5-1=19$, $5\times5-1=24$이므로 △와 ○ 사이의 대응 관계를 식으로 나타내면 △×5−1=○입니다.

1-2 $1\times3+1=4$, $2\times3+1=7$, $3\times3+1=10$이므로 ▽와 ◇ 사이의 대응 관계를 식으로 나타내면
▽×3+1=◇입니다.
▽=4일 때 ◇=$4\times3+1=13$
▽=5일 때 ◇=$5\times3+1=16$
▽=6일 때 ◇=$6\times3+1=19$

2

배열 순서	1	2	3	4	…
바둑돌의 수(개)	4	8	12	16	…

배열 순서와 바둑돌의 수 사이의 대응 관계를 식으로 나타내면 (배열 순서)$\times 4=$(바둑돌의 수) 또는 (바둑돌의 수)$\div 4=$(배열 순서)입니다.
따라서 여덟째에 놓을 바둑돌은 $8\times 4=32$(개)입니다.

2-1

배열 순서	1	2	3	4	⋯
바둑돌의 수(개)	3	6	9	12	⋯

배열 순서와 바둑돌의 수 사이의 대응 관계를 식으로 나타내면 (배열 순서)$\times 3=$(바둑돌의 수) 또는 (바둑돌의 수)$\div 3=$(배열 순서)입니다.
따라서 $27\div 3=9$이므로 바둑돌 27개로 만든 모양은 아홉째입니다.

2-2

배열 순서	1	2	3	4	⋯
바둑돌의 수(개)	1×1	2×2	3×3	4×4	⋯

배열 순서와 바둑돌의 수 사이의 대응 관계를 식으로 나타내면 (배열 순서)$\times$(배열 순서)$=$(바둑돌의 수)입니다.
따라서 $11\times 11=121$이므로 바둑돌 121개로 만든 모양은 열한째입니다.

3

△	1	2	3	4	⋯
○	3	5	7	9	⋯

+2 +2 +2

△와 ○ 사이의 대응 관계를 식으로 나타내면
△$\times 2+1=$○입니다.
따라서 삼각형을 9개 만들 때 필요한 성냥개비는
$9\times 2+1=19$(개)입니다.

3-1

□	1	2	3	4	⋯
○	4	7	10	13	⋯

+3 +3 +3

□와 ○ 사이의 대응 관계를 식으로 나타내면
□$\times 3+1=$○입니다.
따라서 사각형을 12개 만들 때 필요한 성냥개비는
$12\times 3+1=37$(개)입니다.

3-2

◇	1	2	3	4	⋯
○	8	14	20	26	⋯

+6 +6 +6

◇와 ○ 사이의 대응 관계를 식으로 나타내면
◇$\times 6+2=$○입니다.
$7\times 6+2=44$이므로 성냥개비 44개로 만들 수 있는 마름모는 7개입니다.

4-1 (파리의 시각)$+8=$(서울의 시각)
$11+8=19$, $19=12+7$이므로 파리가 12월 5일 오후 11시일 때 서울은 12월 5일의 다음 날인 12월 6일 오전 7시입니다.

3단원 단원 평가 Level ❶

75~77쪽

1 □$\times 30=$○(또는 ○$\div 30=$□)

2 6, 8

3 예 연도에서 2014를 빼면 지희의 나이와 같습니다.
또는 지희의 나이에 2014를 더하면 연도와 같습니다.

4 (연도)$-2014=$(지희의 나이)
또는 (지희의 나이)$+2014=$(연도)

5 23에 ○표 / 22

6 예 음료의 수, □ / 설탕의 양, ☆

7 예 □$\times 15=$☆(또는 ☆$\div 15=$□)

8 예 시작 시각과 끝나는 시각은 1시간 차이가 납니다.

9 (연필꽂이의 수)$\times 5=$(연필의 수)
또는 (연필의 수)$\div 5=$(연필꽂이의 수)

10 ○$\times 7=$☆(또는 ☆$\div 7=$○)

11 (위에서부터) 3, 6 / 2000, 3200 /
(풀의 수)$\times 400=$(풀의 가격)
또는 (풀의 가격)$\div 400=$(풀의 수)

12 10개

13 □$\times 80=$◎(또는 ◎$\div 80=$□)

14 철규

15 ◎$\times 4=$◇(또는 ◇$\div 4=$◎)

16 △$\times 20=$☆(또는 ☆$\div 20=$△)

17 ◇$\div 2=$○(또는 ○$\times 2=$◇) / 8개

18 10 **19** 20개

20 9600원

2 지희의 나이는 연도보다 2014 작은 수이므로 각 연도에서 2014를 뺀 만큼이 지희의 나이입니다.
➡ 2020 → 6, 2022 → 8

5 오토바이의 수를 2배 한 만큼 바퀴가 있습니다.

8 공연 시작 시각이 끝나는 시각보다 1시간 전입니다.
또는 공연 끝나는 시각이 시작 시각보다 1시간 후입니다.

10 한 연필꽂이에 꽂히는 연필의 수가 2자루 늘어났기 때문에 5배였던 대응 관계가 7배로 바뀌었습니다.

11 풀 10개의 가격이 4000원이므로 풀 1개의 가격은 400원입니다.
따라서 풀의 가격은 풀의 수의 400배입니다.

12 수 카드의 수와 마름모 조각의 수 사이의 대응 관계를 표로 나타내면 다음과 같습니다.

수 카드의 수	1	2	3
마름모 조각의 수(개)	1	3(1+2)	6(1+2+3)

따라서 수 카드의 수가 4일 때 마름모 조각은
$1+2+3+4=10$(개) 필요합니다.

13 이동하는 거리는 이동 시간의 80배와 같습니다.

14 ◎의 값은 이동하는 시간인 □의 값에 따라 변하므로 철규가 잘못 설명하였습니다.

15 배열 순서와 바둑돌의 수 사이의 대응 관계를 표로 나타내면 다음과 같습니다.

배열 순서	1	2	3	4	…
바둑돌의 수(개)	4	8	12	16	…

16 유승이가 하루에 독서를 하는 시간은 $10+10=20$(분)입니다.

17 오렌지 1개로 오렌지주스 2잔을 만들 수 있으므로 오렌지 주스의 수는 오렌지의 수의 2배입니다.

18 넣은 수와 나온 수 사이의 대응 관계를 표로 나타내면 다음과 같습니다.

넣은 수	1	2	3
나온 수	5	8	11

(넣은 수)$\times 3+2$의 대응 관계가 있으므로
(넣은 수)$\times 3+2=32$입니다.
따라서 (넣은 수)$\times 3=32-2$, (넣은 수)$\times 3=30$,
(넣은 수)$=30\div 3=10$입니다.

서술형
19 예

줄의 순서	첫째	둘째	셋째	…
삼각형의 수(개)	2	4	6	…

(줄의 순서)$\times 2=$(삼각형의 수)입니다.
따라서 10째 줄에 만들어지는 삼각형은
$10\times 2=20$(개)입니다.

평가 기준	배점(5점)
줄의 순서와 삼각형의 수 사이의 대응 관계를 구했나요?	3점
10째 줄에 만들어지는 삼각형의 수를 구했나요?	2점

서술형
20 예 과자의 수와 필요한 금액 사이의 대응 관계를 식으로 나타내면 (과자의 수)$\times 1200=$(필요한 금액)입니다.
따라서 과자 8개를 사는 데 필요한 금액은
$8\times 1200=9600$(원)입니다.

평가 기준	배점(5점)
과자의 수와 필요한 금액 사이의 대응 관계를 구했나요?	3점
과자 8개를 사는 데 필요한 금액을 구했나요?	2점

3단원 단원 평가 Level 2

78~80쪽

1 18개　**2** 12개

3 예 사각형의 수에 3을 곱하면 원의 수와 같습니다.

4 11, 22, 33, 44 /
예 봉지의 수에 11을 곱하면 호두과자의 수와 같습니다.

5 예 재호의 나이에서 4를 빼면 동생의 나이와 같습니다. /
예 동생의 나이에 4를 더하면 재호의 나이와 같습니다.

6 $\square\times 5=\bigcirc$(또는 $\bigcirc\div 5=\square$)

7 (위에서부터) 5 / 1800, 4800

8 $\triangle\times 600=\diamond$(또는 $\diamond\div 600=\triangle$)

9 (위에서부터) 9, 54 / $\triangledown\times 9=\square$(또는 $\square\div 9=\triangledown$)

10 $\diamond+1=\bigcirc$(또는 $\bigcirc-1=\diamond$)

11 15번

12 $\heartsuit\times 200=\bigcirc$(또는 $\bigcirc\div 200=\heartsuit$)

13 52 km　**14** 10개

15 18개

16 (위에서부터) 오후 7시, 오후 8시

17 49개　**18** 28개

19 석훈 / ⑩ 대응 관계를 나타낸 식 △÷8=○에서 △는 다리의 수, ○는 낙지의 수를 나타내.

20 8개

1 원의 수는 사각형의 수의 3배이므로 사각형이 6개일 때 원은 6×3=18(개) 필요합니다.

2 사각형의 수는 원의 수를 3으로 나눈 수이므로 원이 36개일 때 사각형은 36÷3=12(개) 필요합니다.

3 ⑩ 원의 수를 3으로 나누면 사각형의 수와 같습니다.

4 ⑩ 호두과자의 수를 11로 나누면 봉지의 수와 같습니다.

5 ⑩ 재호의 나이는 동생의 나이보다 4살 많습니다.
동생의 나이는 재호의 나이보다 4살 적습니다.

6 오리배의 수에 5를 곱하면 좌석의 수와 같습니다.
➡ □×5=○
좌석의 수를 5로 나누면 오리배의 수와 같습니다.
➡ ○÷5=□

7 연필의 수에 600을 곱하면 연필의 값이 됩니다.

8 연필의 수에 600을 곱하면 연필의 값과 같습니다.
➡ △×600=◇
연필의 값을 600으로 나누면 연필의 수와 같습니다.
➡ ◇÷600=△

9 초콜릿의 수는 상자의 수의 9배이므로
상자가 6상자일 때 초콜릿은 6×9=54(개)이고,
초콜릿이 81개일 때 상자는 81÷9=9(상자)입니다.

10 자른 횟수에 1을 더하면 도막의 수와 같습니다.
➡ ◇+1=○
도막의 수에서 1을 빼면 자른 횟수와 같습니다.
➡ ○−1=◇

11 자른 횟수는 도막의 수보다 1 작으므로 막대를 16도막으로 나누기 위해서는 16−1=15(번)을 잘라야 합니다.

12 쿠키 4개의 값이 800원이므로 쿠키 한 개의 값은
800÷4=200(원)입니다.
따라서 쿠키의 값은 쿠키의 수의 200배이므로 두 양 사이의 대응 관계를 식으로 나타내면
♡×200=○ 또는 ○÷200=♡입니다.

13 달린 거리는 날수의 4배이므로 13일 동안 달린 거리는 13×4=52(km)입니다.

14 삼각형의 수는 육각형의 수보다 2 크므로 육각형이 8개일 때 삼각형은 8+2=10(개) 필요합니다.

15 육각형의 수는 삼각형의 수보다 2 작으므로 삼각형이 20개일 때 육각형은 20−2=18(개) 필요합니다.

16 시작 시각과 끝난 시각은 3시간 차이가 납니다.
시작 시각이 오후 5시이면 끝난 시각은 오후 8시이고,
끝난 시각이 오후 10시이면 시작 시각은 오후 7시입니다.

17 (삼각형 조각의 수)=(수 카드의 수)×(수 카드의 수)이므로 일곱째에는 삼각형 조각이 7×7=49(개) 필요합니다.

18

사각형의 수(개)	1	2	3	4	5	…
성냥개비의 수(개)	4	7	10	13	16	…

(성냥개비의 수)=(사각형의 수)×3+1이므로 사각형을 9개 만들려면 성냥개비는 9×3+1=28(개) 필요합니다.

서술형
19

평가 기준	배점(5점)
잘못 이야기한 친구의 이름을 썼나요?	2점
바르게 고쳐 썼나요?	3점

서술형
20 ⑩ 꽃의 수를 9로 나누면 꽃병의 수와 같습니다.
따라서 꽃 72송이를 꽃병 72÷9=8(개)에 꽂을 수 있습니다.

평가 기준	배점(5점)
꽃의 수와 꽃병의 수 사이의 대응 관계를 구했나요?	2점
꽃 72송이를 꽂을 수 있는 꽃병의 수를 구했나요?	3점

사고력이 반짝 81쪽

③

4 약분과 통분

크기가 같은 분수를 만드는 활동인 약분과 통분은 여러 가지 분모로 표현되는 다양한 분수를 비교하고 나아가 연산을 할 때 필요한 중요한 개념입니다. 약분은 분수가 나타내는 양을 변화시키지 않고 단순화함으로써 감각적으로 쉽게 그 양을 파악할 수 있게 해 주며, 분수의 곱셈 및 나눗셈에서 계산을 효과적으로 수행할 수 있게 해 줍니다. 또한 통분은 분모가 다른 분수의 덧셈과 뺄셈을 할 때 분모를 같게 만든 것으로 통분을 해야 덧셈과 뺄셈을 할 수 있습니다. 일상 생활에서 분수의 약분과 통분이 활용되는 수학적 상황은 찾아보기 어렵습니다. 그 이유는 분수의 약분과 통분이 분수가 가지고 있는 자료 값에 초점을 두기보다는 계산의 편리성을 위해 조작된 형태이기 때문입니다. 그러나 약분과 통분은 후속 학습인 분수의 덧셈과 뺄셈을 위한 선행 학습 개념으로 중요한 의미를 가지므로 크기가 같은 분수를 통해 약분과 통분의 필요성을 이해하게 합니다.

교과서 개념 이해 1 크기가 같은 분수를 알아볼까요 (1), (2) 84~85쪽

1 (1) 3, 6 / 3, 6 (2) 3, 6 / 3, 6

2 예 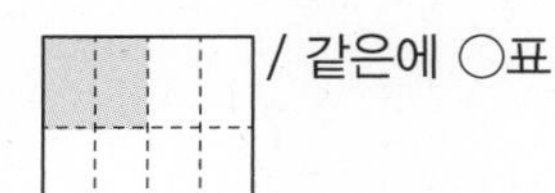 / 같은에 ○표

3 (1) 3, $\frac{9}{12}$ (2) 4, $\frac{1}{4}$

4 예 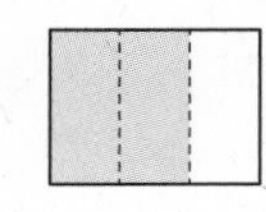 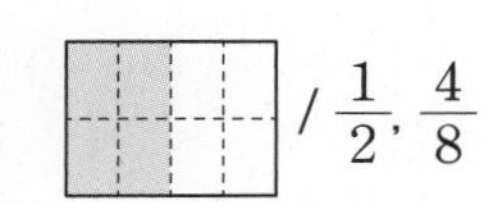 / $\frac{1}{2}$, $\frac{4}{8}$

5 (1) 예 $\frac{2}{12}$, $\frac{3}{18}$, $\frac{4}{24}$ (2) 예 $\frac{12}{30}$, $\frac{8}{20}$, $\frac{6}{15}$

6 (1) 4, 9, 8 (2) 6, 5

7 (1) $\frac{4}{14}$, $\frac{8}{28}$에 ○표 (2) $\frac{5}{6}$, $\frac{10}{12}$에 ○표

8

0, $\frac{1}{4}$, $\frac{2}{4}$, $\frac{3}{4}$, 1

0, $\frac{1}{8}$, $\frac{2}{8}$, $\frac{3}{8}$, $\frac{4}{8}$, $\frac{5}{8}$, $\frac{6}{8}$, $\frac{7}{8}$, 1

2 색칠한 부분의 크기가 같으므로 $\frac{1}{4}$과 $\frac{2}{8}$는 크기가 같습니다.

3 분모와 분자에 0이 아닌 같은 수를 곱하거나 0이 아닌 같은 수로 나누어 크기가 같은 분수를 만듭니다.

4 색칠한 부분의 크기가 같은 두 분수를 찾습니다.

5 (1) $\frac{1}{6}=\frac{2}{12}=\frac{3}{18}=\frac{4}{24}$ (×2, ×3, ×4)

(2) 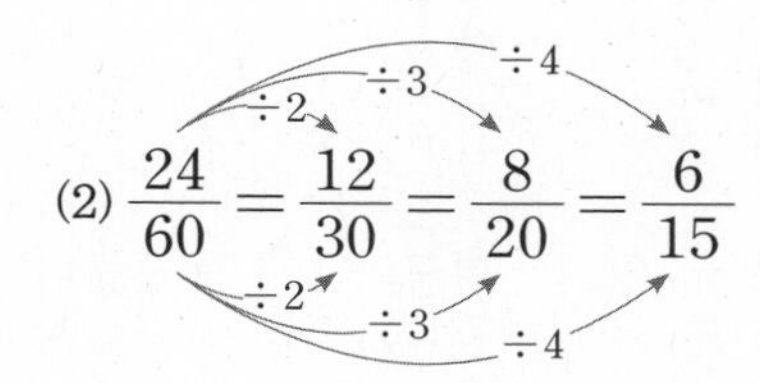

6 (1) $\frac{2}{3}=\frac{2\times2}{3\times2}=\frac{2\times3}{3\times3}=\frac{2\times4}{3\times4}=\cdots$

➡ $\frac{2}{3}=\frac{4}{6}=\frac{6}{9}=\frac{8}{12}=\cdots$

(2) $\frac{12}{20}=\frac{12\div2}{20\div2}=\frac{12\div4}{20\div4}$ ➡ $\frac{12}{20}=\frac{6}{10}=\frac{3}{5}$

7 (1) $\frac{2}{7}=\frac{2\times2}{7\times2}=\frac{2\times3}{7\times3}=\frac{2\times4}{7\times4}=\frac{2\times5}{7\times5}=\cdots$

➡ $\frac{2}{7}=\frac{4}{14}=\frac{6}{21}=\frac{8}{28}=\frac{10}{35}=\cdots$

(2) $\frac{20}{24}=\frac{20\div2}{24\div2}=\frac{20\div4}{24\div4}$

➡ $\frac{20}{24}=\frac{10}{12}=\frac{5}{6}$

8 $\frac{8}{16}$의 분모, 분자인 16과 8을 각각 4와 2로 나누면 $\frac{8}{16}=\frac{8\div4}{16\div4}=\frac{2}{4}$, $\frac{8}{16}=\frac{8\div2}{16\div2}=\frac{4}{8}$입니다.

교과서 개념 이해 2 분수를 간단하게 나타내어 볼까요 86~87쪽

1 (1) 3, 6 (2) 2, 3 / 3, 2 / 6, 1

2 (1) 9 (2) 9, $\frac{3}{4}$

3 (1) 6, 9 / $\frac{6}{9}$ (2) 2, 3 / $\frac{2}{3}$

4 (1) 8, 8, 5 (2) 5, 5, $\frac{7}{11}$

5 (1) 4, 5, $\frac{4}{5}$ (2) 2, 3, $\frac{2}{3}$

6 (1) $\frac{15}{25}$, $\frac{6}{10}$, $\frac{3}{5}$ (2) $\frac{18}{21}$, $\frac{12}{14}$, $\frac{6}{7}$

7 (1) $\frac{3}{4}$ (2) $\frac{3}{5}$ (3) $\frac{1}{3}$ (4) $\frac{2}{3}$

8 ④ **9** ㉡, ㉣

10 1, 5 **11** $\frac{12}{20}$

1 (2) 분모 12와 분자 6의 공약수 중 1을 제외한 2, 3, 6으로 나누어 약분합니다.

2 분모와 분자를 그들의 공약수로 더 이상 나누어지지 않을 때까지 나누면 기약분수로 나타낼 수 있습니다.

4 (1) 40과 24의 최대공약수인 8로 분모와 분자를 나눕니다.
(2) 55와 35의 최대공약수인 5로 분모와 분자를 나눕니다.

6 (1) $\frac{30}{50}=\frac{30\div2}{50\div2}=\frac{15}{25}$, $\frac{30}{50}=\frac{30\div5}{50\div5}=\frac{6}{10}$,
$\frac{30}{50}=\frac{30\div10}{50\div10}=\frac{3}{5}$
(2) $\frac{36}{42}=\frac{36\div2}{42\div2}=\frac{18}{21}$, $\frac{36}{42}=\frac{36\div3}{42\div3}=\frac{12}{14}$,
$\frac{36}{42}=\frac{36\div6}{42\div6}=\frac{6}{7}$

7 (1) $\frac{12}{16}=\frac{12\div4}{16\div4}=\frac{3}{4}$ (2) $\frac{18}{30}=\frac{18\div6}{30\div6}=\frac{3}{5}$
(3) $\frac{15}{45}=\frac{15\div15}{45\div15}=\frac{1}{3}$ (4) $\frac{44}{66}=\frac{44\div22}{66\div22}=\frac{2}{3}$

8 60과 12의 공약수: 1, 2, 3, 4, 6, 12
➡ 60과 12의 공약수가 아닌 수를 찾으면 ④ 5입니다.

9 ㉠ $\frac{18}{45}=\frac{18\div9}{45\div9}=\frac{2}{5}$
㉢ $\frac{26}{30}=\frac{26\div2}{30\div2}=\frac{13}{15}$

10 분모가 6인 진분수 $\frac{1}{6}$, $\frac{2}{6}$, $\frac{3}{6}$, $\frac{4}{6}$, $\frac{5}{6}$ 중에서 기약분수는 $\frac{1}{6}$, $\frac{5}{6}$입니다.
따라서 □ 안에는 1, 5가 들어갈 수 있습니다.

11 12÷4=3이므로 분자를 4로 나눈 것이므로 분모도 4로 나누어야 합니다.
$\frac{12\div4}{\square\div4}=\frac{3}{5}$에서 □÷4=5, □=5×4=20입니다.
따라서 구하는 분수는 $\frac{12}{20}$입니다.

교과서 개념 이해 3 통분을 알아볼까요 88~89쪽

1 (1) 2, 4, $\frac{2}{8}$ (2) 8

2 (1) 8, $\frac{40}{48}$ / 6, $\frac{18}{48}$ (2) $\frac{40}{48}$, $\frac{18}{48}$

3 (1) 25, 28 (2) 18, 14

4 24, 48, 72

5 (1) $\frac{14}{35}$, $\frac{15}{35}$ (2) $1\frac{48}{108}$, $1\frac{45}{108}$

6 (1) $\frac{8}{24}$, $\frac{11}{24}$ (2) $2\frac{27}{30}$, $2\frac{16}{30}$

7 예 $\frac{25}{40}$, $\frac{26}{40}$ / $\frac{50}{80}$, $\frac{52}{80}$ / $\frac{75}{120}$, $\frac{78}{120}$

8 (1) $\frac{60}{126}$, $\frac{105}{126}$ (2) $\frac{20}{42}$, $\frac{35}{42}$

9 $\frac{23}{70}$, $\frac{24}{70}$

3 (1) $\left(\frac{5}{8}, \frac{7}{10}\right)$ ➡ $\left(\frac{5\times5}{8\times5}, \frac{7\times4}{10\times4}\right)$ ➡ $\left(\frac{25}{40}, \frac{28}{40}\right)$
(2) $\left(\frac{6}{7}, \frac{2}{3}\right)$ ➡ $\left(\frac{6\times3}{7\times3}, \frac{2\times7}{3\times7}\right)$ ➡ $\left(\frac{18}{21}, \frac{14}{21}\right)$

4 두 분수 $\frac{7}{8}$과 $\frac{7}{12}$을 통분할 때 공통분모가 될 수 있는 수는 8과 12의 공배수인 24, 48, 72, ...입니다.

5 (1) $\left(\frac{2}{5}, \frac{3}{7}\right)$ ➡ $\left(\frac{2\times7}{5\times7}, \frac{3\times5}{7\times5}\right)$ ➡ $\left(\frac{14}{35}, \frac{15}{35}\right)$
(2) $\left(1\frac{4}{9}, 1\frac{5}{12}\right)$ ➡ $\left(1\frac{4\times12}{9\times12}, 1\frac{5\times9}{12\times9}\right)$
➡ $\left(1\frac{48}{108}, 1\frac{45}{108}\right)$

6 (1) $\left(\frac{1}{3}, \frac{11}{24}\right)$ ➡ $\left(\frac{1\times8}{3\times8}, \frac{11}{24}\right)$ ➡ $\left(\frac{8}{24}, \frac{11}{24}\right)$
(2) $\left(2\frac{9}{10}, 2\frac{8}{15}\right)$ ➡ $\left(2\frac{9\times3}{10\times3}, 2\frac{8\times2}{15\times2}\right)$
➡ $\left(2\frac{27}{30}, 2\frac{16}{30}\right)$

7 공통분모가 될 수 있는 수는 8과 20의 공배수인 40, 80, 120, ...입니다.
$\left(\frac{5}{8}, \frac{13}{20}\right)$ ➡ $\left(\frac{5\times5}{8\times5}, \frac{13\times2}{20\times2}\right)$ ➡ $\left(\frac{25}{40}, \frac{26}{40}\right)$
$\left(\frac{5}{8}, \frac{13}{20}\right)$ ➡ $\left(\frac{5\times10}{8\times10}, \frac{13\times4}{20\times4}\right)$ ➡ $\left(\frac{50}{80}, \frac{52}{80}\right)$
$\left(\frac{5}{8}, \frac{13}{20}\right)$ ➡ $\left(\frac{5\times15}{8\times15}, \frac{13\times6}{20\times6}\right)$ ➡ $\left(\frac{75}{120}, \frac{78}{120}\right)$

8 (1) $\left(\frac{10}{21}, \frac{5}{6}\right) \Rightarrow \left(\frac{10\times6}{21\times6}, \frac{5\times21}{6\times21}\right) \Rightarrow \left(\frac{60}{126}, \frac{105}{126}\right)$

(2) $\left(\frac{10}{21}, \frac{5}{6}\right) \Rightarrow \left(\frac{10\times2}{21\times2}, \frac{5\times7}{6\times7}\right) \Rightarrow \left(\frac{20}{42}, \frac{35}{42}\right)$

9 $\frac{11}{35}$과 $\frac{5}{14}$를 70을 공통분모로 하여 통분하면 $\left(\frac{22}{70}, \frac{25}{70}\right)$입니다.

따라서 $\frac{22}{70}$와 $\frac{25}{70}$ 사이의 수 중에서 분모가 70인 분수는 $\frac{23}{70}, \frac{24}{70}$입니다.

교과서 개념 이해 4 분수의 크기를 비교해 볼까요 90~91쪽

1 (1) 3, 6 / 7, 7 (2) <, 7, <

2 10, 9, > / 18, 25, < / 4, < / $\frac{3}{5}, \frac{2}{3}, \frac{5}{6}$

3 4, 6, 5 / $\frac{1}{2}, \frac{5}{8}, \frac{3}{4}$

4 (1) 21, 20, > (2) 3, 4, <

5 ( )(○)

6 (1) 예 $\frac{6}{20}, \frac{5}{20}, \frac{8}{20}$ / $\frac{2}{5}$ (2) 예 $\frac{54}{90}, \frac{75}{90}, \frac{35}{90}$ / $\frac{5}{6}$

7 (1) > (2) >

8 (1) $\frac{4}{5}, \frac{5}{7}, \frac{1}{2}$ (2) $\frac{7}{9}, \frac{11}{15}, \frac{7}{12}$

3 색칠한 부분의 크기를 비교합니다.

4 (1) $\frac{3}{4}=\frac{3\times7}{4\times7}=\frac{21}{28}, \frac{5}{7}=\frac{5\times4}{7\times4}=\frac{20}{28}$

$\Rightarrow \frac{3}{4}>\frac{5}{7}$

(2) $\frac{27}{45}=\frac{27\div9}{45\div9}=\frac{3}{5}, \frac{24}{30}=\frac{24\div6}{30\div6}=\frac{4}{5}$

$\Rightarrow \frac{27}{45}<\frac{24}{30}$

5 • $\left(\frac{5}{7}, \frac{5}{8}\right) \Rightarrow \left(\frac{40}{56}, \frac{35}{56}\right) \Rightarrow \frac{5}{7}>\frac{5}{8}$

• $\left(2\frac{4}{5}, 2\frac{2}{3}\right) \Rightarrow \left(2\frac{12}{15}, 2\frac{10}{15}\right) \Rightarrow 2\frac{4}{5}>2\frac{2}{3}$

참고 | 분자가 같은 분수는 분모가 작을수록 큰 수입니다.

$\Rightarrow \frac{5}{7}>\frac{5}{8}$

7 (1) $\left(\frac{7}{10}, \frac{8}{15}\right) \Rightarrow \left(\frac{21}{30}, \frac{16}{30}\right) \Rightarrow \frac{7}{10}>\frac{8}{15}$

(2) $\left(\frac{5}{6}, \frac{3}{4}\right) \Rightarrow \left(\frac{10}{12}, \frac{9}{12}\right) \Rightarrow \frac{5}{6}>\frac{3}{4}$

다른 풀이 |

(2) 분모와 분자의 차가 같은 분수는 분모가 클수록 큰 수입니다.

8 (1) $\left(\frac{1}{2}, \frac{4}{5}, \frac{5}{7}\right) \Rightarrow \left(\frac{35}{70}, \frac{56}{70}, \frac{50}{70}\right)$

$\Rightarrow \frac{4}{5}>\frac{5}{7}>\frac{1}{2}$

(2) $\left(\frac{7}{9}, \frac{7}{12}\right) \Rightarrow \left(\frac{28}{36}, \frac{21}{36}\right) \Rightarrow \frac{7}{9}>\frac{7}{12}$

$\left(\frac{7}{12}, \frac{11}{15}\right) \Rightarrow \left(\frac{35}{60}, \frac{44}{60}\right) \Rightarrow \frac{7}{12}<\frac{11}{15}$

$\left(\frac{7}{9}, \frac{11}{15}\right) \Rightarrow \left(\frac{35}{45}, \frac{33}{45}\right) \Rightarrow \frac{7}{9}>\frac{11}{15}$

$\Rightarrow \frac{7}{9}>\frac{11}{15}>\frac{7}{12}$

교과서 개념 이해 5 분수와 소수의 크기를 비교해 볼까요 92~93쪽

1 (1) 6, 7 / 6, <, 7, < (2) 6, 7 / 0.6, <, 0.7, <

2 (1) 5, 0.5, > (2) 5, 4, >

3 (1) 2, 2, $\frac{8}{10}$, 0.8 (2) 25, 25, $\frac{75}{100}$, 0.75

4 (1) 0.2, > (2) $\frac{9}{10}$, <

5 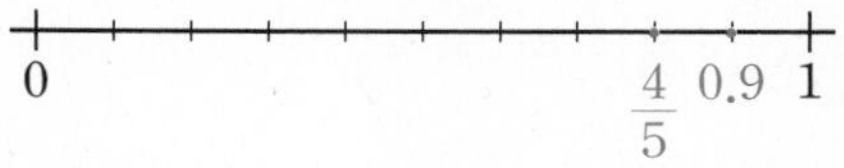

/ <

6 (1) < (2) > (3) = **7** 영찬

8 ㉡ **9** $\frac{5}{6}$

4 (2) $\left(\frac{5}{8}, 0.9\right) \Rightarrow \left(\frac{5}{8}, \frac{9}{10}\right) \Rightarrow \left(\frac{25}{40}, \frac{36}{40}\right) \Rightarrow \frac{5}{8}<0.9$

5 $\frac{4}{5}=\frac{8}{10}=0.8$이므로 $0.8<0.9$입니다.

6 (1) $\frac{3}{5}=\frac{6}{10}=0.6$이므로 $0.43<\frac{3}{5}$입니다.

(2) $2\frac{3}{4}=2\frac{75}{100}=2.75$이므로 $2\frac{3}{4}>2.34$입니다.

(3) $\frac{8}{20}=\frac{4}{10}, \frac{12}{30}=\frac{4}{10}$이므로 $\frac{8}{20}=\frac{12}{30}$입니다.

7 $\frac{6}{40}=\frac{3}{20}=\frac{15}{100}=0.15$

미소가 먹은 케이크의 양은 0.15, 영찬이가 먹은 케이크의 양은 0.2이므로 더 많이 먹은 사람은 영찬입니다.

8 ㉠ $\frac{17}{25}=\frac{68}{100}=0.68$ ㉡ $\frac{29}{40}=\frac{725}{1000}=0.725$

따라서 0.7보다 큰 수는 ㉡ $\frac{29}{40}$입니다.

9 소수를 분수로 나타내어 크기를 비교합니다.

$0.8=\frac{8}{10}=\frac{16}{20}$이므로 0.8이 $\frac{12}{20}$보다 큽니다.

$\left(\frac{5}{6}, 0.8\right) \Rightarrow \left(\frac{5}{6}, \frac{8}{10}\right) \Rightarrow \left(\frac{25}{30}, \frac{24}{30}\right)$이므로

$\frac{5}{6}$가 0.8보다 큽니다.

$\Rightarrow \frac{5}{6}>0.8>\frac{12}{20}$

기본기 다지기 94~99쪽

1 예 $\frac{2}{3}$ 0 1 / $\frac{2}{3}$, $\frac{6}{9}$

$\frac{3}{6}$ 0 1

$\frac{6}{9}$ 0 1

2 예 / 3

3 $\frac{8}{10}$, $\frac{12}{15}$에 ○표

4 $\frac{10}{16}$, $\frac{15}{24}$, $\frac{20}{32}$

5 $\frac{3}{4}$, $\frac{6}{8}$, $\frac{9}{12}$

6 (1) 6, 35 (2) 5, 9

7 $\frac{2}{9}$, $\frac{12}{54}$에 ○표

8 $\frac{12}{20}$

9 우혁, 종민 / 예 분모와 분자에 각각 0이 아닌 같은 수를 곱하여 크기가 같은 분수를 만들었습니다.

10 2, 4, 8에 ○표

11 $\frac{5}{10}$, $\frac{2}{4}$, $\frac{1}{2}$

12 14, $\frac{1}{3}$

13 (1) $\frac{3}{4}$ (2) $\frac{5}{9}$

14 1, 3, 5, 7

15 유성 / 예 $\frac{18}{27}$을 약분하여 만들 수 있는 분수는 $\frac{6}{9}$, $\frac{2}{3}$로 모두 2개입니다.

16 $\frac{20}{35}$

17 $\frac{5}{8}$

18 8, 16, 24

19 방법 1 예 분모의 곱을 공통분모로 하여 통분하면

$\left(\frac{5}{6}, \frac{7}{10}\right) \Rightarrow \left(\frac{5\times10}{6\times10}, \frac{7\times6}{10\times6}\right) \Rightarrow \left(\frac{50}{60}, \frac{42}{60}\right)$

방법 2 분모의 최소공배수를 공통분모로 하여 통분하면

$\left(\frac{5}{6}, \frac{7}{10}\right) \Rightarrow \left(\frac{5\times5}{6\times5}, \frac{7\times3}{10\times3}\right) \Rightarrow \left(\frac{25}{30}, \frac{21}{30}\right)$

20 $\frac{8}{36}$, $\frac{15}{36}$

21 $\frac{30}{45}$, $\frac{36}{45}$

22 (1) $>$ (2) $<$

23 (1) $\frac{2}{3}$에 ○표 (2) $\frac{5}{6}$에 ○표

24 (위에서부터) $\frac{9}{10}$ / $\frac{9}{10}$, $\frac{7}{12}$

25 $\frac{5}{6}$, $\frac{2}{3}$, $\frac{1}{2}$

26 $\frac{5}{12}$에 ○표, $\frac{1}{4}$에 △표

27 1, 2

28 빨간색

29 $\frac{9}{20}$

30 (1) 4, 0.4 (2) 35, 0.35

31 (1) 6, $\frac{3}{5}$ (2) 25, $\frac{1}{4}$

32 방법 1 예 분수를 소수로 나타내어 크기를 비교하면

$\frac{4}{5}=\frac{8}{10}=0.8$이고 $0.8>0.7$이므로 $\frac{4}{5}>0.7$

방법 2 예 소수를 분수로 나타내어 크기를 비교하면

$\frac{4}{5}=\frac{8}{10}$, $0.7=\frac{7}{10}$이고 $\frac{8}{10}>\frac{7}{10}$이므로

$\frac{4}{5}>0.7$

33 (1) $<$ (2) $>$

34 1.1, $1\frac{1}{20}$, 0.9, $\frac{3}{5}$

35 고구마

36 0.2

37 $\frac{6}{9}$

38 $\frac{12}{20}$

39 $\frac{9}{12}$, $\frac{12}{16}$

40 $\frac{10}{18}$

41 14

42 4

43 5, 4

44 $\frac{5}{12}$, $\frac{2}{9}$

1 수직선에 나타낸 길이를 비교해 보면 $\frac{2}{3}$와 $\frac{6}{9}$이 크기가 같은 분수입니다.

2 $\frac{1}{4}$과 같은 크기만큼 색칠하려면 12칸 중 3칸을 색칠해야 합니다.
따라서 $\frac{1}{4}$과 크기가 같은 분수는 $\frac{3}{12}$입니다.

3 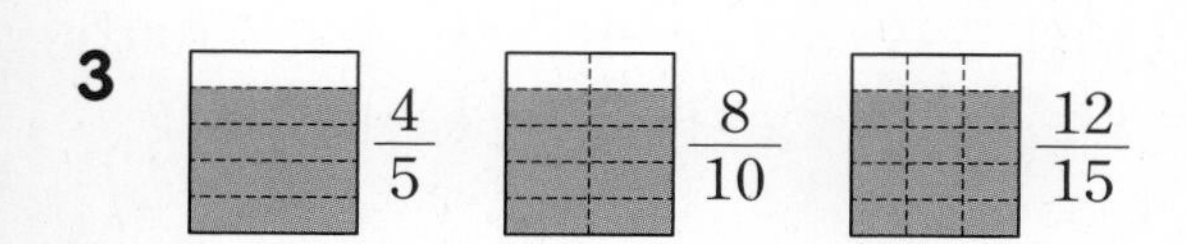

4 $\frac{5}{8}=\frac{5\times2}{8\times2}=\frac{5\times3}{8\times3}=\frac{5\times4}{8\times4}=\cdots$
➡ $\frac{5}{8}=\frac{10}{16}=\frac{15}{24}=\frac{20}{32}=\cdots$

5 24와 18의 공약수는 1, 2, 3, 6입니다.
$\frac{18}{24}=\frac{18\div6}{24\div6}=\frac{18\div3}{24\div3}=\frac{18\div2}{24\div2}$
➡ $\frac{18}{24}=\frac{3}{4}=\frac{6}{8}=\frac{9}{12}$

6 (1) $\frac{2}{7}=\frac{2\times3}{7\times3}=\frac{6}{21}$, $\frac{2}{7}=\frac{2\times5}{7\times5}=\frac{10}{35}$
(2) $\frac{15}{45}=\frac{15\div3}{45\div3}=\frac{5}{15}$, $\frac{15}{45}=\frac{15\div5}{45\div5}=\frac{3}{9}$

7 $\frac{4}{18}=\frac{4\times3}{18\times3}=\frac{12}{54}$, $\frac{4}{18}=\frac{4\div2}{18\div2}=\frac{2}{9}$

8 분모와 분자에 각각 0이 아닌 같은 수를 곱하여 크기가 같은 분수를 만들어야 합니다.
➡ $\frac{3}{5}=\frac{3\times4}{5\times4}=\frac{12}{20}$

서술형
9

단계	문제 해결 과정
①	크기가 같은 분수를 같은 방법으로 구한 두 사람을 찾았나요?
②	어떤 방법으로 구했는지 썼나요?

10 분수를 약분할 때 분모와 분자를 나눌 수 있는 수는 두 수의 공약수입니다.
40과 16의 공약수는 1, 2, 4, 8이므로 2, 4, 8로 나누어 약분할 수 있습니다.

11 20과 10의 공약수는 1, 2, 5, 10이므로 $\frac{10}{20}$은 2, 5, 10으로 약분할 수 있습니다.
$\frac{10}{20}=\frac{10\div2}{20\div2}=\frac{5}{10}$, $\frac{10}{20}=\frac{10\div5}{20\div5}=\frac{2}{4}$,
$\frac{10}{20}=\frac{10\div10}{20\div10}=\frac{1}{2}$

12 기약분수로 나타내려면 분모와 분자를 두 수의 최대공약수로 나누어야 합니다.
42와 14의 최대공약수는 14이므로
$\frac{14}{42}=\frac{14\div14}{42\div14}=\frac{1}{3}$입니다.

13 (1) $\frac{12}{16}=\frac{12\div4}{16\div4}=\frac{3}{4}$
(2) $\frac{40}{72}=\frac{40\div8}{72\div8}=\frac{5}{9}$

14 $\frac{\square}{8}$가 진분수이므로 □ 안에는 1부터 7까지의 수가 들어갈 수 있습니다.
□ 안의 수가 2, 4, 6이면 $\frac{\square}{8}$는 기약분수가 아니므로
□ 안에 들어갈 수 있는 수는 1, 3, 5, 7입니다.

서술형
15

단계	문제 해결 과정
①	잘못 말한 사람을 찾았나요?
②	이유를 썼나요?

16 $\frac{\square}{35}=\frac{\square\div5}{35\div5}=\frac{4}{7}$에서 $\square\div5=4$,
$\square=4\times5=20$입니다.
따라서 구하는 분수는 $\frac{20}{35}$입니다.

17 $\frac{(\text{빨간색 구슬의 수})}{(\text{전체 구슬의 수})}=\frac{15}{24}=\frac{15\div3}{24\div3}=\frac{5}{8}$

18 공통분모가 될 수 있는 수는 두 분모의 공배수입니다.
4와 8의 공배수는 8, 16, 24, ...입니다.

서술형
19

단계	문제 해결 과정
①	한 가지 방법으로 분수를 통분했나요?
②	다른 한 가지 방법으로 분수를 통분했나요?

20 가장 작은 공통분모는 9와 12의 최소공배수인 36입니다.
$\left(\frac{2}{9}, \frac{5}{12}\right)$ ➡ $\left(\frac{2\times4}{9\times4}, \frac{5\times3}{12\times3}\right)$ ➡ $\left(\frac{8}{36}, \frac{15}{36}\right)$

21 공통분모가 될 수 있는 수는 3과 5의 공배수이므로 15, 30, 45, ...이고, 이 중에서 40에 가장 가까운 수는 45입니다. 따라서 45를 공통분모로 하여 통분하면
$\left(\frac{2}{3}, \frac{4}{5}\right) \Rightarrow \left(\frac{2\times15}{3\times15}, \frac{4\times9}{5\times9}\right) \Rightarrow \left(\frac{30}{45}, \frac{36}{45}\right)$입니다.

22 (1) $\left(\frac{4}{7}, \frac{1}{2}\right) \Rightarrow \left(\frac{8}{14}, \frac{7}{14}\right) \Rightarrow \frac{4}{7} > \frac{1}{2}$
(2) $\left(\frac{12}{21}, \frac{10}{14}\right) \Rightarrow \left(\frac{4}{7}, \frac{5}{7}\right) \Rightarrow \frac{12}{21} < \frac{10}{14}$

23 (1) $\left(\frac{3}{5}, \frac{2}{3}\right) \Rightarrow \left(\frac{9}{15}, \frac{10}{15}\right) \Rightarrow \frac{3}{5} < \frac{2}{3}$
(2) $\left(\frac{5}{6}, \frac{3}{4}\right) \Rightarrow \left(\frac{10}{12}, \frac{9}{12}\right) \Rightarrow \frac{5}{6} > \frac{3}{4}$

24 $\left(\frac{4}{5}, \frac{9}{10}\right) \Rightarrow \left(\frac{8}{10}, \frac{9}{10}\right) \Rightarrow \frac{4}{5} < \frac{9}{10}$
$\left(\frac{5}{9}, \frac{7}{12}\right) \Rightarrow \left(\frac{20}{36}, \frac{21}{36}\right) \Rightarrow \frac{5}{9} < \frac{7}{12}$
$\left(\frac{9}{10}, \frac{7}{12}\right) \Rightarrow \left(\frac{54}{60}, \frac{35}{60}\right) \Rightarrow \frac{9}{10} > \frac{7}{12}$

25 $\left(\frac{1}{2}, \frac{2}{3}, \frac{5}{6}\right) \Rightarrow \left(\frac{3}{6}, \frac{4}{6}, \frac{5}{6}\right)$
$\frac{5}{6} > \frac{4}{6} > \frac{3}{6}$이므로 $\frac{5}{6} > \frac{2}{3} > \frac{1}{2}$

26 $\left(\frac{3}{8}, \frac{5}{12}\right) \Rightarrow \left(\frac{9}{24}, \frac{10}{24}\right) \Rightarrow \frac{3}{8} < \frac{5}{12}$
$\left(\frac{5}{12}, \frac{1}{4}\right) \Rightarrow \left(\frac{5}{12}, \frac{3}{12}\right) \Rightarrow \frac{5}{12} > \frac{1}{4}$
$\left(\frac{3}{8}, \frac{1}{4}\right) \Rightarrow \left(\frac{3}{8}, \frac{2}{8}\right) \Rightarrow \frac{3}{8} > \frac{1}{4}$
$\Rightarrow \frac{5}{12} > \frac{3}{8} > \frac{1}{4}$

27 $\frac{\square}{5} = \frac{\square\times3}{5\times3} = \frac{\square\times3}{15}$이므로 $\frac{\square\times3}{15} < \frac{8}{15}$에서 $\square\times3 < 8$입니다.
$1\times3=3$, $2\times3=6$, $3\times3=9$이므로 □ 안에 들어갈 수 있는 자연수는 1, 2입니다.

28 $\left(\frac{14}{18}, \frac{25}{45}\right) \Rightarrow \left(\frac{7}{9}, \frac{5}{9}\right) \Rightarrow \frac{14}{18} > \frac{25}{45}$
따라서 더 긴 테이프는 빨간색입니다.

29 $\left(\frac{11}{14}, \frac{1}{2}\right) \Rightarrow \left(\frac{11}{14}, \frac{7}{14}\right) \Rightarrow \frac{11}{14} > \frac{1}{2}$
$\left(\frac{3}{8}, \frac{1}{2}\right) \Rightarrow \left(\frac{3}{8}, \frac{4}{8}\right) \Rightarrow \frac{3}{8} < \frac{1}{2}$
$\left(\frac{9}{20}, \frac{1}{2}\right) \Rightarrow \left(\frac{9}{20}, \frac{10}{20}\right) \Rightarrow \frac{9}{20} < \frac{1}{2}$
$\left(\frac{3}{4}, \frac{1}{2}\right) \Rightarrow \left(\frac{3}{4}, \frac{2}{4}\right) \Rightarrow \frac{3}{4} > \frac{1}{2}$
따라서 $\frac{1}{2}$보다 작은 분수는 $\frac{3}{8}$, $\frac{9}{20}$입니다.
$\frac{3}{8} < \frac{2}{5}$이고 $\frac{9}{20} > \frac{2}{5}$이므로 조건을 모두 만족하는 분수는 $\frac{9}{20}$입니다.

참고 | (분자)×2<(분모)이면 $\frac{1}{2}$보다 작은 분수입니다.

30 분모가 10인 분수는 소수 한 자리 수로, 분모가 100인 분수는 소수 두 자리 수로 나타낼 수 있습니다.

31 소수 한 자리 수는 분모가 10인 분수로, 소수 두 자리 수는 분모가 100인 분수로 나타낼 수 있습니다.

서술형
32

단계	문제 해결 과정
①	한 가지 방법으로 크기를 비교했나요?
②	다른 한 가지 방법으로 크기를 비교했나요?

33 (1) $\frac{1}{2} = \frac{5}{10} = 0.5$이고 $0.3 < 0.5$이므로 $0.3 < \frac{1}{2}$
(2) $\frac{3}{4} = \frac{75}{100} = 0.75$이고 $0.75 > 0.7$이므로 $\frac{3}{4} > 0.7$

34 분수를 소수로 나타내어 크기를 비교해 봅니다.
$1\frac{1}{20} = 1\frac{5}{100} = 1.05$, $\frac{3}{5} = \frac{6}{10} = 0.6$이므로
$1.1 > 1\frac{1}{20} > 0.9 > \frac{3}{5}$입니다.

35 $\frac{17}{25} = \frac{68}{100} = 0.68$이고 $0.68 > 0.6$이므로
$\frac{17}{25} > 0.6$입니다.
따라서 고구마를 더 많이 캤습니다.

36 주어진 수 카드로 만들 수 있는 진분수는 $\frac{1}{2}$, $\frac{1}{4}$, $\frac{2}{4}$, $\frac{1}{5}$, $\frac{2}{5}$, $\frac{4}{5}$이고, 이 중에서 가장 작은 수는 $\frac{1}{5}$입니다.
따라서 $\frac{1}{5}$을 소수로 나타내면 $\frac{1}{5} = \frac{2}{10} = 0.2$입니다.

37 $\frac{2}{3}$와 크기가 같은 분수 $\frac{4}{6}$, $\frac{6}{9}$, $\frac{8}{12}$, ... 중에서 분모와 분자의 합이 15인 분수를 찾으면 $\frac{6}{9}$입니다.

38 $\frac{3}{5}$과 크기가 같은 분수 $\frac{6}{10}$, $\frac{9}{15}$, $\frac{12}{20}$, $\frac{15}{25}$, … 중에서 분모와 분자의 차가 8인 분수를 찾으면 $\frac{12}{20}$입니다.

39 $\frac{3}{4}$과 크기가 같은 분수 $\frac{6}{8}$, $\frac{9}{12}$, $\frac{12}{16}$, $\frac{15}{20}$, … 중에서 분모와 분자의 합이 20보다 크고 30보다 작은 분수는 $\frac{9}{12}$, $\frac{12}{16}$입니다.

40 주어진 수 카드로 만들 수 있는 가장 작은 진분수는 분모가 가장 큰 수인 9이고 분자가 가장 작은 수인 5입니다. $\frac{5}{9}$와 크기가 같은 분수는 $\frac{10}{18}$, $\frac{15}{27}$, …이고, 이 중에서 분모와 분자의 차가 8인 분수는 $\frac{10}{18}$입니다.

41 $4+8=12$이므로 $\frac{4}{7}$와 크기가 같은 분수 중에서 분자가 12인 수를 구하면 $\frac{4}{7}=\frac{12}{21}$입니다.
따라서 분모에 더해야 하는 수는 $21-7=14$입니다.

42 $\frac{5}{9}=\frac{10}{18}=\frac{15}{27}=\frac{20}{36}=\cdots$
$\frac{11}{23}$의 분모와 분자에 4를 더하면 $\frac{15}{27}$가 되므로 4를 더해야 합니다.

43 $\frac{\square}{6}=\frac{10}{12}$에서 $12\div2=6$이므로 $\square=10\div2=5$입니다.
$\frac{1}{\square}=\frac{3}{12}$에서 $3\div3=1$이므로 $\square=12\div3=4$입니다.
다른 풀이 |
$\frac{\square}{6}=\frac{\square\times2}{6\times2}=\frac{10}{12}$, $\square=5$
$\frac{1}{\square}=\frac{1\times3}{\square\times3}=\frac{3}{12}$, $\square=4$

44 통분한 두 분수를 각각 약분하여 기약분수로 나타냅니다.
$\frac{15}{36}=\frac{15\div3}{36\div3}=\frac{5}{12}$
$\frac{8}{36}=\frac{8\div4}{36\div4}=\frac{2}{9}$

개념 완성 응용력 기르기 100~103쪽

1 5
1-1 6개
1-2 5
2 $\frac{19}{30}$, $\frac{23}{30}$
2-1 $\frac{5}{24}$, $\frac{7}{24}$
2-2 4개
2-3 $\frac{10}{16}$
3 $\frac{2}{13}$
3-1 $\frac{12}{19}$
3-2 $\frac{23}{27}$
3-3 $\frac{7}{21}$, $\frac{11}{30}$, $\frac{15}{39}$
4 **1단계** 예 달걀 1 g에 들어 있는 단백질은 $\frac{14}{100}=\frac{7}{50}$ (g)이고 두부 1 g에 들어 있는 단백질은 $\frac{24}{300}=\frac{2}{25}$ (g)입니다.
2단계 예 $\left(\frac{7}{50}, \frac{2}{25}\right) \Rightarrow \left(\frac{7}{50}, \frac{4}{50}\right)$
$\Rightarrow \frac{7}{50}>\frac{2}{25}$이므로 1 g에 들어 있는 단백질이 더 많은 것은 달걀입니다.
/ 달걀
4-1 돼지고기

1 $\frac{1}{2}$과 $\frac{3}{4}$의 분모를 □가 있는 분수의 분모인 8로 통분하면 $\frac{4}{8}<\frac{\square}{8}<\frac{6}{8}$입니다.
분자의 크기를 비교하면 $4<\square<6$이므로 □ 안에 들어갈 수 있는 자연수는 5입니다.

1-1 $\frac{3}{5}$과 $\frac{5}{6}$의 분모를 □가 있는 분수의 분모인 30으로 통분하면 $\frac{18}{30}<\frac{\square}{30}<\frac{25}{30}$입니다.
분자의 크기를 비교하면 $18<\square<25$이므로 □ 안에 들어갈 수 있는 자연수는 19, 20, 21, 22, 23, 24입니다.
따라서 □ 안에 들어갈 수 있는 자연수는 모두 6개입니다.

1-2 □가 분모에 있으므로 분자를 같게 하여 크기를 비교합니다.
$\frac{6}{11}<\frac{3}{\square}<\frac{2}{3} \Rightarrow \frac{6}{11}<\frac{6}{\square\times2}<\frac{6}{9}$
$\Rightarrow 9<\square\times2<11$
$5\times2=10$이므로 □ 안에 들어갈 수 있는 자연수는 5입니다.

2 $\frac{3}{5}$과 $\frac{5}{6}$를 30을 공통분모로 하여 통분하면

$\frac{3}{5}=\frac{3\times6}{5\times6}=\frac{18}{30}$, $\frac{5}{6}=\frac{5\times5}{6\times5}=\frac{25}{30}$입니다.

$\frac{18}{30}$과 $\frac{25}{30}$ 사이의 분수 중에서 분모가 30인 기약분수는 $\frac{19}{30}$, $\frac{23}{30}$입니다.

2-1 $\frac{1}{6}$과 $\frac{3}{8}$을 24를 공통분모로 하여 통분하면

$\frac{1}{6}=\frac{1\times4}{6\times4}=\frac{4}{24}$, $\frac{3}{8}=\frac{3\times3}{8\times3}=\frac{9}{24}$입니다.

$\frac{4}{24}$와 $\frac{9}{24}$ 사이의 분수 중에서 분모가 24인 기약분수는 $\frac{5}{24}$, $\frac{7}{24}$입니다.

2-2 $\frac{3}{10}$과 $\frac{11}{15}$을 30을 공통분모로 하여 통분하면

$\frac{3}{10}=\frac{3\times3}{10\times3}=\frac{9}{30}$, $\frac{11}{15}=\frac{11\times2}{15\times2}=\frac{22}{30}$입니다.

$\frac{9}{30}$와 $\frac{22}{30}$ 사이의 분수 중에서 분모가 30인 기약분수는 $\frac{11}{30}$, $\frac{13}{30}$, $\frac{17}{30}$, $\frac{19}{30}$로 모두 4개입니다.

2-3 $\frac{9}{16}$와 $\frac{3}{4}$을 16을 공통분모로 하여 통분하면

$\frac{9}{16}$, $\frac{3}{4}=\frac{3\times4}{4\times4}=\frac{12}{16}$입니다. $\frac{9}{16}$와 $\frac{12}{16}$ 사이의 분수 중에서 분모가 16인 분수는 $\frac{10}{16}$, $\frac{11}{16}$이고 이 중에서 기약분수가 아닌 수는 $\frac{10}{16}$입니다.

3 2로 약분하기 전의 분수는 $\frac{3\times2}{8\times2}=\frac{6}{16}$입니다.

어떤 분수를 $\frac{▲}{■}$라고 하면 $\frac{▲+4}{■+3}=\frac{6}{16}$이므로

▲$+4=6$, ▲$=6-4=2$이고

■$+3=16$, ■$=16-3=13$입니다.

따라서 어떤 분수는 $\frac{2}{13}$입니다.

3-1 5로 약분하기 전의 분수는 $\frac{2\times5}{3\times5}=\frac{10}{15}$입니다.

어떤 분수를 $\frac{▲}{■}$라고 하면 $\frac{▲-2}{■-4}=\frac{10}{15}$이므로

▲$-2=10$, ▲$=10+2=12$이고

■$-4=15$, ■$=15+4=19$입니다.

따라서 어떤 분수는 $\frac{12}{19}$입니다.

3-2 4로 약분하기 전의 분수는 $\frac{5\times4}{7\times4}=\frac{20}{28}$입니다.

어떤 분수를 $\frac{▲}{■}$라고 하면 $\frac{▲-3}{■+1}=\frac{20}{28}$이므로

▲$-3=20$, ▲$=20+3=23$이고

■$+1=28$, ■$=28-1=27$입니다.

따라서 어떤 분수는 $\frac{23}{27}$입니다.

3-3 약분하기 전의 분수는 $\frac{4}{9}$와 크기가 같은 $\frac{8}{18}$, $\frac{12}{27}$, $\frac{16}{36}$, ...이 될 수 있습니다.

어떤 분수는 약분하기 전의 분수의 분자에서 1을 빼고 분모에 3을 더한 수와 같으므로 $\frac{7}{21}$, $\frac{11}{30}$, $\frac{15}{39}$, ...입니다.

4-1 1 g을 먹었을 때 낼 수 있는 열량은

소고기가 $\frac{17}{8}=2\frac{1}{8}$(킬로칼로리)이고,

돼지고기가 $\frac{14}{6}=\frac{7}{3}=2\frac{1}{3}$(킬로칼로리)입니다.

$\left(2\frac{1}{8}, 2\frac{1}{3}\right)$ ➡ $\left(2\frac{3}{24}, 2\frac{8}{24}\right)$ ➡ $2\frac{1}{8}<2\frac{1}{3}$이므로 1 g을 먹었을 때 더 많은 열량을 낼 수 있는 것은 돼지고기입니다.

4단원 단원 평가 Level ❶ 104~106쪽

1 3, 9 / 3, 9

2 예 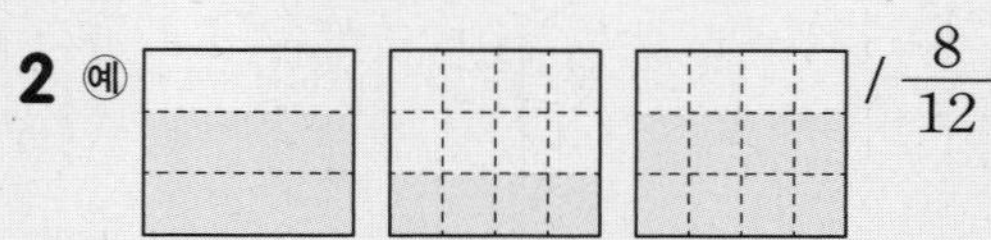 / $\frac{8}{12}$

3 (1) 4, 4, 16 (2) 6, 6, 9

4 (1) $\frac{11}{14}$ (2) $\frac{4}{9}$

5 (1) 2, 2, $\frac{6}{10}$, 0.6 (2) 4, 4, $\frac{36}{100}$, 0.36

6 (1) $\frac{24}{32}$, $\frac{20}{32}$ (2) $\frac{75}{90}$, $\frac{42}{90}$

7 (1) $\frac{15}{39}$, $\frac{8}{39}$ (2) $\frac{49}{84}$, $\frac{32}{84}$

8 2, 3, 6

9 ②

10 (1) $<$ (2) $=$

11 민주

12 4개

13 $\frac{7}{9}$

14 $2\frac{11}{24}$, $2\frac{2}{5}$, $2\frac{7}{20}$

15 과자

16 $\frac{21}{54}$

17 $\frac{13}{30}$, $\frac{5}{18}$

18 4개

19 $\frac{34}{51}$, $\frac{7}{14}$

20 $\frac{20}{36}$

1 분모와 분자를 0이 아닌 같은 수로 나누면 크기가 같은 분수가 됩니다.

2 분수만큼 색칠한 부분의 크기가 같은 두 분수를 찾으면 $\frac{2}{3}$와 $\frac{8}{12}$입니다.

3 분모와 분자에 0이 아닌 같은 수를 곱하거나 분모와 분자를 0이 아닌 같은 수로 나누면 크기가 같은 분수가 됩니다.

4 (1) $\frac{44}{56}=\frac{44\div4}{56\div4}=\frac{11}{14}$

(2) $\frac{32}{72}=\frac{32\div8}{72\div8}=\frac{4}{9}$

6 (1) $\left(\frac{3}{4}, \frac{5}{8}\right) \Rightarrow \left(\frac{3\times8}{4\times8}, \frac{5\times4}{8\times4}\right) \Rightarrow \left(\frac{24}{32}, \frac{20}{32}\right)$

(2) $\left(\frac{5}{6}, \frac{7}{15}\right) \Rightarrow \left(\frac{5\times15}{6\times15}, \frac{7\times6}{15\times6}\right) \Rightarrow \left(\frac{75}{90}, \frac{42}{90}\right)$

7 (1) $\left(\frac{5}{13}, \frac{8}{39}\right) \Rightarrow \left(\frac{5\times3}{13\times3}, \frac{8}{39}\right) \Rightarrow \left(\frac{15}{39}, \frac{8}{39}\right)$

(2) $\left(\frac{7}{12}, \frac{8}{21}\right) \Rightarrow \left(\frac{7\times7}{12\times7}, \frac{8\times4}{21\times4}\right) \Rightarrow \left(\frac{49}{84}, \frac{32}{84}\right)$

8 $\frac{42}{48}$를 약분할 때 분모와 분자를 나눌 수 있는 수는 48과 42의 공약수 중에서 1을 제외한 2, 3, 6입니다.

9 16과 24의 최소공배수는 48이므로 공통분모가 될 수 있는 수는 48, 96, 144, 192, 240, ...입니다.

10 (1) $\frac{2}{3}=\frac{2\times6}{3\times6}=\frac{12}{18}$이므로

$\frac{11}{18}<\frac{12}{18} \Rightarrow \frac{11}{18}<\frac{2}{3}$입니다.

(2) $\frac{15}{50}=\frac{15\div5}{50\div5}=\frac{3}{10}$, $\frac{6}{20}=\frac{6\div2}{20\div2}=\frac{3}{10}$이므로

$\frac{15}{50}=\frac{6}{20}$입니다.

11 승욱: $\frac{3}{6}=\frac{3\div3}{6\div3}=\frac{1}{2}$

민주: 분모가 다른 분수의 크기를 비교할 때에는 분모를 통분한 다음 분자의 크기를 비교합니다.

12 분모가 12인 진분수는 $\frac{1}{12}$, $\frac{2}{12}$, $\frac{3}{12}$, $\frac{4}{12}$, $\frac{5}{12}$, $\frac{6}{12}$, $\frac{7}{12}$, $\frac{8}{12}$, $\frac{9}{12}$, $\frac{10}{12}$, $\frac{11}{12}$입니다. 이 중에서 분모와 분자의 공약수가 1뿐인 분수는 $\frac{1}{12}$, $\frac{5}{12}$, $\frac{7}{12}$, $\frac{11}{12}$로 모두 4개입니다.

13 $\left(\frac{4}{6}, \frac{7}{9}\right) \Rightarrow \left(\frac{12}{18}, \frac{14}{18}\right) \Rightarrow \frac{4}{6}<\frac{7}{9}$

$\left(\frac{4}{6}, \frac{4}{7}\right) \Rightarrow$ 분자가 4로 같으므로 분모가 작을수록 큰 수입니다. $\Rightarrow \frac{4}{6}>\frac{4}{7}$

14 $\left(2\frac{2}{5}, 2\frac{7}{20}\right) \Rightarrow \left(2\frac{8}{20}, 2\frac{7}{20}\right) \Rightarrow 2\frac{2}{5}>2\frac{7}{20}$

$\left(2\frac{7}{20}, 2\frac{11}{24}\right) \Rightarrow \left(2\frac{42}{120}, 2\frac{55}{120}\right) \Rightarrow 2\frac{7}{20}<2\frac{11}{24}$

$\left(2\frac{2}{5}, 2\frac{11}{24}\right) \Rightarrow \left(2\frac{48}{120}, 2\frac{55}{120}\right) \Rightarrow 2\frac{2}{5}<2\frac{11}{24}$

$\Rightarrow 2\frac{11}{24}>2\frac{2}{5}>2\frac{7}{20}$

15 $\left(\frac{11}{12}, \frac{8}{9}\right) \Rightarrow \left(\frac{33}{36}, \frac{32}{36}\right) \Rightarrow \frac{11}{12}>\frac{8}{9}$

따라서 과자와 빵 중에서 밀가루를 더 많이 사용한 것은 과자입니다.

다른 풀이 |

분모와 분자의 차가 같은 분수는 분모가 클수록 큰 수입니다. $\Rightarrow \frac{11}{12}>\frac{8}{9}$

16 $\frac{7}{18}=\frac{14}{36}=\frac{21}{54}=\frac{28}{72}=\cdots$에서 분모와 분자의 합을 차례로 구하면 25, 50, 75, 100, ...입니다.

따라서 분모와 분자의 합이 50보다 크고 80보다 작은 분수는 합이 75인 $\frac{21}{54}$입니다.

17 $\frac{39}{90}$와 $\frac{25}{90}$를 각각 분모와 분자의 최대공약수로 나눕니다.

$\frac{39}{90}=\frac{39\div3}{90\div3}=\frac{13}{30}$, $\frac{25}{90}=\frac{25\div5}{90\div5}=\frac{5}{18}$

18 $\left(\frac{7}{15}, \frac{\square}{10}\right) \Rightarrow \left(\frac{7\times2}{15\times2}, \frac{\square\times3}{10\times3}\right)$

$\Rightarrow \left(\frac{14}{30}, \frac{\square\times3}{30}\right)$

$\frac{14}{30}>\frac{\square\times3}{30}$에서 $14>\square\times3$이므로 □ 안에 들어갈 수 있는 자연수는 1, 2, 3, 4로 모두 4개입니다.

서술형
19 예 기약분수가 아닌 분수는 약분이 되는 분수입니다.

$\frac{34}{51}=\frac{34\div17}{51\div17}=\frac{2}{3}$, $\frac{7}{14}=\frac{7\div7}{14\div7}=\frac{1}{2}$로 약분이 됩니다.

따라서 기약분수가 아닌 분수는 $\frac{34}{51}$, $\frac{7}{14}$입니다.

평가 기준	배점(5점)
기약분수가 아닌 분수를 찾는 방법을 알고 있나요?	2점
기약분수가 아닌 분수를 모두 찾았나요?	3점

서술형
20 예 $10\times2=20$, $18\times2=36$이므로 $\frac{10}{18}$의 분모와 분자에 2를 곱합니다.

따라서 $\frac{10}{18}$과 크기가 같은 분수를 만들면 $\frac{10\times2}{18\times2}=\frac{20}{36}$입니다.

평가 기준	배점(5점)
$\frac{10}{18}$과 크기가 같은 분수를 만드는 방법을 알아보았나요?	2점
$\frac{10}{18}$과 크기가 같은 분수를 만들었나요?	3점

4단원 단원 평가 Level 2 107~109쪽

1 $\frac{4}{10}$, $\frac{6}{15}$에 ○표 **2** $\frac{15}{20}$

3 $\frac{4}{7}$, $\frac{8}{15}$에 ○표 **4** $\frac{14}{16}$, $\frac{21}{24}$, $\frac{28}{32}$

5 ②, ④ **6** $\frac{5}{10}$, $\frac{3}{6}$, $\frac{1}{2}$

7 $\frac{2}{5}$ **8** $\frac{7}{8}$, $\frac{6}{8}$

9 > **10** $\frac{7}{16}$

11 $\frac{19}{25}$, 0.6, $\frac{1}{2}$, 0.45 **12** 빨간색

13 $\frac{16}{36}$ **14** $\frac{6}{24}$, $\frac{4}{24}$

15 두유 **16** $\frac{2}{5}$

17 0.75 **18** $\frac{1}{10}$

19 4개 **20** $\frac{7}{9}$, $\frac{5}{6}$

1 $\frac{2}{5}$와 크기가 같은 분수는 $\frac{4}{10}$, $\frac{6}{15}$입니다.

2 분모가 20인 분수를 만들려면 분모와 분자에 각각 5를 곱해야 합니다.

$\Rightarrow \frac{3}{4}=\frac{3\times5}{4\times5}=\frac{15}{20}$

3 $\frac{4}{7}$, $\frac{8}{15}$은 분모와 분자의 공약수가 1뿐이므로 기약분수입니다.

4 $\frac{7}{8}=\frac{7\times2}{8\times2}=\frac{7\times3}{8\times3}=\frac{7\times4}{8\times4}=\cdots$

$\Rightarrow \frac{7}{8}=\frac{14}{16}=\frac{21}{24}=\frac{28}{32}=\cdots$

5 $\frac{16}{24}$은 24와 16의 공약수로 약분할 수 있습니다.

24와 16의 공약수: 1, 2, 4, 8

② 3, ④ 6은 24와 16의 공약수가 아니므로 분자와 분모를 나눌 수 없습니다.

6 30과 15의 공약수는 1, 3, 5, 15이므로 $\frac{15}{30}$는 3, 5, 15로 약분할 수 있습니다.

$\frac{15}{30}=\frac{15\div3}{30\div3}=\frac{5}{10}$,

$\frac{15}{30}=\frac{15\div5}{30\div5}=\frac{3}{6}$,

$\frac{15}{30}=\frac{15\div15}{30\div15}=\frac{1}{2}$

7 70과 28의 최대공약수인 14로 약분합니다.

$\frac{28}{70}=\frac{28\div14}{70\div14}=\frac{2}{5}$

8 가장 작은 공통분모는 8과 4의 최소공배수인 8입니다.

$\left(\frac{7}{8}, \frac{3}{4}\right) \Rightarrow \left(\frac{7}{8}, \frac{3\times2}{4\times2}\right) \Rightarrow \left(\frac{7}{8}, \frac{6}{8}\right)$

9 $\left(\frac{1}{6}, \frac{2}{15}\right) \Rightarrow \left(\frac{5}{30}, \frac{4}{30}\right) \Rightarrow \frac{1}{6} > \frac{2}{15}$

10 $\left(\frac{2}{5}, \frac{3}{10}\right) \Rightarrow \left(\frac{4}{10}, \frac{3}{10}\right) \Rightarrow \frac{2}{5} > \frac{3}{10} \Rightarrow$ ㉡$=\frac{2}{5}$

$\left(\frac{5}{12}, \frac{7}{16}\right) \Rightarrow \left(\frac{20}{48}, \frac{21}{48}\right) \Rightarrow \frac{5}{12} < \frac{7}{16}$

$\Rightarrow$ ㉢$=\frac{7}{16}$

$\left(\frac{2}{5}, \frac{7}{16}\right) \Rightarrow \left(\frac{32}{80}, \frac{35}{80}\right) \Rightarrow \frac{2}{5} < \frac{7}{16} \Rightarrow$ ㉠$=\frac{7}{16}$

11 분수를 소수로 나타내어 크기를 비교해 봅니다.

$\frac{1}{2}=\frac{5}{10}=0.5$, $\frac{19}{25}=\frac{76}{100}=0.76$이므로

$\frac{19}{25}>0.6>\frac{1}{2}>0.45$입니다.

12 $\frac{7}{20}=\frac{35}{100}=0.35$이고 $0.4>0.35$이므로

$0.4>\frac{7}{20}$입니다.

따라서 더 긴 끈은 빨간색입니다.

13 $\frac{4}{9}=\frac{8}{18}=\frac{12}{27}=\frac{16}{36}=\frac{20}{45}=\cdots$

$\frac{4}{9}$와 크기가 같은 분수 중에서 분모가 30보다 크고 40보다 작은 분수는 $\frac{16}{36}$입니다.

14 공통분모가 될 수 있는 수는 4와 6의 공배수이므로 12, 24, 36, ...이고, 이 중에서 20에 가장 가까운 수는 24입니다.

따라서 24를 공통분모로 하여 통분하면

$\left(\frac{1}{4}, \frac{1}{6}\right) \Rightarrow \left(\frac{1\times6}{4\times6}, \frac{1\times4}{6\times4}\right) \Rightarrow \left(\frac{6}{24}, \frac{4}{24}\right)$입니다.

15 $\left(\frac{7}{12}, \frac{5}{9}\right) \Rightarrow \left(\frac{21}{36}, \frac{20}{36}\right) \Rightarrow \frac{7}{12} > \frac{5}{9}$

$\left(\frac{5}{9}, \frac{23}{36}\right) \Rightarrow \left(\frac{20}{36}, \frac{23}{36}\right) \Rightarrow \frac{5}{9} < \frac{23}{36}$

$\left(\frac{7}{12}, \frac{23}{36}\right) \Rightarrow \left(\frac{21}{36}, \frac{23}{36}\right) \Rightarrow \frac{7}{12} < \frac{23}{36}$

따라서 $\frac{5}{9}<\frac{7}{12}<\frac{23}{36}$이므로 가장 적은 것은 두유입니다.

16 학생들이 빌려 간 책의 수는 도서관에 있던 책의 수의 $\frac{160}{400}$이므로 기약분수로 나타내면

$\frac{160}{400}=\frac{160\div80}{400\div80}=\frac{2}{5}$입니다.

17 주어진 수 카드로 만들 수 있는 진분수는 $\frac{3}{6}$, $\frac{3}{8}$, $\frac{6}{8}$이고, 이 중에서 가장 큰 수는 $\frac{6}{8}$입니다.

따라서 $\frac{6}{8}$을 소수로 나타내면 $\frac{6}{8}=\frac{3}{4}=\frac{75}{100}=0.75$입니다.

18 3으로 약분하기 전의 분수는 $\frac{1\times3}{4\times3}=\frac{3}{12}$입니다.

어떤 분수를 $\frac{▲}{■}$라고 하면 $\frac{▲+2}{■+2}=\frac{3}{12}$이므로

$▲+2=3$, $▲=3-2=1$이고

$■+2=12$, $■=12-2=10$입니다.

따라서 어떤 분수는 $\frac{1}{10}$입니다.

서술형
19 예 분모가 10인 진분수는 $\frac{1}{10}$, $\frac{2}{10}$, $\frac{3}{10}$, $\frac{4}{10}$, $\frac{5}{10}$, $\frac{6}{10}$, $\frac{7}{10}$, $\frac{8}{10}$, $\frac{9}{10}$입니다.

그중에서 기약분수는 $\frac{1}{10}$, $\frac{3}{10}$, $\frac{7}{10}$, $\frac{9}{10}$로 모두 4개입니다.

평가 기준	배점(5점)
분모가 10인 진분수를 구했나요?	2점
분모가 10인 진분수 중에서 기약분수의 개수를 구했나요?	3점

서술형
20 예 통분한 두 분수를 기약분수로 나타내면

$\frac{14}{18}=\frac{14\div2}{18\div2}=\frac{7}{9}$, $\frac{15}{18}=\frac{15\div3}{18\div3}=\frac{5}{6}$입니다.

따라서 통분하기 전의 두 분수는 $\frac{7}{9}$과 $\frac{5}{6}$입니다.

평가 기준	배점(5점)
$\frac{14}{18}$와 $\frac{15}{18}$를 기약분수로 나타내었나요?	4점
통분하기 전의 두 분수를 구했나요?	1점

5 분수의 덧셈과 뺄셈

분모가 다른 분수의 덧셈과 뺄셈은 자연수 연산과 같은 맥락으로 그 수가 분수로 확장된 것입니다. [수학 4-2]에서 학습한 분모가 같은 분수의 덧셈과 뺄셈은 기준이 되는 단위가 같으므로 분자끼리의 덧셈과 뺄셈으로 자연수 연산의 연장선에서 문제를 해결할 수 있었습니다. 그러나 분모가 다른 분수의 덧셈과 뺄셈에서는 공통분모 도입의 필요에 따라 분수 연산에 대한 보다 깊은 이해가 필요합니다. 따라서 다양한 분수 모델과 교구 활동을 통해 분모가 다른 분수의 덧셈과 뺄셈의 개념 이해 및 원리를 탐구할 수 있도록 합니다. 이러한 학습은 이후 6학년 1학기 분수의 곱셈과 나눗셈과 연계되므로 분모가 다른 분수의 덧셈과 뺄셈의 개념 및 원리에 대한 정확한 이해를 바탕으로 분수 연산의 기본 개념이 잘 형성될 수 있도록 지도합니다.

교과서 개념 이해 1 분수의 덧셈을 해 볼까요(1), (2) 112~113쪽

1 (1) 예 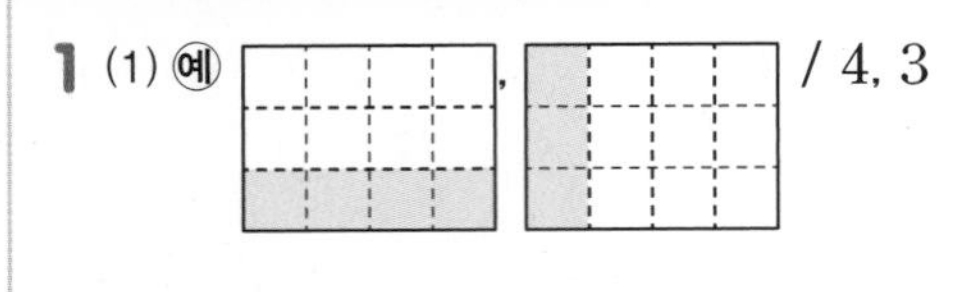 / 4, 3

→ , 7

(2) 4, 3, 7

2 (1) 8, 6 / 8, 42 / 50, 1, 2, $1\frac{1}{24}$

(2) 4, 3 / 4, 21 / 25, $1\frac{1}{24}$

3 (1) $\frac{1\times10}{8\times10}+\frac{3\times8}{10\times8}=\frac{10}{80}+\frac{24}{80}=\frac{34}{80}=\frac{17}{40}$

(2) $\frac{1\times16}{2\times16}+\frac{11\times2}{16\times2}=\frac{16}{32}+\frac{22}{32}=\frac{38}{32}$

$=1\frac{6}{32}=1\frac{3}{16}$

4 (1) $\frac{7}{18}$ (2) $1\frac{19}{60}$ **5** $1\frac{3}{8}$

6 5, 2, 7 **7** 9, 3

8 ㉠

1 (2) 두 분모 3과 4의 최소공배수인 12를 공통분모로 하여 통분한 후 계산합니다.

2 (1) 분모의 곱을 공통분모로 하여 통분한 후 계산합니다.

(2) 분모의 최소공배수를 공통분모로 하여 통분한 후 계산합니다.

3 분모의 곱을 공통분모로 하여 통분한 후 계산합니다.

4 (1) $\frac{2}{9}+\frac{1}{6}=\frac{4}{18}+\frac{3}{18}=\frac{7}{18}$

(2) $\frac{7}{12}+\frac{11}{15}=\frac{35}{60}+\frac{44}{60}=\frac{79}{60}=1\frac{19}{60}$

5 $\frac{3}{4}+\frac{5}{8}=\frac{6}{8}+\frac{5}{8}=\frac{11}{8}=1\frac{3}{8}$

6 $\frac{1}{2}$은 $\frac{1}{10}$ 5개와 크기가 같습니다.

$\frac{1}{5}$은 $\frac{1}{10}$ 2개와 크기가 같습니다.

7 $1=\frac{15}{15}$이므로 $\frac{\square}{15}+\frac{6}{15}=\frac{15}{15}$,

$\frac{\square}{15}=\frac{15-6}{15}=\frac{9}{15}$에서 $\square=9$입니다.

$\frac{9}{15}=\frac{\square\times3}{5\times3}$에서 $9=\square\times3$, $\square=9\div3=3$입니다.

8 ㉠ 어림하면 $\frac{7}{8}$과 $\frac{4}{5}$ 두 수 모두 $\frac{1}{2}$보다 크므로 계산 결과가 1보다 큽니다.

㉡ $\frac{1}{2}$과 $\frac{2}{7}$의 합이므로 $\frac{2}{7}$가 $\frac{1}{2}$보다 크면 계산 결과가 1보다 커집니다. 하지만 $\frac{2}{7}$는 $\frac{1}{2}$보다 작으므로 계산 결과는 1보다 작습니다.

다른 풀이 |

㉠ $\frac{7}{8}+\frac{4}{5}=\frac{35}{40}+\frac{32}{40}=\frac{67}{40}=1\frac{27}{40}$

㉡ $\frac{1}{2}+\frac{2}{7}=\frac{7}{14}+\frac{4}{14}=\frac{11}{14}$

따라서 계산 결과가 1보다 큰 것은 ㉠입니다.

교과서 개념 이해 2 분수의 덧셈을 해 볼까요(3) 114~115쪽

1 4 / 예 /

4, 2, 9, 2, 1, 1, $3\frac{1}{8}$

2 (1) 4, 9 / 4, 9 / 13, 1, 6, 1
(2) 7, 15, 28, 45 / 73, 6, 1

3 (1) $\frac{13}{6}+\frac{27}{8}=\frac{52}{24}+\frac{81}{24}=\frac{133}{24}=5\frac{13}{24}$
(2) $\frac{15}{8}+\frac{18}{5}=\frac{75}{40}+\frac{144}{40}=\frac{219}{40}=5\frac{19}{40}$

4 (1) $3\frac{37}{45}$ (2) $6\frac{1}{6}$

5 (1) $4\frac{23}{60}$ kg (2) $4\frac{9}{20}$ m

6 $(6+1)+\left(\frac{20}{24}+\frac{15}{24}\right)=7+\frac{35}{24}=7+1\frac{11}{24}=8\frac{11}{24}$

7 (1) $<$ (2) $=$

2 (1) 자연수는 자연수끼리, 분수는 분수끼리 더해서 계산합니다.
(2) 대분수를 가분수로 나타내어 계산합니다.

3 대분수를 가분수로 나타낸 다음 분모의 최소공배수를 공통분모로 하여 통분한 후 계산합니다.

4 (1) $2\frac{3}{5}+1\frac{2}{9}=2\frac{27}{45}+1\frac{10}{45}=3\frac{37}{45}$
(2) $2\frac{4}{15}+3\frac{9}{10}=2\frac{8}{30}+3\frac{27}{30}$
$=5\frac{35}{30}=6\frac{5}{30}=6\frac{1}{6}$

5 단위를 잊지 말고, 계산 결과에도 써 줍니다.
(1) $1\frac{4}{5}+2\frac{7}{12}=\frac{9}{5}+\frac{31}{12}=\frac{108}{60}+\frac{155}{60}$
$=\frac{263}{60}=4\frac{23}{60}$ (kg)
(2) $2\frac{7}{10}+1\frac{3}{4}=\frac{27}{10}+\frac{7}{4}=\frac{54}{20}+\frac{35}{20}$
$=\frac{89}{20}=4\frac{9}{20}$ (m)

6 통분할 때 분모와 분자에 같은 수를 곱해야 하는데 분모에만 곱해서 틀렸습니다.

7 (1) $2\frac{5}{8}+1\frac{3}{10}=2\frac{25}{40}+1\frac{12}{40}=3\frac{37}{40}$
(2) $1+3=2+2$,
$\frac{7}{10}+\frac{1}{3}=\frac{7}{10}+\frac{2}{6}$
자연수 부분끼리의 합과 분수 부분끼리의 합이 각각 같으므로 계산 결과가 같습니다.

교과서 개념 이해 3 분수의 뺄셈을 해 볼까요 (1) 116~117쪽

! • 4, 3

1 (1) 예

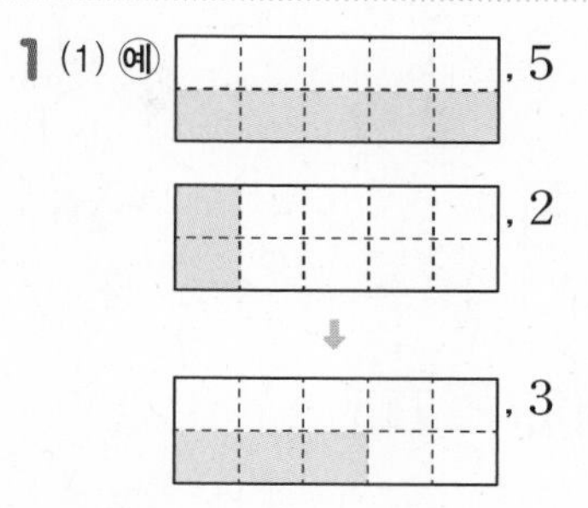

, 5 / , 2 / , 3

(2) 5, 2, 3

2 (1) 10, 4, 4 / 30, 28 / 2, 1 (2) 5, 2, 2 / 15, 14, 1

3 2, 3

4 (1) $\frac{3\times10}{5\times10}-\frac{3\times5}{10\times5}=\frac{30}{50}-\frac{15}{50}=\frac{15}{50}=\frac{3}{10}$
(2) $\frac{5\times15}{6\times15}-\frac{4\times6}{15\times6}=\frac{75}{90}-\frac{24}{90}=\frac{51}{90}=\frac{17}{30}$

5 (1) $\frac{1}{24}$ (2) $\frac{5}{48}$

6 (1) $\frac{3}{8}$ (2) $\frac{1}{3}$ (3) $\frac{1}{4}$

7 $\frac{27}{140}$

8 $\frac{5}{24}$, $\frac{5}{24}$

9 (1) $<$ (2) $>$

1 (2) 두 분모 2와 5의 최소공배수인 10을 공통분모로 하여 통분한 후 계산합니다.

2 (1) 분모의 곱을 공통분모로 하여 통분한 후 계산합니다.
(2) 분모의 최소공배수를 공통분모로 하여 통분한 후 계산합니다.

4 분모의 곱을 공통분모로 하여 통분한 후 계산합니다.

5 (1) $\frac{1}{6}-\frac{1}{8}=\frac{4}{24}-\frac{3}{24}=\frac{1}{24}$
(2) $\frac{11}{16}-\frac{7}{12}=\frac{33}{48}-\frac{28}{48}=\frac{5}{48}$

6 (1) $\frac{1}{2}-\frac{1}{8}=\frac{4}{8}-\frac{1}{8}=\frac{3}{8}$
(2) $\frac{1}{2}-\frac{1}{6}=\frac{3}{6}-\frac{1}{6}=\frac{2}{6}=\frac{1}{3}$
(3) $\frac{1}{2}-\frac{1}{4}=\frac{2}{4}-\frac{1}{4}=\frac{1}{4}$

다른 풀이 |

(단위분수의 뺄셈) $=\frac{(\text{두 분모의 차})}{(\text{두 분모의 곱})}$

(1) $\frac{1}{2}-\frac{1}{8}=\frac{8-2}{2\times8}=\frac{6}{16}=\frac{3}{8}$

(2) $\frac{1}{2}-\frac{1}{6}=\frac{6-2}{2\times6}=\frac{4}{12}=\frac{1}{3}$

(3) $\frac{1}{2}-\frac{1}{4}=\frac{4-2}{2\times4}=\frac{2}{8}=\frac{1}{4}$

7 큰 수에서 작은 수를 뺍니다.
➡ 분자가 같은 경우 분모가 작을수록 큰 수입니다.
$\frac{9}{14}-\frac{9}{20}=\frac{90}{140}-\frac{63}{140}=\frac{27}{140}$

8 ■－●＝▲ → ●＋▲＝■
$\frac{7}{12}-\frac{3}{8}=\frac{14}{24}-\frac{9}{24}=\frac{5}{24}$

9 (1) $\frac{1}{2}-\frac{1}{7}=\frac{7}{14}-\frac{2}{14}=\frac{5}{14}$ ➡ $\frac{5}{14}<\frac{9}{14}$
(2) $\frac{7}{10}-\frac{8}{15}=\frac{21}{30}-\frac{16}{30}=\frac{5}{30}=\frac{1}{6}$
$\frac{9}{10}-\frac{13}{15}=\frac{27}{30}-\frac{26}{30}=\frac{1}{30}$ ➡ $\frac{1}{6}>\frac{1}{30}$

교과서 개념 이해 4 분수의 뺄셈을 해 볼까요(2), (3) 118~119쪽

1 예 / 8, 3, $1\frac{5}{12}$

2 (1) 5, 12 / 20, 12, $2\frac{8}{15}$
(2) 16, 14 / 80, 42, 38, $2\frac{8}{15}$

3 (1) $\frac{11}{4}-\frac{9}{14}=\frac{77}{28}-\frac{18}{28}=\frac{59}{28}=2\frac{3}{28}$
(2) $\frac{25}{6}-\frac{19}{8}=\frac{100}{24}-\frac{57}{24}=\frac{43}{24}=1\frac{19}{24}$

4 (1) $2\frac{2}{9}$ (2) $2\frac{11}{28}$　**5** (1) $\frac{11}{30}$ (2) $3\frac{11}{30}$

6 (1) $2\frac{3}{10}$ L (2) $2\frac{31}{45}$ kg

7 $3\frac{7}{24}$　**8** $4\frac{5}{8}$, $4\frac{5}{8}$

9 (○)(　)

1 $2\frac{2}{3}-1\frac{1}{4}=2\frac{8}{12}-1\frac{3}{12}=(2-1)+\left(\frac{8}{12}-\frac{3}{12}\right)$
$=1+\frac{5}{12}=1\frac{5}{12}$

2 (1) 자연수는 자연수끼리, 분수는 분수끼리 계산하고, 진분수 부분끼리 뺄셈을 할 수 없으면 자연수 부분에서 1을 받아내림합니다.
(2) 대분수를 가분수로 나타내어 계산합니다.

3 대분수를 가분수로 나타낸 다음 분모의 최소공배수를 공통분모로 하여 통분한 후 계산합니다.

4 (1) $\frac{5}{9}>\frac{1}{3}$로 받아내림이 없으므로 자연수는 자연수끼리, 분수는 분수끼리 계산하면 편리합니다.
$4\frac{5}{9}-2\frac{1}{3}=4\frac{5}{9}-2\frac{3}{9}=2\frac{2}{9}$
(2) $\frac{1}{4}<\frac{6}{7}$으로 받아내림이 있으므로 대분수를 가분수로 나타내어 계산하면 편리합니다.
$5\frac{1}{4}-2\frac{6}{7}=\frac{21}{4}-\frac{20}{7}$
$=\frac{147}{28}-\frac{80}{28}=\frac{67}{28}=2\frac{11}{28}$

다른 풀이 |
(2) $5\frac{1}{4}-2\frac{6}{7}=5\frac{7}{28}-2\frac{24}{28}$
$=4\frac{35}{28}-2\frac{24}{28}=2\frac{11}{28}$

5 $\frac{8}{15}-\frac{1}{6}=\frac{16}{30}-\frac{5}{30}=\frac{11}{30}$
$9\frac{8}{15}-6\frac{1}{6}=(9-6)+\left(\frac{16}{30}-\frac{5}{30}\right)=3\frac{11}{30}$

6 단위를 잊지 말고, 계산 결과에도 써 줍니다.
(1) $3\frac{4}{5}-1\frac{1}{2}=3\frac{8}{10}-1\frac{5}{10}=2\frac{3}{10}$ (L)
(2) $6\frac{2}{9}-3\frac{8}{15}=6\frac{10}{45}-3\frac{24}{45}$
$=5\frac{55}{45}-3\frac{24}{45}=2\frac{31}{45}$ (kg)

7 ■보다 ● 작은 수 ➡ ■－●
$7\frac{1}{8}-3\frac{5}{6}=7\frac{3}{24}-3\frac{20}{24}$
$=6\frac{27}{24}-3\frac{20}{24}=3\frac{7}{24}$

8 ■－●＝▲ / ■－▲＝●

$6\frac{7}{12}-1\frac{23}{24}=6\frac{14}{24}-1\frac{23}{24}$
$=5\frac{38}{24}-1\frac{23}{24}=4\frac{15}{24}=4\frac{5}{8}$

9 두 분수의 자연수 부분이 6과 5이므로 받아내림이 있으면 계산 결과가 진분수, 받아내림이 없으면 계산 결과가 대분수입니다.

- $6\frac{6}{7}-5\frac{3}{5}$에서 $\frac{6}{7}>\frac{3}{5}$이므로 받아내림이 없습니다.
- $6\frac{1}{5}-5\frac{5}{6}$에서 $\frac{1}{5}<\frac{5}{6}$이므로 받아내림이 있습니다.

기본기 다지기 (개념 적용) 120~127쪽

1 예 / $\frac{5}{8}$

2 $\frac{2\times6}{5\times6}+\frac{1\times5}{6\times5}=\frac{12}{30}+\frac{5}{30}=\frac{17}{30}$

3 $\frac{9}{10}$, $\frac{11}{20}$

4 ③, ⑤

5 $\frac{1\times1}{6\times2}$에 ○표 /
$\frac{1\times2}{6\times2}+\frac{7}{12}=\frac{2}{12}+\frac{7}{12}=\frac{9}{12}=\frac{3}{4}$

6 $<$

7 $\frac{19}{30}$시간

8 (1) $\frac{1}{12}$ 분수 막대 (2) 13개 (3) $\frac{13}{12}$, $1\frac{1}{12}$

9 $1\frac{2}{9}$

10 방법 1 예 분모의 곱을 공통분모로 하여 통분한 후 계산하면 $\frac{7}{8}+\frac{1}{6}=\frac{42}{48}+\frac{8}{48}=\frac{50}{48}=1\frac{2}{48}=1\frac{1}{24}$
방법 2 예 분모의 최소공배수를 공통분모로 하여 통분한 후 계산하면 $\frac{7}{8}+\frac{1}{6}=\frac{21}{24}+\frac{4}{24}=\frac{25}{24}=1\frac{1}{24}$

11 ㉠

12 $1\frac{13}{20}$

13 $1\frac{13}{24}$ km

14 (1) $4\frac{1}{6}$ (2) $5\frac{7}{36}$

15 방법 1 예 자연수는 자연수끼리, 분수는 분수끼리 계산했습니다.
방법 2 예 대분수를 가분수로 나타내어 계산했습니다.

16 $6\frac{5}{12}$

17 $3\frac{5}{24}$ L

18 $8\frac{3}{20}$ km

19 $7\frac{1}{9}$

20 예 / $\frac{5}{9}$

21 $\frac{4\times4}{9\times4}-\frac{5\times3}{12\times3}=\frac{16}{36}-\frac{15}{36}=\frac{1}{36}$

22

23 (위에서부터) $\frac{1}{8}$, $\frac{5}{12}$

24 $\frac{23}{40}$

25 $\frac{1}{18}$ kg

26 $\frac{4}{15}$ km

27 (1) $1\frac{1}{10}$ (2) $2\frac{4}{9}$

28 $3\frac{7}{24}$

29 방법 1 예 자연수는 자연수끼리, 분수는 분수끼리 계산하면 $2\frac{1}{2}-2\frac{2}{5}=2\frac{5}{10}-2\frac{4}{10}=\frac{1}{10}$
방법 2 예 대분수를 가분수로 나타내어 계산하면
$2\frac{1}{2}-2\frac{2}{5}=\frac{5}{2}-\frac{12}{5}=\frac{25}{10}-\frac{24}{10}=\frac{1}{10}$

30 $1\frac{7}{12}$ cm

31 $4\frac{17}{30}$

32 $2\frac{4}{21}$

33 $4\frac{2}{15}$ m

34 (1) $\frac{3}{4}$ (2) $2\frac{14}{15}$

35 $2\frac{5}{12}$

36 $3\frac{14}{15}$

37 $<$

38 예 자연수에서 1을 받아내림하였는데 3에서 1을 빼지 않아서 잘못 계산했습니다. /
$3\frac{3}{8}-1\frac{1}{2}=3\frac{3}{8}-1\frac{4}{8}=2\frac{11}{8}-1\frac{4}{8}=1\frac{7}{8}$

39 $1\frac{5}{6}$, $5\frac{8}{15}$

40 $\frac{8}{9}$ L

41 3, 4

42 5

43 $1\frac{11}{12}$ m

44 $4\frac{1}{10}$

45 ㉡

46 $1\frac{7}{12}$

47 예 $\frac{1}{2}$, $1\frac{7}{8}$, $2\frac{1}{4}$ / $\frac{1}{8}$

48 $\frac{13}{36}$

49 $1\frac{2}{3}$ m

50 $2\frac{5}{6}$ m

51 $11\frac{7}{9}$ cm

52 (1) $3\frac{2}{5}$ (2) $5\frac{9}{10}$

53 $3\frac{1}{12}$

54 $7\frac{11}{36}$

1 $\frac{3}{8}+\frac{1}{4}=\frac{3}{8}+\frac{2}{8}=\frac{5}{8}$

2 분모의 곱을 공통분모로 하여 통분한 후 계산합니다.

3 $\frac{3}{10}+\frac{3}{5}=\frac{3}{10}+\frac{6}{10}=\frac{9}{10}$

$\frac{3}{10}+\frac{1}{4}=\frac{6}{20}+\frac{5}{20}=\frac{11}{20}$

4 두 분모 6과 9의 최소공배수가 18이므로 18의 배수를 공통분모로 하여 통분할 수 있습니다.

5 통분하는 과정에서 분수의 분모와 분자에 같은 수를 곱해야 하는데 $\frac{1}{6}$의 분모에는 2를, 분자에는 1을 곱하여 잘못 계산했습니다.

6 $\frac{3}{8}+\frac{1}{3}=\frac{9}{24}+\frac{8}{24}=\frac{17}{24}$

$\frac{1}{4}+\frac{2}{3}=\frac{3}{12}+\frac{8}{12}=\frac{11}{12}\left(=\frac{22}{24}\right)$

➡ $\frac{3}{8}+\frac{1}{3}<\frac{1}{4}+\frac{2}{3}$

7 (민서가 운동을 한 시간)

$=\frac{8}{15}+\frac{1}{10}=\frac{16}{30}+\frac{3}{30}=\frac{19}{30}$(시간)

8 (2) $3+10=13$(개)

(3) $\frac{1}{4}+\frac{5}{6}=\frac{3}{12}+\frac{10}{12}=\frac{13}{12}=1\frac{1}{12}$

9 $\frac{5}{9}+\frac{2}{3}=\frac{5}{9}+\frac{6}{9}=\frac{11}{9}=1\frac{2}{9}$

서술형

10

단계	문제 해결 과정
①	한 가지 방법으로 계산했나요?
②	다른 한 가지 방법으로 계산했나요?

11 ㉠ $\frac{4}{5}+\frac{7}{15}=\frac{12}{15}+\frac{7}{15}=\frac{19}{15}=1\frac{4}{15}$

㉡ $\frac{5}{12}+\frac{9}{16}=\frac{20}{48}+\frac{27}{48}=\frac{47}{48}$

12 세 분수를 통분하면 $\left(\frac{3}{4}, \frac{17}{20}, \frac{9}{10}\right)$ ➡ $\left(\frac{15}{20}, \frac{17}{20}, \frac{18}{20}\right)$

이므로 가장 큰 수는 $\frac{9}{10}$, 가장 작은 수는 $\frac{3}{4}$입니다.

➡ $\frac{9}{10}+\frac{3}{4}=\frac{18}{20}+\frac{15}{20}=\frac{33}{20}=1\frac{13}{20}$

13 (오늘 하루 동안 달린 거리)

$=\frac{11}{12}+\frac{5}{8}=\frac{22}{24}+\frac{15}{24}=\frac{37}{24}=1\frac{13}{24}$ (km)

14 (1) $1\frac{5}{6}+2\frac{1}{3}=1\frac{5}{6}+2\frac{2}{6}=3\frac{7}{6}=4\frac{1}{6}$

(2) $3\frac{7}{9}+1\frac{5}{12}=3\frac{28}{36}+1\frac{15}{36}=4\frac{43}{36}=5\frac{7}{36}$

서술형

15

단계	문제 해결 과정
①	방법 1에서 어떤 방법으로 계산했는지 설명했나요?
②	방법 2에서 어떤 방법으로 계산했는지 설명했나요?

16 $\square=2\frac{3}{4}+3\frac{2}{3}=2\frac{9}{12}+3\frac{8}{12}=5\frac{17}{12}=6\frac{5}{12}$

17 (손을 씻는 데 사용한 물의 양)

$=$(더운물의 양)$+$(찬물의 양)

$=1\frac{3}{8}+1\frac{5}{6}=1\frac{9}{24}+1\frac{20}{24}=2\frac{29}{24}=3\frac{5}{24}$ (L)

18 (학교～도서관)$+$(도서관～병원)

$=3\frac{9}{10}+4\frac{1}{4}=3\frac{18}{20}+4\frac{5}{20}$

$=7\frac{23}{20}=8\frac{3}{20}$ (km)

19 어떤 수를 □라고 하면 $\square-1\frac{2}{3}=5\frac{4}{9}$이므로

$\square=5\frac{4}{9}+1\frac{2}{3}=5\frac{4}{9}+1\frac{6}{9}=6\frac{10}{9}=7\frac{1}{9}$입니다.

20 $\frac{2}{3}-\frac{1}{9}=\frac{6}{9}-\frac{1}{9}=\frac{5}{9}$

21 분모의 최소공배수를 공통분모로 하여 통분한 후 계산합니다.

22 $\frac{4}{5}-\frac{3}{4}=\frac{16}{20}-\frac{15}{20}=\frac{1}{20}$

$\frac{9}{10}-\frac{11}{20}=\frac{18}{20}-\frac{11}{20}=\frac{7}{20}$

23 $\frac{3}{4}-\frac{5}{8}=\frac{6}{8}-\frac{5}{8}=\frac{1}{8}$

$\frac{3}{4}-\frac{1}{3}=\frac{9}{12}-\frac{4}{12}=\frac{5}{12}$

24 $\frac{7}{8}-\frac{3}{10}=\frac{35}{40}-\frac{12}{40}=\frac{23}{40}$

25 (감자의 무게)$-$(고구마의 무게)

$=\frac{8}{9}-\frac{5}{6}=\frac{16}{18}-\frac{15}{18}=\frac{1}{18}$ (kg)

26 (집～문구점)$-$(집～소방서)

$=\frac{13}{15}-\frac{3}{5}=\frac{13}{15}-\frac{9}{15}=\frac{4}{15}$ (km)

27 (1) $2\frac{3}{5}-1\frac{1}{2}=2\frac{6}{10}-1\frac{5}{10}=1\frac{1}{10}$

(2) $5\frac{2}{3}-3\frac{2}{9}=5\frac{6}{9}-3\frac{2}{9}=2\frac{4}{9}$

28 $4\frac{3}{8}-1\frac{1}{12}=4\frac{9}{24}-1\frac{2}{24}=3\frac{7}{24}$

서술형
29

단계	문제 해결 과정
①	한 가지 방법으로 계산했나요?
②	다른 한 가지 방법으로 계산했나요?

30 (직사각형의 세로)$-$(직사각형의 가로)

$=4\frac{5}{6}-3\frac{1}{4}=4\frac{10}{12}-3\frac{3}{12}=1\frac{7}{12}$ (cm)

31 가장 큰 수는 $5\frac{13}{15}$이고 가장 작은 수는 $1\frac{3}{10}$입니다.

➡ $5\frac{13}{15}-1\frac{3}{10}=5\frac{26}{30}-1\frac{9}{30}=4\frac{17}{30}$

32 $2\frac{2}{3}+\square=4\frac{6}{7}$

➡ $\square=4\frac{6}{7}-2\frac{2}{3}=4\frac{18}{21}-2\frac{14}{21}=2\frac{4}{21}$

33 (노끈의 길이)$=5\frac{8}{15}-1\frac{2}{5}$

$=5\frac{8}{15}-1\frac{6}{15}=4\frac{2}{15}$ (m)

34 (1) $3\frac{1}{4}-2\frac{1}{2}=3\frac{1}{4}-2\frac{2}{4}=2\frac{5}{4}-2\frac{2}{4}=\frac{3}{4}$

(2) $4\frac{3}{5}-1\frac{2}{3}=4\frac{9}{15}-1\frac{10}{15}$

$=3\frac{24}{15}-1\frac{10}{15}=2\frac{14}{15}$

35 $6\frac{1}{6}-3\frac{3}{4}=6\frac{2}{12}-3\frac{9}{12}=5\frac{14}{12}-3\frac{9}{12}=2\frac{5}{12}$

36 $\square=5\frac{2}{5}-1\frac{7}{15}=5\frac{6}{15}-1\frac{7}{15}$

$=4\frac{21}{15}-1\frac{7}{15}=3\frac{14}{15}$

37 $5\frac{4}{9}-2\frac{5}{6}=5\frac{8}{18}-2\frac{15}{18}=4\frac{26}{18}-2\frac{15}{18}=2\frac{11}{18}$

$4\frac{1}{6}-1\frac{1}{3}=4\frac{1}{6}-1\frac{2}{6}=3\frac{7}{6}-1\frac{2}{6}$

$=2\frac{5}{6}\left(=2\frac{15}{18}\right)$

서술형
38

단계	문제 해결 과정
①	계산이 잘못된 곳을 찾아 이유를 썼나요?
②	바르게 계산했나요?

39

㉠ $\xrightarrow{+3\frac{7}{10}}$ ㉡ $\xrightarrow{+1\frac{2}{3}}$ $7\frac{1}{5}$

㉡$=7\frac{1}{5}-1\frac{2}{3}=7\frac{3}{15}-1\frac{10}{15}$

$=6\frac{18}{15}-1\frac{10}{15}=5\frac{8}{15}$

㉠$=5\frac{8}{15}-3\frac{7}{10}=5\frac{16}{30}-3\frac{21}{30}$

$=4\frac{46}{30}-3\frac{21}{30}=1\frac{25}{30}=1\frac{5}{6}$

40 (우유의 양)$-$(두유의 양)

$=3\frac{2}{3}-2\frac{7}{9}=3\frac{6}{9}-2\frac{7}{9}=2\frac{15}{9}-2\frac{7}{9}=\frac{8}{9}$ (L)

41 $3\frac{2}{3}-1\frac{2}{5}=3\frac{10}{15}-1\frac{6}{15}=2\frac{4}{15}$

$7\frac{1}{4}-2\frac{5}{8}=7\frac{2}{8}-2\frac{5}{8}=6\frac{10}{8}-2\frac{5}{8}=4\frac{5}{8}$

$2\frac{4}{15}<\square<4\frac{5}{8}$이므로 □ 안에 들어갈 수 있는 자연수는 3, 4입니다.

42 $2\frac{2}{3}-1\frac{1}{5}+3\frac{8}{15}=\left(2\frac{10}{15}-1\frac{3}{15}\right)+3\frac{8}{15}$
$=1\frac{7}{15}+3\frac{8}{15}=4\frac{15}{15}=5$

43 (삼각형의 세 변의 길이의 합)
$=\frac{2}{3}+\frac{1}{2}+\frac{3}{4}=\left(\frac{4}{6}+\frac{3}{6}\right)+\frac{3}{4}$
$=\frac{7}{6}+\frac{3}{4}=\frac{14}{12}+\frac{9}{12}=\frac{23}{12}=1\frac{11}{12}$ (m)

44 $\square=8\frac{5}{6}-3\frac{1}{3}-1\frac{2}{5}=\left(8\frac{5}{6}-3\frac{2}{6}\right)-1\frac{2}{5}$
$=5\frac{3}{6}-1\frac{2}{5}=5\frac{1}{2}-1\frac{2}{5}$
$=5\frac{5}{10}-1\frac{4}{10}=4\frac{1}{10}$

45 ㉠ $3\frac{4}{5}+\frac{1}{3}+1\frac{2}{15}=\left(3\frac{12}{15}+\frac{5}{15}\right)+1\frac{2}{15}$
$=3\frac{17}{15}+1\frac{2}{15}=4\frac{19}{15}=5\frac{4}{15}$
㉡ $2\frac{1}{6}+1\frac{1}{2}+1\frac{7}{9}=\left(2\frac{1}{6}+1\frac{3}{6}\right)+1\frac{7}{9}$
$=3\frac{4}{6}+1\frac{7}{9}=3\frac{2}{3}+1\frac{7}{9}$
$=3\frac{6}{9}+1\frac{7}{9}=4\frac{13}{9}=5\frac{4}{9}$

46 $3\frac{1}{4}◆\frac{5}{6}=3\frac{1}{4}-\frac{5}{6}-\frac{5}{6}=\left(3\frac{3}{12}-\frac{10}{12}\right)-\frac{5}{6}$
$=\left(2\frac{15}{12}-\frac{10}{12}\right)-\frac{5}{6}=2\frac{5}{12}-\frac{10}{12}$
$=1\frac{17}{12}-\frac{10}{12}=1\frac{7}{12}$

47 계산 결과가 가장 작으려면 가장 작은 수와 두 번째로 작은 수를 더한 값에서 가장 큰 수를 뺍니다.
$2\frac{1}{4}>1\frac{7}{8}>\frac{1}{2}$이므로 계산 결과가 가장 작은 경우는
$\frac{1}{2}+1\frac{7}{8}-2\frac{1}{4}=\left(\frac{4}{8}+1\frac{7}{8}\right)-2\frac{1}{4}=1\frac{11}{8}-2\frac{1}{4}$
$=2\frac{3}{8}-2\frac{2}{8}=\frac{1}{8}$입니다.

48 밭 전체는 1이므로 아무것도 심지 않은 부분은 밭 전체의
$1-\frac{5}{9}-\frac{1}{12}=\left(\frac{9}{9}-\frac{5}{9}\right)-\frac{1}{12}=\frac{4}{9}-\frac{1}{12}$
$=\frac{16}{36}-\frac{3}{36}=\frac{13}{36}$입니다.

49 (색칠한 부분의 길이)
$=2\frac{4}{5}+3\frac{1}{3}-4\frac{7}{15}=\left(2\frac{12}{15}+3\frac{5}{15}\right)-4\frac{7}{15}$
$=5\frac{17}{15}-4\frac{7}{15}=1\frac{10}{15}=1\frac{2}{3}$ (m)

50 (이어 붙인 색 테이프의 전체 길이)
$=1\frac{5}{8}+1\frac{5}{8}-\frac{5}{12}=2\frac{10}{8}-\frac{5}{12}=3\frac{2}{8}-\frac{5}{12}$
$=3\frac{1}{4}-\frac{5}{12}=3\frac{3}{12}-\frac{5}{12}=2\frac{15}{12}-\frac{5}{12}$
$=2\frac{10}{12}=2\frac{5}{6}$ (m)

51 (이어 붙인 종이테이프의 전체 길이)
$=\left(4\frac{2}{3}+4\frac{2}{3}+4\frac{2}{3}\right)-\left(1\frac{1}{9}+1\frac{1}{9}\right)=12\frac{6}{3}-2\frac{2}{9}$
$=14-2\frac{2}{9}=13\frac{9}{9}-2\frac{2}{9}=11\frac{7}{9}$ (cm)

52 (1) 어떤 수를 □라고 하면 잘못 계산한 식은
$\square-2\frac{1}{2}=\frac{9}{10}$이므로
$\square=\frac{9}{10}+2\frac{1}{2}=\frac{9}{10}+2\frac{5}{10}$
$=2\frac{14}{10}=3\frac{4}{10}=3\frac{2}{5}$입니다.
(2) $3\frac{2}{5}+2\frac{1}{2}=3\frac{4}{10}+2\frac{5}{10}=5\frac{9}{10}$

53 어떤 수를 □라고 하면 잘못 계산한 식은
$\square+\frac{3}{8}=3\frac{5}{6}$이므로
$\square=3\frac{5}{6}-\frac{3}{8}=3\frac{20}{24}-\frac{9}{24}=3\frac{11}{24}$입니다.
따라서 바르게 계산하면
$3\frac{11}{24}-\frac{3}{8}=3\frac{11}{24}-\frac{9}{24}=3\frac{2}{24}=3\frac{1}{12}$입니다.

54 어떤 수를 □라고 하면 잘못 계산한 식은
$5\frac{4}{9}-\square=3\frac{7}{12}$이므로
$\square=5\frac{4}{9}-3\frac{7}{12}=5\frac{16}{36}-3\frac{21}{36}$
$=4\frac{52}{36}-3\frac{21}{36}=1\frac{31}{36}$입니다.
따라서 바르게 계산하면
$5\frac{4}{9}+1\frac{31}{36}=5\frac{16}{36}+1\frac{31}{36}=6\frac{47}{36}=7\frac{11}{36}$입니다.

응용력 기르기 128~131쪽

1 $7\frac{5}{12}$

1-1 $6\frac{2}{45}$

1-2 $14\frac{7}{12}$

2 오전 11시 36분

2-1 오후 2시 25분

2-2 오후 1시 22분

3 $\frac{1}{2}$, $\frac{1}{4}$

3-1 $\frac{1}{2}$, $\frac{1}{5}$

3-2 예 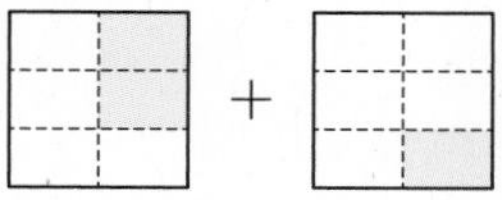 / $\frac{1}{2}$, $\frac{1}{3}$, $\frac{1}{6}$

4 **1단계** 예 $2\,\text{cm}=\frac{2}{100}\,\text{m}=\frac{1}{50}\,\text{m}$이므로

$2\frac{17}{50}+\frac{1}{50}=2\frac{18}{50}=2\frac{9}{25}$ (m)입니다.

2단계 예 $2\frac{2}{5}>2\frac{9}{25}$이므로

$2\frac{2}{5}-2\frac{9}{25}=2\frac{10}{25}-2\frac{9}{25}=\frac{1}{25}$ (m)입니다.

/ $\frac{1}{25}$ m

4-1 $\frac{73}{100}$ m

1 가장 큰 대분수는 자연수 부분이 가장 큰 $4\frac{2}{3}$이고 가장 작은 대분수는 자연수 부분이 가장 작은 $2\frac{3}{4}$입니다.
따라서 두 수의 합은
$4\frac{2}{3}+2\frac{3}{4}=4\frac{8}{12}+2\frac{9}{12}=6\frac{17}{12}=7\frac{5}{12}$입니다.

1-1 가장 큰 대분수는 자연수 부분이 가장 큰 $9\frac{3}{5}$이고 가장 작은 대분수는 자연수 부분이 가장 작은 $3\frac{5}{9}$입니다.
따라서 두 수의 차는
$9\frac{3}{5}-3\frac{5}{9}=9\frac{27}{45}-3\frac{25}{45}=6\frac{2}{45}$입니다.

1-2 가장 큰 대분수는 자연수 부분이 가장 큰 $8\frac{5}{6}$이고 가장 작은 대분수는 자연수 부분이 가장 작은 $5\frac{6}{8}=5\frac{3}{4}$입니다.
따라서 두 수의 합은
$8\frac{5}{6}+5\frac{3}{4}=8\frac{10}{12}+5\frac{9}{12}=13\frac{19}{12}=14\frac{7}{12}$입니다.

2 1시간=60분이므로 30분$=\frac{30}{60}$시간$=\frac{1}{2}$시간입니다.
농구 연습을 시작할 때부터 끝날 때까지 걸린 시간은 모두
$1\frac{3}{10}+\frac{1}{2}+1\frac{4}{5}=\left(1\frac{3}{10}+\frac{5}{10}\right)+1\frac{4}{5}$
$=1\frac{8}{10}+1\frac{4}{5}=1\frac{4}{5}+1\frac{4}{5}=2\frac{8}{5}=3\frac{3}{5}$(시간)입니다.
$3\frac{3}{5}$시간$=3\frac{36}{60}$시간=3시간 36분이므로
농구 연습이 끝난 시각은
오전 8시+3시간 36분=오전 11시 36분입니다.

2-1 20분$=\frac{20}{60}$시간$=\frac{1}{3}$시간이므로
동화책을 읽기 시작하여 다 읽을 때까지 걸린 시간은 모두
$2\frac{5}{6}+\frac{1}{3}+1\frac{1}{4}=\left(2\frac{5}{6}+\frac{2}{6}\right)+1\frac{1}{4}=2\frac{7}{6}+1\frac{1}{4}$
$=3\frac{1}{6}+1\frac{1}{4}=3\frac{2}{12}+1\frac{3}{12}=4\frac{5}{12}$ (시간)입니다.
$4\frac{5}{12}$시간$=4\frac{25}{60}$시간=4시간 25분이므로
동화책을 다 읽은 시각은
오전 10시+4시간 25분=오후 2시 25분입니다.

2-2 15분$=\frac{15}{60}$시간$=\frac{1}{4}$시간이므로
숙제를 시작할 때부터 마칠 때까지 걸린 시간은 모두
$1\frac{7}{12}+\frac{1}{4}+\frac{8}{15}=\left(1\frac{7}{12}+\frac{3}{12}\right)+\frac{8}{15}$
$=1\frac{10}{12}+\frac{8}{15}=1\frac{5}{6}+\frac{8}{15}=1\frac{25}{30}+\frac{16}{30}=1\frac{41}{30}$
$=2\frac{11}{30}$ (시간)입니다.
$2\frac{11}{30}$시간$=2\frac{22}{60}$시간=2시간 22분이므로
숙제를 마친 시각은
오전 11시+2시간 22분=오후 1시 22분입니다.

3 $\frac{3}{4}$을 $\frac{2}{4}$와 $\frac{1}{4}$로 나누어 나타낸 것입니다.
따라서 $\frac{3}{4}=\frac{2}{4}+\frac{1}{4}=\frac{1}{2}+\frac{1}{4}$입니다.
참고 | 4의 약수는 1, 2, 4이고 이 중에서 합이 3이 되는 두 수는 1과 2이므로 $\frac{3}{4}=\frac{2}{4}+\frac{1}{4}=\frac{1}{2}+\frac{1}{4}$로 나타낼 수 있습니다.

3-1 $\frac{7}{10}$을 $\frac{5}{10}$와 $\frac{2}{10}$로 나누어 나타낸 것입니다.

따라서 $\frac{7}{10}=\frac{5}{10}+\frac{2}{10}=\frac{1}{2}+\frac{1}{5}$입니다.

참고 | 10의 약수는 1, 2, 5, 10이고 이 중에서 합이 7이 되는 두 수는 2와 5이므로 $\frac{7}{10}=\frac{5}{10}+\frac{2}{10}=\frac{1}{2}+\frac{1}{5}$로 나타낼 수 있습니다.

3-2 나머지 3칸 중 몇 칸을 색칠하면 단위분수로 나타낼 수 있는지 생각해 봅니다.

$1=\frac{6}{6}=\frac{3}{6}+\frac{2}{6}+\frac{1}{6}=\frac{1}{2}+\frac{1}{3}+\frac{1}{6}$

4-1 $70\,\text{cm}=\frac{70}{100}\,\text{m}=\frac{7}{10}\,\text{m}$

(한국 최고 기록)$=7\frac{13}{25}+\frac{7}{10}=7\frac{26}{50}+\frac{35}{50}$

$=7\frac{61}{50}=8\frac{11}{50}\,(\text{m})$

➡ (세계 최고 기록)−(한국 최고 기록)

$=8\frac{19}{20}-8\frac{11}{50}=8\frac{95}{100}-8\frac{22}{100}=\frac{73}{100}\,(\text{m})$

5단원 단원 평가 Level ❶ 132~134쪽

1 (1) 10, 3, 13 (2) 32, 27 / 5, $\frac{1}{12}$

2 (1) $5\frac{19}{36}$ (2) $2\frac{5}{12}$

3 3, 2 / 5

4 ㉡

5 (1) $1\frac{7}{30}$ cm (2) $1\frac{23}{36}$ km

6 $\frac{17}{6}+\frac{56}{15}=\frac{85}{30}+\frac{112}{30}=\frac{197}{30}=6\frac{17}{30}$

7 $9\frac{1}{4}$

8 $\frac{4}{9}$

9 $\frac{1}{5}$ L

10 ㉠

11 $10\frac{30}{80}$에 ○표 / $3\frac{24}{80}+1\frac{30}{80}=4\frac{54}{80}=4\frac{27}{40}$

12 $11\frac{11}{12}$ cm

13 (1) $\frac{1}{40}$ (2) $1\frac{7}{9}$

14 $\frac{23}{45}$

15 $7\frac{29}{42}$

16 오후 4시 55분

17 예 $\frac{1}{2}$, $\frac{1}{4}$, $\frac{1}{16}$

18 5, 1 / 6, 3

19 방법 1 예 자연수는 자연수끼리, 분수는 분수끼리 계산하면

$5\frac{3}{8}+1\frac{2}{7}=5\frac{21}{56}+1\frac{16}{56}=(5+1)+\left(\frac{21}{56}+\frac{16}{56}\right)$

$=6+\frac{37}{56}=6\frac{37}{56}$

방법 2 예 대분수를 가분수로 나타내어 계산하면

$5\frac{3}{8}+1\frac{2}{7}=\frac{43}{8}+\frac{9}{7}=\frac{301}{56}+\frac{72}{56}$

$=\frac{373}{56}=6\frac{37}{56}$

20 학교, $\frac{1}{21}$ km

2 (1) $2\frac{5}{18}+3\frac{1}{4}=2\frac{10}{36}+3\frac{9}{36}=5\frac{19}{36}$

(2) $5\frac{1}{6}-2\frac{3}{4}=5\frac{2}{12}-2\frac{9}{12}$

$=4\frac{14}{12}-2\frac{9}{12}=2\frac{5}{12}$

4 ㉠ $\frac{1}{3}+\frac{1}{5}=\frac{5}{15}+\frac{3}{15}=\frac{8}{15}$

㉡ $\frac{3}{5}+\frac{7}{10}=\frac{6}{10}+\frac{7}{10}=\frac{13}{10}=1\frac{3}{10}$

5 (1) $\frac{5}{6}+\frac{2}{5}=\frac{25}{30}+\frac{12}{30}=\frac{37}{30}=1\frac{7}{30}\,(\text{cm})$

(2) $3\frac{2}{9}-1\frac{7}{12}=\frac{29}{9}-\frac{19}{12}=\frac{116}{36}-\frac{57}{36}$

$=\frac{59}{36}=1\frac{23}{36}\,(\text{km})$

6 대분수를 가분수로 나타내어 계산합니다.

7 $8\frac{1}{6}+1\frac{1}{12}=8\frac{2}{12}+1\frac{1}{12}=9\frac{3}{12}=9\frac{1}{4}$

8 ●보다 ▲ 작은 수 ➡ ●−▲

$\frac{2}{3}-\frac{2}{9}=\frac{6}{9}-\frac{2}{9}=\frac{4}{9}$

9 (남아 있는 우유의 양)$=\frac{7}{10}-\frac{1}{2}=\frac{7}{10}-\frac{5}{10}$

$=\frac{2}{10}=\frac{1}{5}\,(\text{L})$

10 ㉠ $2\frac{5}{12}+1\frac{1}{3}=2\frac{5}{12}+1\frac{4}{12}=3\frac{9}{12}=3\frac{3}{4}$

㉡ $5\frac{3}{8}-2\frac{1}{4}=5\frac{3}{8}-2\frac{2}{8}=3\frac{1}{8}$

➡ $3\frac{3}{4}\left(=3\frac{6}{8}\right)>3\frac{1}{8}$ ➡ ㉠>㉡

12 (직사각형의 둘레)=(가로)+(세로)+(가로)+(세로)

(가로)+(세로)$=3\frac{5}{8}+2\frac{1}{3}$

$=3\frac{15}{24}+2\frac{8}{24}=5\frac{23}{24}$ (cm)

➡ (직사각형의 둘레)$=5\frac{23}{24}+5\frac{23}{24}=10\frac{46}{24}$

$=11\frac{22}{24}=11\frac{11}{12}$ (cm)

13 (1) $\frac{13}{40}-\square=\frac{3}{10}$

➡ $\square=\frac{13}{40}-\frac{3}{10}=\frac{13}{40}-\frac{12}{40}=\frac{1}{40}$

(2) $1\frac{5}{6}+\square=3\frac{11}{18}$

➡ $\square=3\frac{11}{18}-1\frac{5}{6}=3\frac{11}{18}-1\frac{15}{18}$

$=2\frac{29}{18}-1\frac{15}{18}=1\frac{14}{18}=1\frac{7}{9}$

14 과일 전체를 1이라고 하면 과일 전체에서 사과를 빼면

$1-\frac{2}{9}=\frac{9}{9}-\frac{2}{9}=\frac{7}{9}$이고, 남은 양에서 배를 빼면

$\frac{7}{9}-\frac{4}{15}=\frac{35}{45}-\frac{12}{45}=\frac{23}{45}$입니다.

따라서 감은 전체의 $\frac{23}{45}$입니다.

15

㉠ $\xrightarrow{+2\frac{3}{7}}$ ㉡ $\xrightarrow{-1\frac{10}{21}}$ $8\frac{9}{14}$

㉠ $\xleftarrow{-2\frac{3}{7}}$ ㉡ $\xleftarrow{+1\frac{10}{21}}$ $8\frac{9}{14}$

뒤에서부터 거꾸로 계산합니다.

㉡$=8\frac{9}{14}+1\frac{10}{21}=8\frac{27}{42}+1\frac{20}{42}$

$=9\frac{47}{42}=10\frac{5}{42}$

㉠$=10\frac{5}{42}-2\frac{3}{7}=10\frac{5}{42}-2\frac{18}{42}$

$=9\frac{47}{42}-2\frac{18}{42}=7\frac{29}{42}$

16 15분$=\frac{15}{60}$시간$=\frac{1}{4}$시간

(수학 수업 시간)+(휴식 시간)+(국어 수업 시간)

$=1\frac{3}{4}+\frac{1}{4}+1\frac{5}{12}=1\frac{4}{4}+1\frac{5}{12}=2+1\frac{5}{12}$

$=3\frac{5}{12}=3\frac{25}{60}$ (시간)

➡ 3시간 25분

따라서 국어 수업이 끝난 시각은

오후 1시 30분+3시간 25분=오후 4시 55분입니다.

17 16의 약수는 1, 2, 4, 8, 16이고 이 중에서 합이 13이 되는 세 수는 1, 4, 8입니다.

$\frac{13}{16}=\frac{8}{16}+\frac{4}{16}+\frac{1}{16}=\frac{1}{2}+\frac{1}{4}+\frac{1}{16}$

다른 풀이 |

$\frac{1}{16}$ $\frac{1}{16}$ $\frac{1}{16}$ $\frac{1}{16}$ $\frac{1}{16}$ $\frac{1}{16}$ $\frac{1}{16}$ $\frac{1}{16}$
$\frac{1}{16}$ $\frac{1}{16}$ $\frac{1}{16}$ $\frac{1}{16}$ $\frac{1}{16}$
➡
$\frac{1}{2}$ $\frac{1}{4}$ $\frac{1}{16}$

18 $\frac{㉠}{7}-\frac{9}{14}=\frac{㉡}{14}$, $\frac{㉠\times2}{14}-\frac{9}{14}=\frac{㉡}{14}$에서

9<㉠×2<14이므로 ㉠에는 5, 6이 들어갑니다.

㉠=5일 때 $\frac{10}{14}-\frac{9}{14}=\frac{1}{14}$에서 ㉡=1,

㉠=6일 때 $\frac{12}{14}-\frac{9}{14}=\frac{3}{14}$에서 ㉡=3입니다.

서술형
19

평가 기준	배점(5점)
한 가지 방법으로 계산했나요?	3점
다른 한 가지 방법으로 계산했나요?	2점

서술형
20 예 $2\frac{5}{7}=2\frac{15}{21}$, $2\frac{2}{3}=2\frac{14}{21}$이므로 $2\frac{5}{7}>2\frac{2}{3}$입니다.

$2\frac{15}{21}-2\frac{14}{21}=\frac{1}{21}$ (km)이므로

민재네 집에서 학교가 $\frac{1}{21}$ km 더 멉니다.

평가 기준	배점(5점)
두 구간의 거리를 비교했나요?	2점
두 구간의 거리의 차를 구했나요?	3점

5단원 단원 평가 Level 2 135~137쪽

1 1, 1, $\frac{3}{8}$

2 (선 잇기)

3 $\frac{8}{15}$

4 $2\frac{5}{9}$

5 (위에서부터) $1\frac{1}{8}$, $1\frac{5}{24}$

6 $4\frac{15}{21}-2\frac{14}{21}=2\frac{1}{21}$

7 $3\frac{19}{20}$

8 ㉢

9 $1\frac{11}{40}$

10 $1\frac{7}{30}$ kg

11 $\frac{29}{48}$ m

12 $3\frac{11}{24}$ kg

13 $6\frac{1}{6}$, $3\frac{5}{12}$

14 $\frac{3}{20}$

15 $2\frac{1}{3}$

16 $2\frac{2}{9}$ m

17 $6\frac{38}{45}$

18 $5\frac{7}{18}$ km

19 방법 1 예 자연수는 자연수끼리, 분수는 분수끼리 계산하면

$3\frac{2}{9}-1\frac{7}{12}=3\frac{8}{36}-1\frac{21}{36}=2\frac{44}{36}-1\frac{21}{36}=1\frac{23}{36}$ (m)

방법 2 예 대분수를 가분수로 나타내어 계산하면

$3\frac{2}{9}-1\frac{7}{12}=\frac{29}{9}-\frac{19}{12}=\frac{116}{36}-\frac{57}{36}=\frac{59}{36}=1\frac{23}{36}$ (m)

/ $1\frac{23}{36}$ m

20 $6\frac{7}{20}$

1 $\frac{1}{8}+\frac{1}{4}=\frac{1}{8}+\frac{2}{8}=\frac{3}{8}$

2 $\frac{2}{3}-\frac{1}{4}=\frac{8}{12}-\frac{3}{12}=\frac{5}{12}$

$\frac{1}{2}-\frac{5}{12}=\frac{6}{12}-\frac{5}{12}=\frac{1}{12}$

3 $\frac{4}{5}-\frac{4}{15}=\frac{12}{15}-\frac{4}{15}=\frac{8}{15}$

4 $1\frac{2}{9}+1\frac{1}{3}=1\frac{2}{9}+1\frac{3}{9}=2\frac{5}{9}$

5 $\frac{5}{8}+\frac{1}{2}=\frac{5}{8}+\frac{4}{8}=\frac{9}{8}=1\frac{1}{8}$

$\frac{5}{8}+\frac{7}{12}=\frac{15}{24}+\frac{14}{24}=\frac{29}{24}=1\frac{5}{24}$

6 분모와 분자에 같은 수를 곱하여 통분하지 않아서 잘못 계산했습니다.

7 $\square=5\frac{3}{4}-1\frac{4}{5}=5\frac{15}{20}-1\frac{16}{20}$

$=4\frac{35}{20}-1\frac{16}{20}=3\frac{19}{20}$

8 ㉠ $\frac{1}{6}-\frac{1}{12}=\frac{2}{12}-\frac{1}{12}=\frac{1}{12}$

㉡ $\frac{1}{3}-\frac{1}{4}=\frac{4}{12}-\frac{3}{12}=\frac{1}{12}$

㉢ $\frac{1}{2}-\frac{1}{3}=\frac{3}{6}-\frac{2}{6}=\frac{1}{6}=\frac{2}{12}$

9 ㉠은 $\frac{3}{8}$, ㉡은 $\frac{9}{10}$입니다.

㉠+㉡$=\frac{3}{8}+\frac{9}{10}=\frac{15}{40}+\frac{36}{40}=\frac{51}{40}=1\frac{11}{40}$

10 (딸기의 무게)+(체리의 무게)

$=\frac{7}{10}+\frac{8}{15}=\frac{21}{30}+\frac{16}{30}=\frac{37}{30}=1\frac{7}{30}$ (kg)

11 (노란색 테이프의 길이)−(빨간색 테이프의 길이)

$=\frac{11}{12}-\frac{5}{16}=\frac{44}{48}-\frac{15}{48}=\frac{29}{48}$ (m)

12 (남은 콩의 양)

=(전체 콩의 양)−(두부를 만든 콩의 양)

$=5\frac{5}{8}-2\frac{1}{6}=5\frac{15}{24}-2\frac{4}{24}=3\frac{11}{24}$ (kg)

13 $1\frac{1}{2}+4\frac{2}{3}=1\frac{3}{6}+4\frac{4}{6}=5\frac{7}{6}=6\frac{1}{6}$

$6\frac{1}{6}-2\frac{3}{4}=6\frac{2}{12}-2\frac{9}{12}=5\frac{14}{12}-2\frac{9}{12}=3\frac{5}{12}$

14 $\left(\frac{3}{5}, \frac{17}{20}, \frac{1}{10}\right)$ ➡ $\left(\frac{12}{20}, \frac{17}{20}, \frac{2}{20}\right)$이므로

$\frac{17}{20}>\frac{3}{5}>\frac{1}{10}$입니다.

➡ $\frac{17}{20}-\frac{3}{5}-\frac{1}{10}=\frac{17}{20}-\frac{12}{20}-\frac{2}{20}$

$=\frac{5}{20}-\frac{2}{20}=\frac{3}{20}$

15 ㉡$=3\frac{1}{4}+1\frac{7}{12}=3\frac{3}{12}+1\frac{7}{12}=4\frac{10}{12}=4\frac{5}{6}$

㉠$=4\frac{5}{6}-2\frac{1}{2}=4\frac{5}{6}-2\frac{3}{6}=2\frac{2}{6}=2\frac{1}{3}$

16 (삼각형의 세 변의 길이의 합)

$=\frac{5}{6}+\frac{4}{9}+\frac{17}{18}=\left(\frac{15}{18}+\frac{8}{18}\right)+\frac{17}{18}$

$=\frac{23}{18}+\frac{17}{18}=\frac{40}{18}=2\frac{4}{18}=2\frac{2}{9}$ (m)

17 만들 수 있는 가장 큰 대분수는 $9\frac{2}{5}$이고 가장 작은 대분수는 $2\frac{5}{9}$입니다.

➡ $9\frac{2}{5}-2\frac{5}{9}=9\frac{18}{45}-2\frac{25}{45}$

$=8\frac{63}{45}-2\frac{25}{45}=6\frac{38}{45}$

18 (㉠~㉣)=(㉠~㉢)+(㉡~㉣)−(㉡~㉢)

$=2\frac{2}{3}+3\frac{11}{18}-\frac{8}{9}$

$=\left(2\frac{12}{18}+3\frac{11}{18}\right)-\frac{8}{9}$

$=5\frac{23}{18}-\frac{8}{9}$

$=5\frac{23}{18}-\frac{16}{18}=5\frac{7}{18}$ (km)

서술형
19

평가 기준	배점(5점)
한 가지 방법으로 구했나요?	3점
다른 한 가지 방법으로 구했나요?	2점

서술형
20 예 어떤 수를 □라고 하면 $□-1\frac{4}{5}=2\frac{3}{4}$이므로

$□=2\frac{3}{4}+1\frac{4}{5}=2\frac{15}{20}+1\frac{16}{20}=3\frac{31}{20}=4\frac{11}{20}$

입니다.

따라서 바르게 계산하면

$4\frac{11}{20}+1\frac{4}{5}=4\frac{11}{20}+1\frac{16}{20}=5\frac{27}{20}=6\frac{7}{20}$입니다.

평가 기준	배점(5점)
어떤 수를 구했나요?	3점
바르게 계산한 값을 구했나요?	2점

6 다각형의 둘레와 넓이

다각형의 둘레와 넓이는 공간 추론, 형식화, 일반화, 논리적 사고를 훈련할 수 있는 주제이며, 양감을 기르고 주변의 다양한 문제를 해결하는 데 유용합니다. 학생들은 [수학 1－1], [수학 2－1], [수학 2－2]에서 길이에 대해 충분히 학습하였고, 넓이에 대해서는 [수학 1－1] 4단원에서 학습하였습니다. 이 단원에서는 길이를 둘레의 개념으로 발전시키고, 넓이의 개념을 형성하고 측정 과정을 학습합니다. 다각형의 둘레와 넓이는 이후 원의 둘레와 넓이 및 입체도형의 겉넓이와 부피 학습과 직접 연계되므로 이 단원에서는 다각형의 성질을 바탕으로 공식을 유추하고 문제를 해결하며 이를 표현하는 과정에 초점을 두어 지도해야 합니다.

교과서 개념 이해 1 정다각형과 사각형의 둘레를 구해 볼까요

140~141쪽

! • 3, 4, 12

1 (1) 4, 4, 4 / 12 (2) 4, 3 / 12
2 2 / 4, 2, 2 / 12
3 (1) 4, 2, 4, 2 / 4, 2, 2, 12 (2) 8, 8, 8, 8 / 8, 4, 32
4 (1) 30 cm (2) 54 cm **5** 28 cm
6 24 cm **7** 20 cm **8** 28 cm

3 네 변의 길이를 모두 더합니다.

4 (1) (정오각형의 둘레)=(한 변의 길이)×5
=6×5=30 (cm)
(2) (정육각형의 둘레)=(한 변의 길이)×6
=9×6=54(cm)

5 (직사각형의 둘레)=((가로)+(세로))×2
=(8+6)×2=28 (cm)

6 (평행사변형의 둘레)
=((한 변의 길이)+(다른 한 변의 길이))×2
=(7+5)×2=24 (cm)

7 (마름모의 둘레)=(한 변의 길이)×4
=5×4=20 (cm)

8 (정사각형의 둘레)=(한 변의 길이)×4
=7×4=28 (cm)

교과서 개념 이해 2 1 cm^2를 알아볼까요 142~143쪽

1 (1) 없습니다에 ○표
(2) (위에서부터) 12 / 4, 6 / 다릅니다에 ○표

2 3 cm^2 / 3 제곱센티미터

3 (1) 8, 8 / 10, 10 (2) 나

4 1 cm^2
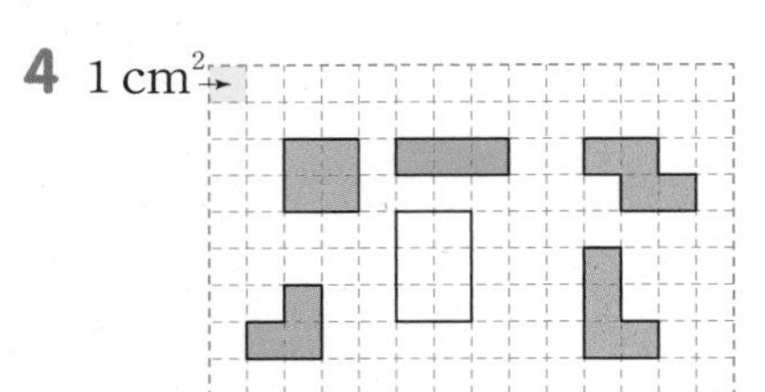

5 나 6 12 cm^2, 8 cm^2

7 2

5 1cm²의 수를 세어 봅니다.
가: 1 cm^2가 5개 ➡ 5 cm^2
나: 1 cm^2가 9개 ➡ 9 cm^2
다: 1 cm^2가 5개 ➡ 5 cm^2
라: 1 cm^2가 5개 ➡ 5 cm^2

6 가: 1 cm^2가 12개 ➡ 12 cm^2
나: 1 cm^2가 8개 ➡ 8 cm^2

7 가: 1 cm^2가 7개 ➡ 7 cm^2
나: 1 cm^2가 9개 ➡ 9 cm^2

교과서 개념 이해 3 직사각형의 넓이를 구해 볼까요 144~145쪽

1 (1) 5, 3 (2) 세로 (3) 5, 3, 15

2 (1) 한 변의 길이 (2) 6, 6, 36

3 (1) 8, 4, 32 (2) 4, 4, 16

4 (1) 70 cm^2 (2) 64 cm^2

5 나

6 (위에서부터) 5, 3, 15 / 5, 4, 20 / 5, 5, 25 / 5

7 7 cm

8 30×12=360 / 360 cm^2

3 (1) (직사각형의 넓이)=(가로)×(세로)
(2) (정사각형의 넓이)=(한 변의 길이)×(한 변의 길이)

4 (1) (직사각형의 넓이)=10×7=70 (cm^2)
(2) (직사각형의 넓이)=8×8=64 (cm^2)

5 (가의 넓이)=10×8=80 (cm^2)
(나의 넓이)=9×9=81 (cm^2)
따라서 넓이가 더 넓은 것은 나입니다.

6 (가의 넓이)=5×3=15 (cm^2)
(나의 넓이)=5×4=20 (cm^2)
(다의 넓이)=5×5=25 (cm^2)

7 (정사각형의 넓이)=(한 변의 길이)×(한 변의 길이)
49=7×7이므로 정사각형의 한 변의 길이는 7 cm입니다.

8 직사각형의 넓이는 (가로)×(세로)이므로
(키보드의 넓이)=30×12=360 (cm^2)입니다.

교과서 개념 이해 4 1 cm^2보다 더 큰 넓이의 단위를 알아볼까요 147쪽

1 2 m^2 / 2 제곱미터

2 (1) 10000 (2) 1000000

3 (1) 80000 (2) 7 (3) 15000000 (4) 30

4 (1) 12 (2) 12 5 (1) 25 (2) 24

6 (1) > (2) >

3 (2) 7000000 m^2 ➡ 7 km^2
(4) 300000 cm^2 ➡ 30 m^2

4 (1) 한 변이 1 km인 정사각형이 가로로 4개, 세로로 3개 있으므로 1 km^2가 4×3=12(번) 들어갑니다.
(2) 4000 m=4 km, 3000 m=3 km이므로
1 km^2가 4×3=12(번) 들어갑니다.

5 (1) 500 cm=5 m이므로 직사각형의 넓이는
5×5=25 (m^2)입니다.
(2) 3000 m=3 km이므로 직사각형의 넓이는
8×3=24 (km^2)입니다.

6 (1) $100000\ m^2 = 1000000000\ cm^2$
(2) $107\ km^2 = 107000000\ m^2$

개념 적용 기본기 다지기 148~153쪽

1 40 m **2** 9 cm
3 3 cm **4** (1) 7 cm (2) 5 cm
5

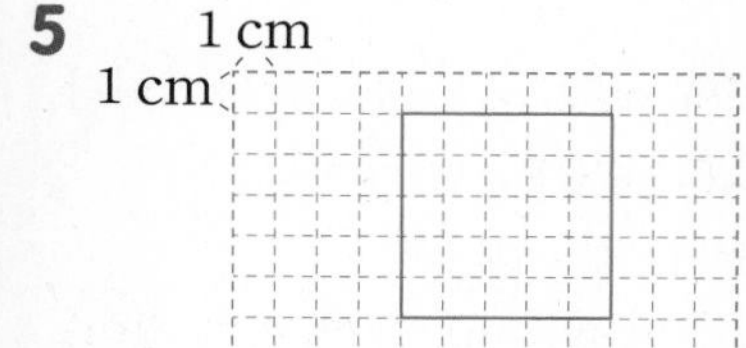

6 22 cm **7** 마름모
8 34 cm **9** 10 cm
10 6 cm
11 예

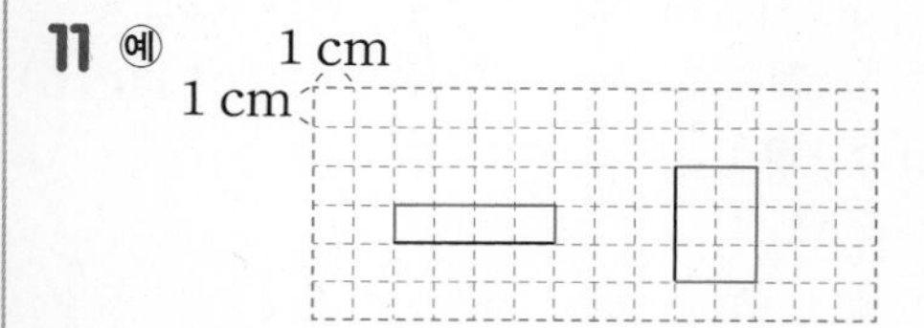

12 ㉢, ㉤
13 예

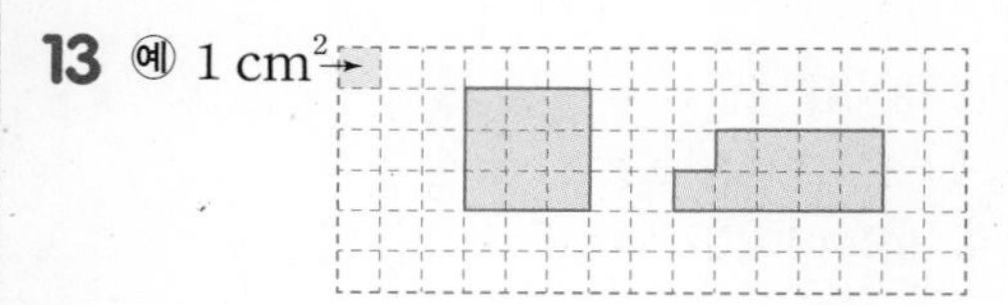

14 $12\ cm^2$ **15** $40\ cm^2$
16

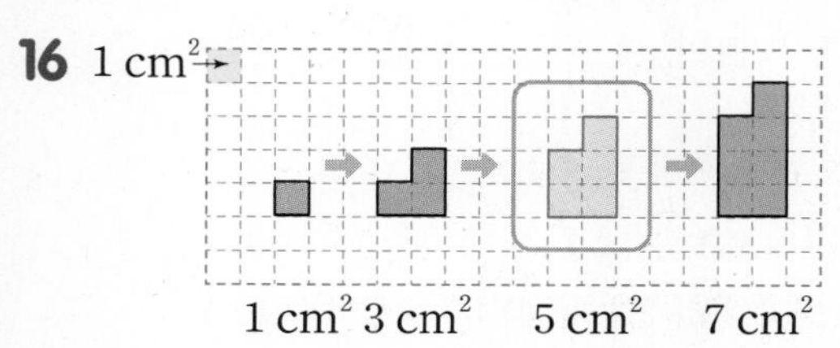

17 나 **18** $300\ cm^2$
19 (위에서부터) 3, 3 / 2, 3 / 3, 6, 9
20 (1) ○ (2) × **21** $15\ cm^2$
22 6 cm **23** 5
24 $64\ cm^2$ **25** 9 cm
26 4배
27 (위에서부터) 2, 5000000, 10, 37000000
28 10000, 1 **29** 9, 9000000
30 (1) $>$ (2) $>$
31 (1) cm^2 (2) km^2 (3) m^2
32 $3\ km^2$ **33** $8\ m^2$
34 50 cm **35** 50 cm
36 40 cm **37** $75\ cm^2$
38 $116\ cm^2$ **39** $80\ m^2$

1 한 변의 길이가 8 m인 정오각형의 둘레는
$8 \times 5 = 40$ (m)입니다.

2 (정삼각형의 둘레)$=7 \times 3 = 21$ (cm)
(정육각형의 둘레)$=5 \times 6 = 30$ (cm)
➡ (둘레의 차)$=30-21=9$ (cm)

3 (정사각형의 둘레)$=$(한 변의 길이)$\times 4$
➡ (한 변의 길이)$=$(둘레)$\div 4 = 12 \div 4 = 3$ (cm)

4 (1) (정오각형의 한 변의 길이)$=35 \div 5 = 7$ (cm)
(2) (정칠각형의 한 변의 길이)$=35 \div 7 = 5$ (cm)

5 둘레가 20 cm인 정사각형의 한 변의 길이는
$20 \div 4 = 5$ (cm)입니다.
따라서 한 변의 길이가 모눈 5칸인 정사각형을 그립니다.

6 (직사각형의 둘레)$=(4+7) \times 2 = 22$ (cm)

7 (평행사변형의 둘레)$=(8+5) \times 2 = 26$ (cm)
(마름모의 둘레)$=7 \times 4 = 28$ (cm)
26 cm$<$28 cm이므로 둘레가 더 긴 것은 마름모입니다.

8 (직사각형의 둘레)$=(3+6) \times 2 = 18$ (cm)
(정사각형의 둘레)$=4 \times 4 = 16$ (cm)
➡ (둘레의 합)$=18+16=34$ (cm)

서술형
9 예 직사각형의 가로를 □ cm라고 하면
$(□+7) \times 2 = 34$, $□+7=17$, $□=10$입니다.
따라서 직사각형의 가로는 10 cm입니다.

단계	문제 해결 과정
①	직사각형의 둘레를 구하는 식을 세웠나요?
②	직사각형의 가로를 구했나요?

10 (직사각형의 둘레)$=(8+4) \times 2 = 24$ (cm)
(마름모의 한 변의 길이)$=24 \div 4 = 6$ (cm)

11 둘레가 10 cm인 직사각형의 가로와 세로의 길이의 합은 5 cm입니다.
따라서 가로가 4 cm인 직사각형의 세로는 1 cm이고, 세로가 3 cm인 직사각형의 가로는 2 cm입니다.

12 ㉠ $6\ cm^2$, ㉡ $6\ cm^2$, ㉢ $5\ cm^2$, ㉣ $6\ cm^2$, ㉤ $4\ cm^2$, ㉥ $6\ cm^2$
따라서 도형 ㉠과 넓이가 다른 도형은 ㉢, ㉤입니다.

13 모눈 한 칸의 넓이가 $1\ cm^2$이므로 모눈 9칸으로 이루어진 도형을 그립니다.

14 (도형) 한 개의 넓이는 $4\ cm^2$입니다.
그림에서 (도형)이 3개이므로 (도형)로 채워진 부분의 넓이는 모두 $12\ cm^2$입니다.

15 모양 조각이 차지하는 부분은 (1cm²)가 40개이므로 $40\ cm^2$입니다.

16 도형을 그리는 규칙은 가로 두 칸을 기준으로 왼쪽 위와 오른쪽 위에 한 칸씩 늘어나는 것이고, 빈칸에 알맞은 도형의 넓이는 $5\ cm^2$입니다.
따라서 빈칸에 알맞은 도형은 두 번째 도형의 왼쪽 위에 한 칸, 오른쪽 위에 한 칸이 늘어나야 합니다.

17 (직사각형 가의 넓이) $=6\times2=12\ (cm^2)$
(직사각형 나의 넓이) $=3\times5=15\ (cm^2)$

서술형
18 예 동화책의 넓이는 $20\times20=400\ (cm^2)$입니다.
수첩의 넓이는 $10\times10=100\ (cm^2)$입니다.
따라서 넓이의 차는 $400-100=300\ (cm^2)$입니다.

단계	문제 해결 과정
①	동화책의 넓이를 구했나요?
②	수첩의 넓이를 구했나요?
③	두 물건의 넓이의 차를 구했나요?

19 (첫째 직사각형의 넓이) $=3\times1=3\ (cm^2)$
(둘째 직사각형의 넓이) $=3\times2=6\ (cm^2)$
(셋째 직사각형의 넓이) $=3\times3=9\ (cm^2)$

20 (1) 직사각형의 가로는 3 cm로 모두 같고, 세로는 첫째 1 cm, 둘째 2 cm, 셋째 3 cm로 1 cm씩 커집니다.
(2) 직사각형의 세로가 1 cm만큼 커지면 넓이는 $3\ cm^2$만큼 커집니다.

21 다섯째 직사각형의 가로는 3 cm, 세로는 5 cm이므로 넓이는 $3\times5=15\ (cm^2)$입니다.

22 (직사각형의 넓이) = (가로) × (세로)
➡ (세로) = (직사각형의 넓이) ÷ (가로)
$=24\div4=6\ (cm)$

23 정사각형의 한 변의 길이를 □ cm라고 하면
□×□=25이고 $5\times5=25$이므로 □=5입니다.

서술형
24 예 둘레가 32 cm인 정사각형의 한 변의 길이는 $32\div4=8\ (cm)$입니다.
따라서 정사각형의 넓이는 $8\times8=64\ (cm^2)$입니다.

단계	문제 해결 과정
①	정사각형의 한 변의 길이를 구했나요?
②	정사각형의 넓이를 구했나요?

25 정사각형의 넓이는 $6\times6=36\ (cm^2)$이므로
직사각형의 가로는 $36\div4=9\ (cm)$입니다.

26 (늘이기 전의 정사각형의 넓이) $=2\times2=4\ (cm^2)$
(늘인 후의 정사각형의 한 변의 길이) $=2\times2=4\ (cm)$
(늘인 후의 정사각형의 넓이) $=4\times4=16\ (cm^2)$
➡ $16\div4=4$(배)
참고 | 직사각형의 각 변의 길이를 2배 하면 넓이는 $2\times2=4$(배)가 됩니다.

27 $1\ km^2=1000000\ m^2$임을 이용합니다.

28 (직사각형의 넓이) $=200\times50$
$=10000\ (cm^2)$ ➡ $1\ m^2$

29 (정사각형의 넓이) $=3\times3$
$=9\ (km^2)$ ➡ $9000000\ m^2$

30 (1) $140000\ cm^2=14\ m^2 > 4\ m^2$
(2) $6\ km^2=6000000\ m^2 > 600000\ m^2$

31 $10000\ cm^2=1\ m^2$, $1000000\ m^2=1\ km^2$임을 생각하며 각각의 넓이에 알맞은 단위를 찾아봅니다.

서술형
32 예 $5000\times600=3000000\ (m^2)$
$1000000\ m^2=1\ km^2$이므로
공원의 넓이는 $3000000\ m^2=3\ km^2$입니다.

단계	문제 해결 과정
①	공원의 넓이는 몇 m^2인지 구했나요?
②	공원의 넓이는 몇 km^2인지 구했나요?

33 가로가 80 cm, 세로가 50 cm인 널빤지가 10개씩 2줄 있으므로 전체의 가로는 800 cm, 세로는 100 cm입니다.
따라서 전체 넓이는
$800 \times 100 = 80000 \, (cm^2)$ ➡ $8 \, m^2$입니다.

34

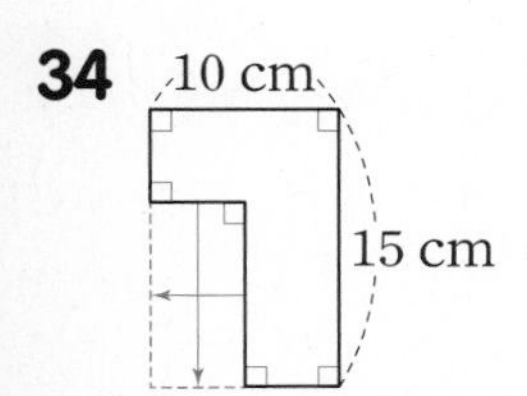

도형의 둘레는 가로가 10 cm, 세로가 15 cm인 직사각형의 둘레와 같습니다.
➡ (도형의 둘레)$=(10+15) \times 2 = 50 \, (cm)$

35

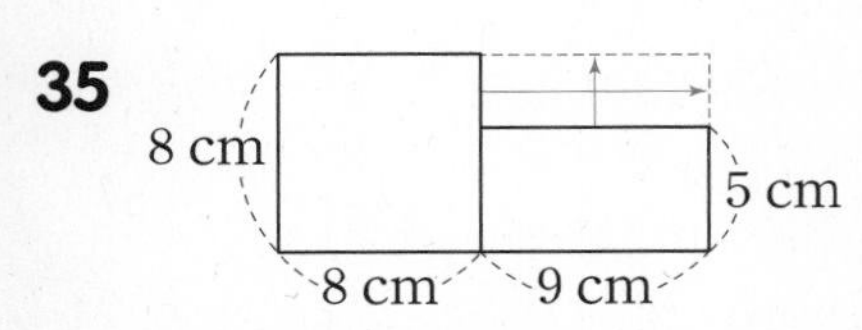

도형의 둘레는 가로가 $8+9=17 \, (cm)$, 세로가 8 cm인 직사각형의 둘레와 같습니다.
➡ (도형의 둘레)$=(17+8) \times 2 = 50 \, (cm)$

36

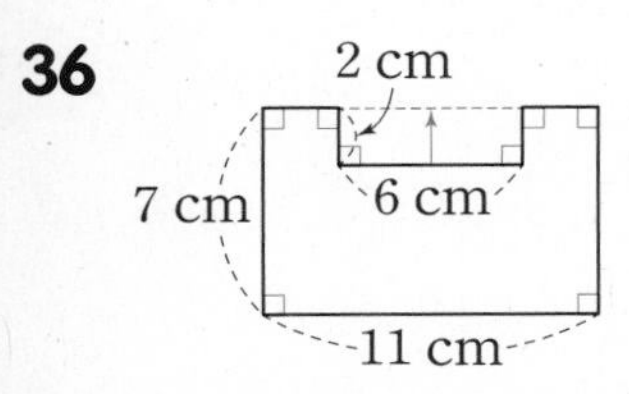

도형의 둘레는 가로가 11 cm, 세로가 7 cm인 직사각형의 둘레에 2 cm인 변 2개를 더한 것과 같습니다.
➡ (도형의 둘레)$=(11+7) \times 2 + (2 \times 2)$
$=36+4=40 \, (cm)$

37

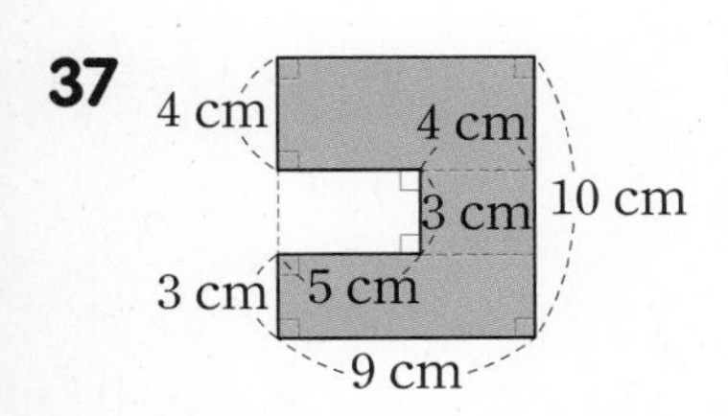

도형을 가로로 나누어 알아보면
$9 \times 4 + 4 \times 3 + 9 \times 3 = 36 + 12 + 27 = 75 \, (cm^2)$
입니다.
다른 풀이 |
큰 직사각형의 넓이에서 작은 직사각형의 넓이를 빼면
$9 \times 10 - 5 \times 3 = 90 - 15 = 75 \, (cm^2)$입니다.

38 큰 정사각형의 넓이에서 작은 직사각형의 넓이를 빼면
$12 \times 12 - 4 \times 7 = 144 - 28 = 116 \, (cm^2)$입니다.

39 색칠한 부분을 모으면 가로가 $6+4=10 \, (m)$, 세로가 $3+5=8 \, (m)$인 직사각형이 됩니다.
➡ (색칠한 부분의 넓이)$=10 \times 8 = 80 \, (m^2)$

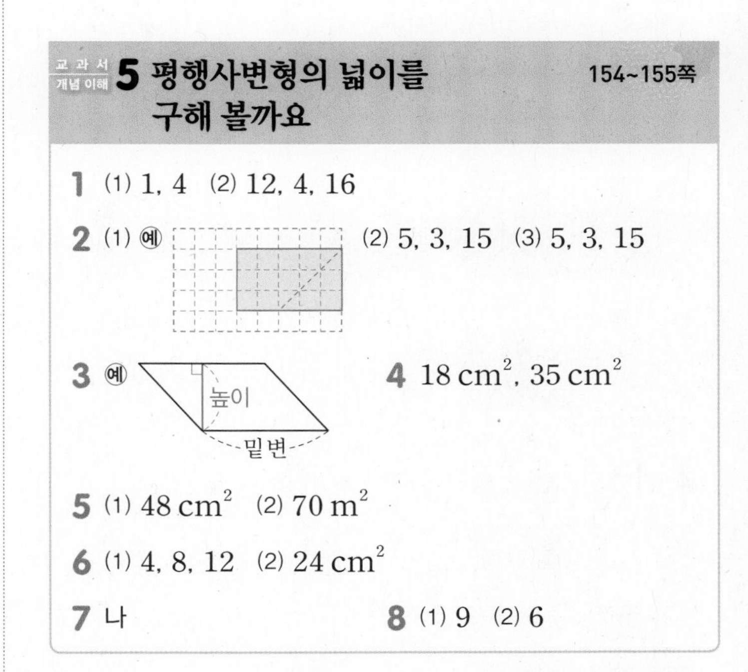

교과서 개념 이해 **5 평행사변형의 넓이를 구해 볼까요** 154~155쪽

1 (1) 1, 4 (2) 12, 4, 16
2 (1) 예 (2) 5, 3, 15 (3) 5, 3, 15
3 예

4 $18 \, cm^2$, $35 \, cm^2$
5 (1) $48 \, cm^2$ (2) $70 \, m^2$
6 (1) 4, 8, 12 (2) $24 \, cm^2$
7 나
8 (1) 9 (2) 6

1 (2) 보라색으로 색칠한 부분은 1cm² 12개의 넓이와 같으므로 $12 \, cm^2$입니다.
(평행사변형의 넓이)
=(보라색 부분의 넓이)+(연두색 부분의 넓이)
$=12+4=16 \, (cm^2)$

3 평행사변형에서 두 밑변 사이의 거리가 높이입니다.

4 가에서 삼각형 모양 4개를 합하면 1cm² 6개의 넓이와 같습니다.
(가의 넓이)$=12+6=18 \, (cm^2)$
나에서 삼각형 모양 2개를 합하면 1cm² 5개의 넓이와 같습니다.
(나의 넓이)$=30+5=35 \, (cm^2)$

5 (1) (평행사변형의 넓이)$=8 \times 6 = 48 \, (cm^2)$
(2) (평행사변형의 넓이)$=7 \times 10 = 70 \, (m^2)$

6 (1) 높이가 1 cm씩 높아짐에 따라 넓이는 $4 \, cm^2$씩 늘어납니다.
(2) 4 cm → $16 \, cm^2$, 5 cm → $20 \, cm^2$,
6 cm → $24 \, cm^2$

7 각 평행사변형의 높이는 모눈 4칸으로 같고, 밑변의 길이가 가, 다는 모눈 3칸, 나는 모눈 4칸입니다.
따라서 넓이가 다른 평행사변형은 나입니다.

8 (1) (평행사변형의 넓이)=(밑변의 길이)×(높이)
평행사변형의 넓이는 □×15=135 (cm^2)이므로
□=135÷15, □=9입니다.
(2) 평행사변형의 넓이는 □×9=54(m^2)이므로
□=54÷9, □=6입니다.

교과서 개념 이해 6 삼각형의 넓이를 구해 볼까요 156~157쪽

1 (1) 예 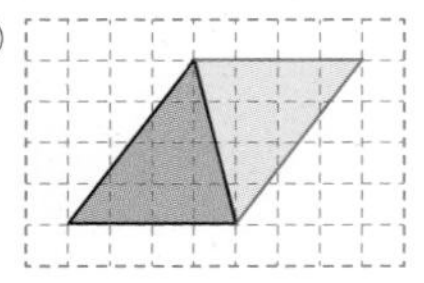 (2) 2 / 2 / 4, 4, 2, 8

2 (1) 예 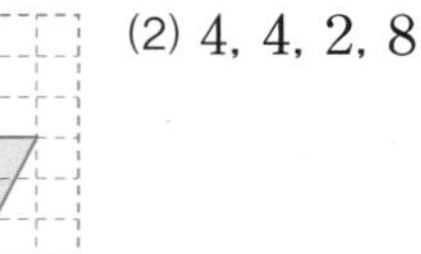 (2) 4, 4, 2, 8

3 높이 **4** (1) 3 (2) 6 (3) 9

5 (1) 6, 2 / 21 (2) 10, 8, 2 / 40

6 (1) 3 cm^2 (2) 1 cm^2

7 (1) (위에서부터) 5, 5, 5 / 6, 6, 6 / 15, 15, 15
(2) 높이, 넓이

2 (2) 만들어진 평행사변형의 높이는 처음 삼각형의 높이의 반입니다.

3 둔각삼각형의 경우에는 높이가 삼각형 외부에 주어질 수도 있습니다.

4 (1) 연두색으로 색칠한 삼각형 2개를 합하면 1cm² 1개의 넓이와 같습니다.
따라서 색칠한 삼각형은 6개이므로 3 cm^2 입니다.
(2) 1 cm^2가 6개 ➡ 6 cm^2
(3) (삼각형의 넓이)=3+6=9 (cm^2)

5 (삼각형의 넓이)=(밑변의 길이)×(높이)÷2

6 (1) 높이는 3 cm입니다.
(삼각형의 넓이)=2×3÷2=3 (cm^2)
(2) 높이는 2 cm입니다.
(삼각형의 넓이)=1×2÷2=1 (cm^2)

7 세 삼각형은 밑변의 길이와 높이가 각각 모두 같으므로 넓이도 모두 같습니다.

교과서 개념 이해 7 마름모의 넓이를 구해 볼까요 158~159쪽

1 (1) 예 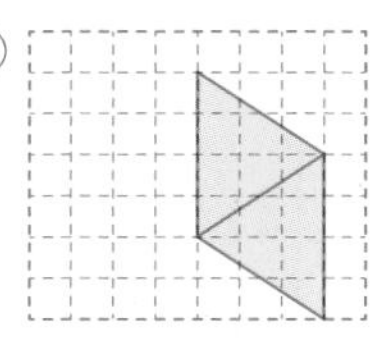 (2) 4, 3, 12

2 (1) 1 cm^2 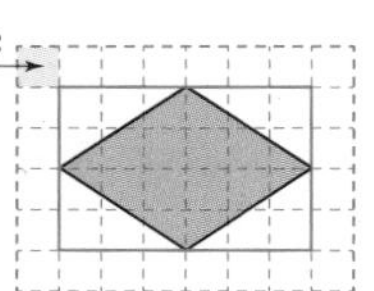 (2) 2 (3) 6, 4, 2, 12

3 (1) 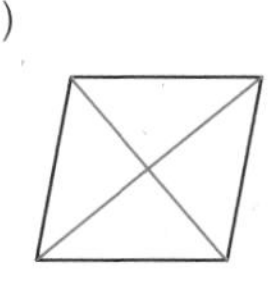 (2) 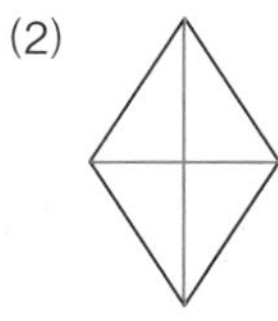

4 (1) 12, 2 / 96 (2) 14, 2 / 70

5 24 cm^2

6 예  / 16 cm^2

7 4 cm^2 **8** 7

9 176 cm^2

1 (2) (평행사변형의 넓이)=(밑변의 길이)×(높이)
=4×3=12 (cm^2)

3 마름모의 두 대각선은 서로 수직입니다.

5 마름모의 두 대각선의 길이는 각각 8 cm, 3×2=6 (cm)입니다.
➡ (마름모의 넓이)=8×6÷2=24 (cm^2)

6 마름모를 직사각형 모양으로 만들 수 있으므로 마름모의 넓이는 4×4=16 (cm^2)입니다.
다른 풀이 |
직사각형을 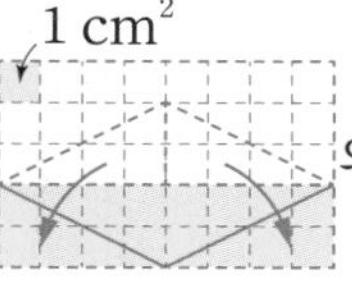 와 같이 만들 수도 있습니다.

따라서 마름모의 넓이는 8×2=16 (cm^2)입니다.

7 마름모의 두 대각선의 길이는 각각 4 cm, 2 cm입니다.
(마름모의 넓이)=4×2÷2=4 (cm^2)

8 (마름모의 넓이)
=(한 대각선의 길이)×(다른 대각선의 길이)÷2이므로
(마름모의 넓이)=4×□÷2=14 (m^2)입니다.
4×□=28에서 □=7입니다.

9 (마름모의 넓이)$=16\times22\div2$
$=176\,(\text{cm}^2)$

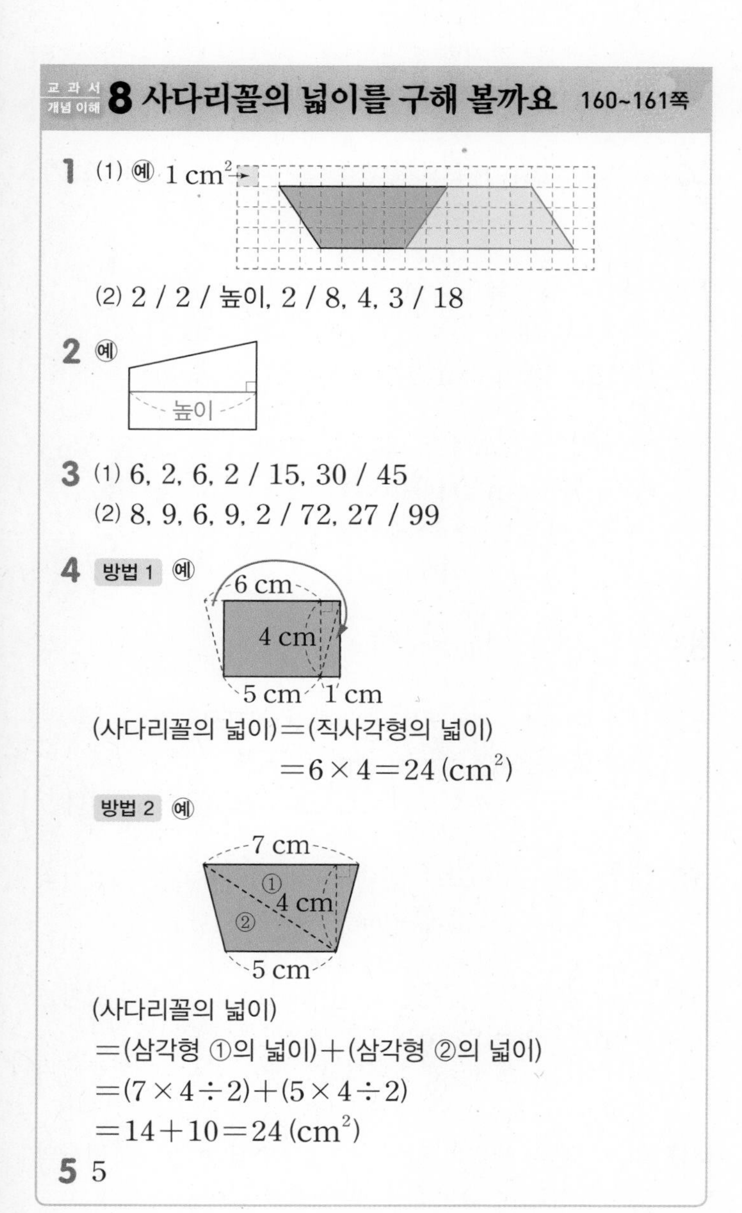

교과서 개념 이해 8 사다리꼴의 넓이를 구해 볼까요 160~161쪽

1 (1) 예 $1\,\text{cm}^2$
(2) 2 / 2 / 높이, 2 / 8, 4, 3 / 18

2 예

3 (1) 6, 2, 6, 2 / 15, 30 / 45
(2) 8, 9, 6, 9, 2 / 72, 27 / 99

4 방법 1 예

(사다리꼴의 넓이)=(직사각형의 넓이)
$=6\times4=24\,(\text{cm}^2)$

방법 2 예

(사다리꼴의 넓이)
=(삼각형 ①의 넓이)+(삼각형 ②의 넓이)
$=(7\times4\div2)+(5\times4\div2)$
$=14+10=24\,(\text{cm}^2)$

5 5

2 사다리꼴에서 높이는 평행한 두 밑변(윗변과 아랫변) 사이의 거리입니다.

3 (2) 삼각형에서 밑변의 길이는 $14-8=6\,(\text{cm})$입니다.

5 (사다리꼴의 넓이)
=((윗변의 길이)+(아랫변의 길이))×(높이)÷2이므로
(사다리꼴의 넓이)$=(10+6)\times\square\div2=40(\text{m}^2)$입니다.
$16\times\square\div2=40$이므로 $16\times\square=80$에서 $\square=5$입니다.

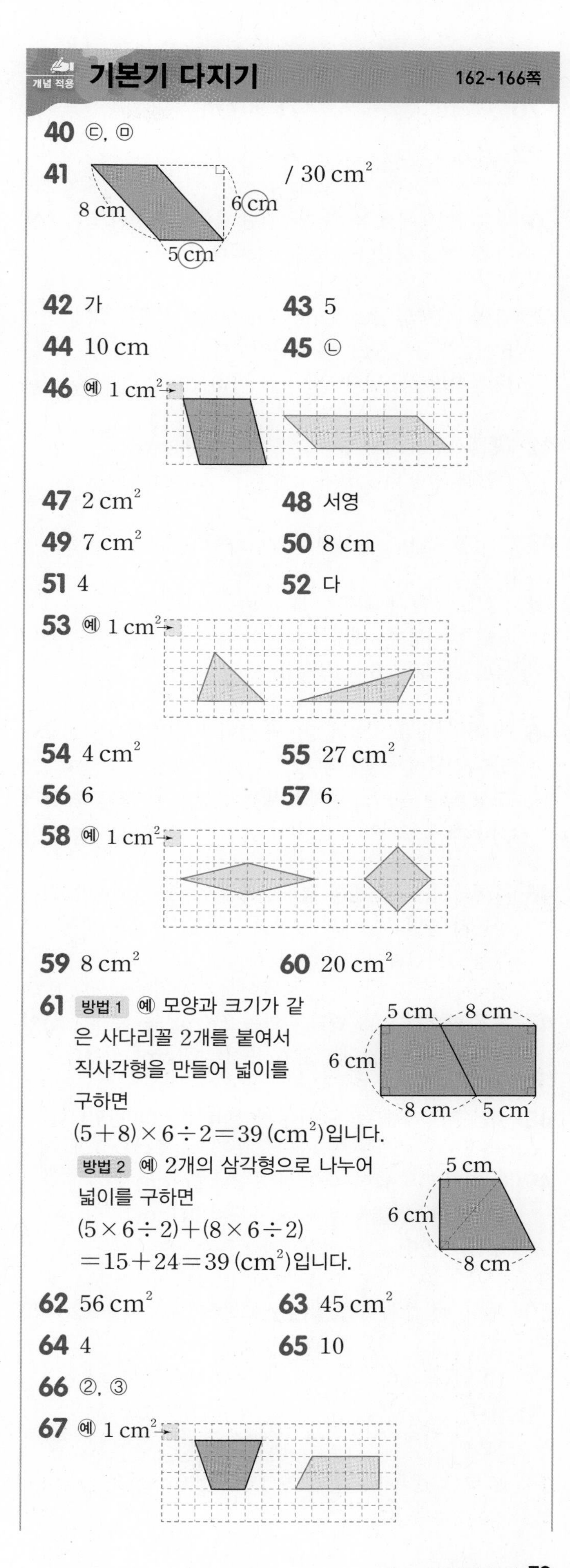

개념 적용 기본기 다지기 162~166쪽

40 ㉢, ㉤

41 / $30\,\text{cm}^2$

42 가
43 5
44 10 cm
45 ㉡
46 예 $1\,\text{cm}^2$
47 $2\,\text{cm}^2$
48 서영
49 $7\,\text{cm}^2$
50 8 cm
51 4
52 다
53 예 $1\,\text{cm}^2$
54 $4\,\text{cm}^2$
55 $27\,\text{cm}^2$
56 6
57 6
58 예 $1\,\text{cm}^2$
59 $8\,\text{cm}^2$
60 $20\,\text{cm}^2$

61 방법 1 예 모양과 크기가 같은 사다리꼴 2개를 붙여서 직사각형을 만들어 넓이를 구하면
$(5+8)\times6\div2=39\,(\text{cm}^2)$입니다.

방법 2 예 2개의 삼각형으로 나누어 넓이를 구하면
$(5\times6\div2)+(8\times6\div2)$
$=15+24=39\,(\text{cm}^2)$입니다.

62 $56\,\text{cm}^2$
63 $45\,\text{cm}^2$
64 4
65 10
66 ②, ③
67 예 $1\,\text{cm}^2$

68 $70\ cm^2$	**69** $12\ cm^2$
70 $55\ cm^2$	**71** $90\ cm^2$
72 $24\ cm^2$	**73** $59\ cm^2$

40 평행사변형에서 높이는 두 밑변 사이의 거리이므로 평행한 두 변에 수직인 선분을 찾습니다.

41 평행사변형의 넓이를 구하기 위해서는 밑변의 길이 5 cm와 높이 6 cm가 필요합니다.
(평행사변형의 넓이)$=5\times6=30\ (cm^2)$

42 (평행사변형 가의 넓이)$=7\times7=49\ (cm^2)$
(평행사변형 나의 넓이)$=9\times5=45\ (cm^2)$

43 $\square\times4=20$, $\square=20\div4$, $\square=5$

44 (평행사변형의 넓이)$=12\times5=60\ (cm^2)$
(높이)$=$(평행사변형의 넓이)$\div$(밑변의 길이)
$=60\div6=10\ (cm)$

45 평행사변형은 밑변의 길이와 높이가 각각 같으면 모양이 달라도 넓이가 같습니다.
도형 ㉡은 높이는 같지만 밑변의 길이가 다르므로 나머지 도형과 넓이가 다릅니다.

46 주어진 평행사변형의 넓이는 $4\times4=16\ (cm^2)$입니다.
따라서 밑변의 길이와 높이의 곱이 16이 되는 평행사변형을 그립니다.

47 자로 재어 보면 밑변의 길이는 2 cm, 높이는 2 cm이므로 삼각형의 넓이는 $2\times2\div2=2\ (cm^2)$입니다.

48 서영: 평행사변형의 높이는 삼각형의 높이의 반입니다.

49 (삼각형 가의 넓이)$=9\times6\div2=27\ (cm^2)$
(삼각형 나의 넓이)$=8\times5\div2=20\ (cm^2)$
➡ $27-20=7\ (cm^2)$

서술형
50 예 삼각형의 높이를 □cm라고 하면 $10\times\square\div2=40$입니다.
$10\times\square=80$, $\square=8$이므로 삼각형의 높이는 8 cm입니다.

단계	문제 해결 과정
①	삼각형의 넓이를 구하는 식을 세웠나요?
②	삼각형의 높이를 구했나요?

51 밑변의 길이가 8 cm일 때 높이는 3 cm이므로 삼각형의 넓이는 $8\times3\div2=12\ (cm^2)$입니다.
밑변의 길이가 □cm일 때 높이는 6 cm이므로
$\square\times6\div2=12$, $\square\times6=24$, $\square=4$입니다.

52 삼각형은 밑변의 길이와 높이가 각각 같으면 모양이 달라도 넓이가 같습니다.
다는 높이는 같지만 밑변의 길이가 다르므로 나머지 도형과 넓이가 다릅니다.

53 넓이가 $6\ cm^2$이므로 밑변의 길이와 높이의 곱이 12가 되는 삼각형을 그립니다.

54 (마름모 가의 넓이)$=4\times7\div2=14\ (cm^2)$
(마름모 나의 넓이)$=9\times4\div2=18\ (cm^2)$
➡ $18-14=4\ (cm^2)$

55 만들어진 마름모의 두 대각선은 각각 6 cm와 9 cm입니다.
(마름모의 넓이)$=6\times9\div2$
$=27\ (cm^2)$

9 cm
6 cm

56 $8\times\square\div2=24$, $8\times\square=48$, $\square=6$

57 가의 넓이가 $2\times4\div2=4\ (cm^2)$이므로
나의 넓이는 $4\times3=12\ (cm^2)$입니다.
따라서 $\square\times4\div2=12$, $\square\times4=24$, $\square=6$입니다.

58 넓이가 $8\ cm^2$이므로 한 대각선의 길이와 다른 대각선의 길이의 곱이 16이 되는 마름모를 그립니다.

59 자로 재어 보면 윗변의 길이는 3 cm, 아랫변의 길이는 5 cm, 높이는 2 cm이므로 사다리꼴의 넓이는
$(3+5)\times2\div2=8\ (cm^2)$입니다.

60 사다리꼴의 윗변의 길이가 $2+4=6\ (cm)$, 아랫변의 길이가 2 cm, 높이가 5 cm이므로 넓이는
$(6+2)\times5\div2=20\ (cm^2)$입니다.

서술형
61

단계	문제 해결 과정
①	한 가지 방법으로 사다리꼴의 넓이를 구했나요?
②	다른 한 가지 방법으로 사다리꼴의 넓이를 구했나요?

62 밑변의 길이가 8 cm, 높이가 3 cm인 삼각형과 밑변의 길이가 8 cm, 높이가 11 cm인 삼각형의 넓이의 합을 구합니다.
$(8\times3\div2)+(8\times11\div2)=12+44=56\ (cm^2)$

63 (윗변의 길이)+(아랫변의 길이)$=30-6-6$
$=18$ (cm)
(사다리꼴의 넓이)$=18\times5\div2=45$ (cm^2)

64 $(7+9)\times\square\div2=32$, $16\times\square\div2=32$,
$16\times\square=64$, $\square=4$

65 (평행사변형의 넓이)$=9\times8=72$ (cm^2)
$(\square+14)\times6\div2=72$, $\square+14=72\times2\div6$,
$\square+14=24$, $\square=10$

66 윗변의 길이와 아랫변의 길이의 합이 같고 높이가 같으면 사다리꼴의 넓이는 모두 같습니다.

67 주어진 사다리꼴의 넓이는 $(4+2)\times3\div2=9$ (cm^2)입니다.
따라서 윗변과 아랫변의 길이의 합에 높이를 곱한 값이 18이 되는 사다리꼴을 그립니다.

68 삼각형과 직사각형으로 나누어 넓이를 구합니다.
➡ $(10\times4\div2)+(10\times5)=20+50$
$=70$ (cm^2)

69 삼각형 2개로 나누어 넓이를 구합니다.
➡ $(6\times2\div2)+(6\times2\div2)=6+6$
$=12$ (cm^2)

70 삼각형과 사다리꼴로 나누어 넓이를 구합니다.
➡ $(8\times5\div2)+(8+6)\times5\div2=20+35$
$=55$ (cm^2)

71
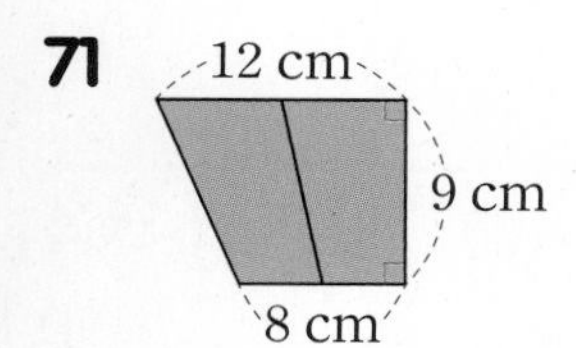

색칠한 부분을 이어 붙이면
윗변의 길이가 $16-4=12$ (cm), 아랫변의 길이가 $12-4=8$ (cm)인 사다리꼴이 됩니다.
➡ $(12+8)\times9\div2=90$ (cm^2)

72 큰 삼각형의 넓이에서 색칠하지 않은 작은 삼각형의 넓이를 뺍니다.
➡ $(12\times7\div2)-(12\times3\div2)=42-18$
$=24$ (cm^2)

다른 풀이 |
밑변의 길이가 4 cm, 높이가 6 cm인 삼각형 2개의 넓이를 더합니다.
➡ $(4\times6\div2)+(4\times6\div2)=12+12$
$=24$ (cm^2)

서술형
73 예 (색칠한 부분의 넓이)
=(사다리꼴의 넓이)−(삼각형의 넓이)
$=(7+11)\times7\div2-(4\times2\div2)$
$=63-4=59$ (cm^2)

단계	문제 해결 과정
①	색칠한 부분의 넓이를 구하는 식을 세웠나요?
②	색칠한 부분의 넓이를 구했나요?

개념 완성 응용력 기르기 167~170쪽

1 110 cm^2
1-1 51 cm^2
1-2 74 cm^2
2 150 cm^2
2-1 270 cm^2
2-2 30 cm
3 4
3-1 8
3-2 22
4 1단계 예 나누어진 작은 정사각형의 한 변의 길이는 $24\div4=6$ (cm)입니다.
보라색 평행사변형의 밑변의 길이가 12 cm, 높이가 6 cm이므로 넓이는 $12\times6=72$ (cm^2)입니다.
연두색 삼각형의 밑변의 길이가 12 cm, 높이가 6 cm이므로 넓이는 $12\times6\div2=36$ (cm^2)입니다.
노란색 마름모의 두 대각선의 길이가 각각 12 cm이므로 넓이는 $12\times12\div2=72$ (cm^2)입니다.
2단계 예 $72+36+72=180$ (cm^2)
/ 180 cm^2
4-1 192 cm^2

1 삼각형 ㉠에서 13 cm인 변을 밑변으로 하면 높이는 $65\times2\div13=10$ (cm)입니다.
사다리꼴의 높이도 10 cm이므로 사다리꼴의 넓이는 $(9+13)\times10\div2=110$ (cm^2)입니다.

1-1 삼각형 ㄹㅁㄷ에서 선분 ㅁㄷ을 밑변으로 하면 높이는 $27\times2\div9=6$ (cm)입니다.
사다리꼴 ㄱㄴㅁㄹ의 높이도 6 cm이고 변 ㄱㄹ은 $4+9=13$ (cm)이므로 사다리꼴 ㄱㄴㅁㄹ의 넓이는 $(13+4)\times6\div2=51$ (cm^2)입니다.

1-2 삼각형 ㄱㅁㄹ의 넓이가 35 cm^{2}이므로
(선분 ㄱㅁ)$=35\times2\div14=5$ (cm)이고
(선분 ㅁㄴ)$=12-5=7$ (cm)입니다.
(색칠한 부분의 넓이)
=(사다리꼴 ㄱㄴㄷㄹ의 넓이)−(삼각형 ㄱㅁㄹ의 넓이)
−(삼각형 ㅁㄴㄷ의 넓이)
$=(14+10)\times12\div2-35-10\times7\div2$
$=144-35-35=74$ (cm^2)

2 삼각형 ㄱㄷㄹ에서 선분 ㄱㄷ을 밑변으로 하면 높이는 6 cm이므로
(삼각형 ㄱㄷㄹ의 넓이)$=18\times6\div2=54$ (cm^2)이고
변 ㄱㄹ을 밑변으로 하면 높이는
$54\times2\div9=12$ (cm)입니다.
➡ (사다리꼴 ㄱㄴㄷㄹ의 넓이)
$=(9+16)\times12\div2=150$ (cm^2)

2-1 삼각형 ㄱㄴㄹ에서 선분 ㄴㄹ을 밑변으로 하면 높이는 9 cm이므로
(삼각형 ㄱㄴㄹ의 넓이)$=20\times9\div2=90$ (cm^2)이고
변 ㄱㄹ을 밑변으로 하면 높이는
$90\times2\div12=15$ (cm)입니다.
➡ (사다리꼴 ㄱㄴㄷㄹ의 넓이)
$=(12+24)\times15\div2=270$ (cm^2)

2-2 사다리꼴 ㄱㄴㄷㄹ에서
$(15+33)\times$(높이)$\div2=336$ (cm^2)이므로
$48\times$(높이)$=672$, (높이)$=672\div48=14$ (cm)입니다.
삼각형 ㄱㄴㄹ에서 변 ㄱㄹ을 밑변으로 하면
높이는 14 cm이므로
(삼각형 ㄱㄴㄹ의 넓이)$=15\times14\div2=105$ (cm^2)
입니다.
삼각형 ㄱㄴㄹ에서 선분 ㄴㄹ을 밑변으로 하면
높이는 7 cm이므로
(선분 ㄴㄹ)$=105\times2\div7=30$ (cm)입니다.

3 삼각형 ㉠에서 6 cm인 선분을 밑변이라고 하면
(㉠의 넓이)$=6\times$(높이)$\div2$이고,
(㉡의 넓이)$=(8+\square)\times$(높이)$\div2$입니다.
(㉡의 넓이)=(㉠의 넓이)$\times2$이므로
$(8+\square)\times$(높이)$\div2=6\times$(높이)$\div2\times2$,
$8+\square=6\times2$, $8+\square=12$, $\square=4$입니다.

3-1 (㉠의 넓이)$=(\square+7)\times$(높이)$\div2$,
(㉡의 넓이)$=5\times$(높이)$\div2$입니다.
(㉠의 넓이)=(㉡의 넓이)$\times3$이므로
$(\square+7)\times$(높이)$\div2=5\times$(높이)$\div2\times3$,
$\square+7=5\times3$, $\square+7=15$, $\square=8$입니다.

3-2 (㉠의 넓이)$=(14+\square)\times$(높이)$\div2$,
(㉡의 넓이)$=9\times$(높이)입니다.
(㉠의 넓이)=(㉡의 넓이)$\times2$이므로
$(14+\square)\times$(높이)$\div2=9\times$(높이)$\times2$,
$(14+\square)\div2=9\times2$, $(14+\square)\div2=18$,
$14+\square=36$, $\square=22$입니다.

4-1 나누어진 작은 정사각형의 한 변의 길이는
$16\div4=4$ (cm)입니다.
주황색, 초록색 삼각형은 밑변의 길이가 16 cm, 높이가 8 cm이므로 넓이는 $16\times8\div2=64$ (cm^2)입니다.
빨간색 삼각형은 밑변의 길이와 높이가 각각 8 cm이므로 넓이는 $8\times8\div2=32$ (cm^2)입니다.
연두색, 파란색 삼각형은 밑변의 길이가 8 cm, 높이가 4 cm이므로 넓이는 $8\times4\div2=16$ (cm^2)입니다.
➡ (집 모양의 넓이)$=64+64+32+16+16$
$=192$ (cm^2)

6단원 단원 평가 Level 1 171~173쪽

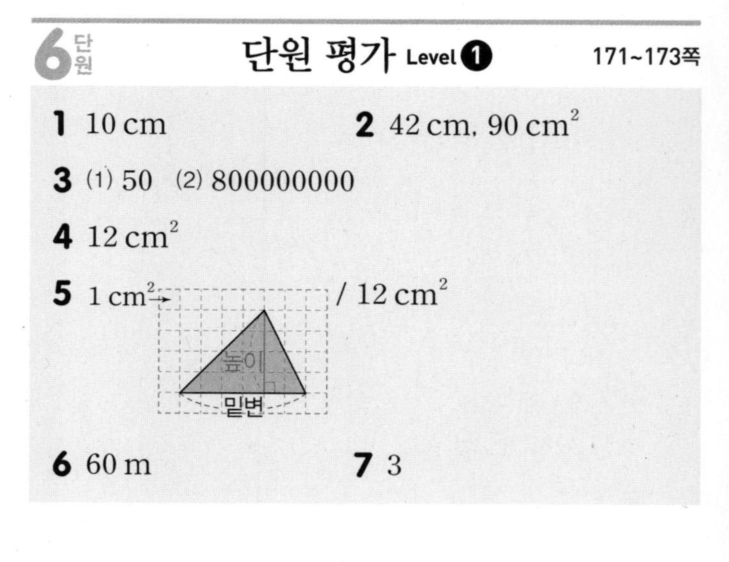

1 10 cm
2 42 cm, 90 cm^2
3 (1) 50 (2) 800000000
4 12 cm^2
5 1 cm^2 / 12 cm^2

6 60 m
7 3

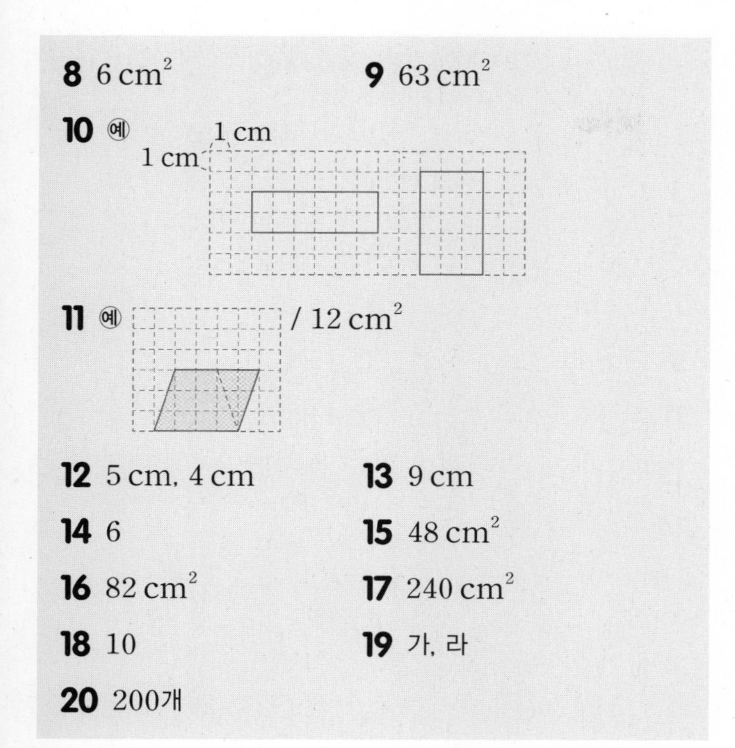

8 $6\,cm^2$ **9** $63\,cm^2$

10 예

11 예 / $12\,cm^2$

12 5 cm, 4 cm **13** 9 cm

14 6 **15** $48\,cm^2$

16 $82\,cm^2$ **17** $240\,cm^2$

18 10 **19** 가, 라

20 200개

1 정다각형의 한 변의 길이에 변의 수를 곱합니다.
(정오각형의 둘레)$=2\times5=10$ (cm)

2 (직사각형의 둘레)$=(15+6)\times2=42$ (cm)
(직사각형의 넓이)$=15\times6=90$ (cm^2)

4 2개를 합하면 $3\,cm^2$, 나머지는 1cm²가 9개이므로 $9\,cm^2$입니다.
따라서 평행사변형의 넓이는 $9+3=12$ (cm^2)입니다.

5 삼각형의 높이는 밑변과 마주 보는 꼭짓점에서 밑변에 수직으로 그은 선분의 길이이므로 4 cm입니다.
(삼각형의 넓이)$=6\times4\div2=12$ (cm^2)

6 (화단의 둘레)$=15\times4=60$ (m)

7 1cm²의 수를 세어 봅니다.
가: $1\,cm^2$가 11개 ➡ $11\,cm^2$
나: $1\,cm^2$가 14개 ➡ $14\,cm^2$
나$-$가$=14-11=3$ (cm^2)

8 마름모의 두 대각선의 길이는 각각 4 cm, 3 cm입니다.
(마름모의 넓이)$=4\times3\div2=6$ (cm^2)

9 (포장지의 넓이)$=(5+13)\times7\div2=63$ (cm^2)

10 직사각형의 둘레는 ((가로)+(세로))$\times$2이므로 둘레가 16 cm인 직사각형의 가로와 세로를 더한 값은 8 cm입니다.

11 삼각형을 잘라 평행사변형을 만들면 만들어진 평행사변형은 삼각형과 밑변의 길이는 같지만 높이가 반으로 줄어듭니다.

12 넓이가 $20\,cm^2$인 직사각형 중에서 둘레가 18 cm이고 가로가 더 긴 경우를 알아봅니다.

가로(cm)	1	2	4	5	10	20
세로(cm)	20	10	5	4	2	1
둘레(cm)	42	24	18	18	24	42

13 높이를 □cm라고 하면
$(11+13)\times\square\div2=108$, $24\times\square\div2=108$,
$24\times\square=216$, $\square=216\div24$, $\square=9$

14 평행사변형의 밑변의 길이를 8 cm라고 하면 높이는 9 cm입니다.
평행사변형의 밑변의 길이를 12 cm라고 하면 높이는 □cm입니다.
$8\times9=12\times\square$, $72=12\times\square$, $\square=72\div12$,
$\square=6$

15

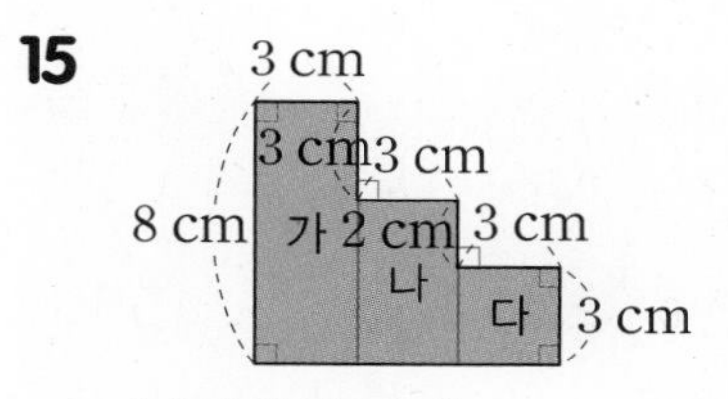

(다각형의 넓이)
$=$(가의 넓이)$+$(나의 넓이)$+$(다의 넓이)
$=(3\times8)+(3\times5)+(3\times3)$
$=24+15+9=48$ (cm^2)

16 (전체 사다리꼴의 넓이)$-$(삼각형의 넓이)
$=(8+14)\times10\div2-(14\times4\div2)$
$=110-28=82$ (cm^2)

17 삼각형 ㄹㄴㄷ에서 밑변의 길이가 20 cm일 때 높이인 변 ㄴㄷ의 길이를 □cm라고 하면
$25\times12\div2=20\times\square\div2$,
$25\times12=20\times\square$, $300=20\times\square$,
$\square=300\div20$, $\square=15$
사다리꼴에서 변 ㄱㄴ과 변 ㄹㄷ이 밑변일 때 높이는 변 ㄴㄷ입니다.
(사다리꼴의 넓이)
$=(12+20)\times15\div2=240$ (cm^2)

18

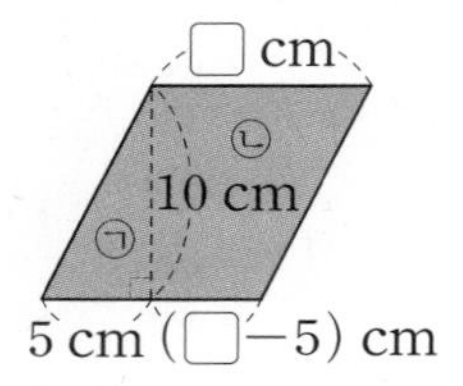

(㉠의 넓이)$=5\times10\div2=25$ (cm²)
(㉡의 넓이)=(㉠의 넓이)$\times3$
$=(□+□-5)\times10\div2=75$ (cm²)
$(□+□-5)\times10=150$,
$□+□-5=15$,
$□+□=20$, $□=10$

다른 풀이 |
(㉠의 넓이)$=5\times10\div2=25$ (cm²)이고
㉡의 넓이는 ㉠의 넓이의 3배이므로 $25\times3=75$ (cm²)입니다.
(평행사변형의 넓이)$=25+75=100$ (cm²)
$□\times10=100$, $□=100\div10$, $□=10$

서술형
19 ㉔ 가, 나, 다, 라는 높이가 4 cm로 모두 같고, 밑변의 길이가 가와 라는 4 cm, 나는 3 cm, 다는 2 cm입니다. 따라서 넓이가 같은 삼각형은 밑변의 길이가 같은 가와 라입니다.

평가 기준	배점(5점)
삼각형의 넓이는 밑변의 길이와 높이가 각각 같으면 모양이 달라도 넓이가 모두 같음을 알고 있나요?	2점
넓이가 같은 두 삼각형을 찾았나요?	3점

서술형
20 ㉔ 벽의 가로는 500 cm, 세로는 400 cm입니다. 타일은 가로로 $500\div25=20$(개)를 붙일 수 있고 세로로 $400\div40=10$(개)를 붙일 수 있습니다.
따라서 필요한 타일은 모두 $20\times10=200$(개)입니다.

평가 기준	배점(5점)
타일을 가로와 세로에 각각 몇 개씩 붙일 수 있는지 구했나요?	2점
필요한 타일의 수를 구했나요?	3점

6단원 단원 평가 Level ❷

174~176쪽

1 라
2 63 cm²
3 24 cm²
4 8 cm
5 9 cm²
6 4 km²
7 40 cm
8 50 cm²
9 1 cm
10 10
11 7
12 44 cm²
13 85 cm²
14 ㉔ 1 cm 1 cm
15 9 cm²
16 66 cm²
17 135 cm²
18 4 cm
19 6 cm
20 25 cm²

1 라는 가, 나, 다와 높이는 같지만 밑변의 길이가 다르므로 넓이가 다릅니다.

2 (직사각형의 넓이)$=9\times7=63$ (cm²)

3 (삼각형의 넓이)$=6\times8\div2=24$ (cm²)

4 (정사각형의 둘레)$=12\times4=48$ (cm)
정육각형의 둘레도 48 cm이므로
정육각형의 한 변의 길이는 $48\div6=8$ (cm)입니다.

5 (정사각형의 넓이)$=5\times5=25$ (cm²)
(사다리꼴의 넓이)$=(7+10)\times4\div2=34$ (cm²)
➡ $34-25=9$ (cm²)

6 (마을의 넓이)$=800\times5000$
$=4000000$(m²)
➡ 4 km²

7

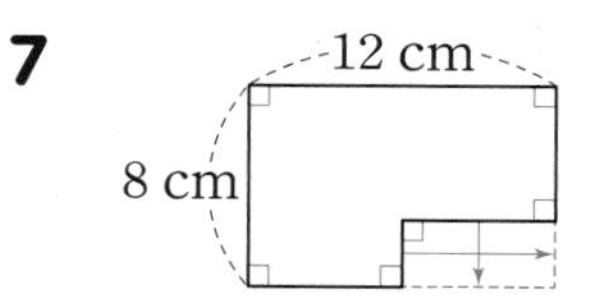

도형의 둘레는 가로가 12 cm, 세로가 8 cm인 직사각형의 둘레와 같습니다.
➡ (도형의 둘레)$=(12+8)\times2=40$ (cm)

8 마름모의 두 대각선의 길이는 각각 원의 지름과 같으므로 $5\times2=10$ (cm)입니다.
(마름모의 넓이)$=10\times10\div2=50$ (cm^2)

9 직사각형의 둘레가 16 cm이므로
가로와 세로의 길이의 합은 $16\div2=8$ (cm)입니다.
따라서 직사각형의 세로는 $8-7=1$ (cm)입니다.

10 $9\times\square=90$, $\square=10$

11 $\square\times4\div2=14$, $\square\times4=28$, $\square=7$

12

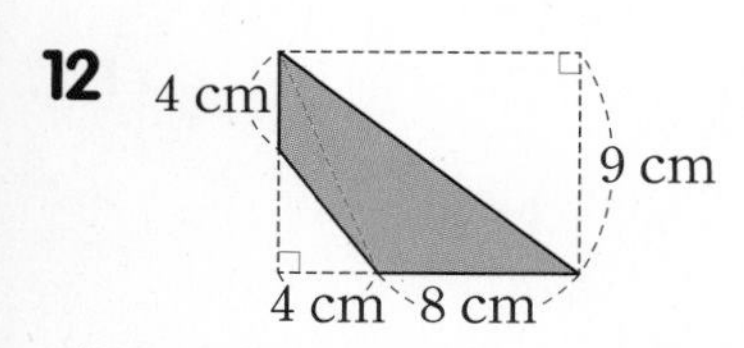

밑변의 길이가 4 cm, 높이가 4 cm인 삼각형과 밑변의 길이가 8 cm, 높이가 9 cm인 삼각형으로 나누어 넓이를 구합니다.
➡ $(4\times4\div2)+(8\times9\div2)=8+36=44$ (cm^2)

13 전체 사다리꼴의 넓이에서 색칠하지 않은 마름모의 넓이를 뺍니다.
➡ $(5+7+5+7)\times10\div2-(7\times10\div2)$
$=120-35=85$ (cm^2)

14 둘레가 12 cm이므로 가로와 세로의 길이의 합이 6 cm가 되는 직사각형을 그립니다.

15 직사각형의 넓이는 $5\times1=5$ (cm^2), $4\times2=8$ (cm^2), $3\times3=9$ (cm^2)이므로 가장 넓은 직사각형의 넓이는 9 cm^{2}입니다.

16 직사각형 ㄱㄴㄷㄹ의 가로가 $96\div8=12$ (cm)이므로 삼각형 ㅁㄴㄷ의 넓이는 $12\times11\div2=66$ (cm^2)입니다.

17 삼각형 ㄱㄷㄹ에서 선분 ㄱㄷ을 밑변으로 하면 높이는 5 cm이므로
(삼각형 ㄱㄷㄹ의 넓이)$=18\times5\div2=45$ (cm^2)이고
변 ㄱㄹ을 밑변으로 하면 높이는
$45\times2\div10=9$ (cm)입니다.
➡ (사다리꼴 ㄱㄴㄷㄹ의 넓이)$=(10+20)\times9\div2$
$=135$ (cm^2)

18 삼각형 ㄱㄴㄷ에서 4 cm인 변을 밑변으로 하면
(삼각형 ㄱㄴㄷ의 넓이)$=4\times$(높이)$\div2$이고,
(평행사변형 ㄱㄷㄹㅁ의 넓이)$=$(선분 ㄷㄹ)$\times$(높이)입니다.
평행사변형의 넓이는 삼각형의 넓이의 2배이므로
(선분 ㄷㄹ)$\times$(높이)$=4\times$(높이)$\div2\times2$,
(선분 ㄷㄹ)$=4\div2\times2=4$ (cm)입니다.
➡ (선분 ㄱㅁ)$=$(선분 ㄷㄹ)$=4$ cm

다른 풀이 |
점 ㅁ과 점 ㄷ을 선분으로 이으면 나누어진 3개의 삼각형의 넓이는 모두 같습니다.
따라서 (선분 ㄱㅁ)$=$(선분 ㄴㄷ)$=$(선분 ㄷㄹ)$=4$ cm입니다.

서술형
19 예 (삼각형의 넓이)$=9\times8\div2=36$ (cm^2)
정사각형의 넓이도 36 cm^{2}이므로 한 변의 길이를 $\square$ cm라고 하면 $\square\times\square=36$, $6\times6=36$이므로 $\square=6$입니다.

평가 기준	배점(5점)
삼각형의 넓이를 구했나요?	2점
정사각형의 한 변의 길이를 구했나요?	3점

서술형
20 예

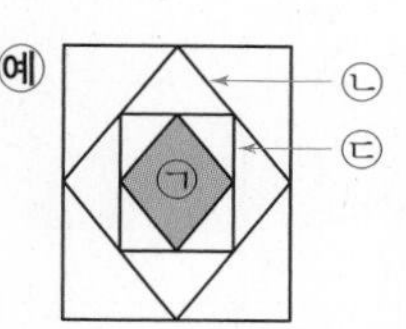

직사각형 안에 그려지는 마름모와 직사각형의 넓이는 반씩 줄어듭니다.
(㉡의 넓이)$=200\div2=100$ (cm^2),
(㉢의 넓이)$=100\div2=50$ (cm^2)이므로
㉠의 넓이는 $50\div2=25$ (cm^2)입니다.

평가 기준	배점(5점)
㉠의 넓이를 구하는 방법을 알고 있나요?	2점
㉠의 넓이를 구했나요?	3점

1 자연수의 혼합 계산

서술형 문제 2~5쪽

1+ 이유 예 덧셈, 뺄셈, 나눗셈이 섞여 있는 식은 나눗셈을 먼저 계산해야 하는데 앞에서부터 차례로 계산해서 틀렸습니다.

바른 계산 예 $12+15\div3-6=12+5-6$
$=17-6=11$

2+ ㉠

3 ㉢
4 9명
5 30개
6 3300원
7 17장
8 7모둠
9 126
10 2600원
11 800원

1+

단계	문제 해결 과정
①	계산이 잘못된 곳을 찾아 이유를 썼나요?
②	바르게 계산했나요?

2+ 예 ㉠ $25-(8+9)=25-17=8$
㉡ $3+12\div3=3+4=7$
$8>7$이므로 계산 결과가 더 큰 것은 ㉠입니다.

단계	문제 해결 과정
①	두 식을 각각 계산했나요?
②	계산 결과가 더 큰 것을 구했나요?

3 예 ㉠ $27-(4+15)=27-19=8$
$27-4+15=23+15=38$
㉡ $5\times(6+7)=5\times13=65$
$5\times6+7=30+7=37$
㉢ $13+(28-15)=13+13=26$
$13+28-15=41-15=26$
따라서 ( )가 없어도 계산 결과가 같은 식은 ㉢입니다.

단계	문제 해결 과정
①	( )가 있는 경우와 없는 경우를 각각 계산했나요?
②	( )가 없어도 계산 결과가 같은 식을 구했나요?

4 예 (안경을 쓴 학생 수)
=(수빈이네 반 전체 학생 수)−(안경을 쓰지 않은 학생 수)
$=14+13-18=27-18=9$(명)

단계	문제 해결 과정
①	안경을 쓴 학생 수를 구하는 식을 세웠나요?
②	안경을 쓴 학생 수를 구했나요?

5 예 귤은 모두 (20×12)개 있으므로 이 귤을 다시 8봉지에 똑같이 나누어 담으려면 한 봉지에
$20\times12\div8=240\div8=30$(개)씩 담아야 합니다.

단계	문제 해결 과정
①	귤을 한 봉지에 몇 개씩 담아야 하는지 식을 세웠나요?
②	귤을 한 봉지에 몇 개씩 담아야 하는지 구했나요?

6 예 사과 2개의 값이 (900×2)원이므로
사과 2개와 귤 2개의 값은 모두
$900\times2+1500=1800+1500=3300$(원)입니다.

단계	문제 해결 과정
①	사과 2개와 귤 2개의 값을 구하는 식을 세웠나요?
②	사과 2개와 귤 2개의 값을 구했나요?

7 예 혜수가 가지고 있는 색종이 수가 $(6+4)$장이므로
정미가 가지고 있는 색종이 수는
$(6+4)\times2-3=10\times2-3=20-3=17$(장)입니다.

단계	문제 해결 과정
①	정미가 가지고 있는 색종이 수를 구하는 식을 세웠나요?
②	정미가 가지고 있는 색종이 수를 구했나요?

8 예 남학생 모둠 수는 $(15\div5)$모둠이고, 여학생 모둠 수는 $(16\div4)$모둠이므로 전체 모둠 수는
$15\div5+16\div4=3+16\div4=3+4=7$(모둠)입니다.

단계	문제 해결 과정
①	만든 모둠 수를 구하는 식을 세웠나요?
②	만든 모둠 수를 구했나요?

9 예 가 대신에 16을, 나 대신에 8을 넣으면
$16★8=16\times8-16\div8=128-16\div8$
$=128-2=126$입니다.

단계	문제 해결 과정
①	16★8을 계산하는 식을 세웠나요?
②	16★8의 값을 구했나요?

10 예 (거스름돈)＝(낸 돈)－(산 학용품의 값)

$=5000-(2000+1200\div3)$

$=5000-(2000+400)$

$=5000-2400=2600$(원)

단계	문제 해결 과정
①	거스름돈으로 얼마를 받아야 하는지 식을 세웠나요?
②	거스름돈으로 얼마를 받아야 하는지 구했나요?

11 예 초콜릿 한 개의 값을 □원이라고 하면

$10000-(1500\times3+□\times5)=1500$,

$1500\times3+□\times5=8500$,

$4500+□\times5=8500$,

$□\times5=4000$, $□=800$

따라서 초콜릿 한 개의 값은 800원입니다.

단계	문제 해결 과정
①	초콜릿 한 개의 값을 □원이라고 하여 식을 세웠나요?
②	초콜릿 한 개의 값을 구했나요?

1단원 단원 평가 Level ①

6~8쪽

1 45÷9에 ○표 **2** ㉢

3 $27\div9+7\times4-10=21$ (① 27÷9, ② 7×4, ③ ①+②, ④ ③−10)

4 60 **5** $6\times5-2\times9=12$

6 ㉢ **7** (1) 27 (2) 40

8 ㉢, ㉠, ㉡ **9** 1400원

10 59권 **11** 9자루

12 36 **13** 6, 5, 3

14 118 **15** 33 cm

16 5개 **17** 50, 14

18 －, ×, ÷, ＋ **19** 75개

20 3400원

1 곱셈, 나눗셈을 덧셈, 뺄셈보다 먼저 계산합니다. 곱셈, 나눗셈은 앞에서부터 차례로 계산합니다.

2 ㉢ $16\div(4\times2)$ (① 4×2, ② 16÷①)

3 덧셈, 뺄셈, 곱셈, 나눗셈이 섞여 있는 식은 곱셈과 나눗셈을 먼저 계산합니다.

$27\div9+7\times4-10=3+7\times4-10$

$=3+28-10$

$=31-10=21$

4 ㉠ $33-21+15=12+15=27$

㉡ $16+(28-4)-7=16+24-7$

$=40-7=33$

➡ ㉠＋㉡$=27+33=60$

5 $6\times5=30$

$30-2\times9=12$

➡ $6\times5-2\times9=12$

6 덧셈, 뺄셈, 나눗셈이 섞여 있는 식에서는 나눗셈을 먼저 계산해야 하므로 나눗셈에 (　)가 있는 경우나 없는 경우는 계산 결과가 같습니다.

7 (1) $36\div6+3\times7=6+21=27$

(2) $57-42\div6-(8+2)=57-42\div6-10$

$=57-7-10=40$

8 ㉠ $(18-3)\div5\times4=15\div5\times4$

$=3\times4=12$

㉡ $7\times3-5\times2=21-10$

$=11$

㉢ $3\times8-(5-2)=3\times8-3$

$=24-3=21$

➡ ㉢＞㉠＞㉡

9 가게에서 산 과자와 음료수의 값은 $(800\times3+1200)$원입니다.

(거스름돈)$=5000-(800\times3+1200)$

$=5000-(2400+1200)$

$=5000-3600=1400$(원)

10 현주네 반 학급 문고에 있는 책은 $(48+37)$권입니다.

(학급 문고에 남은 책 수)

$=48+37-26=85-26=59$(권)

11 연필 한 타는 12자루이므로 30타는 (12×30)자루입니다.
(한 사람에게 나누어 줄 수 있는 연필 수)
$=12\times30\div40=360\div40=9$(자루)

12 $(42-\square)\times3+21=39$
$(42-\square)\times3=39-21$
$(42-\square)\times3=18$
$42-\square=18\div3$
$42-\square=6$
$\square=42-6=36$

13 $\boxed{①}-\boxed{②}+\boxed{\ }=4$
①에는 ②보다 큰 수가 들어가야 합니다.
(5, 3, 6), (6, 3, 5), (6, 5, 3)을 차례로 □ 안에 넣어 봅니다.
$5-3+6=2+6=8$ (×)
$6-3+5=3+5=8$ (×)
$6-5+3=1+3=4$ (○)

14 $14 ★ 8=14\times8+(14-8)$
$=14\times8+6=112+6=118$

15 (이어 붙인 색 테이프의 전체 길이)
=(전체가 72 cm인 색 테이프 한 도막의 길이)
+(전체가 60 cm인 색 테이프 한 도막의 길이)
−(겹쳐진 부분의 길이)
$=72\div3+60\div5-3$
$=24+60\div5-3$
$=24+12-3=36-3=33$ (cm)

16 $(12+20)\div8=32\div8=4$
$19-35\div7-4=19-5-4$
$=14-4=10$
따라서 $4<\square<10$이므로 □ 안에 들어갈 수 있는 자연수는 5, 6, 7, 8, 9로 모두 5개입니다.

17 계산 결과가 가장 크려면 곱해지는 수는 가장 크고 빼는 수는 가장 작아야 하고, 계산 결과가 가장 작으려면 곱해지는 수는 가장 작고 빼는 수는 가장 커야 합니다.
가장 클 때: $4+6\times8-2=4+48-2$
$=52-2=50$
가장 작을 때: $4+2\times8-6=4+16-6$
$=20-6=14$

18 $50-4\times10\div2+3=50-40\div2+3$
$=50-20+3$
$=30+3=33$

서술형
19 예 정훈이와 윤아가 가지고 있는 구슬 수가 $(34+29)$개이므로 민호가 가지고 있는 구슬 수는
$(34+29)\times2-51=63\times2-51=126-51$
$=75$(개)입니다.

평가 기준	배점(5점)
민호가 가지고 있는 구슬 수를 구하는 식을 세웠나요?	2점
민호가 가지고 있는 구슬 수를 구했나요?	3점

서술형
20 예 수제비 4인분을 만들기 위해 필요한 재료의 값이
$(3200\div2+1000\times2+3000)$원이므로
10000원으로 재료를 사고 남은 돈은
$10000-(3200\div2+1000\times2+3000)$
$=10000-(1600+2000+3000)$
$=10000-6600=3400$(원)입니다.

평가 기준	배점(5점)
필요한 재료를 사고 남은 돈은 얼마인지 구하는 식을 세웠나요?	2점
필요한 재료를 사고 남은 돈은 얼마인지 구했나요?	3점

1 단원 단원 평가 Level 2 9~11쪽

1 ④
2 24
3 96
4 ②
5 ㉢
6 $45\div(9-4)+7=16$
7 $(3+4)\times6-5=37$
8 12
9 $42-21+13=34$ / 34명
10 4개
11 $(24+40)\div8-3=5$
12 5
13 ÷
14 27
15 32대
16 39
17 7개
18 25개
19 64개
20 6

1 (　)가 있는 식에서는 (　) 안을 가장 먼저 계산합니다.

2 $26+16\div(4\times2)-4=26+16\div8-4$
$=26+2-4$
$=28-4=24$

3 $67-36\div6+(2+3)\times7$
$=67-36\div6+5\times7$
$=67-6+5\times7$
$=67-6+35$
$=61+35=96$

4 ② $5+(7-5)=5+2=7$
$5+7-5=12-5=7$

5 ㉠ $(2+3)\times4-5=5\times4-5$
$=20-5=15$
㉡ $2+3\times4-5=2+12-5$
$=14-5=9$
㉢ $4\div2+5\times3=2+5\times3$
$=2+15=17$

6 $45\div5+7=16$에서 5 대신에 $9-4$를 (　)를 사용하여 넣습니다.

7 $(3+4)\times6-5=7\times6-5$
$=42-5=37$

8 $45\div(8-3)+27=45\div5+27$
$=9+27=36$
$32-72\div(2+7)=32-72\div9$
$=32-8=24$
➡ $36-24=12$

9 (버스에 타고 있는 사람 수)
=(처음에 타고 있던 사람 수)−(내린 사람 수)
+(탄 사람 수)
$=42-21+13$
$=21+13=34$(명)

10 (한 사람에게 줄 수 있는 사탕 수)
$=8\times3\div(3+3)$
$=8\times3\div6$
$=24\div6=4$(개)

11 $24+40\div(8-3)=24+40\div5$
$=24+8=32$ (×)
$(24+40)\div8-3=64\div8-3$
$=8-3=5$ (○)

12 $64\div8\times\square=40$
$8\times\square=40$
$\square=40\div8=5$

13 $(18-16)\times2=2\times2=4$이므로 $5\times4 \bigcirc 5=4$입니다.
$5\times4 \bigcirc 5=20 \bigcirc 5=4$
$20\div5=4$이므로 ◯ 안에 알맞은 기호는 ÷입니다.

14 $18▲12=(18-12)\times2+(18+12)\div2$
$=6\times2+30\div2$
$=12+30\div2$
$=12+15=27$

15 (4월에 판 자동차 수)=25대
(5월에 판 자동차 수)=(4월에 판 자동차 수)−7
(6월에 판 자동차 수)
=(4월에 판 자동차 수−7)×2−4
$=(25-7)\times2-4$
$=18\times2-4$
$=36-4=32$(대)

16 어떤 수를 □라고 하면 잘못 계산한 식은
$\square\times3-34=11$이므로 $\square\times3=11+34=45$,
$\square=45\div3=15$입니다.
따라서 바르게 계산하면 $15\div3+34=5+34=39$입니다.

17 $30+64\div8=30+8=38$
$\square+5\times6=38$인 경우 $\square+30=38$, $\square=8$입니다.
$\square+5\times6<38$이어야 하므로 □ 안에 들어갈 수 있는 자연수는 1부터 7까지로 모두 7개입니다.

18 (은형이가 하루에 판 사과 수)
+(소라가 하루에 판 사과 수)
−(미림이가 하루에 판 사과 수)
$=52+144\div3-300\div4$
$=52+48-75$
$=100-75=25$(개)

서술형
19 예 막대 사탕의 수 (24×5)개 중에서 (7×8)개를 팔았으므로 남은 막대 사탕의 수는
$24\times5-7\times8=120-7\times8$
$=120-56=64$(개)입니다.

평가 기준	배점(5점)
남은 막대 사탕의 수를 구하는 식을 세웠나요?	2점
남은 막대 사탕의 수를 구했나요?	3점

서술형
20 예 $9◎□=9\times3+(9-□)\times2$이므로
$9\times3+(9-□)\times2=33$입니다.
$27+(9-□)\times2=33$,
$(9-□)\times2=33-27=6$,
$9-□=6\div2=3$,
$□=9-3=6$

평가 기준	배점(5점)
□를 포함한 식을 세웠나요?	2점
□ 안에 알맞은 수를 구했나요?	3점

2 약수와 배수

서술형 문제 12~15쪽

1+ 방법 1 예 10의 배수는 10, 20, 30, 40, 50, 60, ..., 15의 배수는 15, 30, 45, 60, ...이고, 10과 15의 공배수가 30, 60, ...이므로 10과 15의 최소공배수는 30입니다.
방법 2 예 5) 10 15
    2 3
10과 15의 최소공배수는 $5\times2\times3=30$입니다.

2+ 1, 2, 3, 6, 9, 18

3 방법 1 예 $12=2\times6$, $30=5\times6$
따라서 12와 30의 최대공약수는 6입니다.
방법 2 예 2) 12 30
3) 6 15
    2 5
따라서 12와 30의 최대공약수는 $2\times3=6$입니다.

4 10개
5 96
6 12, 24, 36
7 18 cm
8 3번
9 오전 9시 45분
10 7, 14
11 105

1+

단계	문제 해결 과정
①	두 수의 공배수를 이용하여 최소공배수를 구했나요?
②	두 수의 공약수로 나누어 최소공배수를 구했나요?

2+ 예 두 수의 공약수는 두 수의 최대공약수의 약수와 같습니다.
따라서 두 수의 공약수는 18의 약수인 1, 2, 3, 6, 9, 18입니다.

단계	문제 해결 과정
①	공약수와 최대공약수의 관계를 알고 있나요?
②	두 수의 공약수를 모두 구했나요?

3

단계	문제 해결 과정
①	한 가지 방법으로 최대공약수를 구했나요?
②	다른 한 가지 방법으로 최대공약수를 구했나요?

4 ㉠ 48의 약수는 48을 나누어떨어지게 하는 수이므로 1, 2, 3, 4, 6, 8, 12, 16, 24, 48입니다.
따라서 48의 약수는 모두 10개입니다.

단계	문제 해결 과정
①	48의 약수를 모두 구했나요?
②	48의 약수는 모두 몇 개인지 구했나요?

5 ㉠ 100보다 작은 16의 배수 중에서 가장 큰 수는 $16\times6=96$입니다.
100보다 큰 16의 배수 중에서 가장 작은 수는 $16\times7=112$입니다.
따라서 96과 112 중에서 100에 더 가까운 수는 96입니다.

단계	문제 해결 과정
①	100보다 작은 수와 100보다 큰 수 중에서 100에 가장 가까운 16의 배수를 구했나요?
②	100에 가장 가까운 16의 배수를 구했나요?

6 ㉠ 두 수의 공배수는 두 수의 최소공배수의 배수와 같습니다.
따라서 두 수의 공배수는 12의 배수인 12, 24, 36, ... 입니다.

단계	문제 해결 과정
①	공배수와 최소공배수의 관계를 알고 있나요?
②	두 수의 공배수를 가장 작은 수부터 3개 구했나요?

7 ㉠

$$\begin{array}{r|rr} 2 & 54 & 90 \\ 3 & 27 & 45 \\ 3 & 9 & 15 \\ \hline & 3 & 5 \end{array}$$

54와 90의 최대공약수는 $2\times3\times3=18$입니다.
따라서 정사각형의 한 변의 길이를 18 cm로 해야 합니다.

단계	문제 해결 과정
①	54와 90의 최대공약수를 구했나요?
②	정사각형의 한 변의 길이를 구했나요?

8 ㉠ 3과 5의 최소공배수가 15이므로 두 사람은 출발점에서 15분마다 만나게 됩니다.
출발 후 15분, 30분, 45분, 60분, ...에 출발점에서 만나므로 50분 동안 3번 다시 만납니다.

단계	문제 해결 과정
①	3과 5의 최소공배수를 구했나요?
②	출발 후 50분 동안 출발점에서 몇 번 다시 만나는지 구했나요?

9 ㉠

$$\begin{array}{r|rr} 3 & 15 & 9 \\ \hline & 5 & 3 \end{array}$$

15와 9의 최소공배수는 $3\times5\times3=45$입니다.
따라서 두 버스는 45분마다 동시에 출발하므로 다음번에 처음으로 두 버스가 동시에 출발하는 시각은 45분 후인 오전 9시 45분입니다.

단계	문제 해결 과정
①	15와 9의 최소공배수를 구했나요?
②	다음번에 처음으로 두 버스가 동시에 출발하는 시각을 구했나요?

10 ㉠ $44-2=42$와 $58-2=56$을 각각 어떤 수로 나누면 나누어떨어집니다.
42와 56의 공약수는 1, 2, 7, 14입니다.
어떤 수가 될 수 있는 수는 42와 56의 공약수 중에서 2보다 큰 수이므로 7, 14입니다.

단계	문제 해결 과정
①	42와 56의 공약수를 구했나요?
②	어떤 수가 될 수 있는 수를 모두 구했나요?

11 ㉠ 3의 배수이면서 5의 배수인 수는 3과 5의 공배수이므로 3과 5의 최소공배수인 15의 배수입니다.
15의 배수 중에서 가장 작은 세 자리 수를 구하면 $15\times6=90$, $15\times7=105$이므로 105입니다.

단계	문제 해결 과정
①	조건을 만족하는 수가 15의 배수임을 알았나요?
②	조건을 만족하는 수 중에서 가장 작은 수를 구했나요?

2단원 단원 평가 Level ❶ 16~18쪽

1 (1) 1, 2, 4, 7, 14, 28
(2) 1, 2, 3, 5, 6, 10, 15, 30

2 6, 12, 18, 24, 30

3 (○)(　)
(　)(○)

4 3명, 17명

5 ⑤

6 24

7 24, 144

8 6 / 1, 2, 3, 6

9 ㉢

10 9, 36에 ○표

11 20, 40, 60

12 ㉡

13 7개

14 354, 534 **15** 36조각
16 21 **17** 8
18 52 **19** 135
20 68

1 (1) $28\div1=28$, $28\div2=14$, $28\div4=7$, $28\div7=4$, $28\div14=2$, $28\div28=1$
(2) $30\div1=30$, $30\div2=15$, $30\div3=10$, $30\div5=6$, $30\div6=5$, $30\div10=3$, $30\div15=2$, $30\div30=1$

2 $6\times1=6$, $6\times2=12$, $6\times3=18$, $6\times4=24$, $6\times5=30$이므로 6의 배수는 6, 12, 18, 24, 30, ... 입니다.

3 $27\div9=3$이므로 9는 27의 약수입니다.
$144\div12=12$이므로 12는 144의 약수입니다.

4 $51\div3=17$, $51\div17=3$이므로 지우개 51개를 남김 없이 똑같이 나누어 가질 수 있는 사람 수는 3명, 17명 입니다.

5 $3\times13=39$ ➡ 39는 3과 13의 배수이고, 3과 13은 39의 약수입니다. 39의 약수는 1, 3, 13, 39입니다.
$7\times12=84$ ➡ 84는 7과 12의 배수이고, 7과 12는 84의 약수입니다.

6 $1\times24=24$, $2\times12=24$, $3\times8=24$, $4\times6=24$ 이므로 24의 약수를 쓴 것입니다.

7
2) 48 72
2) 24 36
2) 12 18
3) 6 9
2 3
➡ 최대공약수: $2\times2\times2\times3=24$
최소공배수: $2\times2\times2\times3\times2\times3=144$

8
2) 30 42
3) 15 21
5 7
30과 42의 최대공약수: $2\times3=6$
30과 42의 공약수: 최대공약수 6의 약수인 1, 2, 3, 6

9 두 수의 최대공약수를 구하면 ㉠ 9, ㉡ 7, ㉢ 14입니다. 따라서 최대공약수가 가장 큰 것은 ㉢입니다.

10 $9\times2=18$이므로 9는 18의 약수이고, 18은 9의 배수입니다. 또 $18\times2=36$이므로 18은 36의 약수이고, 36은 18의 배수입니다.

11 두 수의 공배수는 두 수의 최소공배수의 배수와 같습니다. 따라서 두 수의 공배수는 20의 배수인 20, 40, 60, ...입니다.

12 ㉠ 12의 배수: 12, 24, 36, 48, ...
8의 배수: 8, 16, 24, 32, ...
➡ 12의 배수가 모두 8의 배수인 것은 아닙니다.
㉡ 21의 배수: 21, 42, 63, 84, ...
7의 배수: 7, 14, 21, 28, 35, 42, ...
➡ 21이 7의 배수이므로 21의 배수는 모두 7의 배수입니다.

13 4의 배수이면서 7의 배수인 수는 4와 7의 공배수입니다. 두 수의 공배수는 4와 7의 최소공배수인 28의 배수와 같습니다.
따라서 $28\times7=196$, $28\times8=224$이므로 1부터 200까지의 자연수 중에서 28의 배수는 모두 7개입니다.

14 수 카드로 만들 수 있는 세 자리 수는 345, 354, 435, 453, 534, 543입니다.
이 중에서 6으로 나누어떨어지는 경우를 알아보면 $354\div6=59$, $534\div6=89$입니다.
따라서 6의 배수는 354, 534입니다.

15 가장 큰 정사각형 모양으로 남는 부분 없이 잘라야 하므로 두 변의 길이의 최대공약수를 한 변의 길이로 해야 합니다.
2) 54 24
3) 27 12
9 4 ➡ 최대공약수: $2\times3=6$
따라서 한 변의 길이가 6 cm인 정사각형으로 나누면 가로로 $54\div6=9$(개)씩 세로로 $24\div6=4$(줄)이 되므로 모두 $9\times4=36$(조각)이 됩니다.

16 7의 배수는 7, 14, 21, 28, ...입니다.
(7의 약수의 합)$=1+7=8$
(14의 약수의 합)$=1+2+7+14=24$
(21의 약수의 합)$=1+3+7+21=32$
따라서 조건을 모두 만족하는 수는 21입니다.

17 30과 46을 ■로 나누면 나머지가 6이므로
$30-6=24$, $46-6=40$은 ■로 나누어떨어집니다.
즉, ■는 24와 40의 공약수입니다.

$$\begin{array}{r|ll} 2 & 24 & 40 \\ \hline 2 & 12 & 20 \\ \hline 2 & 6 & 10 \\ \hline & 3 & 5 \end{array}$$

➡ 최대공약수: $2\times2\times2=8$

24와 40의 공약수는 8의 약수인 1, 2, 4, 8이고, ■는 나머지 6보다 커야 하므로 8입니다.

18 어떤 수를 □라고 하면 39와 □의 최대공약수가 13이므로

$$\begin{array}{r|ll} 13 & 39 & \square \\ \hline & 3 & \triangle \end{array}$$

입니다.
39와 □의 최소공배수가 $13\times3\times\triangle=156$이므로
$39\times\triangle=156$, $\triangle=156\div39=4$입니다.
따라서 어떤 수는 $13\times\triangle=13\times4=52$입니다.

서술형
19 ⓔ 9, 18, 27, 36, ...은 9의 배수입니다.
따라서 15번째 수는 $9\times15=135$입니다.

평가 기준	배점(5점)
어떤 수의 배수인지 구했나요?	2점
15번째 수를 구했나요?	3점

서술형
20 ⓔ 구하는 수를 □라고 하면 □-5는 7과 9로 나누어떨어지므로 □-5는 7과 9의 공배수 중에서 가장 작은 수입니다.
7과 9의 최소공배수가 63이므로 □$=63+5=68$입니다.

평가 기준	배점(5점)
구하는 수보다 5 작은 수가 7과 9의 공배수임을 알았나요?	2점
조건을 만족하는 수를 구했나요?	3점

2단원 단원 평가 Level ❷ 19~21쪽

1 ㉡	**2** 10
3 ②, ④	**4** ③
5 ②, ⑤	**6** 42
7 9, 135	**8** 6개
9 48	**10** 8개
11 180	**12** 15명
13 30장	**14** 2번
15 16번	**16** 21
17 12	**18** 32개

19 혜진 / ⓔ 24와 36의 공약수 중에서 가장 큰 수는 24와 36의 최대공약수인 12입니다.
20 96

1 ㉠ 45의 약수: 1, 3, 5, 9, 15, 45 ➡ 6개
㉡ 30의 약수: 1, 2, 3, 5, 6, 10, 15, 30 ➡ 8개
㉢ 64의 약수: 1, 2, 4, 8, 16, 32, 64 ➡ 7개

2 어떤 수의 약수 중 가장 작은 수는 1이고, 가장 큰 수는 어떤 수 자신이므로 40의 약수를 쓴 것입니다.
$40\div1=40$, $40\div2=20$, $40\div4=10$,
$40\div5=8$, $40\div8=5$, $40\div\boxed{10}=4$,
$40\div20=2$, $40\div40=1$

3 ① $24\div4=6$　　② $34\div4=8\cdots2$
③ $40\div4=10$　　④ $58\div4=14\cdots2$
⑤ $60\div4=15$
4로 나누어떨어지지 않는 수는 ② 34, ④ 58입니다.

4 ① 1, ② 8은 16의 약수이고 ④ 32, ⑤ 64는 16의 배수입니다.

5 9의 배수도 되고 15의 배수도 되는 수는 9와 15의 공배수입니다.
9와 15의 최소공배수가 45이므로 9와 15의 공배수는 45, 90, 135, ... 입니다.

6 ㉠과 ㉡의 공약수 중에서 가장 큰 수는 ㉠과 ㉡의 최대공약수이므로 $2\times3\times7=42$입니다.

7
$$\begin{array}{r|ll} 3 & 27 & 45 \\ \hline 3 & 9 & 15 \\ \hline & 3 & 5 \end{array}$$

➡ 최대공약수: $3\times3=9$
최소공배수: $3\times3\times3\times5=135$

8 두 수의 공약수는 두 수의 최대공약수의 약수와 같습니다.
따라서 두 수의 공약수는 32의 약수인 1, 2, 4, 8, 16, 32로 모두 6개입니다.

9 6과 8의 최소공배수가 24이므로 6과 8의 공배수는 24, 48, 72, ...입니다. 그중에서 30보다 크고 50보다 작은 수는 48입니다.

10 3과 4의 최소공배수가 12이므로 3과 4의 공배수 중에서 두 자리 수는 12, 24, 36, 48, 60, 72, 84, 96으로 모두 8개입니다.

11 6과 20의 최소공배수는 60입니다.
6과 20의 공배수가 60, 120, 180, 240, ... 이므로 200에 가장 가까운 수는 180입니다.

12
$$\begin{array}{r|rr} 3 & 60 & 45 \\ \hline 5 & 20 & 15 \\ \hline & 4 & 3 \end{array}$$
➡ 최대공약수: $3 \times 5 = 15$
따라서 최대 15명에게 나누어 줄 수 있습니다.

13 6과 5의 최소공배수가 30이므로 한 변이 30 cm인 정사각형을 만들어야 합니다.
따라서 종이를 가로에 $30 \div 6 = 5$(장), 세로에 $30 \div 5 = 6$(장) 놓아야 하므로 모두 $5 \times 6 = 30$(장) 필요합니다.

14 7과 5의 최소공배수가 35이므로 35분에 한 번씩 만나게 됩니다.
따라서 출발점에서 35분, 70분에 2번 다시 만납니다.

15 검은색 바둑돌을 연아는 3의 배수 자리마다, 주희는 2의 배수 자리마다 놓아야 하므로 같은 자리에 검은색 바둑돌이 놓일 때는 3과 2의 최소공배수인 6의 배수 자리입니다.
$100 \div 6 = 16 \cdots 4$로 100까지의 수에는 6의 배수가 16번 있으므로 같은 자리에 검은색 바둑돌이 놓이는 경우는 모두 16번입니다.

16 다른 한 수를 □라고 하면 두 수의 최대공약수가 7이므로 다음과 같습니다.
$$\begin{array}{r|rr} 7 & 35 & \square \\ \hline & 5 & \triangle \end{array}$$
최소공배수가 105이므로 $7 \times 5 \times \triangle = 105$,
$35 \times \triangle = 105$, $\triangle = 105 \div 35 = 3$입니다.
따라서 다른 한 수 □는 $7 \times \triangle = 7 \times 3 = 21$입니다.

17 $26 - 2 = 24$와 $39 - 3 = 36$을 어떤 수로 나누면 나누어떨어집니다.
어떤 수는 24와 36의 공약수이고, 어떤 수 중에서 가장 큰 수는 24와 36의 최대공약수입니다.
$$\begin{array}{r|rr} 2 & 24 & 36 \\ \hline 2 & 12 & 18 \\ \hline 3 & 6 & 9 \\ \hline & 2 & 3 \end{array}$$
➡ 최대공약수: $2 \times 2 \times 3 = 12$

18
$$\begin{array}{r|rr} 2 & 56 & 72 \\ \hline 2 & 28 & 36 \\ \hline 2 & 14 & 18 \\ \hline & 7 & 9 \end{array}$$
➡ 최대공약수: $2 \times 2 \times 2 = 8$
$56 \div 8 = 7$, $72 \div 8 = 9$이므로 울타리를 설치하는 데 필요한 말뚝은 모두 $(7 + 9) \times 2 = 32$(개)입니다.

서술형
19

평가 기준	배점(5점)
잘못 말한 사람을 찾았나요?	2점
이유를 바르게 썼나요?	3점

서술형
20 예 두 수의 공배수는 두 수의 최소공배수인 32의 배수와 같으므로 32, 64, 96, 128, ... 입니다.
따라서 두 수의 공배수 중에서 가장 큰 두 자리 수는 96입니다.

평가 기준	배점(5점)
최소공배수와 공배수의 관계를 알고 두 수의 공배수를 구했나요?	3점
두 수의 공배수 중에서 가장 큰 두 자리 수를 구했나요?	2점

3 규칙과 대응

서술형 문제 22~25쪽

1⁺ (사탕의 수)$\times 450=$(사탕값)
(사탕값)$\div 450=$(사탕의 수)

2⁺ 32개

3 (자른 횟수)$+1=$(도막의 수)
또는 (도막의 수)$-1=$(자른 횟수)

4 ㉮ 개미 다리의 수(◇)는 개미의 수(○)의 6배입니다.

5 22

6 (묶음의 수)$\times 12=$(색종이의 수)
또는 (색종이의 수)$\div 12=$(묶음의 수)

7 오전 10시

8 ㉮ 오징어 한 축은 20마리이므로 오징어의 수는 오징어 축의 수의 20배입니다.
오징어 축의 수를 ◎, 오징어의 수를 □라고 할 때, 두 양 사이의 대응 관계를 식으로 나타내면 ◎$\times 20=$□입니다.

9 △$\times 3=$○ 또는 ○$\div 3=$△

10 20개 **11** 15개

1⁺ ㉮ 사탕의 수에 450을 곱하면 사탕값과 같습니다.
➡ (사탕의 수)$\times 450=$(사탕값)
사탕값을 450으로 나누면 사탕의 수와 같습니다.
➡ (사탕값)$\div 450=$(사탕의 수)

단계	문제 해결 과정
①	사탕의 수와 사탕값 사이의 대응 관계를 한 가지 식으로 나타냈나요?
②	사탕의 수와 사탕값 사이의 대응 관계를 다른 한 가지 식으로 나타냈나요?

2⁺ ㉮ 호두빵의 수와 호두의 수 사이의 대응 관계를 식으로 나타내면 (호두빵의 수)$\times 4=$(호두의 수)입니다.
따라서 호두빵 8개를 만드는 데 필요한 호두는
$8\times 4=32$(개)입니다.

단계	문제 해결 과정
①	호두빵의 수와 호두의 수 사이의 대응 관계를 식으로 나타냈나요?
②	호두빵 8개를 만드는 데 필요한 호두의 수를 구했나요?

3 ㉮ 끈을 자른 횟수에 1을 더하면 도막의 수와 같습니다.
따라서 (자른 횟수)$+1=$(도막의 수) 또는
(도막의 수)$-1=$(자른 횟수)입니다.

단계	문제 해결 과정
①	자른 횟수와 도막의 수 사이의 대응 관계를 구했나요?
②	자른 횟수와 도막의 수 사이의 대응 관계를 식으로 나타냈나요?

4

단계	문제 해결 과정
①	식에 알맞은 상황을 썼나요?

5 ㉮ $3+4=7$, $6+4=10$, $9+4=13$, $12+4=16$, ...이므로 (윤호가 말한 수)$+4=$(나연이가 답한 수)입니다.
따라서 윤호가 18이라고 말할 때 나연이가 답해야 할 수는 $18+4=22$입니다.

단계	문제 해결 과정
①	윤호가 말한 수와 나연이가 답한 수 사이의 대응 관계를 구했나요?
②	나연이가 답해야 하는 수를 구했나요?

6 ㉮ 한 묶음에 색종이가 12장이므로 묶음의 수를 12배 하면 색종이의 수와 같습니다. 따라서 묶음의 수와 색종이의 수 사이의 대응 관계를 식으로 나타내면
(묶음의 수)$\times 12=$(색종이의 수) 또는
(색종이의 수)$\div 12=$(묶음의 수)입니다.

단계	문제 해결 과정
①	묶음의 수와 색종이의 수 사이의 대응 관계를 구했나요?
②	묶음의 수와 색종이의 수 사이의 대응 관계를 식으로 나타냈나요?

7 ㉮ 서울의 시각은 런던의 시각보다 9시간 빠릅니다.
➡ (런던의 시각)$=$(서울의 시각)-9
따라서 서울이 오후 7시일 때 런던의 시각은
오후 7시$-$9시간$=$오전 10시입니다.

단계	문제 해결 과정
①	서울의 시각과 런던의 시각 사이의 대응 관계를 구했나요?
②	서울이 오후 7시일 때 런던의 시각을 구했나요?

8

단계	문제 해결 과정
①	대응 관계를 찾고, 두 양의 기호를 정하여 대응 관계를 알맞은 식으로 나타냈나요?

9 ㉮

층수(층)	1	2	3	4	…
성냥개비 수(개)	3	6	9	12	…

(층수)×3=(성냥개비의 수) 또는
(성냥개비의 수)÷3=(층수)입니다.
따라서 △×3=○ 또는 ○÷3=△입니다.

단계	문제 해결 과정
①	층수와 성냥개비의 수 사이의 대응 관계를 구했나요?
②	△와 ○ 사이의 대응 관계를 식으로 나타냈나요?

10 예

사각형의 수(개)	1	2	3	…
삼각형의 수(개)	2	4	6	…

삼각형의 수는 사각형의 수의 2배이므로
(사각형의 수)×2=(삼각형의 수)입니다.
따라서 사각형이 10개일 때 삼각형은 10×2=20(개)입니다.

단계	문제 해결 과정
①	사각형의 수와 삼각형의 수 사이의 대응 관계를 식으로 나타냈나요?
②	사각형이 10개일 때 삼각형은 몇 개인지 구했나요?

11 예 호떡의 수에 600을 곱하면 호떡값이므로 호떡값을 600으로 나누면 호떡의 수입니다.
➡ (호떡값)÷600=(호떡의 수)
따라서 9000원으로 호떡을 9000÷600=15(개) 살 수 있습니다.

단계	문제 해결 과정
①	호떡의 수와 호떡값 사이의 대응 관계를 구했나요?
②	9000원으로 살 수 있는 호떡의 수를 구했나요?

3단원 단원 평가 Level 1 26~28쪽

1 4 **2** 8, 9

3 예 정우의 나이에서 3을 빼면 동생의 나이와 같습니다. 또는 동생의 나이에 3을 더하면 정우의 나이와 같습니다.

4 (정우의 나이)−3=(동생의 나이) 또는 (동생의 나이)+3=(정우의 나이)

5 지아

6 ◇×10=△ 또는 △÷10=◇

7 120개 **8** 27마리

9 예 파란색 사각판의 수에 4를 더하면 초록색 사각판의 수와 같습니다. 또는 초록색 사각판의 수에서 4를 빼면 파란색 사각판의 수와 같습니다.

10 △+4=○ 또는 ○−4=△

11 19개 **12** 4, 6, 8, 10

13 예 □×2+2=○ **14** 18개

15 120, 480 / 1200 g

16 ○+1=▽ 또는 ▽−1=○

17 18분 **18** 25개

19 예 언니의 나이(◇)는 동생의 나이(△)보다 4살 더 많습니다.

20 1650개

1 사각형은 변이 4개이므로 사각형 변의 수는 사각형의 수의 4배입니다.

5 민유: 팔찌의 수와 구슬의 수를 각각 다른 기호로 나타낼 수 있습니다.
시현: 팔찌의 수를 8배 하면 구슬의 수와 같고, 구슬의 수를 8로 나누면 팔찌의 수와 같습니다.
지아: 구슬의 수는 팔찌의 수의 8배이므로 항상 팔찌의 수에 따라 변합니다.
따라서 잘못 설명한 사람은 지아입니다.

6 오징어 한 마리의 다리가 10개이므로 오징어의 수를 10배 하면 오징어 다리의 수가 됩니다.

7 (오징어의 수)×10=(오징어 다리의 수)
➡ 12×10=120(개)

8 (오징어 다리의 수)÷10=(오징어의 수)
➡ 270÷10=27(마리)

11 (파란색 사각판의 수)+4=(초록색 사각판의 수)
➡ 15+4=19(개)

13 식탁이 1개 늘어날 때마다 의자가 2개 늘어나므로 식탁의 수에 2를 곱합니다. 처음 식탁에서는 의자가 2개 더 놓여 있으므로 식탁의 수에 2를 곱하고 2를 더합니다.

14 (식탁의 수)×2+2=(의자의 수)
➡ 8×2+2=18(개)

15 화병 2개의 무게가 240 g이므로 화병 한 개의 무게는 120 g입니다. 두 양 사이의 대응 관계를 식으로 나타내면 (화병의 수) $\times$ 120 = (화병의 무게)입니다.
따라서 화병 10개의 무게는 $10 \times 120 = 1200$ (g)입니다.

16 철근을 한 번 자르면 2도막, 2번 자르면 3도막, 3번 자르면 4도막이 되므로 도막의 수는 철근을 자른 횟수보다 1만큼 더 큽니다.

17 철근 도막이 10도막이 되게 하려면 철근을 $10-1=9$(번) 잘라야 합니다.
철근을 한 번 자르는 데 2분이 걸리므로 철근을 9번 자르는 데 $2 \times 9 = 18$(분)이 걸립니다.

18 첫째, 둘째: 1개
셋째, 넷째: $1+3=4$(개)
다섯째, 여섯째: $1+3+5=9$(개)
배열 순서가 짝수일 경우 필요한 검은색 바둑돌의 수는 {(배열 순서) ÷ 2} × {(배열 순서) ÷ 2}입니다.
따라서 열째에는 검은색 바둑돌이 $5 \times 5 = 25$(개) 필요합니다.

서술형
19

평가 기준	배점(5점)
식에 알맞은 상황을 썼나요?	5점

서술형
20 예 성훈이는 하루에 윗몸 말아 올리기를 $25+30=55$(개)씩 하므로 날수에 55를 곱하면 윗몸 말아 올리기를 한 개수입니다.
4월은 30일까지 있으므로 성훈이가 30일 동안 윗몸 말아 올리기를 한 개수는 $55 \times 30 = 1650$(개)입니다.

평가 기준	배점(5점)
윗몸 말아 올리기를 한 개수와 날수 사이의 대응 관계를 구했나요?	3점
30일 동안 윗몸 말아 올리기를 모두 몇 개 했는지 구했나요?	2점

3단원 단원 평가 Level ❷ 29~31쪽

1 90, 120, 150
2 예 그림의 수는 상영 시간의 30배와 같습니다.
또는 상영 시간은 그림의 수를 30으로 나눈 몫과 같습니다.
3 4, 6, 9
4 예 누름 못의 수는 도화지의 수보다 1만큼 더 큽니다.
또는 도화지의 수는 누름 못의 수보다 1만큼 더 작습니다.
5 오후 5시, 오후 8시
6 예 시작 시각과 끝나는 시각은 2시간 차이가 납니다.
7 ○+2=◇ 또는 ◇−2=○
8 ○×13=☆ 또는 ☆÷13=○
9 2700, 3600, 4500
10 □×900=○ 또는 ○÷900=□
11 81000원
12 예 (배열 순서) × (배열 순서) = (바둑돌의 수)
13 81개
14 예 ☆×2−1=○
15 15개
16 11, 5
17 예 △×2+1=○
18 9월 14일 오후 1시
19 2098년
20 예 180°×(△−2)=□

2 상영 시간이 1초씩 늘어날 때마다 그림은 30장씩 늘어납니다.

6 끝나는 시각은 시작 시각보다 2시간 후입니다.
또는 시작 시각은 끝나는 시각보다 2시간 전입니다.

11 솜사탕이 90개 팔렸다면 판매 금액은 $90 \times 900 = 81000$(원)입니다.

12

배열 순서	1	2	3	4	…
바둑돌의 수(개)	1	4	9	16	…

배열 순서와 바둑돌의 수 사이의 대응 관계를 식으로 나타내면 (배열 순서) × (배열 순서) = (바둑돌의 수)입니다.

13 아홉째에 놓을 바둑돌은 $9 \times 9 = 81$(개)입니다.

14

☆	1	2	3	…
○	1	3	5	…

☆과 ○ 사이의 대응 관계를 식으로 나타내면 ☆×2−1=○입니다.

15 ☆×2−1=○이므로 ☆=8일 때 ○=8×2−1=15입니다.

16 노을이는 재우가 말한 수의 2배보다 1만큼 더 큰 수를 답합니다.

17 재우가 말한 수에 2를 곱하고 1을 더하면 노을이가 답한 수가 됩니다.

18 (서울의 시각)$-13=$(오타와의 시각)
서울이 9월 15일 오전 2시이면 오타와의 시각은 13시간 전인 9월 14일 오후 1시입니다.

서술형
19 예 2022년에 혜교 동생의 나이가 4살이므로 연도와 나이 사이의 대응 관계를 식으로 나타내면
(나이)$+2018=$(연도)입니다.
따라서 혜교의 동생이 80살일 때는
$80+2018=2098$(년)입니다.

평가 기준	배점(5점)
연도와 나이 사이의 대응 관계를 구했나요?	3점
혜교 동생이 80살일 때의 연도를 구했나요?	2점

서술형
20 예 (사각형의 모든 각의 크기의 합)
$=180^\circ\times2=180^\circ\times(4-2)$
(오각형의 모든 각의 크기의 합)
$=180^\circ\times3=180^\circ\times(5-2)$
(육각형의 모든 각의 크기의 합)
$=180^\circ\times4=180^\circ\times(6-2)$
➡ $180^\circ\times(\triangle-2)=\square$

평가 기준	배점(5점)
△와 □ 사이의 대응 관계를 구했나요?	2점
△와 □ 사이의 대응 관계를 식으로 나타냈나요?	3점

참고 | 삼각형의 세 각의 크기의 합은 180°입니다.

4 약분과 통분

서술형 문제 32~35쪽

1+ $\frac{1}{5}$

2+ 예 $\frac{5}{6}=\frac{5\times5}{6\times5}=\frac{25}{30}$
$\frac{7}{10}=\frac{7\times3}{10\times3}=\frac{21}{30}$
$\frac{25}{30}>\frac{21}{30}$이므로 $\frac{5}{6}>\frac{7}{10}$입니다.

3 $3\frac{25}{45}$, $4\frac{6}{45}$

4 $\frac{15}{35}$

5 $\frac{15}{20}$

6 0.6, $\frac{17}{25}$, $1\frac{1}{2}$

7 5개

8 3조각

9 $\frac{5}{6}$, $\frac{3}{8}$

10 5개

11 매실나무

1+ 예 상훈이가 먹은 사탕은 전체의 $\frac{4}{20}$입니다.
따라서 기약분수로 나타내면 $\frac{4}{20}=\frac{4\div4}{20\div4}=\frac{1}{5}$입니다.

단계	문제 해결 과정
①	먹은 사탕은 전체의 얼마인지 분수로 나타냈나요?
②	먹은 사탕은 전체의 얼마인지 기약분수로 나타냈나요?

2+

단계	문제 해결 과정
①	두 분수를 통분했나요?
②	두 분수의 크기를 비교했나요?

3 예 두 분모 9와 15의 최소공배수는 45이므로 45를 공통분모로 하여 통분합니다.
$3\frac{5}{9}=3\frac{5\times5}{9\times5}=3\frac{25}{45}$,
$4\frac{2}{15}=4\frac{2\times3}{15\times3}=4\frac{6}{45}$

단계	문제 해결 과정
①	두 분모의 최소공배수를 구했나요?
②	두 분수를 통분했나요?

4 예 $\frac{3}{7}$과 크기가 같은 분수는 분모와 분자에 0이 아닌 같은 수를 곱하여 만들 수 있습니다.
분모가 30보다 크고 40보다 작아야 하므로 $7\times5=35$에서 분모와 분자에 각각 5를 곱하면 $\frac{3}{7}=\frac{3\times5}{7\times5}=\frac{15}{35}$입니다.

단계	문제 해결 과정
①	크기가 같은 분수를 만드는 방법을 알고 있나요?
②	조건을 만족하는 분수를 구했나요?

5 예 $\frac{3}{4}$과 크기가 같은 분수는 $\frac{6}{8}$, $\frac{9}{12}$, $\frac{12}{16}$, $\frac{15}{20}$, …입니다.
$20-15=5$이므로 분모와 분자의 차가 5인 분수는 $\frac{15}{20}$입니다.

단계	문제 해결 과정
①	$\frac{3}{4}$과 크기가 같은 분수를 구했나요?
②	①의 분수 중에서 분모와 분자의 차가 5인 분수를 구했나요?

6 예 $\frac{17}{25}=\frac{68}{100}=0.68$, $1\frac{1}{2}=1\frac{5}{10}=1.5$입니다.
$0.6<0.68<1.5$이므로 작은 수부터 차례로 쓰면 0.6, $\frac{17}{25}$, $1\frac{1}{2}$입니다.

단계	문제 해결 과정
①	두 분수를 각각 소수로 나타냈나요?
②	세 수를 작은 수부터 차례로 썼나요?

7 예 $\frac{3}{10}=\frac{9}{30}$, $\frac{5}{6}=\frac{25}{30}$이므로 $\frac{9}{30}$보다 크고 $\frac{25}{30}$보다 작은 분수 중에서 분모가 30인 분수는 $\frac{10}{30}$, $\frac{11}{30}$, … $\frac{23}{30}$, $\frac{24}{30}$입니다.

이 중에서 기약분수는 $\frac{11}{30}$, $\frac{13}{30}$, $\frac{17}{30}$, $\frac{19}{30}$, $\frac{23}{30}$으로 모두 5개입니다.

단계	문제 해결 과정
①	$\frac{3}{10}$보다 크고 $\frac{5}{6}$보다 작은 분수 중에서 분모가 30인 분수를 구했나요?
②	①의 분수 중에서 분모가 30인 기약분수는 모두 몇 개인지 구했나요?

8 예 혜주는 전체의 $\frac{1}{4}$을 먹었습니다.
$\frac{1}{4}$과 같은 크기인 분모가 12인 분수가 $\frac{3}{12}$이므로 진영이는 전체의 $\frac{3}{12}$을 먹어야 합니다.
따라서 혜주와 같은 양을 먹으려면 진영이는 3조각을 먹어야 합니다.

단계	문제 해결 과정
①	진영이가 먹어야 하는 케이크의 양을 크기가 같은 분수를 이용하여 설명했나요?
②	진영이가 먹어야 하는 케이크의 조각 수를 구했나요?

9 예 두 분수를 각각 분모와 분자의 최대공약수로 약분하여 기약분수로 나타냅니다.
24와 20의 최대공약수는 4이고, 24와 9의 최대공약수는 3입니다.
$\frac{20}{24}=\frac{20\div4}{24\div4}=\frac{5}{6}$,
$\frac{9}{24}=\frac{9\div3}{24\div3}=\frac{3}{8}$

단계	문제 해결 과정
①	두 분수의 분모와 분자의 최대공약수를 각각 구했나요?
②	두 분수를 기약분수로 나타냈나요?

10 예 $\frac{9}{20}=\frac{45}{100}=0.45$이므로 $0.45<0.\square$입니다.
따라서 □ 안에 들어갈 수 있는 수는 5, 6, 7, 8, 9로 모두 5개입니다.

단계	문제 해결 과정
①	분수를 소수로 나타냈나요?
②	□ 안에 들어갈 수 있는 수는 모두 몇 개인지 구했나요?

11 예 $\frac{1}{6}=\frac{1\times3}{6\times3}=\frac{3}{18}$, $\frac{4}{9}=\frac{4\times2}{9\times2}=\frac{8}{18}$이므로
$\frac{8}{18}>\frac{5}{18}>\frac{3}{18}$ ➡ $\frac{4}{9}>\frac{5}{18}>\frac{1}{6}$입니다.
따라서 가장 넓은 부분에 심은 나무는 매실나무입니다.

단계	문제 해결 과정
①	세 분수를 통분하여 크기를 비교했나요?
②	가장 넓은 부분에 심은 나무를 구했나요?

4단원 단원 평가 Level 1 36~38쪽

1 예 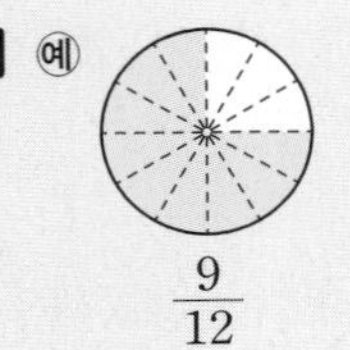 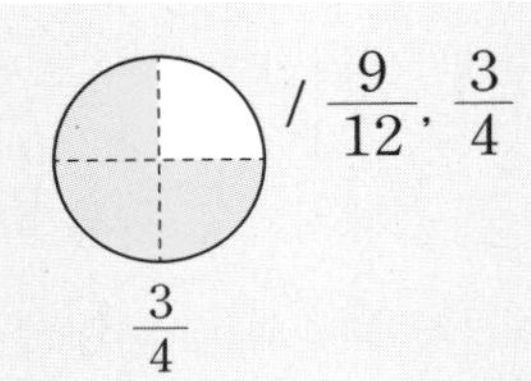 / $\frac{9}{12}$, $\frac{3}{4}$

$\frac{9}{12}$ $\frac{4}{6}$ $\frac{3}{4}$

2 5

3 $\frac{15}{18}$, $\frac{5}{6}$, $\frac{60}{72}$

4 (1) $\frac{3}{8}$ (2) $\frac{2}{5}$

5 2, 3, 4, 6, 12

6 ④

7 (1) $\frac{84}{96}$, $\frac{40}{96}$ (2) $\frac{30}{45}$, $\frac{24}{45}$

8 $1\frac{3}{4}$, $2\frac{1}{3}$

9 $\frac{15}{90}$, $\frac{81}{90}$

10 7, 6 / $>$

11 (1) $<$ (2) $>$

12 $\frac{6}{11}$

13 과자

14 $\frac{4}{9}$, $\frac{7}{12}$, $\frac{5}{6}$

15 3개

16 18개

17 0.25

18 6

19 $\frac{2}{14}$, $\frac{36}{52}$ /

예 $\frac{2}{14}=\frac{2\div2}{14\div2}=\frac{1}{7}$, $\frac{36}{52}=\frac{36\div4}{52\div4}=\frac{9}{13}$로 약분이 되기 때문에 기약분수가 아닙니다.

20 11, 12, 13

2 $\frac{\square}{6}=\frac{\square\times8}{6\times8}=\frac{\square\times8}{48}=\frac{40}{48}$에서
$\square\times8=40$이므로 $\square=40\div8=5$입니다.

3 $\frac{30}{36}=\frac{30\div2}{36\div2}=\frac{15}{18}$
$\frac{30}{36}=\frac{30\div6}{36\div6}=\frac{5}{6}$
$\frac{30}{36}=\frac{30\times2}{36\times2}=\frac{60}{72}$

4 (1) $\frac{6}{16}=\frac{6\div2}{16\div2}=\frac{3}{8}$
(2) $\frac{12}{30}=\frac{12\div6}{30\div6}=\frac{2}{5}$

5 $\frac{60}{72}$을 약분할 때 분모와 분자를 나눌 수 있는 수는 72와 60의 최대공약수가 12이므로 12의 약수 중 1을 제외한 2, 3, 4, 6, 12입니다.

6 6과 8의 최소공배수가 24이므로 공통분모가 될 수 있는 수는 24의 배수인 24, 48, 72, 96, 120, ...입니다.

7 (1) $\frac{7}{8}=\frac{7\times12}{8\times12}=\frac{84}{96}$,
$\frac{5}{12}=\frac{5\times8}{12\times8}=\frac{40}{96}$
(2) $\frac{2}{3}=\frac{2\times15}{3\times15}=\frac{30}{45}$,
$\frac{8}{15}=\frac{8\times3}{15\times3}=\frac{24}{45}$

8 수직선에서 한 칸을 12로 나누었으므로 작은 눈금 한 칸의 크기는 $\frac{1}{12}$입니다.
㉠은 $1\frac{9}{12}$이므로 기약분수로 나타내면 $1\frac{3}{4}$이고, ㉡은 $2\frac{4}{12}$이므로 기약분수로 나타내면 $2\frac{1}{3}$입니다.

9 6과 10의 최소공배수가 30이므로 100에 가장 가까운 공배수는 $30\times3=90$, $30\times4=120$에서 90입니다.
따라서 90을 공통분모로 하여 통분하면
$\left(\frac{1}{6}, \frac{9}{10}\right) \Rightarrow \left(\frac{15}{90}, \frac{81}{90}\right)$입니다.

10 분모가 10인 분수로 약분하여 분자의 크기를 비교합니다.

11 (1) $1\frac{3}{5}=1\frac{6}{10}=1.6$이므로 $1.36<1.6$입니다.
(2) $2\frac{27}{50}=2\frac{54}{100}=2.54$이므로 $2.54>2.285$입니다.

12 윤아네 반 여학생 수는 $33-15=18$(명)입니다.
따라서 윤아네 반 여학생은 전체의 $\frac{18}{33}$이므로 기약분수로 나타내면 $\frac{18}{33}=\frac{6}{11}$입니다.

13 $\frac{5}{9}=\frac{35}{63}$, $\frac{3}{7}=\frac{27}{63}$이므로 $\frac{5}{9}>\frac{3}{7}$입니다.
따라서 설탕을 더 많이 사용한 것은 과자입니다.

다른 풀이 |

분모와 분자의 차가 같은 분수는 분모가 클수록 큰 수입니다.

$\frac{5}{9} > \frac{3}{7}$이므로 설탕을 더 많이 사용한 것은 과자입니다.
$\llcorner 9>7 \lrcorner$

14 $\left(\frac{4}{9}, \frac{5}{6}\right) \Rightarrow \left(\frac{8}{18}, \frac{15}{18}\right) \Rightarrow \frac{4}{9}<\frac{5}{6}$

$\left(\frac{5}{6}, \frac{7}{12}\right) \Rightarrow \left(\frac{10}{12}, \frac{7}{12}\right) \Rightarrow \frac{5}{6}>\frac{7}{12}$

$\left(\frac{4}{9}, \frac{7}{12}\right) \Rightarrow \left(\frac{16}{36}, \frac{21}{36}\right) \Rightarrow \frac{4}{9}<\frac{7}{12}$

$\Rightarrow \frac{4}{9}<\frac{7}{12}<\frac{5}{6}$

15 $\frac{3}{10}=\frac{15}{50}$, $\frac{11}{25}=\frac{22}{50}$이므로 $\frac{15}{50}$와 $\frac{22}{50}$ 사이에 있는 분수는 $\frac{16}{50}$, $\frac{17}{50}$, $\frac{18}{50}$, $\frac{19}{50}$, $\frac{20}{50}$, $\frac{21}{50}$입니다.

이 중에서 기약분수는 $\frac{17}{50}$, $\frac{19}{50}$, $\frac{21}{50}$로 모두 3개입니다.

16 $\frac{5}{\square}$가 기약분수가 아니므로 □는 5의 배수입니다.

$99 \div 5=19 \cdots 4$이므로 99까지의 수 중에서 5의 배수는 19개이고, 이 중 한 자리 수인 5를 빼면 18개입니다. 따라서 □ 안에 들어갈 수 있는 두 자리 수는 모두 18개입니다.

17 수 카드 2장으로 만들 수 있는 진분수는 $\frac{2}{3}$, $\frac{2}{7}$, $\frac{2}{8}$, $\frac{3}{7}$, $\frac{3}{8}$, $\frac{7}{8}$입니다.

이 중에서 가장 작은 분수는 $\frac{2}{8}$입니다.

$\Rightarrow \frac{2}{8}=\frac{1}{4}=\frac{25}{100}=0.25$

18 $\frac{5}{8}$와 크기가 같은 분수를 알아보면

$\frac{5}{8}=\frac{10}{16}=\frac{15}{24}=\frac{20}{32}=\frac{25}{40}=\cdots$입니다.

$\frac{19}{34}$의 분모와 분자에 6을 더하면 $\frac{25}{40}$가 되므로 6을 더해야 합니다.

서술형
19

평가 기준	배점(5점)
기약분수가 아닌 분수를 모두 찾았나요?	2점
그 이유를 썼나요?	3점

서술형
20 예 세 분수의 분자를 모두 40으로 같게 만들면

$\frac{40}{70}<\frac{40}{\square \times 5}<\frac{40}{52}$입니다.

$52<\square \times 5<70$이므로 □ 안에 들어갈 수 있는 자연수는 11, 12, 13입니다.

평가 기준	배점(5점)
세 분수의 분자를 모두 같게 하여 분모의 크기를 비교했나요?	3점
□ 안에 들어갈 수 있는 자연수를 모두 구했나요?	2점

4단원 단원 평가 Level ❷

39~41쪽

1 $\frac{4}{14}$, $\frac{24}{84}$, $\frac{2}{7}$

2 $\frac{12}{20}$, $\frac{6}{10}$, $\frac{3}{5}$

3 ②

4 $\frac{25}{30}$, $\frac{8}{30}$

5 8개

6 14, $\frac{3}{5}$

7 $\frac{5}{6}$, $\frac{3}{4}$, $\frac{5}{8}$

8 선영

9 $\frac{11}{36}$, $\frac{13}{36}$

10 $\frac{4}{9}$, $\frac{5}{12}$

11 파란색

12 1.3, 0.9, $\frac{3}{5}$, $\frac{1}{2}$

13 $\frac{24}{30}$

14 $\frac{10}{24}$, $\frac{15}{36}$

15 5개

16 $\frac{20}{21}$

17 $\frac{4}{9}$

18 0.6

19 $\frac{15}{40}$, $\frac{14}{40}$

20 4개

1 $\frac{12}{42}=\frac{12 \div 3}{42 \div 3}=\frac{4}{14}$, $\frac{12}{42}=\frac{12 \times 2}{42 \times 2}=\frac{24}{84}$,

$\frac{12}{42}=\frac{12 \div 6}{42 \div 6}=\frac{2}{7}$

2 40과 24의 공약수는 1, 2, 4, 8입니다.

$\frac{24}{40}=\frac{24 \div 2}{40 \div 2}=\frac{12}{20}$

$\frac{24}{40}=\frac{24 \div 4}{40 \div 4}=\frac{6}{10}$

$\frac{24}{40}=\frac{24 \div 8}{40 \div 8}=\frac{3}{5}$

3 공통분모가 될 수 있는 수는 두 분모의 공배수입니다.
9와 6의 최소공배수가 18이므로 공통분모가 될 수 있는 수는 18의 배수인 18, 36, 54, 72, 90, ...입니다.

4 가장 작은 공통분모로 통분하려면 6과 15의 최소공배수인 30으로 통분해야 합니다.
$\frac{5}{6}=\frac{5\times5}{6\times5}=\frac{25}{30}$,
$\frac{4}{15}=\frac{4\times2}{15\times2}=\frac{8}{30}$

5 분모가 16인 진분수는 $\frac{1}{16}$, $\frac{2}{16}$, $\frac{3}{16}$, $\frac{4}{16}$, $\frac{5}{16}$, $\frac{6}{16}$, $\frac{7}{16}$, $\frac{8}{16}$, $\frac{9}{16}$, $\frac{10}{16}$, $\frac{11}{16}$, $\frac{12}{16}$, $\frac{13}{16}$, $\frac{14}{16}$, $\frac{15}{16}$입니다.
이 중에서 기약분수는 $\frac{1}{16}$, $\frac{3}{16}$, $\frac{5}{16}$, $\frac{7}{16}$, $\frac{9}{16}$, $\frac{11}{16}$, $\frac{13}{16}$, $\frac{15}{16}$로 모두 8개입니다.

6 기약분수로 나타내려면 분모와 분자를 그들의 최대공약수로 나누어야 합니다.
70과 42의 최대공약수가 14이므로
$\frac{42}{70}=\frac{42\div14}{70\div14}=\frac{3}{5}$입니다.

7 $\left(\frac{5}{6}, \frac{5}{8}\right) \Rightarrow \left(\frac{20}{24}, \frac{15}{24}\right) \Rightarrow \frac{5}{6}>\frac{5}{8}$
$\left(\frac{5}{8}, \frac{3}{4}\right) \Rightarrow \left(\frac{5}{8}, \frac{6}{8}\right) \Rightarrow \frac{5}{8}<\frac{3}{4}$
$\left(\frac{5}{6}, \frac{3}{4}\right) \Rightarrow \left(\frac{10}{12}, \frac{9}{12}\right) \Rightarrow \frac{5}{6}>\frac{3}{4}$이므로
$\frac{5}{6}>\frac{3}{4}>\frac{5}{8}$ 입니다.

8 $43\frac{2}{5}=43\frac{4}{10}$ ⊘> $43\frac{3}{10}$
따라서 몸무게가 더 무거운 사람은 선영입니다.

9 분모를 36으로 통분하면 $\frac{2}{9}=\frac{8}{36}$, $\frac{5}{12}=\frac{15}{36}$입니다.
$\frac{8}{36}$과 $\frac{15}{36}$ 사이의 분수 중에서 분모가 36인 기약분수는 $\frac{11}{36}$, $\frac{13}{36}$입니다.

10 $\frac{16}{36}=\frac{16\div4}{36\div4}=\frac{4}{9}$,
$\frac{15}{36}=\frac{15\div3}{36\div3}=\frac{5}{12}$

11 $\frac{27}{50}=\frac{54}{100}=0.54$
$\Rightarrow 0.54>0.5$
따라서 파란색 끈의 길이가 더 짧습니다.

12 모두 소수로 나타내어 크기를 비교합니다.
$\frac{3}{5}=\frac{6}{10}=0.6$, $\frac{1}{2}=\frac{5}{10}=0.5$
$\Rightarrow 1.3>0.9>\frac{3}{5}>\frac{1}{2}$

13 어떤 분수를 $\frac{\triangle}{\square}$라고 하면 $\frac{\triangle\div6}{\square\div6}=\frac{4}{5}$입니다.
$\triangle\div6=4$이므로 $\triangle=4\times6=24$이고,
$\square\div6=5$이므로 $\square=5\times6=30$입니다.
따라서 어떤 분수는 $\frac{24}{30}$입니다.

14 $\frac{5}{12}=\frac{10}{24}=\frac{15}{36}=\frac{20}{48}=\cdots$
각 분수의 분모와 분자의 차를 구해 보면
$12-5=7$, $24-10=14$, $36-15=21$,
$48-20=28$, ...이므로 분모와 분자의 차가 10보다 크고 25보다 작은 분수는 $\frac{10}{24}$, $\frac{15}{36}$입니다.

15 $\frac{3}{8}$과 $\frac{9}{16}$를 분모가 32인 분수로 통분하면
$\frac{12}{32}<\frac{\square}{32}<\frac{18}{32}$이므로 $12<\square<18$입니다.
따라서 □ 안에 들어갈 수 있는 자연수는 13, 14, 15, 16, 17로 모두 5개입니다.

16 분수를 6으로 약분한 것이 $\frac{3}{4}$이므로 약분하기 전의 분수는 $\frac{3\times6}{4\times6}=\frac{18}{24}$입니다.
어떤 분수를 $\frac{\triangle}{\square}$라고 하면 $\frac{\triangle-2}{\square+3}=\frac{18}{24}$이므로 어떤 분수는 $\frac{20}{21}$입니다.

17
- $\frac{1}{2}$보다 작은 분수는 분자를 2배 한 수가 분모보다 작아야 하므로 $\frac{1}{12}$, $\frac{1}{3}$, $\frac{4}{9}$입니다.
- $\frac{1}{12}<\frac{7}{18}$, $\frac{1}{3}<\frac{7}{18}$, $\frac{4}{9}>\frac{7}{18}$ 이므로 두 조건을 모두 만족하는 수는 $\frac{4}{9}$입니다.

18 만들 수 있는 진분수는 $\frac{1}{3}$, $\frac{1}{5}$, $\frac{3}{5}$, $\frac{1}{9}$, $\frac{3}{9}$, $\frac{5}{9}$입니다.

크기를 비교하면

$\frac{1}{9}<\frac{1}{5}<\frac{1}{3}\left(=\frac{3}{9}\right)<\frac{5}{9}\left(=\frac{25}{45}\right)<\frac{3}{5}\left(=\frac{27}{45}\right)$

이므로 가장 큰 분수는 $\frac{3}{5}$입니다.

➡ $\frac{3}{5}=\frac{6}{10}=0.6$

서술형

19 예 8과 20의 최소공배수는 40인데 분모의 곱을 공통분모로 하여 통분했으므로 틀렸습니다.

$\left(\frac{3}{8}, \frac{7}{20}\right)$ ➡ $\left(\frac{3\times5}{8\times5}, \frac{7\times2}{20\times2}\right)$ ➡ $\left(\frac{15}{40}, \frac{14}{40}\right)$

평가 기준	배점(5점)
통분이 잘못된 이유를 썼나요?	2점
바르게 통분했나요?	3점

서술형

20 예 $\frac{\square}{6}=\frac{\square\times4}{24}$이므로 $\square\times4<17$입니다.

따라서 □ 안에 들어갈 수 있는 자연수는 1, 2, 3, 4로 모두 4개입니다.

평가 기준	배점(5점)
$\frac{\square}{6}$를 분모가 24인 분수로 나타냈나요?	2점
□ 안에 들어갈 수 있는 자연수는 모두 몇 개인지 구했나요?	3점

5 분수의 덧셈과 뺄셈

서술형 문제 42~45쪽

1+ 방법 1 예 분모의 곱을 공통분모로 하여 통분한 후 계산합니다.

$\frac{7}{8}-\frac{1}{6}=\frac{42}{48}-\frac{8}{48}=\frac{34}{48}=\frac{17}{24}$

방법 2 예 분모의 최소공배수를 공통분모로 하여 통분한 후 계산합니다.

$\frac{7}{8}-\frac{1}{6}=\frac{21}{24}-\frac{4}{24}=\frac{17}{24}$

2+ $1\frac{11}{60}$시간

3 이유 예 통분할 때 분모와 분자에 각각 같은 수를 곱해야 하는데 $\frac{2}{15}$의 분모에는 3을 곱하고, 분자에는 1을 곱하여 틀렸습니다.

바른 계산 예 $\frac{17}{45}+\frac{2}{15}=\frac{17}{45}+\frac{2\times3}{15\times3}$
$=\frac{17}{45}+\frac{6}{45}=\frac{23}{45}$

4 $4\frac{1}{18}$ L

5 $3\frac{11}{20}$ kg

6 $\frac{5}{14}$

7 $7\frac{3}{10}$

8 4개

9 $2\frac{11}{12}$

10 $2\frac{1}{6}$ m

11 $\frac{1}{4}$ L

1+

단계	문제 해결 과정
①	분모의 곱으로 통분하여 계산하는 방법을 설명했나요?
②	분모의 최소공배수로 통분하여 계산하는 방법을 설명했나요?

2+ 예 (인정이가 오늘 공부한 시간)
=(영어를 공부한 시간)+(수학을 공부한 시간)
$=\frac{3}{5}+\frac{7}{12}=\frac{36}{60}+\frac{35}{60}=\frac{71}{60}=1\frac{11}{60}$(시간)

단계	문제 해결 과정
①	오늘 공부한 시간을 구하는 식을 세웠나요?
②	오늘 공부한 시간을 구했나요?

3

단계	문제 해결 과정
①	계산이 잘못된 곳을 찾아 이유를 썼나요?
②	바르게 계산했나요?

4 ㉮ 세영이가 만든 회색 페인트는

$2\frac{1}{6}+1\frac{8}{9}=2\frac{3}{18}+1\frac{16}{18}=3\frac{19}{18}=4\frac{1}{18}$ (L)입니다.

단계	문제 해결 과정
①	회색 페인트는 몇 L인지 구하는 식을 세웠나요?
②	회색 페인트는 몇 L인지 구했나요?

5 ㉮ (두 사람의 몸무게의 차)

=(승훈이의 몸무게)−(지수의 몸무게)

$=42\frac{4}{5}-39\frac{1}{4}=42\frac{16}{20}-39\frac{5}{20}=3\frac{11}{20}$ (kg)

단계	문제 해결 과정
①	두 사람의 몸무게의 차를 구하는 식을 세웠나요?
②	두 사람의 몸무게의 차를 구했나요?

6 ㉮ 피자 전체를 1이라고 하면 민지가 먹고 남은 피자는

전체의 $1-\frac{5}{14}=\frac{14}{14}-\frac{5}{14}=\frac{9}{14}$입니다.

따라서 혜련이가 먹은 피자는 전체의

$\frac{9}{14}-\frac{2}{7}=\frac{9}{14}-\frac{4}{14}=\frac{5}{14}$입니다.

단계	문제 해결 과정
①	민지가 먹고 남은 피자가 전체의 얼마인지 구했나요?
②	혜련이가 먹은 피자가 전체의 얼마인지 구했나요?

7 ㉮ $\square-2\frac{4}{5}=4\frac{1}{2}$이므로 $\square=4\frac{1}{2}+2\frac{4}{5}$입니다.

$\square=4\frac{1}{2}+2\frac{4}{5}=4\frac{5}{10}+2\frac{8}{10}=6\frac{13}{10}=7\frac{3}{10}$

단계	문제 해결 과정
①	빼셈과 덧셈의 관계를 이용하여 □를 구하는 식을 세웠나요?
②	□ 안에 알맞은 분수를 구했나요?

8 ㉮ $4\frac{9}{10}-1\frac{7}{15}=4\frac{27}{30}-1\frac{14}{30}=3\frac{13}{30}$

$4\frac{8}{9}+2\frac{5}{6}=4\frac{16}{18}+2\frac{15}{18}=6\frac{31}{18}=7\frac{13}{18}$

$3\frac{13}{30}<\square<7\frac{13}{18}$이므로 □ 안에 들어갈 수 있는 자연수는 4, 5, 6, 7로 모두 4개입니다.

단계	문제 해결 과정
①	분수의 뺄셈과 덧셈을 각각 계산했나요?
②	□ 안에 들어갈 수 있는 자연수는 모두 몇 개인지 구했나요?

9 ㉮ 어떤 수를 □라고 하면 $2\frac{2}{3}+\square=5\frac{7}{12}$입니다.

$\square=5\frac{7}{12}-2\frac{2}{3}=5\frac{7}{12}-2\frac{8}{12}=4\frac{19}{12}-2\frac{8}{12}$

$=2\frac{11}{12}$

따라서 어떤 수는 $2\frac{11}{12}$입니다.

단계	문제 해결 과정
①	덧셈과 뺄셈의 관계를 이용하여 어떤 수를 구하는 식을 세웠나요?
②	어떤 수를 구했나요?

10 ㉮ 삼각형의 세 변의 길이의 합은

$\frac{7}{12}+\frac{5}{6}+\frac{3}{4}=\frac{7}{12}+\frac{10}{12}+\frac{3}{4}$

$=\frac{17}{12}+\frac{3}{4}=\frac{17}{12}+\frac{9}{12}$

$=\frac{26}{12}=2\frac{2}{12}=2\frac{1}{6}$ (m)입니다.

단계	문제 해결 과정
①	삼각형의 세 변의 길이의 합을 구하는 식을 세웠나요?
②	삼각형의 세 변의 길이의 합을 구했나요?

11 ㉮ (혜정이가 마시고 남은 우유의 양)

$=\frac{11}{12}-\frac{2}{5}=\frac{55}{60}-\frac{24}{60}=\frac{31}{60}$ (L)

(진호가 마시고 남은 우유의 양)

$=\frac{31}{60}-\frac{4}{15}=\frac{31}{60}-\frac{16}{60}=\frac{15}{60}=\frac{1}{4}$ (L)

단계	문제 해결 과정
①	혜정이가 마시고 남은 우유의 양을 구했나요?
②	진호가 마시고 남은 우유의 양을 구했나요?

5단원 단원 평가 Level ❶ 46~48쪽

1 1, 36, 1, 35 / 71, 3, 8

2 $3\frac{11}{12}$

3 ㉡, ㉢

4 $\frac{4\times10}{5\times10}-\frac{3\times5}{10\times5}=\frac{40}{50}-\frac{15}{50}=\frac{25}{50}=\frac{1}{2}$

5 >

6 $1\frac{31}{40}$ m

7 $\frac{31}{36}$

8 $1\frac{1}{4}$시간

9 ㉡, ㉣, ㉠, ㉢

10 $\frac{33}{40}$ m

11 $\frac{7}{18}$

12 $1\frac{1}{12}$ L

13 $\frac{7}{20}$

14 $1\frac{7}{20}$

15 $3\frac{1}{24}$

16 $2\frac{17}{30}$ m

17 3개

18 예 $\frac{1}{2}$, $\frac{1}{7}$, $\frac{1}{14}$

19 **이유** 예 분수를 통분할 때에는 분모와 분자에 각각 같은 수를 곱해야 하는데 $1\frac{4}{15}$의 분모에만 3을 곱하고 분자에는 곱하지 않아 틀렸습니다.

바른 계산 예 $3\frac{5}{9}-1\frac{4}{15}=3\frac{25}{45}-1\frac{12}{45}$
$=2\frac{13}{45}$

20 $3\frac{1}{3}$

2 $7\frac{7}{12}-3\frac{2}{3}=7\frac{7}{12}-3\frac{8}{12}$
$=6\frac{19}{12}-3\frac{8}{12}=3\frac{11}{12}$

3 ㉠ $\frac{1}{4}+\frac{3}{5}=\frac{5}{20}+\frac{12}{20}=\frac{17}{20}$

㉡ $\frac{2}{3}+\frac{7}{15}=\frac{10}{15}+\frac{7}{15}=\frac{17}{15}=1\frac{2}{15}$

㉢ $\frac{5}{8}+\frac{5}{6}=\frac{15}{24}+\frac{20}{24}=\frac{35}{24}=1\frac{11}{24}$

㉣ $\frac{2}{5}+\frac{3}{7}=\frac{14}{35}+\frac{15}{35}=\frac{29}{35}$

4 분모의 곱을 공통분모로 하여 통분한 후 계산합니다.

5 $1\frac{3}{5}+1\frac{1}{6}=1\frac{18}{30}+1\frac{5}{30}=2\frac{23}{30}$

$3\frac{1}{2}-1\frac{7}{15}=3\frac{15}{30}-1\frac{14}{30}=2\frac{1}{30}$

➡ $2\frac{23}{30}>2\frac{1}{30}$

6 (나 끈의 길이)=(가 끈의 길이)$+\frac{3}{8}$
$=1\frac{2}{5}+\frac{3}{8}=1\frac{16}{40}+\frac{15}{40}$
$=1\frac{31}{40}$(m)

7 $\frac{1}{9}$이 4개인 수: $\frac{4}{9}$

➡ $\frac{4}{9}+\frac{5}{12}=\frac{16}{36}+\frac{15}{36}=\frac{31}{36}$

8 (오늘 하윤이가 책을 읽은 시간)
=(오전에 책을 읽은 시간)+(오후에 책을 읽은 시간)
$=\frac{5}{12}+\frac{5}{6}=\frac{5}{12}+\frac{10}{12}=\frac{15}{12}$
$=1\frac{3}{12}=1\frac{1}{4}$(시간)

9 ㉠ $3\frac{7}{8}-1\frac{1}{2}=3\frac{7}{8}-1\frac{4}{8}=2\frac{3}{8}=2\frac{9}{24}$

㉡ $4\frac{3}{4}-2\frac{1}{6}=4\frac{9}{12}-2\frac{2}{12}=2\frac{7}{12}=2\frac{14}{24}$

㉢ $3\frac{11}{24}-1\frac{7}{12}=3\frac{11}{24}-1\frac{14}{24}$
$=2\frac{35}{24}-1\frac{14}{24}=1\frac{21}{24}$

㉣ $5\frac{5}{6}-3\frac{3}{8}=5\frac{20}{24}-3\frac{9}{24}=2\frac{11}{24}$

➡ $2\frac{14}{24}>2\frac{11}{24}>2\frac{9}{24}>1\frac{21}{24}$

10 (삼각형의 세 변의 길이의 합)
$=\frac{3}{10}+\frac{2}{5}+\frac{1}{8}=\frac{3}{10}+\frac{4}{10}+\frac{1}{8}=\frac{7}{10}+\frac{1}{8}$
$=\frac{28}{40}+\frac{5}{40}=\frac{33}{40}$(m)

11 $\square=1\frac{2}{9}-\frac{5}{6}=1\frac{4}{18}-\frac{15}{18}=\frac{22}{18}-\frac{15}{18}=\frac{7}{18}$

12 $\frac{1}{4}+\frac{2}{3}+\frac{1}{6}=\frac{3}{12}+\frac{8}{12}+\frac{1}{6}=\frac{11}{12}+\frac{2}{12}$
$=\frac{13}{12}=1\frac{1}{12}$(L)

13 뒤에서부터 거꾸로 계산합니다.

㉡$+\frac{3}{10}=\frac{17}{20}$,

㉡$=\frac{17}{20}-\frac{3}{10}=\frac{17}{20}-\frac{6}{20}=\frac{11}{20}$

㉠$+\frac{1}{5}=\frac{11}{20}$,

㉠$=\frac{11}{20}-\frac{1}{5}=\frac{11}{20}-\frac{4}{20}=\frac{7}{20}$

14 가장 큰 대분수를 만들려면 자연수 부분에 가장 큰 수를 놓고, 나머지 두 수로 진분수를 만들어야 합니다.

우재가 만들 수 있는 가장 큰 대분수는 $8\frac{3}{5}$이고, 민하가 만들 수 있는 가장 큰 대분수는 $7\frac{1}{4}$입니다.

따라서 두 대분수의 차는

$8\frac{3}{5}-7\frac{1}{4}=8\frac{12}{20}-7\frac{5}{20}=1\frac{7}{20}$입니다.

15 어떤 수를 □라고 하면 $□+1\frac{1}{6}=5\frac{3}{8}$이므로

$□=5\frac{3}{8}-1\frac{1}{6}=5\frac{9}{24}-1\frac{4}{24}=4\frac{5}{24}$입니다.

따라서 바르게 계산한 값은

$4\frac{5}{24}-1\frac{1}{6}=4\frac{5}{24}-1\frac{4}{24}=3\frac{1}{24}$입니다.

16 (이어 붙인 색 테이프 전체의 길이)

=(색 테이프 2장의 길이의 합)−(겹쳐진 부분의 길이)

$=1\frac{1}{3}+1\frac{1}{3}-\frac{1}{10}$

$=2\frac{2}{3}-\frac{1}{10}$

$=2\frac{20}{30}-\frac{3}{30}=2\frac{17}{30}$(m)

17 $1\frac{4}{5}+\frac{4}{9}=1\frac{36}{45}+\frac{20}{45}$

$=1\frac{56}{45}=2\frac{11}{45}$

$7\frac{7}{15}-1\frac{9}{10}=7\frac{14}{30}-1\frac{27}{30}$

$=6\frac{44}{30}-1\frac{27}{30}=5\frac{17}{30}$

따라서 $2\frac{11}{45}<□<5\frac{17}{30}$이므로 □ 안에 들어갈 수 있는 자연수는 3, 4, 5로 모두 3개입니다.

18 $\frac{5}{7}=\frac{10}{14}=\frac{7}{14}+\frac{2}{14}+\frac{1}{14}$

$=\frac{1}{2}+\frac{1}{7}+\frac{1}{14}$

서술형
19

평가 기준	배점(5점)
계산이 잘못된 이유를 썼나요?	2점
바르게 계산했나요?	3점

서술형
20 예 $1\frac{1}{2}=1\frac{9}{18}$, $1\frac{5}{6}=1\frac{15}{18}$, $1\frac{7}{9}=1\frac{14}{18}$,

$1\frac{2}{3}=1\frac{12}{18}$이므로 가장 큰 분수는 $1\frac{5}{6}$, 가장 작은 분수는 $1\frac{1}{2}$입니다.

따라서 두 수의 합은

$1\frac{5}{6}+1\frac{1}{2}=1\frac{5}{6}+1\frac{3}{6}=2\frac{8}{6}=3\frac{2}{6}=3\frac{1}{3}$입니다.

평가 기준	배점(5점)
가장 큰 분수와 가장 작은 분수를 찾았나요?	2점
두 분수의 합을 구했나요?	3점

5단원 단원 평가 Level 2

49~51쪽

1 $1\frac{1}{18}$ **2** $\frac{1}{6}$
3 $5\frac{7}{36}$ **4** $3\frac{7}{20}$
5 $1\frac{19}{48}$ **6** $<$
7 $5\frac{21}{40}$ **8** $4\frac{3}{20}$ cm
9 $\frac{2}{15}$시간 **10** $3\frac{11}{12}$
11 $1\frac{23}{24}$ m **12** $1\frac{13}{30}$
13 $2\frac{13}{15}$ **14** $3\frac{31}{35}$
15 $4\frac{5}{12}$시간 **16** $4\frac{17}{20}$ m
17 $1\frac{11}{18}$ **18** 오전 11시 40분
19 민교, $1\frac{13}{16}$장 **20** $\frac{9}{25}$

1 $\frac{5}{6}+\frac{2}{9}=\frac{15}{18}+\frac{4}{18}=\frac{19}{18}=1\frac{1}{18}$

2 $\frac{13}{15}-\frac{7}{10}=\frac{26}{30}-\frac{21}{30}=\frac{5}{30}=\frac{1}{6}$

3 $3\frac{5}{12}+1\frac{7}{9}=3\frac{15}{36}+1\frac{28}{36}=4\frac{43}{36}=5\frac{7}{36}$

4 $\square=5\frac{3}{4}-2\frac{2}{5}=5\frac{15}{20}-2\frac{8}{20}=3\frac{7}{20}$

5 $4\frac{5}{16}-2\frac{11}{12}=4\frac{15}{48}-2\frac{44}{48}$

$=3\frac{63}{48}-2\frac{44}{48}=1\frac{19}{48}$

6 $2\frac{3}{4}+2\frac{2}{3}=2\frac{9}{12}+2\frac{8}{12}=4\frac{17}{12}=5\frac{5}{12}$

$9\frac{5}{6}-4\frac{1}{4}=9\frac{10}{12}-4\frac{3}{12}=5\frac{7}{12}$

➡ $5\frac{5}{12}<5\frac{7}{12}$

7 자연수 부분의 크기를 비교하면 가장 큰 수는 $4\frac{13}{20}$ 이고 가장 작은 수는 $\frac{7}{8}$ 입니다.

➡ $4\frac{13}{20}+\frac{7}{8}=4\frac{26}{40}+\frac{35}{40}=4\frac{61}{40}=5\frac{21}{40}$

8 $1\frac{2}{5}+2\frac{3}{4}=1\frac{8}{20}+2\frac{15}{20}$

$=3\frac{23}{20}=4\frac{3}{20}$ (cm)

9 (설현이가 수학 공부를 한 시간)

$-$(병미가 수학 공부를 한 시간)

$=\frac{5}{6}-\frac{7}{10}=\frac{25}{30}-\frac{21}{30}=\frac{4}{30}=\frac{2}{15}$(시간)

10 $\square=5\frac{13}{24}-1\frac{5}{8}=5\frac{13}{24}-1\frac{15}{24}=4\frac{37}{24}-1\frac{15}{24}$

$=3\frac{22}{24}=3\frac{11}{12}$

11 $\frac{3}{4}+\frac{5}{6}+\frac{3}{8}=\frac{9}{12}+\frac{10}{12}+\frac{3}{8}=\frac{19}{12}+\frac{3}{8}$

$=\frac{38}{24}+\frac{9}{24}=\frac{47}{24}=1\frac{23}{24}$ (m)

12 $\frac{5}{6}\bigstar\frac{3}{10}=\frac{5}{6}+\frac{3}{10}+\frac{3}{10}$

$=\frac{25}{30}+\frac{9}{30}+\frac{3}{10}$

$=\frac{34}{30}+\frac{9}{30}=\frac{43}{30}=1\frac{13}{30}$

13 뒤에서부터 거꾸로 계산합니다.

㉡$=7\frac{2}{5}-2\frac{5}{6}=7\frac{12}{30}-2\frac{25}{30}$

$=6\frac{42}{30}-2\frac{25}{30}=4\frac{17}{30}$

㉠$=4\frac{17}{30}-1\frac{7}{10}=4\frac{17}{30}-1\frac{21}{30}=3\frac{47}{30}-1\frac{21}{30}$

$=2\frac{26}{30}=2\frac{13}{15}$

14 만들 수 있는 가장 큰 대분수는 $7\frac{3}{5}$ 이고 가장 작은 대분수는 $3\frac{5}{7}$ 입니다.

➡ $7\frac{3}{5}-3\frac{5}{7}=7\frac{21}{35}-3\frac{25}{35}$

$=6\frac{56}{35}-3\frac{25}{35}=3\frac{31}{35}$

15 1시간 15분$=1\frac{15}{60}$시간$=1\frac{1}{4}$시간

따라서 피아노 연습을 한 시간은 모두

$1\frac{2}{3}+1\frac{1}{4}+1\frac{1}{2}=1\frac{8}{12}+1\frac{3}{12}+1\frac{1}{2}$

$=2\frac{11}{12}+1\frac{6}{12}=3\frac{17}{12}$

$=4\frac{5}{12}$(시간)입니다.

16 (이어 붙인 종이테이프의 전체 길이)

$=$(종이테이프 3개의 길이의 합)$-$(겹쳐진 부분의 길이)

$=\left(1\frac{3}{4}+1\frac{3}{4}+1\frac{3}{4}\right)-\left(\frac{1}{5}+\frac{1}{5}\right)$

$=3\frac{9}{4}-\frac{2}{5}=5\frac{1}{4}-\frac{2}{5}$

$=5\frac{5}{20}-\frac{8}{20}$

$=4\frac{25}{20}-\frac{8}{20}=4\frac{17}{20}$ (m)

17 어떤 수를 □라고 하면 $\square+1\frac{5}{6}=5\frac{5}{18}$이므로

$\square=5\frac{5}{18}-1\frac{5}{6}=5\frac{5}{18}-1\frac{15}{18}$

$=4\frac{23}{18}-1\frac{15}{18}=3\frac{8}{18}=3\frac{4}{9}$ 입니다.

➡ $3\frac{4}{9}-1\frac{5}{6}=3\frac{8}{18}-1\frac{15}{18}$

$=2\frac{26}{18}-1\frac{15}{18}=1\frac{11}{18}$

18 20분$=\frac{20}{60}$시간$=\frac{1}{3}$시간

$\frac{1}{2}+\frac{1}{3}+\frac{5}{6}=\frac{3}{6}+\frac{2}{6}+\frac{5}{6}=\frac{10}{6}$

$=1\frac{4}{6}=1\frac{2}{3}$(시간)

$1\frac{2}{3}$시간$=1\frac{40}{60}$시간$=1$시간 40분

오전 10시부터 1시간 40분 후는 오전 11시 40분입니다.

서술형
19 ㉠ $4\frac{9}{16}<6\frac{3}{8}$이므로 민교가 색종이를 더 많이 사용했습니다.

➡ $6\frac{3}{8}-4\frac{9}{16}=6\frac{6}{16}-4\frac{9}{16}=5\frac{22}{16}-4\frac{9}{16}$

$=1\frac{13}{16}$(장)

평가 기준	배점(5점)
누가 색종이를 더 많이 사용했는지 구했나요?	2점
색종이를 얼마나 더 많이 사용했는지 구했나요?	3점

서술형
20 ㉠ 책 전체를 1이라고 하면

$1-\frac{11}{25}-\frac{1}{5}=\frac{25}{25}-\frac{11}{25}-\frac{1}{5}=\frac{14}{25}-\frac{1}{5}$

$=\frac{14}{25}-\frac{5}{25}=\frac{9}{25}$입니다.

따라서 시집은 전체의 $\frac{9}{25}$입니다.

평가 기준	배점(5점)
시집은 전체의 얼마인지 구하는 식을 세웠나요?	2점
시집은 전체의 얼마인지 구했나요?	3점

6 다각형의 둘레와 넓이

서술형 문제 52~55쪽

1⁺ 13 cm	**2⁺** 6 cm
3 8 cm	**4** 6 cm
5 27 cm^2	**6** 7 cm
7 10 cm	**8** 16
9 40 cm^2	**10** 125 cm^2
11 18 cm^2	

1⁺ ㉠ (정사각형의 둘레)$=$(한 변의 길이)$\times 4$이므로

$\square\times 4=52$입니다.

$\square=52\div 4=13$

따라서 정사각형의 한 변의 길이는 13 cm입니다.

단계	문제 해결 과정
①	정사각형의 한 변의 길이를 구하는 식을 세웠나요?
②	정사각형의 한 변의 길이를 구했나요?

2⁺ ㉠ 사다리꼴의 높이를 □cm라고 하면

$(5+12)\times\square\div 2=51$입니다.

$17\times\square\div 2=51$, $17\times\square=51\times 2$,

$17\times\square=102$, $\square=102\div 17=6$

따라서 사다리꼴의 높이는 6 cm입니다.

단계	문제 해결 과정
①	사다리꼴의 높이를 □cm라고 하여 식을 세웠나요?
②	사다리꼴의 높이를 구했나요?

3 ㉠ 정팔각형은 8개의 변의 길이가 모두 같습니다.

따라서 (정팔각형의 둘레)$=$(한 변의 길이)$\times 8$이므로

(한 변의 길이)$=64\div 8=8$ (cm)입니다.

단계	문제 해결 과정
①	정팔각형은 8개의 변의 길이가 같음을 알고 있나요?
②	정팔각형의 한 변의 길이를 구했나요?

4 ㉠ (정사각형의 넓이)$=$(한 변의 길이)$\times$(한 변의 길이)이므로 한 변의 길이를 □cm라고 하면 $\square\times\square=36$, $6\times 6=36$이므로 $\square=6$입니다.

따라서 정사각형의 한 변의 길이는 6 cm입니다.

단계	문제 해결 과정
①	정사각형의 넓이를 구하는 식을 세웠나요?
②	정사각형의 한 변의 길이를 구했나요?

5 예 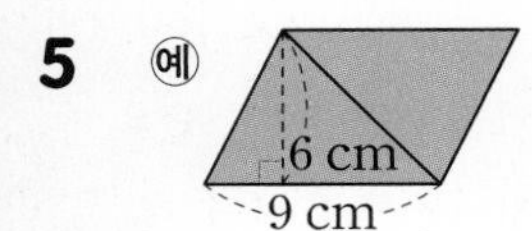

삼각형 2개를 이어 붙여 평행사변형을 만들면 삼각형의 넓이는 평행사변형의 넓이의 반입니다.

따라서 (삼각형의 넓이)$=$(밑변의 길이)$\times$(높이)$\div 2$
$=9\times 6\div 2=27$ (cm^2)입니다.

단계	문제 해결 과정
①	평행사변형의 넓이를 이용하여 삼각형의 넓이를 구하는 방법을 알고 있나요?
②	삼각형의 넓이를 구했나요?

6 예 평행사변형의 밑변의 길이를 □ cm라고 하면 □$\times 6=42$이므로 □$=42\div 6=7$입니다.
따라서 평행사변형의 밑변의 길이는 7 cm입니다.

단계	문제 해결 과정
①	평행사변형의 밑변의 길이를 구하는 식을 세웠나요?
②	평행사변형의 밑변의 길이를 구했나요?

7 예 정오각형은 5개의 변의 길이가 모두 같으므로 정오각형의 둘레는 $12\times 5=60$ (cm)입니다.
정육각형은 6개의 변의 길이가 모두 같고, 둘레가 60 cm이므로 정육각형의 한 변의 길이는 $60\div 6=10$ (cm)입니다.

단계	문제 해결 과정
①	정오각형의 둘레를 구했나요?
②	정육각형의 한 변의 길이를 구했나요?

8 예 정사각형의 넓이는 $8\times 8=64$ (cm^2)입니다.
직사각형의 넓이도 64 cm^2이므로 □$\times 4=64$, □$=64\div 4=16$입니다.

단계	문제 해결 과정
①	정사각형의 넓이를 구했나요?
②	직사각형에서 □ 안에 알맞은 수는 얼마인지 구했나요?

9 예 직사각형의 둘레가 26 cm이므로
((가로)$+5)\times 2=26$, (가로)$+5=13$,
(가로)$=8$ (cm)입니다.
따라서 직사각형의 넓이는 $8\times 5=40$ (cm^2)입니다.

단계	문제 해결 과정
①	직사각형의 가로를 구했나요?
②	직사각형의 넓이를 구했나요?

10 예 (색칠한 부분의 넓이)
$=$(큰 직사각형의 넓이)$-$(작은 직사각형의 넓이)
$=(16\times 14)-(11\times 9)$
$=224-99=125$ (cm^2)

단계	문제 해결 과정
①	색칠한 부분의 넓이를 구하는 식을 세웠나요?
②	색칠한 부분의 넓이를 구했나요?

11 예 (색칠한 부분의 넓이)
$=$(사다리꼴의 넓이)$-$(삼각형의 넓이)
$=(4+8)\times 5\div 2-(8\times 3\div 2)$
$=30-12=18$ (cm^2)

단계	문제 해결 과정
①	색칠한 부분의 넓이를 구하는 식을 세웠나요?
②	색칠한 부분의 넓이를 구했나요?

6단원 단원 평가 Level ❶ 56~58쪽

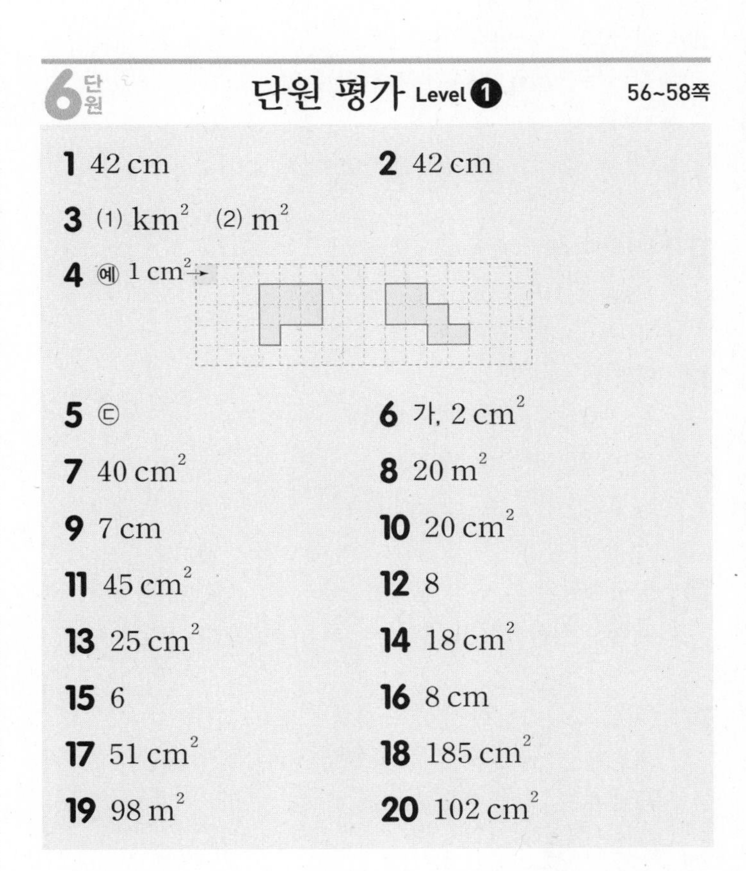

1 42 cm　**2** 42 cm
3 (1) km^2 (2) m^2
4 예 1 cm^2
5 ㉢　**6** 가, 2 cm^2
7 40 cm^2　**8** 20 m^2
9 7 cm　**10** 20 cm^2
11 45 cm^2　**12** 8
13 25 cm^2　**14** 18 cm^2
15 6　**16** 8 cm
17 51 cm^2　**18** 185 cm^2
19 98 m^2　**20** 102 cm^2

1 변이 7개인 정다각형이므로 정칠각형입니다.
(정칠각형의 둘레)$=6\times 7=42$ (cm)

2 (평행사변형의 둘레)$=(12+9)\times 2$
$=21\times 2=42$ (cm)

4 한 칸의 넓이가 1 cm^2이므로 7칸인 도형을 그립니다.

5 삼각형 ㉠, ㉡, ㉣은 밑변의 길이와 높이가 각각 같으므로 넓이가 같습니다.

6 1 cm^2의 수를 세어 봅니다.
가: 1 cm^2가 13개 ➡ 13 cm^2
나: 1 cm^2가 11개 ➡ 11 cm^2
따라서 가 도형이 나 도형보다 $13-11=2\ (\text{cm}^2)$ 더 넓습니다.

7 (평행사변형의 넓이)$=8\times5=40\ (\text{cm}^2)$

8 $500\text{ cm}=5\text{ m}$이므로 직사각형의 넓이는 $5\times4=20\ (\text{m}^2)$입니다.

9 (정팔각형의 한 변의 길이)$=$(둘레)$\div8$
$=56\div8=7\ (\text{cm})$

10 마름모는 두 대각선이 서로를 이등분하므로 한 대각선의 길이는 5 cm, 다른 대각선의 길이는 $4\times2=8\ (\text{cm})$입니다.
(마름모의 넓이)$=5\times8\div2=20\ (\text{cm}^2)$

11 (사다리꼴 모양의 종이의 넓이)
$=(5+10)\times6\div2=45\ (\text{cm}^2)$

12 $(11+\square)\times2=38$
$11+\square=38\div2$
$11+\square=19$
$\square=19-11=8$

13 정사각형의 한 변의 길이는 $20\div4=5\ (\text{cm})$입니다.
따라서 정사각형의 넓이는 $5\times5=25\ (\text{cm}^2)$입니다.

14 (처음 직사각형의 넓이)$=9\times5=45\ (\text{cm}^2)$
세로가 2 cm 길어진 직사각형은 가로가 9 cm, 세로가 $5+2=7\ (\text{cm})$입니다.
(새로 만든 직사각형의 넓이)$=9\times7=63\ (\text{cm}^2)$
따라서 넓이는 $63-45=18\ (\text{cm}^2)$ 더 넓어집니다.

15 (왼쪽 평행사변형의 넓이)$=4\times9=36\ (\text{cm}^2)$
오른쪽 평행사변형의 넓이도 36 cm^2이므로
$\square\times6=36$, $\square=36\div6=6$입니다.

16 삼각형의 밑변의 길이를 $\square$cm라고 하면
$\square\times6\div2=24$, $\square\times6=24\times2=48$,
$\square=48\div6=8$입니다.

17 (삼각형 ㄱㄴㄷ의 높이)$=30\times2\div10=6\ (\text{cm})$
사다리꼴 ㄱㄴㄷㄹ은 윗변의 길이가 7 cm, 아랫변의 길이가 10 cm, 높이가 6 cm인 사다리꼴입니다.
(사다리꼴 ㄱㄴㄷㄹ의 넓이)
$=(7+10)\times6\div2=51\ (\text{cm}^2)$

18 (도형의 넓이)$=(5\times8)\times4+(5\times5)$
$=160+25=185\ (\text{cm}^2)$

다른 풀이 |
(다각형의 넓이)
$=(8+5+8)\times(8+5+8)-(8\times8)\times4$
$=21\times21-64\times4$
$=441-256=185\ (\text{cm}^2)$

서술형
19 예 두 직사각형을 이어 붙이면 가로가 $16-2=14\ (\text{m})$, 세로가 7 m인 직사각형이 됩니다.
따라서 색칠한 부분의 넓이는 $14\times7=98\ (\text{m}^2)$입니다.

평가 기준	배점(5점)
색칠한 부분을 이어 붙여 직사각형을 만들었나요?	2점
색칠한 부분의 넓이를 구했나요?	3점

서술형
20 예 (다각형의 넓이)
$=$(윗부분 삼각형의 넓이)$+$(아랫부분 삼각형의 넓이)
$=(17\times6\div2)\times2$
$=51\times2=102\ (\text{cm}^2)$

평가 기준	배점(5점)
다각형의 넓이를 구하는 식을 세웠나요?	3점
다각형의 넓이를 구했나요?	2점

6단원 단원 평가 Level 2

59~61쪽

1 38 cm
2 1
3 7 cm
4 ㉢
5 12 m^2
6 8
7 11 cm

8 예 $1\,cm^2$

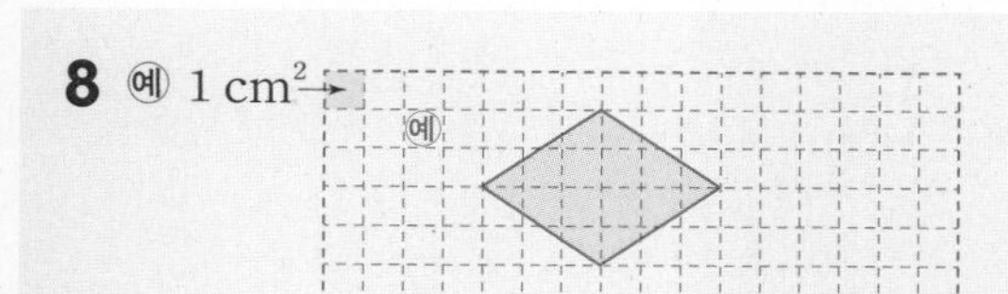

9 8 cm **10** 8

11 9 m **12** $34\,cm^2$

13 $85\,cm^2$ **14** $81\,cm^2$

15 $192\,m^2$ **16** 6

17 $100\,cm^2$ **18** $351\,cm^2$

19 방법 1 예 마름모의 두 대각선의 길이는 각각 $6\times2=12\,(cm)$, $3\times2=6\,(cm)$이므로 마름모의 넓이는 $12\times6\div2=36\,(cm^2)$입니다.

방법 2 예 마름모의 넓이는 작은 삼각형의 넓이의 4배이므로 $(6\times3\div2)\times4=9\times4=36\,(cm^2)$입니다.

20 $48\,cm^2$

1 (평행사변형의 둘레)$=(13+6)\times2=38\,(cm)$

2 도형 가의 넓이는 $10\,cm^2$, 도형 나의 넓이는 $9\,cm^2$이므로 도형 가는 도형 나보다 $1\,cm^2$ 더 넓습니다.

3 (가로)+(세로)$=20\div2=10\,(cm)$
(가로)$=10-3=7\,(cm)$

4 세 삼각형의 높이는 모두 같으므로 밑변의 길이가 같은 ㉠과 ㉡의 넓이는 같고, 밑변의 길이가 다른 ㉢의 넓이는 다릅니다.

5 $300\,cm=3\,m$이므로 $4\times3=12\,(m^2)$입니다.

6 $12\times\square=96$이므로 $\square=96\div12=8$입니다.

7 사다리꼴의 아랫변의 길이를 $\square$cm라고 하면
$(5+\square)\times8\div2=64$,
$(5+\square)\times8=64\times2=128$,
$5+\square=128\div8=16$, $\square=11$입니다.

8 마름모의 넓이가 $12\,cm^2$가 되려면 두 대각선의 곱이 $12\times2=24$가 되어야 합니다.
곱이 24가 되는 두 수는 (1, 24), (2, 12), (3, 8), (4, 6)이므로 이를 이용하여 마름모를 그립니다.

9 (평행사변형의 넓이)$=10\times4=40\,(cm^2)$
변 ㄱㄴ을 밑변으로 했을 때의 높이를 $\square$cm라고 하면 $5\times\square=40$이므로 $\square=40\div5=8$입니다.

10 (㉠의 넓이)$=\square\times$(높이),
(㉡의 넓이)$=(6+10)\times$(높이)$\div2$이므로
$\square\times$(높이)$=(6+10)\times$(높이)$\div2$입니다.
$\square=(6+10)\div2$
$=16\div2=8$

11 (직사각형의 둘레)$=(12+6)\times2$
$=36\,(m)$
(정사각형의 한 변)$=36\div4$
$=9\,(m)$

12 (평행사변형의 넓이)$=13\times7$
$=91\,(cm^2)$
(사다리꼴의 넓이)$=(8+11)\times6\div2$
$=57\,(cm^2)$
➡ $91-57=34\,(cm^2)$

13 색칠한 부분의 넓이는 한 변이 10 cm인 정사각형의 넓이에서 가로가 5 cm, 세로가 3 cm인 직사각형의 넓이를 뺀 것과 같습니다.
(색칠한 부분의 넓이)
$=10\times10-5\times3$
$=100-15=85\,(cm^2)$

14 (색칠한 부분의 넓이)
=(큰 마름모의 넓이)−(작은 마름모의 넓이)
$=(18\times12\div2)-(9\times6\div2)$
$=108-27=81\,(cm^2)$

15 텃밭 부분을 모아 붙이면
가로가 $7+9=16\,(m)$, 세로가 $6+6=12\,(m)$인 직사각형 모양이 됩니다.
(텃밭의 넓이)$=16\times12=192\,(m^2)$

다른 풀이 |
(텃밭의 넓이)
$=7\times6+9\times6+7\times6+9\times6$
$=42+54+42+54$
$=192\,(m^2)$

16

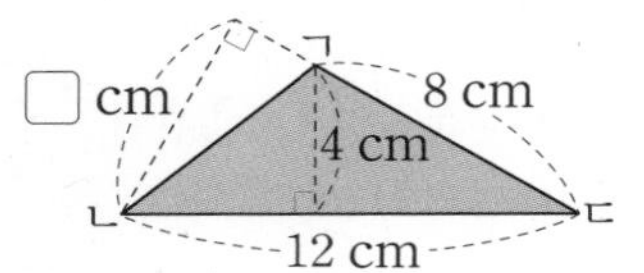

변 ㄴㄷ을 밑변으로 하면 높이는 4 cm이므로 삼각형의 넓이는 $12 \times 4 \div 2 = 24$ (cm^2)입니다.
변 ㄱㄷ을 밑변으로 하면 높이는 □ cm이므로
$8 \times □ \div 2 = 24$,
$8 \times □ = 24 \times 2 = 48$,
$□ = 48 \div 8 = 6$입니다.

17 삼각형 ㄹㄴㄷ의 높이를 □ cm라고 하면
$15 \times □ \div 2 = 60$,
$15 \times □ = 60 \times 2 = 120$,
$□ = 120 \div 15 = 8$입니다.
삼각형의 높이와 사다리꼴의 높이가 같으므로 사다리꼴의 넓이는 $(10+15) \times 8 \div 2 = 100$ (cm^2)입니다.

18

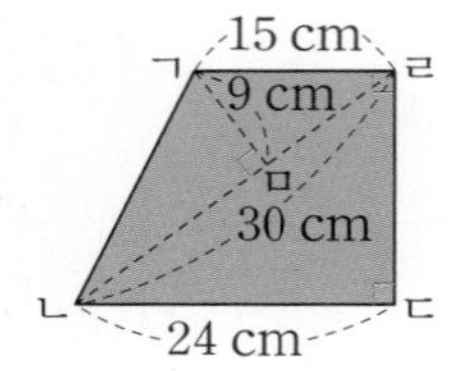

삼각형 ㄱㄴㄹ에서 선분 ㄴㄹ을 밑변으로 하면 선분 ㄱㅁ이 높이이고, 변 ㄱㄹ을 밑변으로 하면 변 ㄷㄹ이 높이입니다.
$30 \times 9 \div 2 = 15 \times$ (변 ㄷㄹ) $\div 2$,
$30 \times 9 = 15 \times$ (변 ㄷㄹ),
(변 ㄷㄹ) $= 270 \div 15 = 18$ (cm)입니다.
따라서 사다리꼴 ㄱㄴㄷㄹ의 넓이는
$(15+24) \times 18 \div 2 = 351$ (cm^2)입니다.

서술형
19

평가 기준	배점(5점)
한 가지 방법으로 마름모의 넓이를 구했나요?	3점
다른 한 가지 방법으로 마름모의 넓이를 구했나요?	2점

서술형
20 예 (색칠한 부분의 넓이)
=(직사각형의 넓이)−(마름모의 넓이)
$=(12 \times 8)-(12 \times 8 \div 2)$
$=96-48=48$ (cm^2)

평가 기준	배점(5점)
색칠한 부분의 넓이를 구하는 식을 세웠나요?	3점
색칠한 부분의 넓이를 구했나요?	2점

수능국어 실전대비 독해 학습의 완성!

디딤돌 수능독해 Ⅰ~Ⅲ

- 글쓴이의 작문 과정을 추론하며 생각을 읽어내는 구조 학습
- 출제자의 의도를 파악하고 예측하는 기출 속 이슈 및 특별 부록

고등 입학 전 완성하는 독해 과정 전반의 심화 학습!

디딤돌 생각독해 Ⅰ~Ⅴ

- 생각의 확장과 통합을 위한 '빅 아이디어(대주제)' 선정 및 수록
- 대주제 별 다양한 영역의 생각 읽기 및 생각의 구조화 학습

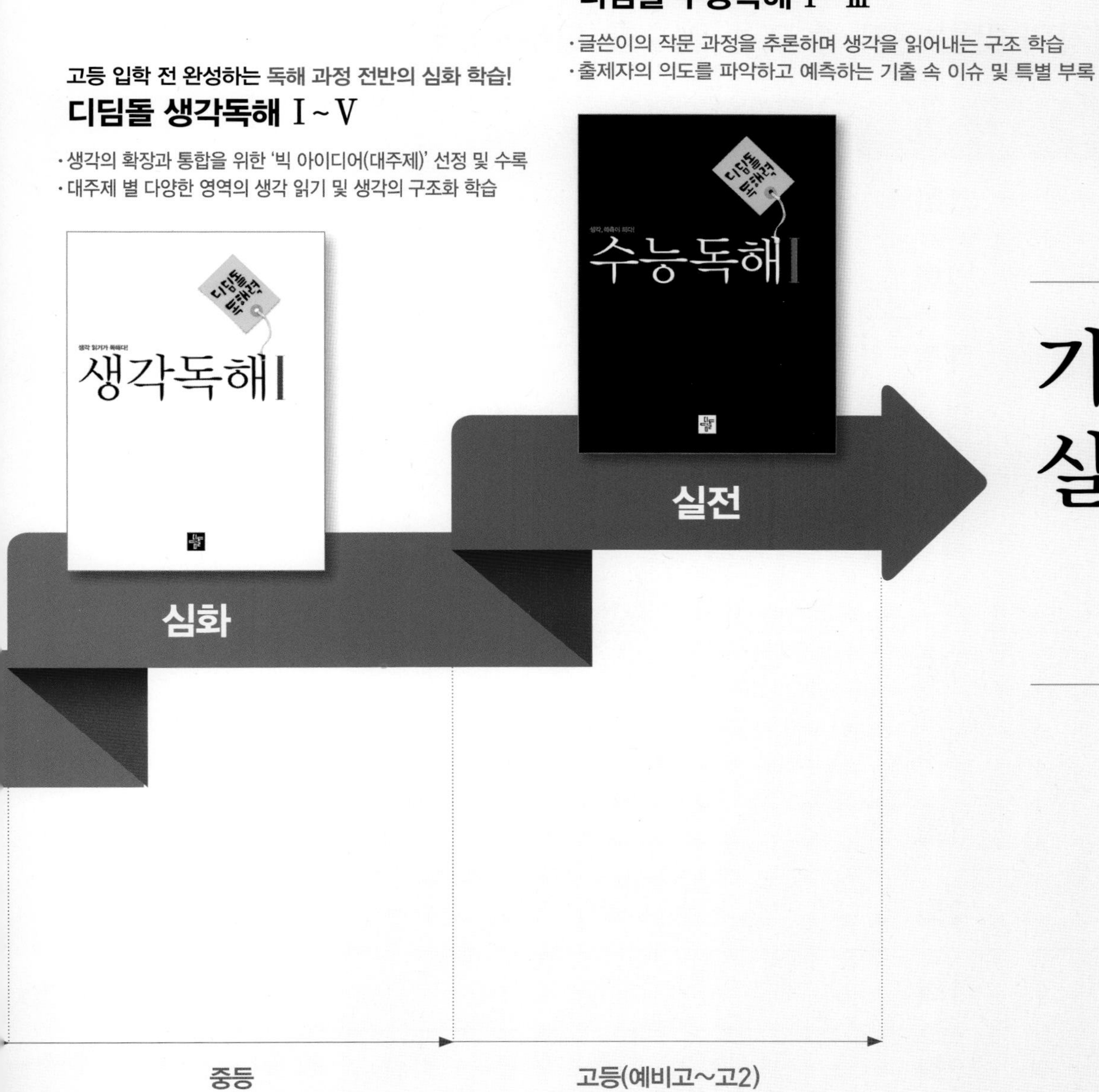

기초부터 실전까지

독해는 디딤돌

다음에는 뭐 풀지?

다음에 공부할 책을 고르기 어려우시다면, 현재 성취도를 먼저 체크해 보세요.
최상위로 가는 맞춤 학습 플랜만 있다면 내 실력에 꼭 맞는 교재를 선택할 수 있어요!
단계에 따라 내 실력을 진단해 보고, 다음 학습도 야무지게 준비해 봐요!

첫 번째, 단원평가의 맞힌 문제 수 또는 점수를 모두 더해 보세요.

단원		맞힌 문제 수	OR 점수 (문항당 5점)
1단원	1회		
	2회		
2단원	1회		
	2회		
3단원	1회		
	2회		
4단원	1회		
	2회		
5단원	1회		
	2회		
6단원	1회		
	2회		
합계			

※ 단원평가는 각 단원의 마지막 코너에 있는 20문항 문제지입니다.